普通高等教育电子科学与技术特色专业系列教材

激光原理

（第二版）

袁晓东　刘　肯　张检发　刘　苹　编著

科学出版社

北　京

内 容 简 介

本书首先阐述激光与普通光的区别，使读者对激光有一个总体认识，有利于读者深入了解激光的物理本质、掌握激光的产生方法和在科研生产实践中灵活、恰当地使用激光；接下来讨论激光谐振腔、高斯光束和高斯光束的变换，读者可以了解激光谐振腔和激光光束的性质，掌握激光光束的变换规律和操控方法；通过对激光器经典速率方程理论的学习，读者能够了解激光放大和振荡的基本规律；激光器模式控制和脉冲激光器部分则主要讲述如何对激光器进行操控来实现激光的高频率分辨或者高时间分辨；本书对常见的典型激光器做了简单介绍，使读者对于不同类型激光器的特点有一个较全面的了解；最后介绍激光器的半经典理论，使读者能够更加深入了解激光器中包括频率在内的激光参量的变化规律，掌握激光器研究的半经典理论方法。

本书可作为普通高等学校光电信息科学与工程、电子科学与技术等相关专业本科生的教材，也可供相关专业方向的高等学校师生及工程技术人员参考。

图书在版编目(CIP)数据

激光原理 / 袁晓东等编著. —2版. —北京：科学出版社, 2024.2
普通高等教育电子科学与技术特色专业系列教材
ISBN 978-7-03-078101-7

Ⅰ. ①激… Ⅱ. ①袁… Ⅲ. ①激光理论—高等学校—教材 Ⅳ. ①TN241

中国国家版本馆 CIP 数据核字(2024)第 028353 号

责任编辑：潘斯斯 / 责任校对：王 瑞
责任印制：师艳茹 / 封面设计：马晓敏

科学出版社 出版
北京东黄城根北街 16 号
邮政编码：100717
http://www.sciencep.com
北京建宏印刷有限公司印刷
科学出版社发行 各地新华书店经销
*
2016 年 3 月第 一 版 开本：787×1092 1/16
2024 年 2 月第 二 版 印张：17 1/4
2024 年 2 月第七次印刷 字数：450 000

定价：79.00 元
（如有印装质量问题，我社负责调换）

前　言

自20世纪60年代世界上首台激光器问世，在经历了60多年的发展之后，激光已经渗透到生活、生产、军事和科研等各个方面，如激光指示器、激光DVD、激光打印、激光通信、生产上的激光切割和焊接、激光测距，乃至军事上的激光制导、激光武器，科研方面的激光光谱、激光制冷及激光干涉引力波测量等，可以说没有激光，我们的世界将是另一番景象。我们在积累多年教学经验和体会的基础上，根据不同专业方向的需求编写了本书。本书适用于光电信息科学与工程、电子科学与技术等相关专业高年级本科生学习“激光原理”课程。在本书的编写过程中，我们力图讲述简明易懂，在不失逻辑严密性的同时尽量简化数学推导；为了便于读者跟随讲解思路，尽量使讨论内容连贯，减少跳跃；对于某些省略的推导和结论，本书以附录的形式写出，供感兴趣的读者参考；针对书中的习题，将参考答案附在书后，以方便自学。总之，希望能够使更多想了解和认识激光的读者从本书的阅读和学习中受益。

党的二十大报告指出：“加强基础研究，突出原创，鼓励自由探索。”“激光原理”课程作为光电信息科学与工程专业和光学工程等学科方向的专业基础课程已经开设多年，本书在内容编排上也在突出基础方面下功夫，把基础理论和概念的阐述贯穿于本书的各个部分。

第一部分：第1章，讲述激光和普通光的本质区别，这是认识和理解激光的基础，为此引入一些基本概念，如光波的纵向相干性、横向相干性、集光率、辐射度与模式密度等，使读者对于激光有一个基础但又重要的认识，通过数字举例了解激光与普通光的本质区别，以及在何种应用中使用激光和为什么必须使用激光。

第二部分：第2～4章，讨论激光谐振腔和谐振腔中的自再现光波场，激光谐振腔是激光器的重要组成部分，读者通过学习可以了解谐振腔在确定激光场分布和激光频率中的作用，从而掌握激光谐振腔的设计方法，特别是通过学习高斯光束的传输变换理论有助于在实际工作中更好地掌握和运用激光束的操控和变换技术。

第三部分：第5～7章，引入受激辐射与光放大，它是激光产生的核心，光放大与谐振腔相结合即实现光波模式的有选择放大，构成激光器，这一部分内容完全建立在经典理论的基础上，具有一定的局限性。

第四部分：第8章，介绍气体增益介质激光器，其中8.1节引入运动原子的多普勒效应，8.2节定性讨论气体激光器的一些效应和现象，该节的学习有助于在第8章以后各节的学习中有效地把握数学推导过程中的物理思想，后续各节将这些效应和现象的经典理论建立在较为严密的数学演算基础上，学习内容的取舍可以由读者自行选择。

第五部分：第9～12章，其中第9、10章讨论如何对激光器进行操控来实现对激光参量的控制，如窄频率线宽激光和窄时间脉冲激光的实现。在学习激光的基本理论之后，第11、12章主要针对不同类型的激光器进行介绍，第11章介绍各种典型激光器；由于半导体激光器是目前应用越来越广泛的激光器，第12章专门对其进行介绍。希望读者在了解激光器的工作原理后，通过第 11、12 章的学习能够对于各种激光器的具体构成有一个初步认识。

第六部分：第 13 章，讨论激光器的半经典理论，由于使用了较多的数学和量子力学，建议学有余力的学生或者对于半经典理论有需求的读者阅读。

本书适用于高年级本科生循序渐进地学习和掌握激光的基础知识，通过设计“讨论与思考”模块，揭示激光与之相关的物理和光学知识之间的相互关联，展示不同课程知识之间的整体性，有利于创新能力的培养。

本书由国防科技大学袁晓东、刘肯、张检发和刘苹共同编写完成，彭嘉隆为本书做了材料收集和整理等相关工作。国防科技大学叶卫民、徐威等提出了很多宝贵意见，在此谨表衷心感谢。

在本书的编写过程中，编者参考了前辈专家有关激光理论与技术的专著与教材，在此向他们表示诚挚的谢意。

由于编者水平有限，书中难免存在疏漏之处，恳请读者批评指正。

编　者

2023 年 2 月于国防科技大学

目　录

第 1 章　光波的相干性描述

微课

本书介绍的核心内容是激光，因此试图通过本章的讨论使读者能够了解激光与普通光的本质区别，这有益于大家更清楚地认识激光和更好地应用激光，为此本章将引入相干性、横向相干、纵向相干、集光率、光波模式等概念，这些概念的学习和掌握不仅有助于本书的学习，而且对于很多光学现象的认识和光学理论的理解也是有益的。

1.1　激光的概念

激光的原意是受激辐射放大的光，句子简化就变成——激光是光，关于受激辐射放大将在第 5 章中讨论。严格地说激光是一种光，因此激光具有光的通性，光是电磁波，从量子理论来看，光波(电磁波)由大量光量子组成，光子不具有静止质量，并且具有下列物理性质。

(1)光子具有能量：

$$E_{\text{photon}} = h\nu \tag{1.1}$$

式中，$h = 6.626\times10^{-34}\,\text{J}\cdot\text{s}$ 为普朗克常量；ν 为光波频率。

(2)光子具有质量：

$$m_{\text{photon}} = \frac{E_{\text{photon}}}{c^2} = \frac{h\nu}{c^2} \tag{1.2}$$

(3)光子具有动量：

$$\mathcal{P} = m_{\text{photon}}c\cdot\hat{\boldsymbol{k}} = \frac{h\nu}{c}\cdot\hat{\boldsymbol{k}} = \hbar\boldsymbol{k} \tag{1.3}$$

式中，$\hat{\boldsymbol{k}}$ 表示光传播方向的单位矢量；$\hbar = \dfrac{h}{2\pi}$；$\boldsymbol{k} = \dfrac{2\pi\nu}{c}\hat{\boldsymbol{k}}$。

(4)光子具有两种独立的偏振状态，对应于经典电磁场的电场振动方向或磁场振动方向。

(5)光子自旋为 1，因此光子为玻色子，光子的分布状态不受泡利不相容原理的限制。

激光和普通光的本质都是光，激光和普通光的区别在于它们的相干性不同。什么是相干？下面通过生活例子来说明。

我们都有过观看国庆阅兵的经历，在阅兵中的各种方队中的官兵，迈着整齐的步伐阔步通过检阅台，因此如果想知道一个方队的战士们正在抬起左脚还是右脚，我们只需要观测其中一个战士的行为就可以了。如果你观测到这个战士抬起了左脚，而在没有观测其他战士的情况下，你知道这个方队所有的战士都在抬起左脚，这是一种可预测性，这种可预测性是因为战士的行为都是相互关联的，用光学理论的术语，称为相干，相干性也就是可预测性。

现在再来观测步行商业街上来往的人群，你看到一个小伙子正在抬起他的左脚，现在完全没有能力预测另一个少女的行为，因此称这一群人的行为是不相干的，因为不同个体的行为是没有关联的。

用经典图像想象一个普通手电筒发出的光(图 1.1)，它由大量有限长度的电磁波列组成，每一个波列的电磁波具有固定的相位、偏振、频率和传播方向，不同的波列之间的上述参量都是孤立的，不相关联的，所以不能通过测量某一空间位置、某一时刻光波的参量，如相位、振幅、偏振等，预知其他时刻和其他位置光波的参量，就称这样的光波是不相干的。反之，对于激光，它有固定的偏振、固定的相位、固定的频率等，也就是说通过测量激光场某时刻某空间位置的光波信息，可以预知其他时刻和其他空间位置的光波参量，这种可预测性称为相干，因此激光区别于普通光的本质在于激光的相干性。如图 1.2 所示为激光波列的示意图，不同时刻和不同位置的光波具有相干性。

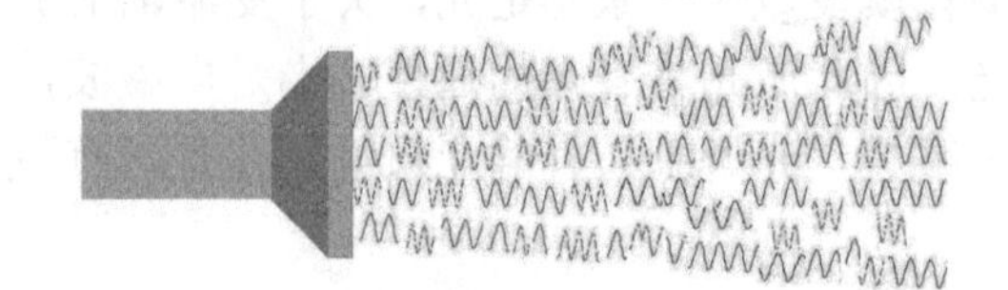

图 1.1 手电筒发出光波波列的示意图

图 1.2 激光波列的示意图

用光量子的观点来看，如果两个光子的坐标和动量满足：

$$\Delta x \Delta y \Delta z \Delta \mathcal{P}_x \Delta \mathcal{P}_y \Delta \mathcal{P}_z \approx h^3 \tag{1.4}$$

则根据量子力学海森堡测不准关系，这两个光子是不可区的，称这两个光子处于相同的量子态，并且它们是相干的。

1.2 光波的纵向相干性

相干性是光波的重要特性，也是激光区别于普通光的重要特征。光波的相干性又可分为纵向相干性和横向相干性，如图 1.3 所示，如果通过测量 B 点光波的信息，可以预知 A 点光波的信息，就说 A 点和 B 点的光波是相干的，反之是不相干的，由于 A 和 B 是沿着光传播方向上的两点，这两点光波的相干性称为纵向相干性。由于 A 点的光波经历了 $t = \overline{AB}/c$ 的时间间隔之后传播到了 B 点，A 点和 B 点光波的相干性又是 B 点光波在不同时刻的相干性，因此纵向相干性又称为时间相干性。用同样的方法考察 B、C 两点光波的相干性，这两点的连线垂直于光传播方向，因此这两点间光波的相干性称为横向相干性，因为他们不能用时间相联系，又称为空间相干性，在这一小节中着重阐述纵向相干。

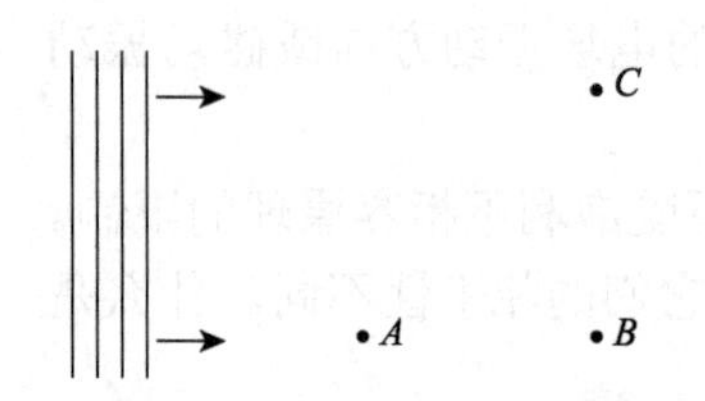

图 1.3 一列从左向右传播的波

一列沿着 z 方向传播的理想平面波电场矢量 $\boldsymbol{E}(z,t)$ 由如下数学形式表示：

$$\boldsymbol{E}(z,t)=\boldsymbol{E}_0\cos(k_z z-\omega t+\varphi) \tag{1.5}$$

式中，$\boldsymbol{E}_0$、k_z、ω 和 φ 分别表示光波的电场振幅、波矢、频率和相位。只要测量其在某一时刻 t_1，某一位置 z_1 光波信息(包括波矢、振幅、频率、相位)，便可由式(1.5)得到该位置 z_1 在任意时刻 t 或该时刻 t_1 任意位置 z 的光波信息，因此，由上式描述的光波在纵向上是完全相干的。

但实际的情况并非如此，式(1.5)中光波的振幅、频率(波矢的大小)和相位均可以随时间发生随机变化，这种变化可以在一定的时间间隔 τ_c 之内完成，这种情况下，测量某点的光波信息，显然不能由此得到全部的光波场参量信息，如图 1.4 举例所示，光波的相位经历时间 τ_c 后会发生随机跳变。

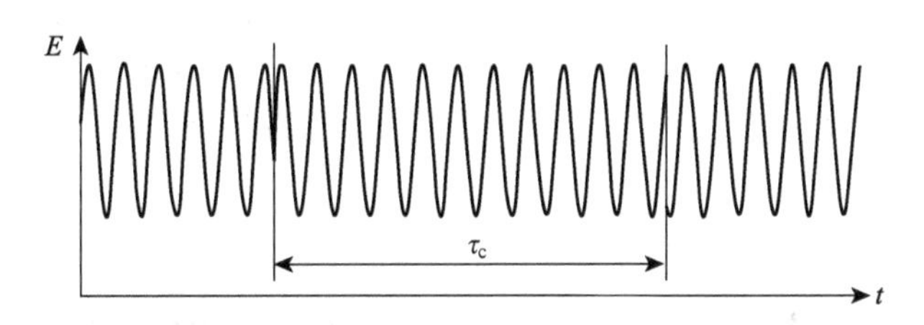

图 1.4　光波场相位发生变化的时间尺度 τ_c

虽然实际情况可能会更复杂，但是这种光波参量的变化一定是在某个时间间隔 τ_c 内完成，因此仍然可以通过测量某一时刻的光波参量，预知该时刻附近 τ_c 时间间隔内的光波信息，我们说光波在 τ_c 时间间隔内是相干的，τ_c 称作相干时间。也可以认为在某一时刻沿着光传播方向上

$$L_c=c\tau_c \tag{1.6}$$

的空间长度范围内光波是相干的，L_c 称为光波的纵向相干长度，纵向上空间距离超过此范围的两点间的光波是不相干的。事实上，没有一个实际的光源辐射是绝对相干的，他们都是在一定的时间范围内(或者说纵向上某个长度范围内)保持其相干性。

有了相干长度或相干时间的概念，就可以对不同光源辐射的纵向相干进行定量描述。表 1.1 列举了不同光源辐射光波的纵向相干长度。

表 1.1　不同光源辐射光波的纵向相干长度

光源	太阳	普通半导体激光器	未稳频氦氖激光器	稳频氦氖激光器	单同位素汞灯光源
波长	400～600nm	980nm	633nm	633nm	546nm
L_c	1.2μm	1mm	30cm	30km	1m

从表 1.1 可以看到，一般而言，激光光源的相干长度优于非激光光源，但并不总是如此。例如单同位素汞灯光源，其纵向相干长度优于普通激光光源，所以仅仅用纵向相干性描述激光的特征是不够的。关于激光与普通光在横向相干性方面的差异，将在 1.3 节讨论。

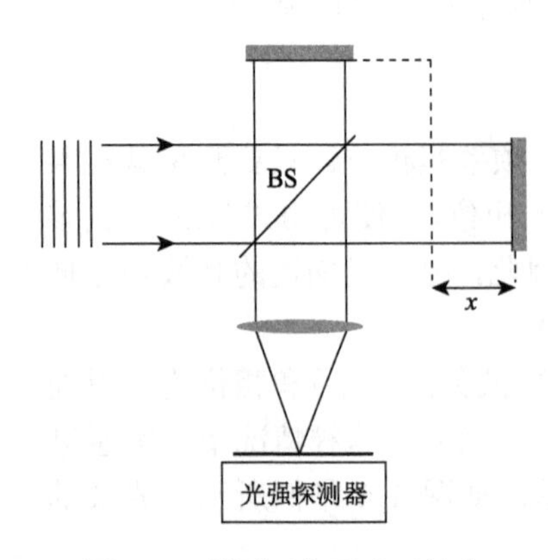

图 1.5　利用迈克耳孙干涉仪测量纵向相干长度

实验上可以利用迈克耳孙干涉仪对光波的纵向相干长度进行测量。光源上发出的光经过透镜准直后变成平行光，用半透半反镜BS将入射光分成两束，这两束光分别被不同的反射镜反射后再次经过BS合成一束光发生干涉，此时两束光的光程差为$2x$，其中x为干涉仪两臂的长度差，如图1.5所示。假设光源发出的光束的相干长度为L_c，则当$2x<L_c$时，从干涉仪的两臂返回的光束是相干的，在观察屏上可以观察到干涉条纹，当$2x \geqslant L_c$时，从干涉仪的两臂返回的光束是不相干的，在观察屏上观察不到干涉条纹，因此通过测量干涉条纹刚刚消失时的两个干涉臂的长度差，就可以测得光源发射光波的纵向相干长度。

设想有如下一列光波，它由大量有限长度$L_c=c\tau_c$的波列组成，每个波列出现的时间是随机的，如图1.6所示。

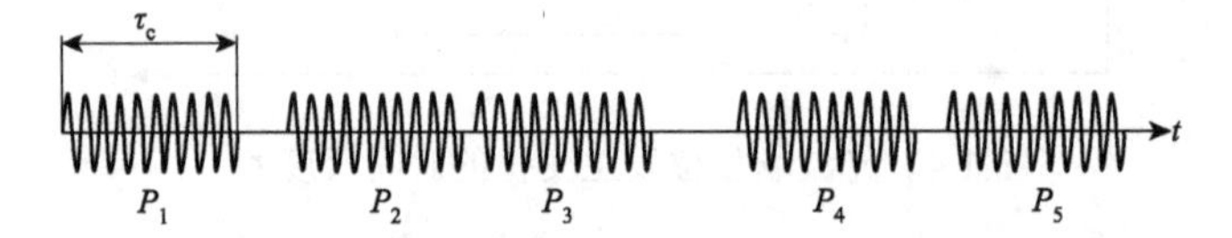

图 1.6　由一系列频率相同的随机波列组成的光波

用这样的一束光波做迈克耳孙干涉仪实验，如果两臂的光程差接近于0，则观察点上的两束光来自于同一个波列，例如他们都来自于P_1、P_2或者P_3等。因为它们具有固定的相位差所以能够发生干涉，可以很清楚地观察到干涉条纹，如图1.7所示$\tau_d=0$附近的干涉条纹。

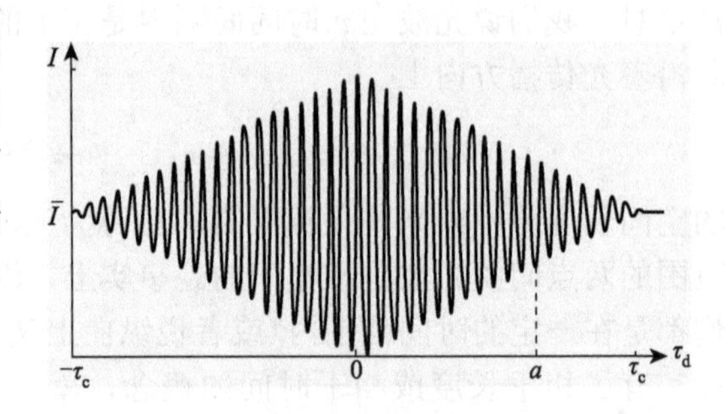

图 1.7　迈克耳孙干涉仪的干涉条纹随时间延迟τ_d（也就是光程差$2x/c$）的变化

当$0<2x=c\tau_d<L_c$时，如图1.8所示，同一个波列被分成两束光后通过干涉仪的两臂具有不同的时间延迟，时间延迟的差异为τ_d，两束光中的对应波列（如P_2'和P_2''）只有$\tau_c-\tau_d$部分重叠发生干涉，不重叠的部分在探测器上只贡献一个平均光强，对干涉条纹没有贡献，干涉条纹的对比度下降（图1.7中a点）。

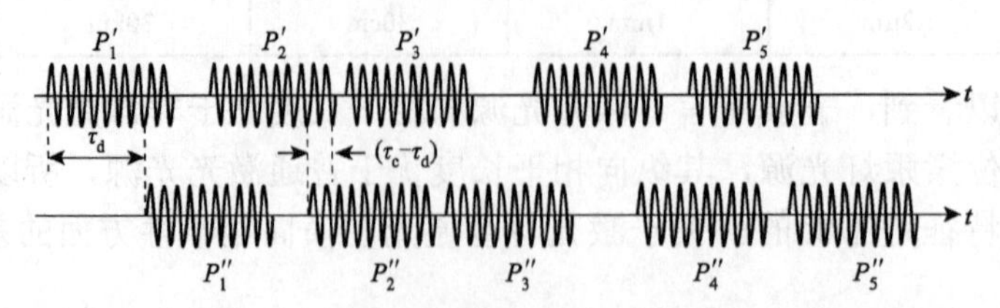

图 1.8　$\tau_c-\tau_d$时间间隔的光波与自身波列重叠发生干涉

如果 $2x = c\tau_{\mathrm{d}} > L_{\mathrm{c}}$，两束光的每一个波列都不能和与其对应的波列重叠发生干涉，而与其他波列的干涉不具有确定的相位差，他们不具有相干性，不相干的两束光叠加将其光强相加，在观察点无法观测到干涉条纹。$2x = L_{\mathrm{c}}$ 是干涉条纹刚刚消失的光程差，L_{c} 就是纵向相干长度，显然相干长度就是光束中每个波列的空间长度，相干时间为 $\tau_{\mathrm{c}} = L_{\mathrm{c}}/c$，接下来将通过一些推导得出相干时间与光波频率宽度的反比关系。

对于时间轴上的一个有限长度 τ_{c} 波列，取波列的起点为时间原点，则波列的电场强度随时间的变化为

$$E'(t) = E_0 \mathrm{Rect}(t/\tau_{\mathrm{c}}) \mathrm{e}^{-\mathrm{i}\omega_0 t} \tag{1.7}$$

式中，$\mathrm{Rect}(x)$ 表示矩形函数：

$$\mathrm{Rect}(x) = \begin{cases} 1, & 0 \leqslant x \leqslant 1 \\ 0, & x < 0,\ x > 1 \end{cases} \tag{1.8}$$

假设图 1.6 所示的光束由 $\mathscr{S}$ 个相同的波列组成，但每个波列出现的时间 t_s 是随机的，这样一束光波的电场强度随时间的变化为

$$\begin{aligned} E(t) &= \sum_{s=1}^{\mathscr{S}} E_0 \mathrm{Rect}\left[(t - t_s)/\tau_{\mathrm{c}}\right] \mathrm{e}^{-\mathrm{i}\omega_0 (t - t_s)} \\ &= E_0 \int_{-\infty}^{\infty} \mathrm{Rect}(t'/\tau_{\mathrm{c}}) \mathrm{e}^{-\mathrm{i}\omega_0 t'} \sum_{s=1}^{\mathscr{S}} \delta(t - t_s - t') \mathrm{d}t' \end{aligned} \tag{1.9}$$

式中，ω_0 表示每个波列的中心频率。为了分析 $E(t)$ 所表示光波的频率成分，可以对 $E(t)$ 做傅里叶变换。在式(1.9)中把电场表示为矩形函数与大量随机 δ 函数的卷积，因此式(1.9)中 $E(t)$ 的傅里叶变换等于矩形函数傅里叶变换与随机 δ 函数序列傅里叶变换的乘积，即

$$\begin{aligned} \mathscr{E}(\omega) &= \mathscr{E}'(\omega) \mathscr{F}\left[\sum_{s=1}^{\mathscr{S}} \delta(t - t_s)\right] \\ &= \mathscr{E}'(\omega) \sum_{s=1}^{\mathscr{S}} \mathrm{e}^{\mathrm{i}\omega t_s} \end{aligned} \tag{1.10}$$

式中

$$\mathscr{E}'(\omega) = \int_{-\infty}^{\infty} E'(t) \mathrm{e}^{\mathrm{i}\omega t} \mathrm{d}t \tag{1.11}$$

式(1.10)中 $\mathscr{E}(\omega)$ 为电场振幅的频域表示。利用 t_s 的随机性可得光波光强的频谱分布(光波光强正比于电场振幅的平方平均)：

$$\begin{aligned} \mathscr{I}(\omega) &= \frac{1}{2}\varepsilon_0 c \left\langle \left|\mathscr{E}(\omega)\right|^2 \right\rangle \\ &= \frac{1}{2}\varepsilon_0 c \left|\mathscr{E}'(\omega)\right|^2 \left\langle \left|\sum_{s=1}^{\mathscr{S}} \mathrm{e}^{\mathrm{i}\omega t_s}\right|^2 \right\rangle \\ &= \frac{1}{2}\varepsilon_0 c \left|\mathscr{E}'(\omega)\right|^2 \cdot \mathscr{S} \end{aligned} \tag{1.12}$$

将式(1.7)代入式(1.11)积分可得

$$\mathscr{E}'(\omega)=E_0\tau_c\frac{\sin\frac{1}{2}(\omega-\omega_0)\tau_c}{\frac{1}{2}(\omega-\omega_0)\tau_c}e^{i\frac{1}{2}(\omega-\omega_0)\tau_c} \tag{1.13}$$

将式(1.13)代入式(1.12)可得

$$\mathscr{I}(\omega)=\frac{1}{2}\varepsilon_0 c(E_0\tau_c)^2\left[\frac{\sin\frac{1}{2}(\omega-\omega_0)\tau_c}{\frac{1}{2}(\omega-\omega_0)\tau_c}\right]^2\cdot\mathscr{S} \tag{1.14}$$

式(1.14)表示光波光强的频谱分布，将其用曲线表示如图1.9所示。

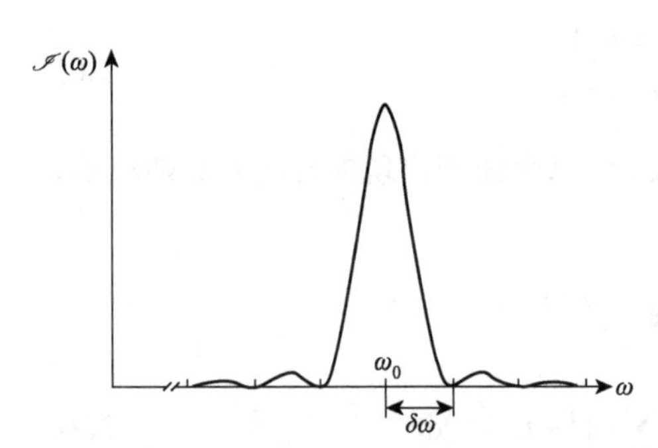

图1.9 一个随机脉冲序列的傅里叶频谱

从图1.9可以看到，当$\omega-\omega_0=0$时，函数$\mathscr{I}(\omega)$取最大值，当$\omega-\omega_0=2\pi/\tau_c$时，$\mathscr{I}(\omega)=0$，即光波的能量集中在$\omega_0$附近，宽度约为

$$\delta\omega=2\pi/\tau_c \tag{1.15}$$

的范围之内，称$\nu_0=\omega_0/2\pi$为光波的中心频率

$$\delta\nu=\delta\omega/2\pi=1/\tau_c \tag{1.16}$$

为光波的频率带宽。根据前面的讨论，τ_c是光波的相干时间，因此得到结论：光波的频率宽度与相干时间互为倒数。原来光波的相干时间与其频率带宽是相互联系的，或者说相干时间是光波单色性的一种量度，光波的单色性越好，它的相干时间越长，纵向相干长度越大。

读者也许会问，式(1.15)表示的$\delta\omega$只是光波全部频率宽度的一半，因此光波的频率宽度应该是$2\delta\omega$，实际上一个波包(或一个脉冲)的宽度总是将最大值的二分之一的宽度定义为波包宽度，而式(1.15)定义的$\delta\omega$近似等于$\mathscr{I}(\omega)$下降到最大值二分之一的波包宽度，式(1.16)中频率宽度的含义也是如此。

讨论与思考

从物理上考虑式(1.22)的含义，假设有一列光波的频率范围为$\omega\sim(\omega+\Delta\omega)$，那么经历$t$时间后光波的相位范围为$\omega t\sim(\omega t+\Delta\omega t)$，相位不确定量为$\Delta\varphi=\Delta\omega t$。如果$t\ll\tau_c$，根据式(1.22)，$\Delta\varphi\ll 2\pi$，在此条件下，光波的行为还是可预测的，或者说不同时刻的光波具有相干性；如果$t=\tau_c$，同理可得$\Delta\varphi=2\pi$，在此条件下，光波的相位可以取$0\sim 2\pi$之间的任意值，两个时刻的光波相位完全没有关联，光波不再具有相干性。

例1.1 计算表1.1中半导体激光器的波长范围。

解 根据式(1.16)，可得

$$\delta\nu=1/\tau_c=c/L_c$$

所以

$$\delta\lambda = \lambda^2 \delta\nu / c = \lambda^2 / L_c$$

代入表 1.1 中数据计算得

$$\delta\lambda = \left(980\times10^{-9}\right)^2 / 1\times10^{-3} \approx 1(\mathrm{nm})$$

由此可得半导体激光器的波长范围：

$$\lambda \pm \frac{1}{2}\delta\lambda = 980 \pm 0.5\mathrm{nm}$$

1.3　光波的横向相干性

在 1.2 节中已经引入了横向相干的概念，那么一束光在横向上是不是具有相干性，可以用杨氏干涉实验进行检验。

如图 1.10 所示，为了检测位置 P_1 和 P_2 光波的相干性，让这两点的光波分别通过小孔 ϕ_1 和 ϕ_2，把通过小孔后的光用焦距为 F 的透镜汇聚在观察屏 P 上，如果在屏上可以观察到稳定的干涉条纹，称 P_1 和 P_2 两点的光波是相干的，反之是不相干的。如果使小孔距离 d 从接近于 0 开始增加，当增加到某一值 d_c 时干涉条纹消失，那么 d_c 就称为光波的横向相干尺度，如果 $d_c = 0$，也就是说横向上任意两点的光波都不具有相干性，除非这两点重合，这种光源称为横向完全非相干光源。

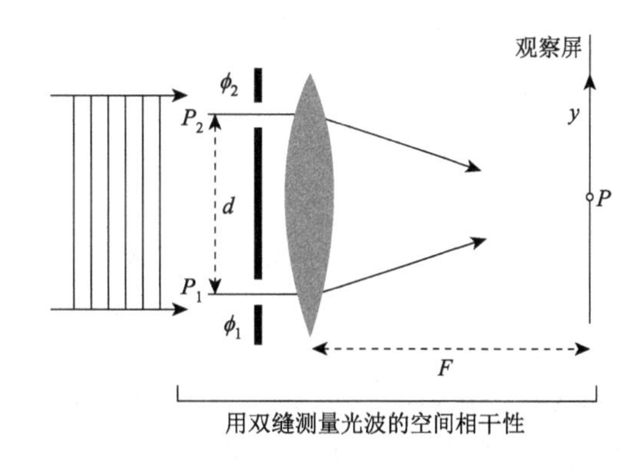

图 1.10　杨氏干涉实验装置检测光波的横向相干性

根据物理光学的理论，一列平面波正入射通过双缝后出射角为 θ 的两个光线的光程差 $\Delta l = d\sin\theta$（图 1.11），对于 $\theta \ll 1$，可以近似写成：$\Delta l = d\cdot\theta$，当

$$\Delta l_s = d\cdot\theta_s = s\lambda\left(s = \pm1, \pm2, \cdots\right) \tag{1.17}$$

时，在观察屏上得到光强极大值。

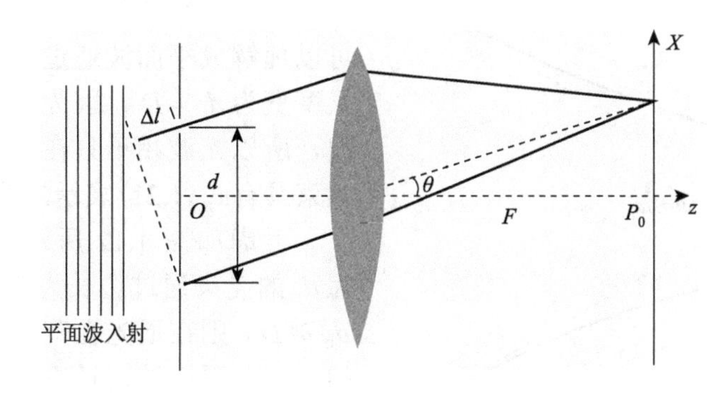

图 1.11　杨氏双缝实验装置

如果入射光波以与双缝平面法线成 θ_i 角度的方向入射，则干涉极大条件变成（习题 1.3）：

$$d(\theta_s - \theta_i) = s\lambda \tag{1.18}$$

这时干涉条纹相对于正入射 $\theta_i = 0$ 的情况有一个平移，当 $\theta_i = \lambda/d$ 时，此时的干涉条纹的 0 级极大刚好移动到正入射时干涉条纹的+1 级极大位置。如果入射光波的发散角为

$$\Delta\theta = \lambda/d \tag{1.19}$$

也就是说入射光线充满 $\theta_i = 0 \sim \lambda/d$ 的任意方向，那么不同入射光线的 0 级极大将填满正入射光线 0 级极大和 1 级极大之间的任意位置，实际上已经观察不到干涉条纹，认为来自两个狭缝的光波不再相干，定义相干尺度：

$$d_c = \lambda/\Delta\theta \tag{1.20}$$

原来，光波的横向相干尺度是由光束的发散角决定的，由式(1.6)和式(1.16)可知，光波的纵向相干尺度由光波的频率带宽确定，因此光波的横向和纵向相干彼此是独立的，它们是光波不同特征参量在干涉现象中的体现。

讨论与思考

利用与式(1.22)的相似方法考虑式(1.27)的物理含义，假设有一列光波的波长为 λ，那么光波波矢的大小为 $k = 2\pi/\lambda$，由于光波具有发散角 $\Delta\theta$，因此波矢的横向分量具有不确定性，不确定量大小为 $\Delta k_\perp = k\Delta\theta$。光波在横向上传播距离 x 后，光波的相位变化不确定量为 $\Delta\varphi = \Delta k_\perp x = k\Delta\theta x$。当 $x \ll d_c$ 时，根据式(1.27)，$\Delta\varphi \ll 2\pi$，在此条件下，光波的行为还是可预测的，或者说不同时刻的光波具有相干性；当 $x = d_c$ 时，同理可得 $\Delta\varphi = 2\pi$，在此条件下，光波的相位可以取 0～2π 之间的任意值，横向上这两个位置光波相位完全没有关联，光波不再具有相干性。

式(1.20)说明，如果一束光的发散角为 $\Delta\theta$，那么这束光的横向相干尺度为 $d_c = \lambda/\Delta\theta$；反过来讲，如果一束光的横向相干尺度为 d_c，那么这束光的发散角为 $\Delta\theta = \lambda/d_c$。根据物理光学的光衍射理论，一列平面波通过一个边长为 D 的方孔，则衍射光的发散角

$$\theta_D = \lambda/D \tag{1.21}$$

可以理解成平面波通过方孔后的横向相干尺度变为 $d_c = D$，因为通光孔之外没有光波，所以光波相干只在通光孔范围之内，光束具有式(1.21)表示的发散角。

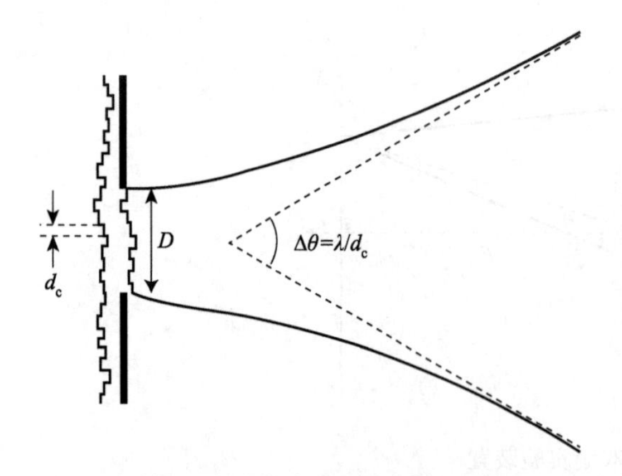

图 1.12　横向相干尺度 d_c 的光束通过孔径宽度为 D 的方孔

考虑如图 1.12 所示的横向相干尺度为 d_c 的光束通过边长为 D 的方孔：①如果 $d_c \geqslant D$，则在通光孔范围内的光波是相干的，这与平面波通过方孔衍射是一样的，通过光孔后光束的发散角由式(1.21)表示；②如果 $d_c < D$，则在通光孔范围内的光

波的横向相干尺度仍然为 d_c，此时光束的发散角由式(1.19)表示，它大于光束尺度为 D 的横向完全相干光束(也称为理想光束)的发散角。

光束衍射角公式(1.21)对应于方孔衍射，对于直径为 D 的圆孔衍射角公式变为

$$\theta_D = 1.22\lambda/D \tag{1.22}$$

同理发散角为 $\Delta\theta$ 的圆形光束其相干尺度为

$$d_c = 1.22\lambda/\Delta\theta \tag{1.23}$$

横向相干尺度等于光束直径的光束称为理想光束，在所有光束直径相同的光束中，理想光束具有最小的发散角。对于光束直径为 D 的一个光束，定义描述光束质量的 M^2 因子，它等于光束的实际发散角除以同样光束直径理想光束的发散角：

$$M^2 \equiv \frac{\Delta\theta}{\lambda/D} = \frac{\lambda/d_c}{\lambda/D} = \frac{D}{d_c} \tag{1.24}$$

式中，d_c 为光束的横向相干尺度。由于 $d_c \leqslant D$，因此 $M^2 \geqslant 1$。$M^2 = 1$ 表示该光束在横向上光束直径范围内是完全相干光。

1.4　集光率、辐射度与模式密度

想象一个发光光源的面积元 $\delta\sigma$ (图 1.13)，有一个光接收器接收光的立体角为 $\delta\Omega_A$，则接收器接收该面积元辐射光波的功率 $\delta\mathcal{P}$ 将正比于 $\delta\Omega_A$ 和 $\delta\sigma\cdot\cos\theta$ 的乘积。其中，θ 为面元 $\delta\sigma$ 的法线方向与 $\delta\Omega_A$ 方向的夹角；$\delta\sigma\cdot\cos\theta$ 则表示发光面积元在 $\delta\Omega_A$ 方向上的投影。

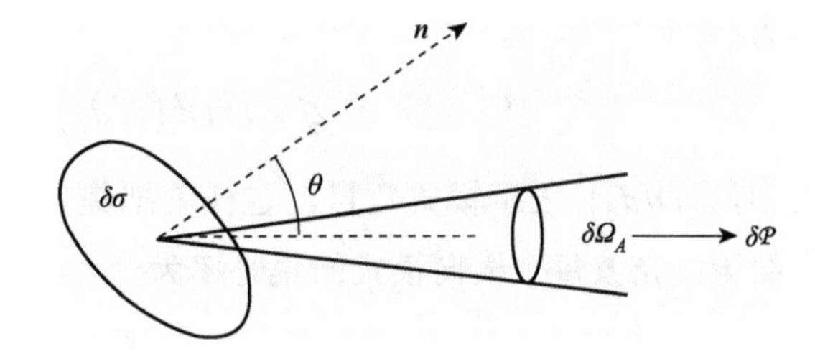

图 1.13　光源辐射面积 $\delta\sigma$ 与探测器接收立体角 $\delta\Omega_A$ 组成的光波发射与接收系统

定义微元集光率：

$$\delta\mathcal{G} = n^2\cdot\delta\sigma\cdot\cos\theta\cdot\delta\Omega_A \tag{1.25}$$

式中，n 为传光介质的折射率。对于面积为 σ 的均匀发光体，在发光面积元和接收器立体角比较小的情况下，接收器上的任意点和光源上任意点的连线与光源面的夹角近似为常数，则系统的集光率可以写成：

$$\mathcal{G} = n^2\cdot\sigma\cdot\cos\theta\cdot\Omega_A \tag{1.26}$$

式中，Ω_A 为接收器对光源点所张的总立体角。光探测器接收从光源面积 σ 发射的功率正比于系统的集光率，并且可以表示为

$$\mathcal{P} = \mathcal{B}\cdot n^2\cdot\sigma\cdot\cos\theta\cdot\Omega_A = \mathcal{B}\cdot\mathcal{G} \tag{1.27}$$

式中，比例系数 $\mathcal{B}$ 称作光源的辐射度。辐射度是光源辐射能力的特性，对于给定的光源它的辐射度是一定值，探测器收集到的功率与系统的集光率成正比。

集光率定义的表示式是光源的面积乘以光接收器对光源上点所张立体角，式(1.25)中的 Ω_A 可以写为

$$\Omega_A = A\cdot\cos\alpha/r^2 \tag{1.28}$$

式中，A 表示探测器的面积；α 表示探测器的面积法线与 Ω_A 方向的夹角；r 表示光源与探测器的距离。将式(1.28)代入式(1.26)可得

$$\begin{aligned}\mathcal{G} &= n^2\cdot\sigma\cdot\cos\theta\cdot A\cdot\cos\alpha/r^2\\ &= n^2\cdot A\cdot\cos\alpha\cdot\sigma\cdot\cos\theta/r^2\\ &= n^2\cdot A\cdot\cos\alpha\cdot\Omega_\sigma\end{aligned}$$

式中，Ω_σ 表示光源对探测器所张立体角。上式表明，用光源的面积乘以探测器对光源所张的立体角定义系统的集光率，与用探测器的面积乘以光源对探测器所张的立体角定义系统的集光率是完全等价的，因此以后不再区分是从探测器看光源还是从光源看探测器。

相干与模式总是相联系的，如果光束的横向相干尺度为 d_c(为表述方便不妨假设边长 d_c 的方形区域内光波是相干的)，相干区域内的光波属于同一个横向模式，简称横模。如果光束的横截面边长为 D(仍然假设方形区域)，则光波包含横向模式的数目为

$$\mathcal{N}_\mathrm{T} = D^2/d_c^2 \tag{1.29}$$

式(1.29)表示光波场只有一个偏振态时光波的模式数目，由于光波场可以同时具有两个独立的偏振态，因此当考虑两个偏振态时该式还要乘以因子 2，在下面的讨论中为了简明起见，只考虑一个偏振态，在需要考虑两个偏振态时将作具体说明。由于光束在每个边长方向的发散角为 λ/d_c，因此光束所包围的立体角为 $(\lambda/d_c)^2$，光束的集光率可写为

$$\mathcal{G} = n^2D^2(\lambda/d_c)^2 = \lambda_\mathrm{vac}^2(D/d_c)^2 \tag{1.30}$$

式中，$(D/d_c)^2$ 表示模式数目，这样就把集光率与横模数目联系在了一起，并且由此得出结论：光波每个横向模式的集光率为

$$\mathcal{G}_0 = \lambda_\mathrm{vac}^2 \tag{1.31}$$

式(1.31)表示每个横模的集光率等于真空波长的平方，横模与光波的横向相干性相联系，因此集光率也与光波的横向相干性相联系，已知集光率就能够很容易计算横模数。

纵向上一个相干长度定义为一个纵模，横模与纵模的乘积即为光波的总模式数目，接下来我们计算光波单位体积、单位频率间隔的模式数，该模式数又称为光波模式的谱密度。

假设一个光源的发光面积为 A，发光立体角为 Ω，发光方向垂直于发光面，传光介质的折射率为 n，那么光源发射光束的集光率为

$$\mathcal{G} = n^2A\Omega \tag{1.32}$$

因此光束的横模数为

$$\mathcal{N}_\mathrm{T} = \mathcal{G}/\lambda_\mathrm{vac}^2 = n^2A\Omega/\lambda_\mathrm{vac}^2 \tag{1.33}$$

在光传播方向上同样定义一个相干长度 L_c 为一个纵模，那么该方向上 L 距离内光波的纵模数为

$$\mathcal{N}_\mathrm{L} = L/L_c \tag{1.34}$$

假设光波的相干时间为 τ_c，传光介质折射率为 n，则相干长度 $L_c = c\tau_c/n$，根据式 (1.16)，$L_c = c/n\delta\nu$，代入式(1.34)可得

$$\mathcal{N}_L = nL\delta\nu/c \tag{1.35}$$

因此，光束的总模式数目 $\mathcal{N}$ 为光束包含的横模数与纵模数的乘积：

$$\mathcal{N} = \mathcal{N}_T\mathcal{N}_L = \frac{n^2 A\Omega}{\lambda_{vac}{}^2}\frac{nL\delta\nu}{c} = \frac{n^3\nu^2}{c^3}AL\Omega\delta\nu \tag{1.36}$$

注意到 AL 表示所考察光束的体积，因此单位体积、单位立体角、单位频率间隔内的模式数目为

$$\beta_{\nu\Omega} = \frac{n^3\nu^2}{c^3} \tag{1.37}$$

如果光波具有两个独立的偏振，那么每个偏振属于不同的模式，式(1.37)还要乘以 2，即

$$\beta_{\nu\Omega} = 2\frac{n^3\nu^2}{c^3} \tag{1.38}$$

如果光源的辐射充满空间所有方向，例如最常见的自发辐射，这时定义光波模式的谱密度 β_ν，它的含义是单位体积、单位频率间隔内光波的模式数目，因为 β_ν 包含了所有的辐射方向，也就是 4π 立体角，根据式(1.38)，立即得到 β_ν 的表示式：

$$\beta_\nu = \frac{8\pi n^3\nu^2}{c^3} \tag{1.39}$$

这就是各向同性辐射光源光波模式的谱密度表示式，本书后续内容中会经常用到。关于模式密度还有一种常用的推导方法，读者可参阅附录 A。

1.5　激光光源与普通光源参数对比分析

太阳孕育了大地，通过太阳光的不断辐射，地球生物繁衍生息、代代相传。在所有的光源中，太阳对于我们来说是最重要的光源，太阳光不是激光，我们将其作为普通光源的主要代表。目前能够得到的激光器种类有很多，它们分别用于生产生活等不同的方面，我们选择实验室常用的 He-Ne 激光器作为代表，它是一种小功率激光器，接下来通过计算 He-Ne 激光器、太阳以及 1.1 节中提到的单同位素汞灯这几种光源参数来对比不同光源的辐射特征。

例 1.2　已知一台单模 He-Ne 激光器的波长 $\lambda = 632.8\text{nm}$，光斑直径 $D = 0.5\text{mm}$，光束发散角(全角) $\theta = 1.6\times10^{-3}\text{rad}$，计算该激光束的集光率和横模数目。

解　对于一个发光面积为 σ、光束发散角为 θ 的旋转对称光束，其集光率可以精确地表示为

$$\mathcal{G} = \sigma\int_0^{2\pi}\mathrm{d}\varphi\int_0^{\theta/2}\cos\theta\sin\theta\mathrm{d}\theta = \pi\sigma\sin^2(\theta/2)$$

将如上表示式用于本例：

$$\mathcal{G}=\pi^2(D/2)^2\sin^2(\theta/2)=3.9\times10^{-13}\mathrm{m}^2$$

包含横模数目为

$$\mathcal{N}_\mathrm{T}=\mathcal{G}/\lambda_\mathrm{vac}^2\approx1$$

也就是说单模激光器只包含一个横模。

例 1.3　已知太阳半径 $R=7\times10^8\mathrm{m}$，日地距离 $l=1.5\times10^{11}\mathrm{m}$，太阳辐射中心波长 $\lambda=550\mathrm{nm}$，今有一直径 $D=1\mathrm{mm}$ 的圆孔，计算太阳光通过圆孔后光束的集光率和横模数。

解　太阳对小孔所张立体角：

$$\Omega=\pi R^2/l^2=6.8\times10^{-5}$$

系统的集光率：

$$\mathcal{G}=\pi(D/2)^2\Omega=5.4\times10^{-5}\mathrm{mm}^2$$

由于每个横模占有集光率为 λ^2，因此横模数为

$$\mathcal{N}_\mathrm{T}=\mathcal{G}/\lambda^2=178$$

设太阳光的横向相干尺度 d_c，则根据式(1.29)：

$$d_\mathrm{c}=D/\sqrt{\mathcal{N}_\mathrm{T}}=75\mu\mathrm{m}$$

也就是说如果测量太阳光的横向相干性，那么在 $d_\mathrm{c}=75\mu\mathrm{m}$ 的横向尺度范围内太阳光是相干光。对于例 1.2 中单模激光器发出的激光，在整个激光束截面范围内光波都是相干的，所以激光束的横向相干尺度约为 mm 量级。

例 1.4　单同位素 Hg 灯的 $\lambda=546.1\mathrm{nm}$ 谱线，通过距离 $l=50\mathrm{mm}$，直径为 $D=1\mathrm{mm}$ 小孔后，计算光束的横向相干尺度，已知 Hg 灯的发光面积 $\sigma=5\mathrm{mm}^2$。

解　仿照例 1.2 的步骤，系统的集光率：

$$\mathcal{G}=\pi(D/2)^2\sigma/l^2=1.6\times10^{-3}\mathrm{mm}^2$$

横模数：

$$\mathcal{N}_\mathrm{T}=\mathcal{G}/\lambda^2=5267$$

横向相干尺度：

$$d_\mathrm{c}=D/\sqrt{\mathcal{N}_\mathrm{T}}=14\mu\mathrm{m}$$

讨论与思考

从例 1.3 和例 1.4 可以看到，虽然汞灯光源发射光束的纵向相干尺度可以与激光相比拟，这是因为它的发射光束频率带宽很小，但是仅在 1mm 直径的小孔上它的辐射横模数就达到 5000 之多，而且这还不是汞灯光源辐射光的全部，由此可见普通光源辐射模式非常广泛，而激光光源的辐射模式则非常集中。

例 1.5　例 1.2 中 He-Ne 激光器输出功率 $\mathcal{P}=0.5\text{mW}$，计算其辐射度 $\mathcal{B}$。

解　将例 1.2 中的集光率数值代入式(1.34)得

$$\mathcal{B}=\mathcal{P}/\mathcal{G}=1.3\times10^{6}\,\text{mW/mm}^{2}$$

例 1.6　地面上垂直于太阳光线的每平方毫米面积接收太阳光的功率约为 $\mathcal{P}=1.5\text{mW}$，计算太阳的辐射度。

解　仿照例 1.3 中的解法求得每平方毫米面积太阳光接收器的集光率 $\mathcal{G}=6.8\times10^{-5}\text{mm}^{2}$，由式(1.34)解得

$$\mathcal{B}=\mathcal{P}/\mathcal{G}=2.2\times10^{4}\,\text{mW/mm}^{2}$$

从例 1.4 和例 1.5 可以看到，即使一个低功率的激光器，它的辐射度也要比太阳高将近两个数量级，通常人们说激光的高亮度，实际上指的是激光的高辐射度，这是激光区别于普通光的重要特征。

例 1.7　例 1.5 中 He-Ne 激光器输出激光的频率带宽 $\delta\nu=1\text{GHz}$，计算激光器单位时间内辐射到每个横模单位频率间隔的光子数。

解　由于激光器输出只有一个横模，因此激光器单位时间内辐射到每个横模的光子数为

$$N_{\text{T}}=\mathcal{P}/h\nu=\left(0.5\times10^{-3}\times632.8\times10^{-9}\right)/\left(6.626\times10^{-34}\times3\times10^{8}\right)=1.6\times10^{15}$$

激光器单位时间内辐射到每个横模单位频率间隔的光子数：

$$N_{\text{p}}=N_{\text{T}}/\delta\nu=1.6\times10^{15}/10^{9}=1.6\times10^{6}$$

例 1.8　例 1.6 中假设太阳辐射光的频率带宽 $\delta\nu=3.2\times10^{14}\text{Hz}$ (可见光频率带宽)，计算太阳单位时间内辐射到每个横模单位频率间隔的光子数。

解　太阳辐射的中心波长 $\lambda=550\text{nm}$，因此每个横模的集光率为

$$\mathcal{G}_0=\lambda^{2}=3\times10^{-7}\,\text{mm}^{2}$$

由于光波具有两个独立的偏振态，因此上述集光率实际上包含两个模式，太阳辐射到每个模式的功率为

$$\mathcal{P}_0=\mathcal{B}\cdot\mathcal{G}_0/2=3\times10^{-6}\,\text{W}$$

太阳辐射到每个横模的光子数为

$$N_{\text{T}}=\mathcal{P}_0/h\nu=\mathcal{P}_0\lambda/hc=8\times10^{12}$$

太阳单位时间内辐射到每个横模单位频率间隔的光子数为

$$N_{\text{p}}=N_{\text{T}}/\delta\nu=0.025$$

本例中取太阳的辐射频率宽度等于可见光频率宽度具有很大的随意性，加之太阳辐射强度是频率的函数，因此计算结果仅仅是一个粗略的参考。如果把太阳看作一个表面温度 6000K 的黑体，计算得到太阳辐射到 $\lambda=550\text{nm}$ 附近每个横模内单位频率间隔的光子数为 0.013，激光器和太阳单位时间内辐射到每个横模单位频率间隔的光子数 N_{p} 相差 8 个数量级，这也许是激光和普通光差异的最好说明。

讨论与思考

激光与普通光辐射到每个横模单位频率间隔的光子数不同，这种差异来源于激光辐射集中于更少的甚至是一个横模和更窄的频率范围内，而普通光源是难以实现的，即使是单同位素汞灯光源，虽然它的辐射频率范围很窄，但是它的辐射分布在几乎所有横模中，这是激光辐射和普通光源辐射又一重要区别。

既然激光与普通光之间存在如此大的差异，在某些工程应用上激光是不可取代的光源，如长距离光纤通信、激光DVD、激光打印、激光全息等。下面通过两个例题说明在工程应用中如何考虑光源的选取。

例 1.9 已知$\lambda = 1.3\mu\text{m}$单模光纤通信的比特率为$R_b = 2\text{Gbit/s}$，仪器可靠地检测到1bit所需的光子数为$N_b = 3.5\times10^6$，光纤在该波长附近的无色散传输带宽约为$\Delta\lambda = 0.1\mu\text{m}$，通过计算说明应该使用何种光源。

解 光纤通信单位时间内通过的光子数为

$$N_{\text{Flux}} = R_b N_b = 7\times10^{15}$$

$\Delta\lambda = 0.1\mu\text{m}$表示的频率带宽为

$$\Delta\nu = \left(c/\lambda^2\right)\Delta\lambda = 1.8\times10^{13}\,\text{Hz}$$

单模光纤传输一个横模，因此光纤每个横模单位频率间隔单位时间内传输的光子数为

$$N_p = N_{\text{Flux}}/\Delta\nu \approx 400$$

这个数值比太阳辐射大3～4个数量级，因此用普通光源实现单模光纤通信是不可能的，但是如果用一个激光器来实现，激光器的辐射带宽很窄，可以做到远小于$\Delta\lambda = 0.1\mu\text{m}$，$N_{\text{Flux}} = 7\times10^{15}\,/\,\text{s}$所表示的激光功率为$\mathcal{P} = N_{\text{Flux}} h\nu = 1.1\text{mW}$，这对于激光器来说基本没有困难，因此本题要求使用激光器光源。

例 1.10 已知$\lambda = 850\text{nm}$多模光纤（支持模式数目为1622）通信的比特率为$R_b = 10\text{Mbit/s}$，仪器可靠地检测到1bit所需的光子数为$N_b = 3.5\times10^6$，使用带宽$\Delta\lambda = 0.1\mu\text{m}$的光源，通过计算说明普通光源是否满足要求。

解 光纤通信单位时间内通过的光子数为

$$N_{\text{Flux}} = R_b N_b = 3.5\times10^{13}$$

多模光纤每个横模单位频率间隔单位时间内传输的光子数为

$$N_p = N_{\text{Flux}}/\left(\Delta\nu\times1622\right) \approx 5.2\times10^{-4}$$

这个数值用非激光光源是可以实现的。例如，一只普通发光二极管辐射每个横模单位频率间隔的光子数约为3×10^{-2}。毫无疑问，本例的应用同样能够使用激光光源来实现，但是基于成本原因，商业产品中总是优先考虑使用非激光光源。

对于很多其他应用，比如激光打印、激光DVD、激光机械加工等，所有这些应用也必须选用激光光源，就不再一一讨论了，以上两个例子也为读者提供了在具体应用中如何选取光源的分析思路。

1.6　关于激光与普通光区别的再讨论

根据上一阶中氦氖激光器辐射与太阳辐射的参数对比容易得出结论：激光辐射集中于少数横模甚至一个横模和很窄的频率范围，非激光辐射则分布于几乎所有横模和更宽的频率范围。但是在讨论超短脉冲激光器时，这种结论遇到了困难，先来看下面的例子。

例 1.11　已知一台单横模超短脉冲激光器的辐射脉冲宽度 $\tau_{\mathrm{p}}=10\times10^{-15}\mathrm{s}$，辐射波长 $\lambda=1550\mathrm{nm}$，每个脉冲能量 $E=10^{-11}\mathrm{J}$，计算：

(1) 光波的频率宽度；

(2) 每个脉冲的光子数。

解　(1) 由于脉冲仅存在于该时间宽度范围之内，因此可以认为激光的相干时间等于脉冲宽度，根据频率宽度与相干时间的关系式(1.16)计算可得光波的频率宽度：

$$\delta\nu=1/\tau_{\mathrm{c}}=1.0\times10^{14}\mathrm{Hz}$$

(2) 由于每个光子能量 $h\nu=hc/\lambda=1.28\times10^{-19}\mathrm{J}$，因此每个脉冲的光子数：

$$N=E/h\nu\approx8\times10^{7}$$

我们知道可见光的频率范围大约等于 $3\times10^{14}\mathrm{Hz}$，由此可见激光脉冲的频率宽度可以与可见光的频率宽度相比拟，这是一个很大的频率范围，因此窄频率宽度不是激光辐射的特征，为了说明激光与普通光的本质区别，首先分析每个横模中单位时间、单位频率间隔接收的光子数更进一步的物理含义。

如果接收器单位时间接收到光波每个横模的光子数为 N_{T}，光波的频率宽度为 $\delta\nu=1/\tau_{\mathrm{c}}$，其中，$\tau_{\mathrm{c}}$表示光波的相干时间，则接收器单位时间接收到光波每个横模单位频率间隔的光子数为

$$N_{\mathrm{p}}=N_{\mathrm{T}}/\delta\nu=N_{\mathrm{T}}\tau_{\mathrm{c}}\,c/c=\frac{N_{\mathrm{T}}}{c/c\tau_{\mathrm{c}}}=\frac{N_{\mathrm{T}}}{c/L_{\mathrm{c}}}\tag{1.40}$$

因为式(1.40)中的 c/L_{c} 表示接收器单位时间内接收到光波的纵模数，所以式(1.40)表示接收器接收到光波每个横模、每个纵模的光子数，也就是光波每个模式的光子数，这里所说的模式同时包括横模和纵模，因此前面所讨论的接收器单位时间接收到光波每个横模、单位频率间隔的光子数等价于光波每个模式的光子数。利用每个模式光子数的概念，我们重新叙述激光与普通光的本质区别如下。

激光与普通光的本质区别在于：对于激光，每个模式的光子数远大于 1；对于普通光，每个模式的光子数小于或等于 1。

对于例 1.11 中的脉冲激光器，虽然脉冲的频率宽度很大，但是持续时间很短，脉冲光子全部在这个短时间内释放出来，这个很短的时间就是相干时间，他们属于同一个光波模式，因此每个脉冲的光子数就是光波每个模式的光子数，根据计算结果可知，脉冲激光器辐射每个模式的光子数远大于 1，这是所有激光器辐射的特征。

讨论与思考

随着激光应用的日益广泛，激光在当今生活生产中已经很常见。由于激光具有明显

区别于普通光的特征，因此人们观察到激光与普通光的区别也有很多，常见的有以下几种：(1)激光具有高单色性，普通光不具有这种性质；(2)激光具有高亮度；(3)激光具有高方向性；(4)激光是相干光，普通光是非相干光。为了更加清楚地认识激光和在科研生产中更好地应用激光，对上述结论逐个分析如下。

(1)一般来讲，激光的单色性优于普通光，但是并不总是如此。例如，单同位素汞灯光源的单色性优于一些激光光源；再如，超短脉冲激光器的频率宽度可以很大，因此高单色性不是激光辐射的通用特征。

(2)激光具有高亮度的特征，这里所说的亮度就是在 1.4 节中定义的辐射度。由于激光辐射集中于更少的横模中，而普通光源辐射分布在几乎所有的横模中，这种性质等价于激光器辐射的集光率远小于普通光源辐射的集光率。根据式(1.34)可得，激光具有高亮度的性质，但是根据例 1.5 和例 1.6 的计算结果，一台氦氖激光器的辐射度与太阳相比相差两个数量级，而根据例 1.7 和例 1.8，一只氦氖激光器辐射每个模式的光子数与太阳相比相差约 8 个数量级，所以激光的高亮度还不是激光区别于普通光最本质的特征。

(3)激光具有高方向性的含义是激光光束具有更小的发散角，而实际上激光束也能够具有很大的发散角。例如，在图 1.14 中一束聚焦的激光，在光束聚焦后得到很小的光斑，但是光束聚焦后迅速发散开来，所以激光能够具有很大的发散角，高方向性不是激光所具有的共同特征。

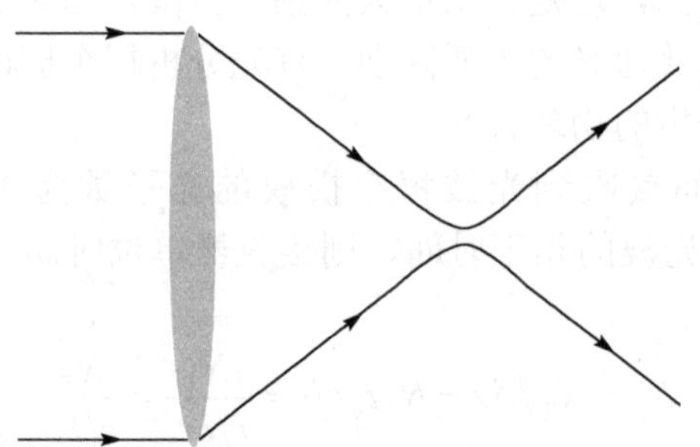

图 1.14　一束聚焦的激光，通过焦点后迅速发散

(4)激光是相干光，普通光是非相干光。根据 1.1 节的阐述，相干至少涉及两个对象，谈论激光或者普通光的相干性逻辑上都不严格。我们可以讨论两种光在纵向上两点的相干性或者横向上两点的相干性，但是这又涉及所讨论的尺度范围。例如，在纵向上 1μm 的范围内的两点上激光和太阳光都具有相干性，而在横向上约 70μm 的范围内的两点上激光和太阳光也都具有相干性；我们可能推测激光较普通光具有更好的相干性。例如，激光的纵向相干长度大于太阳光，但是通过比较激光与单同位素汞灯辐射的纵向相干长度，发现这种结论并不具有一般性。比较两种光的横向相干性同样得不出明确的结论。例如，聚焦的可见光激光束的光斑尺寸可以达到 1μm，这也是横向相干尺度，因为光斑之外光强为 0，这个相干尺度远小于太阳光的横向相干尺度。实际上，通过以下实验装置太阳光的横向和纵向相干尺度可以实现任意要求。

在如图 1.15 所示的装置中，太阳光透过一个尺度小于或等于太阳光横向相干尺度的小孔(该小孔的尺度约为 70μm)，再利用透镜准直，由于通过小孔的光波为横向完全相干光，所以准直后的光波在光束范围内为横向完全相干光。由于选择不同参数的透镜可以改变准直光波的横向尺度，所以实验上可以获得任意横向相干尺度的光波。将准直后的光束输入到一个频率滤波器，由于理论上可以选取任意频率宽度的频率滤波器，同时由于光波的纵向相干尺度由光波的频率宽度决定，因此在滤波器后方可以获得任意纵向相干尺度的光波。总之，利用以上实验装置，我们能够获得任意横向和纵向相干尺度的光波。虽然如此，光波来自于太阳这样的事实不能改变，不管其相干性如何，它不是激光，从光波的相干特征不能将激光与普通光区别开来。

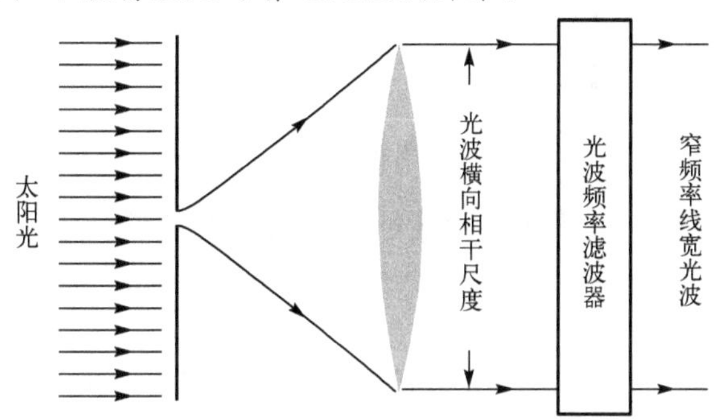

图 1.15　太阳光透过小孔、利用透镜准直、最后通过频率滤波器滤波的实验装置示意图

上述实验的本质是将不符合要求的光波模式滤除。例如，让太阳光透过小孔，则表示只允许太阳辐射的某个横模通过，其他横模滤除。频率滤波则表示只选取符合要求的纵模，实验使得光波的模式数目减少，相干性增加，但是任何实验都不能在没有能量注入的条件下增加模式的光子数目，或者使得更多模式中的光子向少数模式集中，因此在上述实验中光波每个模式的光子数没有增加。尽管实验获得了相干性很好的光波，但是它仍然不是激光，因为激光光波的单个模式中包含大量的光子，所以我们说激光与普通光的本质区别在于其单个模式中光子数目的差异。

从物理学熵原理的角度来理解，普通光源辐射的光子分布于众多的光波模式中，而激光辐射光子则集中于更少的光波模式中，因此普通光源辐射具有更大的熵，激光辐射具有更小的熵。熵增加原理告诉我们，众多光波模式的光子不能向少数模式集中，因为系统的熵不能减小。

习　题

1.1　一个半导体激光器发射波长为 850nm 的激光，光谱宽度为 2nm，计算激光的纵向相干长度。

1.2　一个稳频的 He-Ne 激光器发射波长为 633nm 的激光，频率稳定度 $\delta\nu/\nu=10^{-8}$，计算激光的纵向相干长度。

1.3　一束平面波斜入射到杨氏双缝平面上，其传播方向与双缝平面法线的夹角为 $\theta_{\rm i}$，如图题 1.3 所示，证明第 s 级干涉条纹极大位置为 $d\left(\theta_s-\theta_{\rm i}\right)=s\lambda$。

1.4　已知一个横向完全相干的 Nd：YAG 激光器，发射波长 $\lambda=1.06\mu\text{m}$。

(1) 光束直径为 0.8mm，激光束从地面垂直射向飞行高度为 10km 的飞机，计算激光束在飞机上的光斑尺寸；

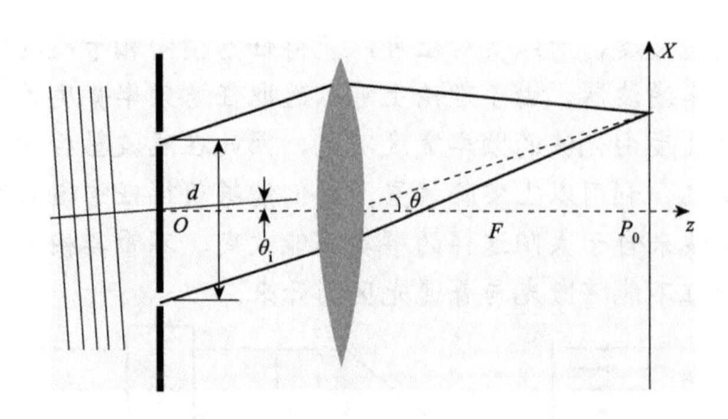

图题 1.3

(2) 改变光束的直径，计算飞机上能够得到的最小光斑尺寸。

1.5　一个多模激光器发射激光束的直径为 $\phi=6\text{mm}$，激光波长 $\lambda=1.5\mu\text{m}$，激光发散角为 2.8mrad，计算激光束的 M^2 因子。

1.6　一束波长为 $\lambda=1.9\mu\text{m}$ 的激光，其光束直径 $\phi=12\text{mm}$，$M^2=10$，计算光束的发散角。光束传播距离 $L=5\text{m}$ 后，计算光束的直径。

1.7　已知一个光纤激光器纤芯与包层的折射率差的相对值 $(n_1-n_2)/n_1=0.0036$，光纤的数值孔径 $NA=\sqrt{n_1^2-n_2^2}=0.13$，光波波长 $\lambda=1550\text{nm}$。

(1) 计算光纤激光器输出激光的横向相干尺寸；

(2) 如果光纤的纤芯直径 $\phi=50\mu\text{m}$，计算激光束的 M^2 因子(提示：光纤激光器的光束发散角由光纤的数值孔径确定，激光器发射光束的面积由光纤纤芯尺寸确定)。

1.8　用一根单模光纤传输波长 $\lambda=1550\text{nm}$ 的光信号，传输光的功率为 $\mathcal{P}=1.5\text{mW}$，计算光纤输出光的辐射度。

1.9　题 1.8 中光纤的输入光源应该选用激光光源还是普通光源？

第 2 章　光学谐振腔的一般性质

微课

一般来讲，一台激光器由三部分组成：一是光放大介质，又称增益介质，使光波在受激辐射的作用下被放大；二是激光器要有一个光学谐振腔，它将光波的能量约束在谐振腔空间中；三是提供光波放大的能量，又称作泵浦。光学谐振腔由光学反射镜或其他光反射元件组成。用两个平面反射镜平行置于增益介质的两端就构成了一个光学谐振腔，把光限制在两个反射镜之间的区域，使得光波能够在增益介质中往返传播不断放大。实际上光学谐振腔的作用不仅如此，在本章和第 3 章将介绍谐振腔在决定激光场空间分布和谐振频率方面的作用。

2.1　平行平面镜腔的光强透射率

首先考虑一种最简单的光学谐振腔，即平行平面镜腔(F-P 腔)。由于本章中还未引入增益介质，下面的讨论中使一束平面波垂直入射到光腔上，并且由此讨论光波在光腔中的行为。如图 2.1 所示，假设所用的两个反射镜均为高反镜，可以想象一般情况下，光波大部分能量将被反射，只有少部分能量进入光腔中，在两个反射镜中间往返传播，并且每次通过第二个反射镜总有一部分能量透射。在两个反射镜中间所有沿 $+z$ 方向传播的光波都具有相位因子 $e^{i(kz-\omega t)}$，其中，k 为波矢，ω 为光波角频率。将这些光波场相加，就得到沿 $+z$ 方向传播的总光波场，并且假设为如下形式：

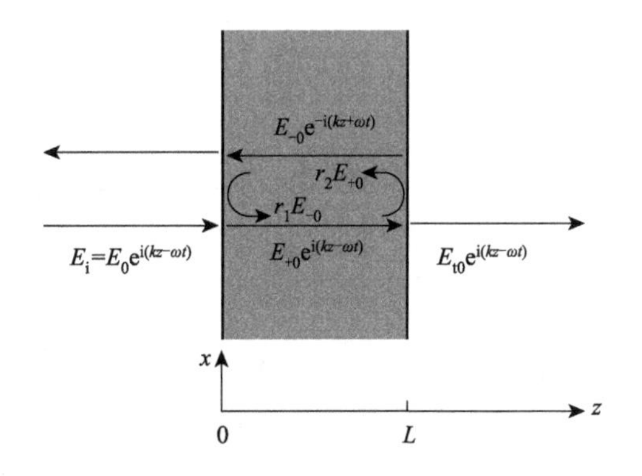

图 2.1　F-P 腔中同时存在沿 $\pm z$ 方向传播的光波

$$E_+ = E_{+0}e^{i(kz-\omega t)} \tag{2.1}$$

同理假设沿 $-z$ 方向传播的总光波场形式为

$$E_- = E_{-0}e^{-i(kz+\omega t)} \tag{2.2}$$

设两个反射镜的振幅反射率分别为 r_1 和 r_2，透射率为 t_1 和 t_2，同时假设 F-P 腔的入射光波场和出射光波场的形式分别为 $E_i = E_0e^{i(kz-\omega t)}$，$E_t = E_{t0}e^{i(kz-\omega t)}$。

在光腔中假设第一个镜面坐标 $z=0$ (图 2.1)，在 $z=0$ 点的正向波 E_+ 由入射光透射进入光腔的电场 $t_1E_i = t_1E_0e^{-i\omega t}$ 和光腔中的负向波 E_- 在第一个反射镜上的反射波 $r_1E_- = r_1E_{-0}e^{-i\omega t}$ 叠加而成：

$$E_{+0}e^{-i\omega t} = t_1E_0e^{-i\omega t} + r_1E_{-0}e^{-i\omega t} \tag{2.3}$$

同样的讨论可得到在第二个镜面上的负向波由正向波的反射而产生，透射波由正向波的透射而产生，由于第二个镜面的 z 坐标为 L，因此有如下关系式：

$$E_{-0}\mathrm{e}^{-\mathrm{i}(kL+\omega t)} = r_2 E_{+0}\mathrm{e}^{\mathrm{i}(kL-\omega t)} \tag{2.4}$$

$$E_{\mathrm{t}0}\mathrm{e}^{\mathrm{i}(kL-\omega t)} = t_2 E_{+0}\mathrm{e}^{\mathrm{i}(kL-\omega t)} \tag{2.5}$$

联立式(2.3)～式(2.5)求解可得

$$E_{\mathrm{t}0} = \frac{E_0 t_1 t_2}{1 - r_1 r_2 \mathrm{e}^{\mathrm{i}2kL}} \tag{2.6}$$

因此透射光强为

$$I_{\mathrm{t}} = \frac{1}{2}c\varepsilon_0 \left|E_{\mathrm{t}0}\right|^2 = \frac{1}{2}c\varepsilon_0 \left|\frac{E_0 t_1 t_2}{1 - r_1 r_2 \mathrm{e}^{\mathrm{i}2kL}}\right|^2 \tag{2.7}$$

在下面的讨论中，假设 r_1、r_2、t_1、t_2 均为实数，因为从式(2.7)知道，t_1 和 t_2 的相位部分对于光强透射率没有影响，而 r_1 和 r_2 的相位因子可以与 $2kL$ 相位合并，这样式(2.7)写成

$$\begin{aligned} I_{\mathrm{t}} &= \frac{1}{2}c\varepsilon_0 \left(\frac{E_0 t_1 t_2}{1 - r_1 r_2}\right)^2 \frac{1}{1 + 4r_1 r_2 \sin^2 \Delta\varphi / (1 - r_1 r_2)^2} \\ &= \frac{I_{\max}}{1 + (2\mathcal{F}/\pi)^2 \cdot \sin^2 \Delta\varphi} \end{aligned} \tag{2.8}$$

式中

$$\mathcal{F} = \frac{\pi\sqrt{r_1 r_2}}{1 - r_1 r_2} \tag{2.9}$$

称为光腔的精细度，$\Delta\varphi$ 为光波在光腔中传播的单程相移，如果反射镜的反射相移分别为 φ_1 和 φ_2，即 $r_1 = |r_1|\mathrm{e}^{\mathrm{i}\varphi_1}$，$r_2 = |r_2|\mathrm{e}^{\mathrm{i}\varphi_2}$，则往返相移 $2\Delta\varphi = 2kL + \varphi_1 + \varphi_2$。由于 φ_1 和 φ_2 仅贡献一个常数相位，为了简明起见，令 $\varphi_1 = \varphi_2 = 0$，因此

$$\Delta\varphi = kL \tag{2.10}$$

对于低损耗光腔，$1 - r_1 r_2 \ll 1$，精细度可以近似写成

$$\mathcal{F} \approx \frac{\pi}{1 - r_1 r_2} \tag{2.11}$$

2.2 谐振频率

将 F-P 腔的光强透射率式(2.8)作图如图 2.2 所示，由图可知，当满足光波传播的往返相移时，即

$$2\Delta\varphi = s \cdot 2\pi \tag{2.12}$$

式中，s 为正整数，F-P 腔的透射率取极大值。这是因为光波在谐振腔中每经历一个往返，

都满足与原光波场相干加强的条件，使得光波场在光腔中不断加强，在谐振腔中建立起很强的光波场，光腔的输出光强陡然增加。

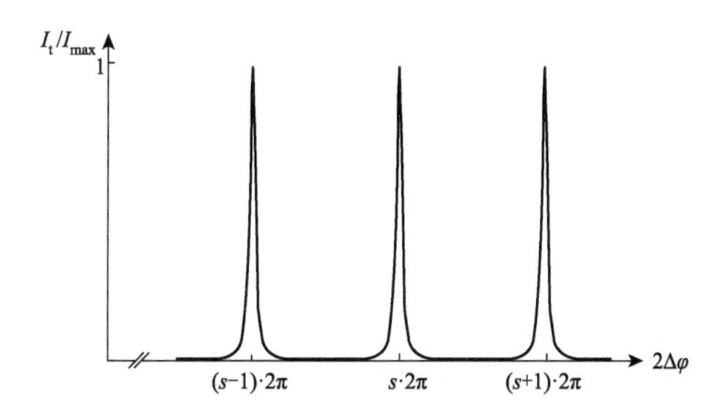

图 2.2　F-P 腔的透射光强随光波往返相移 $2\Delta\varphi$ 的变化曲线

由于波矢

$$k=\omega/c=2\pi\nu/c \tag{2.13}$$

将式(2.10)和式(2.13)代入式(2.12)可得

$$\nu_s=s\cdot c/2L \tag{2.14}$$

满足式(2.14)的光波频率，称为光腔的谐振频率，式中，s 为正整数，称为纵模级数。注意在计算中认为光波场横向均匀，光波场变化只沿 z 方向，所以式(2.14)又称为纵模频率，每一个谐振频率对应于光腔中的一个模式。由于光腔中光波分别沿 $\pm z$ 方向传播，频率相同、相向传播的两列波叠加在空间形成驻波，因此 F-P 谐振腔中的光波以驻波形式存在，如图 2.3 所示。

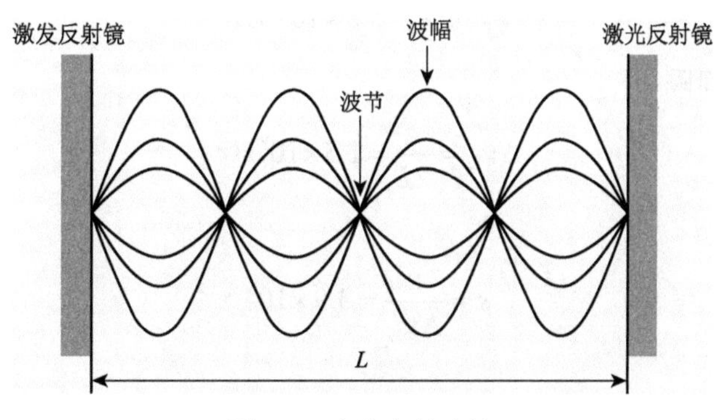

图 2.3　光腔中的驻波

纵模级数 s 为驻波节点的数目(两端的节点分别记为半个节点)。在频率图上谐振频率表示成等间距的梳状结构(图 2.4)。

相邻纵模之间的谐振频率差：

$$\Delta\nu_L=\nu_{s+1}-\nu_s=c/2L \tag{2.15}$$

称作纵模频率间隔，在光谱技术中，又称为自由光谱范围。

重写式(2.14)如下：

$$2L = s \cdot c/\nu_s = s \cdot \lambda_s \tag{2.16}$$

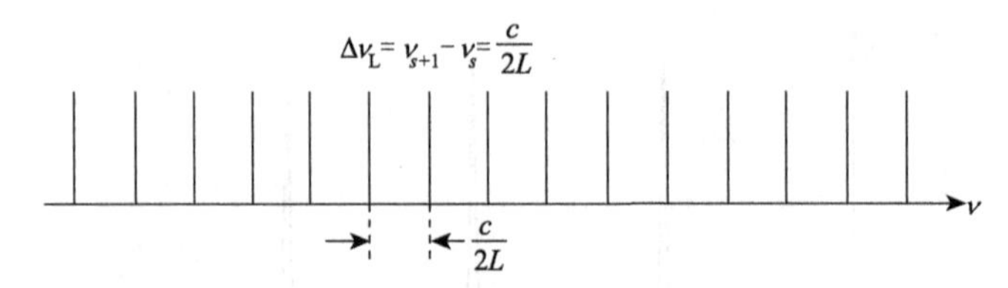

图 2.4 光腔中的纵模频率

式(2.16)的物理意义：光波在光腔中一个往返的光程差是光波长的整数倍，这是谐振条件的另一种表述。在前面的讨论中默认了光腔中的介质折射率为 1，对于介质折射率不等于 1 的情况，只要将式(2.14)～式(2.16)中的c替换为c/n就可以了，其中，n为介质的折射率。

波长的倒数称为波数，用$\bar{\nu}_s$表示，由式(2.16)可得

$$\bar{\nu}_s = s \cdot \frac{1}{2L} \tag{2.17}$$

这是光腔谐振条件的又一种表述方式。相邻模式的波数差为

$$\Delta\bar{\nu}_L = \frac{1}{2L} \tag{2.18}$$

例 2.1 已知氩离子激光器的辐射波长$\lambda = 514\text{nm}$，激光器光腔长度$L = 1\text{m}$，折射率$n = 1$，估算纵模频率间隔和纵模级数。

解 光波频率：

$$\nu = c/\lambda = 5.8 \times 10^{14}\,\text{Hz}$$

光腔纵模频率间隔：

$$\Delta\nu_L = \frac{c}{2L} = 1.5 \times 10^{8}\,\text{Hz}$$

纵模级数：

$$s = \frac{\nu}{\Delta\nu_L} = 3.9 \times 10^{6}$$

或者

$$s = \frac{2L}{\lambda} = 3.9 \times 10^{6}$$

2.3 模式频率宽度

从图 2.2 中可以看到，如果满足$2\Delta\varphi = s \cdot 2\pi$的条件，由谐振腔得到输出光强的最大值，此时的光波频率$\nu_s = s \cdot c/2L$为谐振腔的谐振频率；如果光波的频率偏离谐振频率，$2\Delta\varphi = s \cdot 2\pi$的条件得不到严格满足，谐振腔的输出光强下降，如图 2.5 所示。将光腔透

射光强下降到最大值的一半时的频率宽度(简称为半高全宽)定义为光腔模式的频率带宽，如图 2.5 中的 $\delta\nu_{\mathrm{L}}$。

令 $2\Delta\varphi' = s\cdot 2\pi + \varepsilon$ 时，$I_{\mathrm{t}} = I_{\max}/2$，代入式(2.8)，并利用三角关系 $\sin(s\pi+\alpha) = (-1)^s \sin\alpha$，可得

$$(2\mathcal{F}/\pi)^2 \cdot \sin^2(\varepsilon/2) = 1$$

由此得

$$\varepsilon = \pm 2\sin^{-1}(\pi/2\mathcal{F})$$

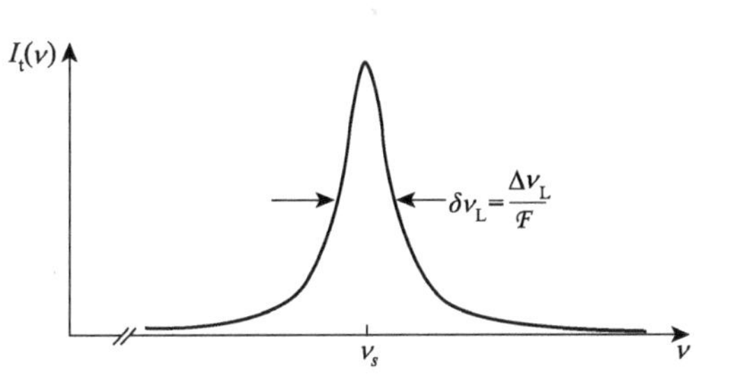

图 2.5　F-P 腔每个光强输出峰的展宽图像

设与光波频率 ν' 对应的往返相移 $2\Delta\varphi'$，则根据式(2.10)：

$$2\Delta\varphi' = \frac{2\pi\nu'}{c}2L = s\cdot 2\pi + \varepsilon = \frac{2\pi\nu_s}{c}2L + \varepsilon$$

整理得

$$\nu' - \nu_{\mathrm{s}} = \frac{c\varepsilon}{4\pi L} = \pm\frac{c}{2\pi L}\sin^{-1}\left(\frac{\pi}{2\mathcal{F}}\right) \tag{2.19}$$

对于低损光学谐振腔 $\mathcal{F} \gg 1$，在一阶近似条件下：

$$\varepsilon = \pm\pi/\mathcal{F} \tag{2.20}$$

上式表示在光波往返相位差位于 $2\Delta\varphi = s\cdot 2\pi \pm \pi/\mathcal{F}$ 的范围内时，我们认为光波与谐振腔仍然处于谐振状态，因此 $|2\varepsilon| = 2\pi/\mathcal{F}$ 称为谐振相位宽度。将式(2.20)代入式(2.19)可得

$$\nu' - \nu = \pm\frac{c}{4L}\cdot\frac{1}{\mathcal{F}} \tag{2.21}$$

将谐振腔的模式宽度 $\delta\nu_{\mathrm{L}}$ 定义为两个半高频率点之间的频率间隔，因此

$$\delta\nu_{\mathrm{L}} = \frac{c}{2L}\cdot\frac{1}{\mathcal{F}} = \frac{\Delta\nu_{\mathrm{L}}}{\mathcal{F}} \tag{2.22}$$

从式(2.22)可以清楚地看到精细度 $\mathcal{F}$ 的意义，把相邻模式的频率间隔分成 $\mathcal{F}$ 份，每一份的频率宽度就是谐振腔的模式频率宽度，也称谐振频率带宽。

2.4　光子寿命与品质因子

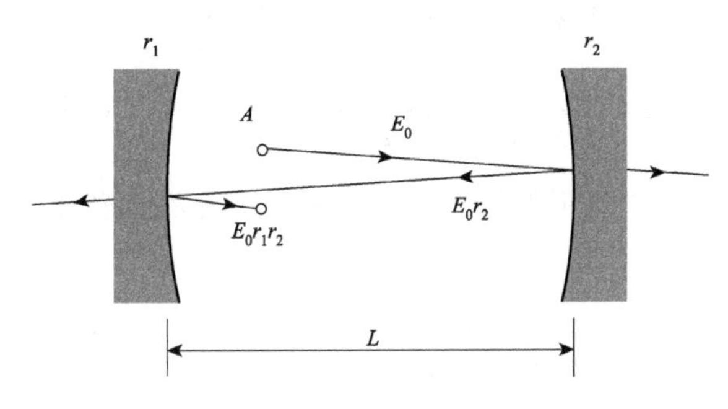

图 2.6　光波在光腔中经历一次往返的光强变化

在如图 2.6 所示的光腔中，设有一束光波振幅为 E_0，从光腔中的 A 点出发，在光腔内往返传播，两个反射镜的振幅反射率分别为 r_1 和 r_2，则光波在光腔中经历一次往返回到 A 点的振幅变为 $E_1 = E_0 r_1 r_2$。光波继续在光腔中传播，经历 m 次往返后，光波振幅变为 $E_m = E_0(r_1 r_2)^m$，并且将其计为

$$E_m = E_0 \mathrm{e}^{-m\ln\frac{1}{r_1 r_2}} \tag{2.23}$$

设光腔的长度为 L，则光在光腔中 m 次往返的传播时间为 $t = 2mL/c$，代入式(2.23)，同时考虑到光波的振荡角频率为 ω_0，可得

$$E(t) = E_0 \mathrm{e}^{-t/2\tau_\mathrm{R}} \mathrm{e}^{-\mathrm{i}\omega_0 t} \tag{2.24}$$

式中，τ_R 定义为

$$\tau_\mathrm{R} = \frac{2L/c}{2\ln\left[1/(r_1 r_2)\right]} \tag{2.25}$$

光强随时间的衰减可表示为

$$I(t) = \frac{1}{2}c\varepsilon_0 \left|E(t)\right|^2 = I_0 \mathrm{e}^{-t/\tau_\mathrm{R}} \tag{2.26}$$

定义 τ_R 为光腔的光子寿命，其物理含义为光腔中的光强衰减为初始值的1/e时所需要的时间，也就是光腔中的总光子数衰减为初始值的1/e时所需要的时间。

讨论与思考

将光子数下降到初始值的1/e所需要的时间 τ_R 定义为光腔的光子寿命，它的物理含义是谐振腔中光子的平均寿命，因为 t 时刻 $\mathrm{d}t$ 时间间隔内减少的光子数为

$$-\mathrm{d}N = -N_0\left(-1/\tau_\mathrm{R}\right)\mathrm{e}^{-t/\tau_\mathrm{R}}\mathrm{d}t \tag{2.27}$$

这些光子的寿命为 t，光腔内光子的平均寿命等于所有光子的寿命求和再取平均，即

$$\begin{aligned}\text{光子平均寿命} &= \frac{1}{N_0}\int_{N_0}^{0} t(-\mathrm{d}N) = \int_0^\infty \left(\frac{t}{\tau_\mathrm{R}}\right)\mathrm{e}^{-t/\tau_\mathrm{R}}\mathrm{d}t \\ &= -\int_0^\infty t\mathrm{d}\left(\mathrm{e}^{-t/\tau_\mathrm{R}}\right) = -t\mathrm{e}^{-t/\tau_\mathrm{R}}\Big|_0^\infty + \int_0^\infty \mathrm{e}^{-t/\tau_\mathrm{R}}\mathrm{d}t = \tau_\mathrm{R}\end{aligned} \tag{2.28}$$

所以光腔的光子寿命 τ_R 表示光腔内光子的平均寿命。

对式(2.24)做傅里叶变换，可以得到光波的电场分量在频率空间的分布：

$$\mathscr{E}(\omega) = E_0\int_0^\infty \mathrm{e}^{-\left(\mathrm{i}\omega_0 + \frac{1}{2\tau_\mathrm{R}}\right)t}\mathrm{e}^{\mathrm{i}\omega t}\mathrm{d}t = \frac{E_0}{\mathrm{i}(\omega-\omega_0) - \left[1/(2\tau_\mathrm{R})\right]} \tag{2.29}$$

式(2.29)表示光腔中衰减的光波在频率空间的电场强度振幅分布，因此光波光强按照频率的分布为

$$\mathscr{I}(\omega) = \frac{1}{2}c\varepsilon_0\left|\mathscr{E}(\omega)\right|^2 = I_0\frac{1}{(\omega-\omega_0)^2 + \left[1/(2\tau_\mathrm{R})\right]^2} \tag{2.30}$$

式(2.30)是洛伦兹线型。当 $\omega = \omega_0$ 时，光强分量取最大值，当 $\omega - \omega_0 = \pm 1/2\tau_\mathrm{R}$ 时，光强分

量下降到最大值的一半，如图 2.7 所示。将光强分量下降到最大值一半时的频率宽度定义为谐振腔模式线宽，用 $\delta\nu_L$ 表示，则

$$\delta\nu_L = \frac{1}{2\pi\tau_R} \tag{2.31}$$

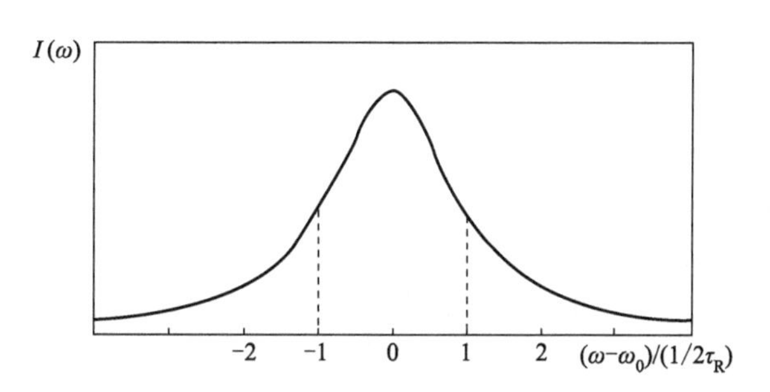

图 2.7　光腔中衰减的光波在频率空间的电场强度振幅分布

讨论与思考

从式(2.31)可知，光腔的模式频率线宽与光子寿命的乘积等于$1/2\pi$，在此光子寿命也可以等价地理解成光波波列的长度；而从第一章中式(1.16)给出的结论是光波的频率宽度与波列长度的乘积等于 1。这两种结果并不存在矛盾，因为不同的线型函数对应的频率宽度与时间宽度的乘积可以不同，它们都是测不准原理的结果。测不准原理告诉我们频率测不准量与时间测不准量的乘积 $\delta\omega\cdot\delta t\geqslant 1/2$，因此它们都满足测不准原理。

注意通过式(2.22)和式(2.31)，分别从谐振腔的谐振线宽和光子寿命出发定义谐振腔模式的频率宽度，并且使用了相同的记号 $\delta\nu_L$，下面将证明对于低损耗谐振腔

$$1 - r_1 r_2 \ll 1 \tag{2.32}$$

这两个定义是一致的，而激光谐振腔绝大多数满足低损耗条件，所以式(2.32)具有一般性。在式(2.32)低损耗条件下，$\ln(1/r_1r_2)\approx 1-r_1r_2$，$\tau_R$ 可以近似写成

$$\tau_R \approx \frac{2L}{c}\cdot\frac{1}{2(1-r_1r_2)} \tag{2.33}$$

利用精细度的表示式(2.11)，式(2.33)又可以表示成

$$\tau_R = \frac{2L}{c}\cdot\frac{\mathcal{F}}{2\pi} \tag{2.34}$$

即

$$\frac{c}{2L}\cdot\frac{1}{\mathcal{F}} = \frac{1}{2\pi\tau_R} \tag{2.35}$$

式(2.35)表明，对于低损耗谐振腔模式线宽的表示式(2.22)与式(2.31)是完全一致的。在式(2.34)中 $2L/c$ 表示光波在光腔一次往返的时间，τ_R 为光子寿命，因此

$$m_e = \mathcal{F}/2\pi \tag{2.36}$$

为光波在光腔中的有效往返次数。由于精细度$\mathcal{F}$有限，因此光波在谐振腔中的往返传播次数有限，有限的往返次数导致谐振频率的宽度有限。

讨论与思考

1. 关于有限的往返次数导致谐振频率的宽度有限的结论，可以定性地理解如下：如果光波的频率等于谐振腔的谐振频率，那么光波在谐振腔中经历任意次往返，它的相位变化总是等于2π的整数倍，因此光波在谐振腔中传播总是能够满足相干加强的条件。对于光波频率不等于谐振腔谐振频率的情况，假设光波每次往返的相位差$2\Delta\varphi = s\cdot 2\pi + \varepsilon$，在谐振腔往返$m_e$次之后，相对于谐振情况相位偏移量为$m_e\varepsilon$，如果这种相位偏移的允许量是一个定值，那么$m_e$越大，每个往返允许的相位偏移量越小，等价于精细度$\mathcal{F}$越大，谐振频率宽度越小，根据式(2.36)和式(2.20)，这个相位偏移允许值为

$$m_e\varepsilon = \pm 1/2 \tag{2.37}$$

2. 引入光波有效往返次数m_e，有利于对与谐振腔有关的一些技术问题进行简单直观的分析讨论。例如，由于工艺技术的限制，谐振腔的反射镜面总是会有高低起伏，这种起伏的大小可能对谐振腔性能造成较大影响，假设表面起伏的高度是h，光波波矢为k，那么该高低起伏造成的单程相位变化误差为$\varepsilon = 2kh$，根据相位偏移允许值式(2.37)，可得$\varepsilon = 1/(2m_e)$，因此谐振腔对于镜面的表面起伏要求为$h \leqslant 1/(4km_e) = \lambda/(4\mathcal{F})$，其中，$\lambda = 2\pi/k$表示光波波长。

类似于电子学中描述谐振回路质量的品质因子，引入光腔的品质因子Q，将其定义为光波的频率与光腔的谐振频率带宽之比，即

$$Q = \nu/\delta\nu_L \tag{2.38}$$

将式(2.31)代入式(2.38)可得

$$Q = \nu/\delta\nu_L = 2\pi\nu\tau_R \tag{2.39}$$

对于低损耗谐振腔，精细度$\mathcal{F} \gg 1$（或者$1 - r_1r_2 \ll 1$），由式(2.22)和式(2.14)可得

$$Q = \frac{\nu}{\Delta\nu_L/\mathcal{F}} = \frac{\nu}{c/2L}\mathcal{F} = s\cdot\mathcal{F} \tag{2.40}$$

式中，s表示纵模级数。

光腔内光子的有限寿命，影响了模式线宽以及有限的品质因子和精细度，这些参量从不同的侧面描述了光腔的光谱特性，从式(2.31)、式(2.34)、式(2.38)和式(2.40)可知，这些参量是相互联系的，它们是从不同的侧面描述光腔质量的参数。

例 2.2　已知一台激光器的腔长$L = 0.5\text{mm}$，激光真空波长$\lambda = 980\text{nm}$，设介质折射率$n = 3.5$。

(1)计算谐振腔的两个反射镜使用端面的菲涅耳反射；

(2)两个端面反射镜为高反射介质薄膜，其光强反射率分别为$R_1 = 0.998$，$R_2 = 0.985$；针对以上两种情况计算光腔光子寿命、模式频率宽度和品质因子。

解　(1)介质端面的菲涅耳光强反射率：

$$R=\left(\frac{1-n}{1+n}\right)^2=30.9\%$$

根据式(2.25)，得光子寿命：

$$\tau_R=\frac{2nL/c}{2\ln(1/r_1r_2)}=\frac{2nL/c}{\ln(1/R_1R_2)}\approx 5\times10^{-12}\,\mathrm{s}$$

模式频率宽度：

$$\delta\nu_L=\frac{1}{2\pi\tau_R}=3.2\times10^{10}\,\mathrm{Hz}=32\mathrm{GHz}$$

品质质子：

$$Q=\frac{\nu}{\delta\nu_L}=\frac{c}{\lambda\delta\nu_L}=9566$$

利用式(2.22)重新计算上述结果，有

$$\mathcal{F}=\frac{\pi\sqrt{r_1r_2}}{1-r_1r_2}=2.53$$

$$\delta\nu_L=\frac{c}{2nL}\cdot\frac{1}{\mathcal{F}}=34\mathrm{GHz}$$

$$Q=\frac{\nu}{\delta\nu_L}=\frac{c}{\lambda\delta\nu_L}=9004$$

比较可知，两种计算方法的相对差异为 6%。

(2) 根据式(2.25)，得光子寿命：

$$\tau_R=\frac{2nL/c}{2\ln(1/r_1r_2)}=\frac{2nL/c}{\ln(1/R_1R_2)}=6.816376\times10^{-10}\,\mathrm{s}$$

模式频率宽度：

$$\delta\nu_L=\frac{1}{2\pi\tau_R}=233.489\times10^6\,\mathrm{Hz}$$

品质质子：

$$Q=\frac{\nu}{\delta\nu_L}=\frac{c}{\lambda\delta\nu_L}=1311078$$

利用式(2.22)重新计算上述结果，有

$$\mathcal{F}=\frac{\pi\sqrt{r_1r_2}}{1-r_1r_2}=367.1$$

$$\delta\nu_L=\frac{c}{2nL}\cdot\frac{1}{\mathcal{F}}=233.490\times10^6\,\mathrm{Hz}$$

$$Q=\frac{\nu}{\delta\nu_L}=\frac{c}{\lambda\delta\nu_L}=1311073$$

比较可知，两种计算方法的相对差异为 4×10^{-6}。

习　题

2.1　一台 GaAs 二极管激光器，激光束在 GaAs 的解理面上发生菲涅耳反射，因此在 GaAs 的两个解理面之间即形成激光谐振腔。已知 GaAs 的折射率 $n = 3.5$，两个解理面之间的距离 $L = 0.8\text{mm}$，激光真空波长 $\lambda = 850\text{nm}$，计算纵模间隔和纵模级数。

2.2　在习题 2.1 中用半导体与空气界面的菲涅耳反射作为激光反射镜，计算：

(1) 谐振腔的光子寿命；

(2) 谐振腔模式的频率带宽；

(3) 谐振腔的品质因子 Q；

(4) 谐振腔的精细度。

2.3　在习题 2.2 中的解理面上镀制多层介质膜，使得两个反射面的光强反射率分别为 $R_1 = 0.98$ 和 $R_2 = 0.95$，重新计算习题 2.2 中激光谐振腔的各项参数。

2.4　在一个高反射率反射镜的反射率测量实验中，用两个相同的反射镜相对安装构成一个谐振腔，两个反射镜的间距为 $L = 45\text{cm}$，从外部将一个激光短脉冲输入激光腔中，实验测量得到激光脉冲的强度在 806ns 的时间内衰减到初始强度的 20%，计算腔镜的光强反射率(保留三位有效数字)。

2.5　已知一台激光器输出功率为 0.5mW，激光输出镜的光强透射率 $T = 1\%$，忽略透射损耗，激光器腔长为 $L = 25\text{cm}$，求激光器光腔中光波场的总能量。

2.6　证明斜入射条件下平面波在 F-P 腔中一个往返的光程差为 $2nL\cos\theta$，其中，n 为介质的折射率，θ 为光线与 F-P 腔光轴的夹角，L 为 F-P 腔的腔长，如图题 2.6 所示。

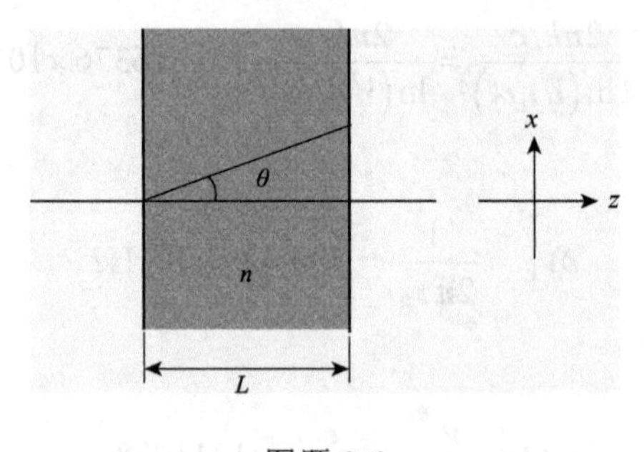

图题 2.6

2.7　根据光波在 F-P 腔中有效往返次数为 $\mathcal{F}/2\pi$ 的结论，讨论对于 F-P 腔镜表面起伏的要求。

微课

第 3 章 高斯光束与激光谐振腔

在光波传播的相关理论分析中经常用到平面波模型，平面波在横向上是无限扩展的，而注意到激光束在横向上只存在于一个有限的尺度范围内，例如课堂上常用的激光指示器，其光点尺寸大约在毫米量级。本章将从激光谐振腔的一般理论入手，讨论激光场的空间分布特征和谐振腔的谐振频率等，使读者对于激光谐振腔有一个较全面的了解。

3.1 对称共焦腔中的自再现模

从信息光学(又称傅里叶光学)得到结论，光波从一个透镜的前焦平面出发，通过透镜传播到透镜的后焦平面，则后焦平面上光波的振幅 $E_2(x,y)$ 是前焦平面上光波振幅 $E_1(\xi,\eta)$ 的傅里叶变换，用公式表示为

$$E_2(x,y)=\frac{\mathrm{i}}{\lambda F}\iint E_1(\xi,\eta)\mathrm{e}^{-\mathrm{i}\left[\left(\frac{kx}{F}\right)\xi+\left(\frac{ky}{F}\right)\eta\right]}\mathrm{d}\xi\mathrm{d}\eta \tag{3.1}$$

式中，λ 表示光波长；F 表示透镜焦距；$k=2\pi/\lambda$ 表示光波波矢。对于式(3.1)推导有兴趣的读者可参考附录 B。

本节将讨论一种特殊的光学谐振腔，这个谐振腔由两个完全相同的球面镜组成(图 3.1)，球面镜的曲率半径为 r，两个球面镜之间的距离 $L=r$，球面镜焦距 $f=r/2$，(在此注意使用了 f 表示球面镜焦距，本书中 f 将专门用来表示对称共焦腔的反射镜焦距，也称高斯光束的瑞利距离或者高斯光束的共焦参数)。因此两个球面镜的焦点重合，称为对称共焦腔。由于对称共焦腔的特别结构，它在光学谐振腔自再现模场的分析方面有其特殊的地位。

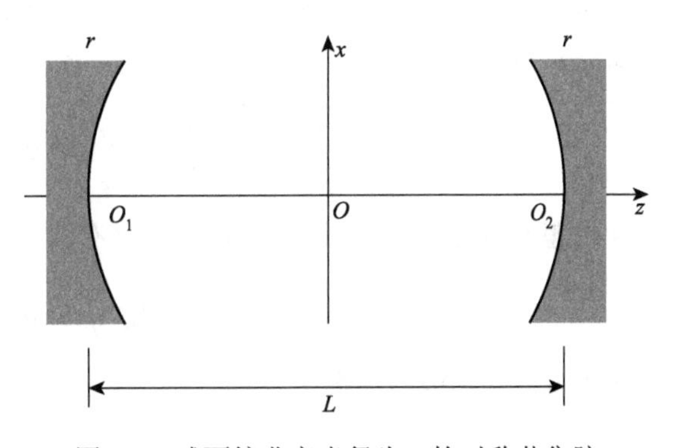

图 3.1 球面镜曲率半径为 r 的对称共焦腔

从图 3.2 看到，光波在轴向上的传播受到两个反射镜的限制，由于反射镜的高反射作用，光波被限制在两个反射镜之间。但是在垂直于光轴的方向上光波没有受到任何反射面的限制，这种横向上不受反射限制的光学谐振腔称为开腔。开腔中的光波虽然不受任何反射面的限制，但是由于球面反射镜的汇聚作用，使得光波在横向上的发散受到限制，它在横向上被约束在一个有限的尺度范围之内。

在 2.4 节看到，如果光波在光腔中稳定存在，它在光腔中传播一个往返必须满足相位延迟为 2π 整数倍的条件，实际上是要求光波的相位要自再现，这只是必要条件，而要其在光腔中稳定存在，光波的横向分布也要自再现，也就是说光波在光腔中经历一个往

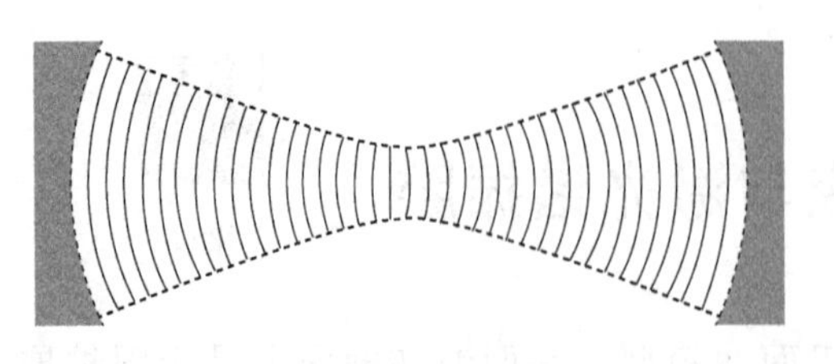

图 3.2 球面镜的汇聚作用使光波在横向上受到限制

返的传播后，其横向分布的特征完全不变，下面就详细讨论开腔中的自再现光波场，也称开腔模式。

想象一束光可以在上述对称焦腔中往返传播并且自再现，则由于球面镜与透镜的等价性质，把球面镜腔展开成与之等价的透镜阵列，如图 3.3 所示。相邻透镜的焦点重合，为了实现自再现，光波从任意一个透镜的前焦面传播到后焦面，光波场的空间分布特征完全再现，并且不考虑透镜的有限孔径和损耗，把透镜看作理想透镜，由于透镜没有损耗，光波振幅也相同。

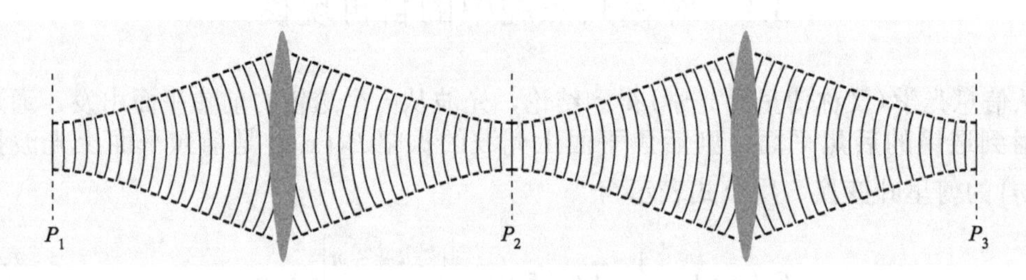

图 3.3 与对称共焦腔等价的透镜系列(透镜焦距 $f=r/2$)

假设光波在焦平面 P_1 上的电场振幅分布为 $E_1(\xi,\eta)$，在焦平面 P_2 上的电场振幅分布为 $E_2(x,y)$，则由式(3.1)可得

$$E_2(x,y)=\frac{\mathrm{i}}{\lambda f}\iint E_1(\xi,\eta)\mathrm{e}^{-\mathrm{i}\frac{k}{f}(\xi x+\eta y)}\mathrm{d}\xi\mathrm{d}\eta \tag{3.2}$$

根据数学傅里叶变换知识，高斯函数的傅里叶变换仍然为高斯函数，即如果光波场的振幅分布为高斯函数，则有可能实现光波场横向分布的往返传播自再现，利用数学公式：

$$\int_{-\infty}^{\infty}\mathrm{e}^{-at^2}\mathrm{e}^{-\mathrm{i}\omega t}\mathrm{d}t=\sqrt{\frac{\pi}{a}}\mathrm{e}^{-\frac{\omega^2}{4a}} \tag{3.3}$$

并且设想开腔模的光波振幅横向空间分布为高斯函数：

$$E_1(\xi,\eta)=E_0\cdot\mathrm{e}^{-\frac{\xi^2+\eta^2}{w_0^2}} \tag{3.4}$$

代入积分公式(3.2)，得

$$\begin{aligned}E_2(x,y)&=\frac{\mathrm{i}}{\lambda f}\iint E_0\cdot\mathrm{e}^{-\frac{\xi^2+\eta^2}{w_0^2}}\mathrm{e}^{-\mathrm{i}\frac{k}{f}(\xi x+\eta y)}\mathrm{d}\xi\mathrm{d}\eta\\&=E_0\frac{\mathrm{i}\pi w_0^2}{\lambda f}\cdot\mathrm{e}^{-\left(\frac{kw_0}{2f}\right)^2(x^2+y^2)}\end{aligned} \tag{3.5}$$

由于 P_1 和 P_2 平面在图 3.1 的对称共焦腔中为同一平面，光波场自再现要求：

$$E_2(x,y)=E_0\cdot\mathrm{e}^{-\frac{x^2+y^2}{w_0^2}} \tag{3.6}$$

代入式(3.5)，可得

$$\mathrm{e}^{-\frac{x^2+y^2}{w_0^2}}=\frac{\mathrm{i}\pi w_0^2}{\lambda f}\cdot\mathrm{e}^{-\left(\frac{kw_0}{2f}\right)^2\left(x^2+y^2\right)} \tag{3.7}$$

自再现条件成立，则要求等式两边 x, y 变量的系数相等，即

$$w_0^2=\frac{2f}{k} \tag{3.8}$$

注意到 $k=2\pi/\lambda$，由式(3.8)可得光波场自再现的条件为

$$w_0^2=\frac{f\lambda}{\pi} \tag{3.9}$$

至此得到结论：只要式(3.6)中的 w_0 满足式(3.8)或式(3.9)，式(3.6)描述的光波场就可以在对称共焦腔的往返传播中实现场分布自再现。如果将式(3.9)和式(3.6)代入式 (3.5)，立即得到 $E_0=\mathrm{i}E_0$ 的矛盾，这是由于在式(3.1)中忽略了附录 B 中式(B.14)的常数因子 $\mathrm{e}^{\mathrm{i}k\left[z_1+z_2+h_0+(\pi/2)\right]}$ 的缘故，所以认为上述矛盾本来是不存在的。这样就得到了对称共焦腔焦平面上自再现光波场式(3.6)的形式，其中，w_0 由式(3.9)(或者式(3.8))表示。由于在式(3.6)中的光波场在 (x,y) 平面内分布函数为高斯函数，所以这种自再现光波场又称为高斯光束。式(3.6)中的 e 指数部分为实数，它表示在焦平面上光波只有振幅随位置变化，而相位保持为常数，因此焦平面为高斯光束的等相位面，这一点也能够从对称性得到，因为光腔关于焦平面是对称的，光波场是光腔的自再现模，其等相位面的曲率中心不偏向任何一个腔镜，等相位面也必然为 (x,y) 平面。从式(3.7)看到，高斯光束经过透镜变换后光波振幅保持不变，这是由于做了理想透镜的假设所致。

将式(3.8)代入式(3.6)就得到高斯光束的另一种表示形式：

$$E(x,y)=E_0\cdot\mathrm{e}^{\mathrm{i}k\frac{x^2+y^2}{2q_0}} \tag{3.10}$$

式中

$$q_0=-\mathrm{i}f \tag{3.11}$$

其中，q_0 称为焦平面上高斯光束的 q 参数。在理想透镜的假设下，透镜(也就是光腔的反射镜孔径)为无限大。对于有限的反射镜孔径，即使其反射率为 100%，反射镜也不能反射全部光波能量，因为高斯光束的能量横向分布尺度为无限大而反射镜尺寸不能无限大，高斯光束经反射变换后光强将减小，进而导致光腔的损耗，称为衍射损耗。习题 3.4 对于谐振腔衍射损耗进行了初步讨论。

讨论与思考

在许多数学文献或者电子技术类文献中的傅里叶变换形式为 $\tilde{E}(\omega)=\int_{-\infty}^{\infty}E(t)\mathrm{e}^{-\mathrm{i}\omega t}\mathrm{d}t$，傅里叶逆变换形式为 $E(t)=\left[\int_{-\infty}^{\infty}\tilde{E}(\omega)\mathrm{e}^{\mathrm{i}\omega t}\mathrm{d}\omega\right]\Big/2\pi$；但是在本书 1.2 节中时间变化电场强度

$E(t)$ 的傅里叶变换形式为 $\tilde{E}(\omega)=\int_{-\infty}^{\infty} E(t)\mathrm{e}^{\mathrm{i}\omega t}\mathrm{d}t$。例如式(1.18)，与之对应的傅里叶逆变换形式为 $E(t)=\left[\int_{-\infty}^{\infty}\tilde{E}(\omega)\mathrm{e}^{-\mathrm{i}\omega t}\mathrm{d}\omega\right]\Big/2\pi$，傅里叶逆变换中每个频率分量的时间变化函数的形式为 $\mathrm{e}^{-\mathrm{i}\omega t}$，这是因为我们采用的是物理学的符号规则，在物理学中波矢为 $\boldsymbol{k}$ 的平面波总是写成 $E(t)=E_0\mathrm{e}^{\mathrm{i}(\boldsymbol{k}\cdot\boldsymbol{r}-\omega t)}$ 的形式，其中，时间变化函数形式 $\mathrm{e}^{-\mathrm{i}\omega t}$ 与傅里叶逆变换一致。物理学中这种符号规则来源于薛定谔方程 $\mathrm{i}h(\partial\psi/\partial t)=\hat{H}\psi$ 的符号规则，因为该方程解的时间变化形式为 $\psi=\mathrm{e}^{-\mathrm{i}(\hat{H}/\hbar)t}$。同理，空间变化电场强度 $E(x,y)$ 的傅里叶变换形式为 $\tilde{E}(k_x,k_y)=\int_{-\infty}^{\infty}E(x,y)\mathrm{e}^{-\mathrm{i}(k_x x+k_y y)}\mathrm{d}x\mathrm{d}y$，傅里叶逆变换形式为 $E(x,y)=\left[\int_{-\infty}^{\infty}\tilde{E}(k_x,k_y)\mathrm{e}^{\mathrm{i}(k_x x+k_y y)}\mathrm{d}x\mathrm{d}y\right]\Big/2\pi$，式(3.1)满足此符号规则。请记住本书使用的符号规则，以免混淆。

3.2 高 斯 光 束

在 3.1 节中分析得到了对称共焦腔中自再现模在焦平面上的场分布为高斯函数形式，在本节中将继续讨论光波离开焦平面后光波场的空间分布特征。假设单色光波场的横向分布仍然为高斯函数式(3.10)的形式，其中的参数是坐标 z 的函数，z 表示高斯光束沿传播方向离开对称共焦腔焦平面的距离，有

$$E(x,y,z)=E_0A(z)\mathrm{e}^{\mathrm{i}k\frac{x^2+y^2}{2q(z)}}\mathrm{e}^{\mathrm{i}kz}=E_0\mathrm{e}^{\mathrm{i}\left[p(z)+\frac{kr^2}{2q(z)}\right]}\mathrm{e}^{\mathrm{i}kz} \tag{3.12}$$

式中，$r^2=x^2+y^2$；$p(z)=-\mathrm{i}\ln\left[A(z)\right]$，并且：

$$q(0)=q_0 \tag{3.13}$$

$$p(0)=0 \tag{3.14}$$

令

$$\mathcal{E}(x,y,z)=E_0\mathrm{e}^{\mathrm{i}\left[p(z)+\frac{kr^2}{2q(z)}\right]}$$

为 z 的慢变函数，则式(3.12)写成 $E(x,y,z)=\mathcal{E}(x,y,z)\mathrm{e}^{\mathrm{i}kz}$，代入电磁波的亥姆霍兹方程：

$$\nabla^2E+k^2E=0 \tag{3.15}$$

并且忽略 $\mathcal{E}(x,y,z)$ 对 z 的二阶导数可得

$$\frac{\partial^2\mathcal{E}}{\partial x^2}+\frac{\partial^2\mathcal{E}}{\partial y^2}+2\mathrm{i}k\frac{\partial\mathcal{E}}{\partial z}=0 \tag{3.16}$$

将 $\mathcal{E}(x,y,z)$ 对 x,y,z 分别求导数：

$$\frac{\partial^2\mathcal{E}}{\partial x^2}=\mathrm{i}\frac{k}{q}\mathcal{E}-\left(\frac{k}{q}\right)^2x^2\mathcal{E}$$

$$\frac{\partial^2 \mathcal{E}}{\partial y^2} = \mathrm{i}\frac{k}{q}\mathcal{E} - \left(\frac{k}{q}\right)^2 y^2 \mathcal{E}$$

$$\frac{\partial \mathcal{E}}{\partial z} = \mathrm{i}\left(\frac{\partial p}{\partial z} - \frac{kr^2}{2q^2}\frac{\partial q}{\partial z}\right)\mathcal{E}$$

代入式(3.16)可得

$$-2k\left[\frac{\mathrm{d}p}{\mathrm{d}z} - \frac{\mathrm{i}}{q(z)}\right] - \left[\frac{k^2}{q^2(z)} - \frac{k^2}{q^2(z)}\frac{\mathrm{d}q}{\mathrm{d}z}\right]r^2 = 0 \tag{3.17}$$

由于 r 是独立变量，式(3.17)对所有 r 成立，必有

$$\frac{\mathrm{d}q}{\mathrm{d}z} = 1 \tag{3.18}$$

$$\frac{\mathrm{d}p}{\mathrm{d}z} = \frac{\mathrm{i}}{q(z)} \tag{3.19}$$

利用式(3.13)，对微分方程(3.18)积分立即得到

$$q(z) = z + q_0 \tag{3.20}$$

将式(3.20)代入式(3.19)，利用初始条件(3.14)，对微分方程(3.19)积分可得

$$\begin{aligned} p(z) &= \mathrm{i}\ln(z+q_0) - \mathrm{i}\ln q_0 \\ &= \mathrm{i}\ln\left(1+\frac{z}{q_0}\right) \end{aligned} \tag{3.21}$$

将式(3.11)代入式(3.21)可得

$$\begin{aligned} p(z) &= \mathrm{i}\ln\left(1+\mathrm{i}\frac{z}{f}\right) \\ &= \mathrm{i}\ln\left[\sqrt{1+\left(\frac{z}{f}\right)^2}\,\mathrm{e}^{\mathrm{i}\arctan\left(\frac{z}{f}\right)}\right] \end{aligned} \tag{3.22}$$

将式(3.20)和式(3.22)代入式(3.12)可得

$$\begin{aligned} E(x,y,z) &= \frac{E_0}{\sqrt{1+(z/f)^2}}\mathrm{e}^{\mathrm{i}\left[-\arctan\left(\frac{z}{f}\right)+\frac{kr^2}{2(z-\mathrm{i}f)}\right]}\mathrm{e}^{\mathrm{i}kz} \\ &= \frac{E_0}{\sqrt{1+(z/f)^2}}\mathrm{e}^{-\frac{kr^2}{2\left[f+(z^2/f)\right]}}\mathrm{e}^{\mathrm{i}\left[kz-\arctan\left(\frac{z}{f}\right)+\frac{kr^2}{2\left[z+(f^2/z)\right]}\right]} \end{aligned} \tag{3.23}$$

将式(3.23)改写成：

$$E(x,y,z) = E_0\frac{w_0}{w(z)}\mathrm{e}^{-\frac{r^2}{w^2(z)}}\mathrm{e}^{\mathrm{i}\varphi(x,y,z)} \tag{3.24}$$

式中

$$w_0=\sqrt{\frac{2f}{k}}=\sqrt{\frac{f\lambda}{\pi}} \tag{3.25}$$

$$w(z)=w_0\sqrt{1+\frac{z^2}{f^2}} \tag{3.26}$$

$$\varphi(x,y,z)=k\left(z+\frac{r^2}{2R(z)}\right)-\arctan\left(\frac{z}{f}\right) \tag{3.27}$$

$$R(z)=z+\frac{f^2}{z} \tag{3.28}$$

式中，z 是光波场观测点到对称共焦腔焦点沿着光传播方向的轴向距离；f 是对称共焦腔的焦距，亦称作高斯光束的瑞利距离或者高斯光束的共焦参数。定义电场强度在垂直于光轴的方向上下降到最大值 1/e 时的 r 值为光斑半径，由式(3.24)可知，$w(z)$ 即是在纵向上 z 点高斯光束的光斑半径，由式(3.26)，$w(z)$ 在 $z=0$ 时取极小值 w_0，因此 $z=0$ 位置称为高斯光束的光腰，该位置的光斑半径 w_0 又称为高斯光束的光腰半径。

现在考察等相位面的形状，给定轴上的一点 $(0,0,z_1)$，该点光波的相位：

$$\varphi(0,0,z_1)=kz_1-\arctan(z_1/f)$$

与 $(0,0,z_1)$ 相位相等的点构成一个曲面，这个曲面称作光波在 $(0,0,z_1)$ 位置处的等相位面，由如下曲面方程表示：

$$\varphi(0,0,z_1)=\varphi(x,y,z)$$

将式(3.27)代入上式可得

$$kz_1-\arctan(z_1/f)=k\left[z+\frac{r^2}{2R(z)}\right]-\arctan(z/f) \tag{3.29}$$

对于光波，k 是一个很大的值，因此忽略慢变项 $-\arctan(z/f)$，化简式(3.29)可得

$$r^2=-2R(z)\cdot(z-z_1) \tag{3.30}$$

在数学上式(3.30)表示一个以 z_1 为顶点、z 轴为旋转轴的旋转抛物面，抛物面的焦距为 $R/2$，开口方向在负 z 方向，抛物面在其顶点附近一个小的范围可近似看作球面，球面曲率半径 $R(z)$ 由式(3.28)表示。

在本书中讨论高斯光束的传播问题时总是约定 z 轴的正向指向高斯光束的传播方向，其原点位于高斯光束的光腰平面上。同时也约定了高斯光束等相位面曲率半径的符号，当等相位面的球面曲率中心与光传播方向在球面的同一侧时曲率半径为负，否则为正。从式(3.28)理解，z 轴指向高斯光束的传播方向，当 $z<0$ 时，$R(z)<0$，当 $z>0$ 时，$R(z)>0$。

前面引入了两个参量来描述高斯光束的特征，一个是光斑半径 $w(z)$，另一个是等相位面曲率半径 $R(z)$。如果已知轴上某点的 $w(z)$ 与 $R(z)$，将其代入式(3.25)，式(3.26)和式(3.28)中可求解方程组得到 z 与 w_0，这样高斯光束的光腰位置与大小就完全确定了，高斯光束也随之被确定，所以由两个参数可以唯一确定一个高斯光束。

当 $z=0$ 时，光斑尺寸取最小值 w_0；当 $z=f$ 时，光斑尺寸增加到 $w(z)=\sqrt{2}w_0$。等相位面曲率半径在 $z=0$ 时为无限大，在 $z=f$ 时等相位面曲率半径 $R(z)=2f$ 取到最小值，然后随着 z 的增大而增大。f 为对称共焦腔的共焦参数，也称作瑞利距离，与物理光学中光波衍射的瑞利距离相对应，是描述高斯光束衍射特征的参量，在瑞利距离以内光波传播以菲涅耳衍射为主，在瑞利距离以外光波传播以夫琅禾费衍射为主。

当 $z \gg f$ 时，式(3.26)近似写成 $w(z)=w_0 z/f$，因此光束的远场发散角：

$$\theta=\lim_{z\to\infty}\frac{w(z)}{z}=\frac{w_0}{f}=\frac{\lambda}{\pi w_0} \tag{3.31}$$

由上式可知，高斯光束的发散角与光束的光腰半径成反比，要得到较小的高斯光束发散角，就需要较大的光腰半径，同理要得到更小的光腰半径，高斯光束必然具有更大的发散角。

讨论与思考

发散角为 θ 的光束传播距离 z 后光斑面积变为 $\pi(z\theta)^2$，因此光束所张的立体角为 $\pi\theta^2$，高斯光束的集光率为

$$G=\pi w_0^2\cdot\pi\theta^2=\lambda^2$$

根据式(1.34)，高斯光束仅包含一个横向模式，在光束尺寸范围内是横向完全相干光。

3.3　薄透镜对高斯光束的变换

如图 3.4 所示，假设一个点光源发出的球面波通过透镜成像于透镜右侧，图中 d_1 和 d_2 分别表示点光源和它的像到透镜的距离，由几何成像关系可知：

$$\frac{1}{d_1}+\frac{1}{d_2}=\frac{1}{F} \tag{3.32}$$

与高斯光束的符号规则一致，约定当等相位面的球面中心在球面的传播方向一侧时曲率半径为负，$R<0$；否则曲率半径为正，$R>0$。据此约定，设球面波通过透镜后等相位面曲率半径为 R_2，则 $R_2=-d_2$，其中，d_1 和 d_2 的符号约定为实像时为正，虚像时为负(与几何光学一致)。由于球面波在通过透镜前后的等相位面曲率半径分别为 $R_1=d_1$ 和 $R_2=-d_2$，代入式(3.32)可以得到透镜对于其两侧等相位面曲率半径的变换关系：

$$\frac{1}{R_1}-\frac{1}{R_2}=\frac{1}{F} \tag{3.33}$$

如图 3.5 所示为一个高斯光束入射到透镜的左表面，假设透镜两侧的等相位面曲率半径分别为 R_1 和 R_2，则曲率半径变换关系式(3.33)仍然适用。

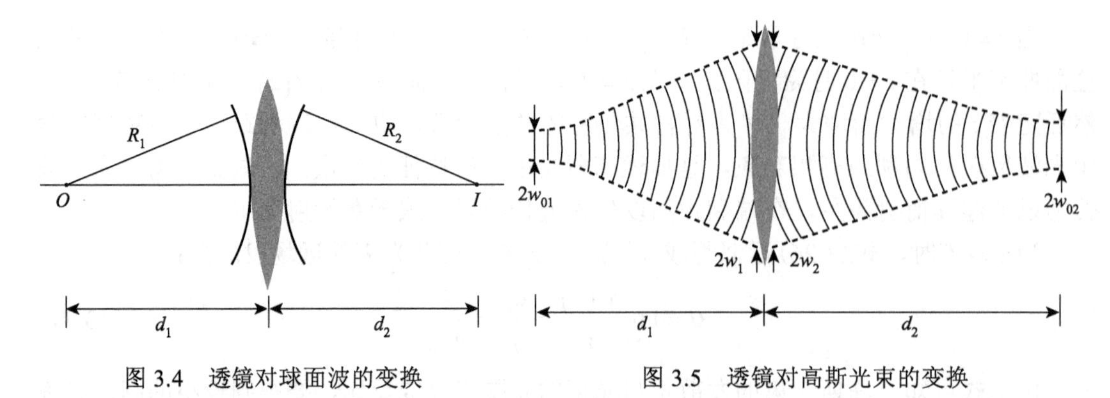

图 3.4　透镜对球面波的变换　　图 3.5　透镜对高斯光束的变换

如果已知在透镜左侧高斯光束光斑半径为 w_1，由于薄透镜的假设，在透镜的前、后表面上光斑半径相等，即

$$w_1 = w_2 \tag{3.34}$$

式中，w_2 表示高斯光束在透镜右侧表面的光斑半径。如果式(3.34)得不到满足，将导致光波在透镜面上的沿光传播方向的能量突变，这在物理上是不允许的。不仅如此，光波振幅的横向分布也相同，因此高斯光束通过透镜后仍为高斯光束。根据 3.2 节的讨论，确定一束高斯光束需要两个独立参量，如果已知在透镜左侧高斯光束的等相位面曲率半径 R_1、光斑半径 w_1 以及透镜焦距 F，则根据式(3.33)、式(3.34)，可以计算透镜右侧高斯光束的等相位面曲率半径 R_2 和光斑半径 w_2，高斯光束经过透镜变换后仍为高斯光束，并且后者的光束特征是完全确定的。原则上讲高斯光束通过透镜变换问题已经解决，但在计算复杂光学系统时经常采用 q 参数变换解法，这将在第 4 章中详细讨论。对于一个特殊情形，$R_1 = 2F$，由式(3.33)立即得到 $R_2 = -2F$，这种情形在 3.4 节中讨论一般球面镜光学谐振腔中自再现模的模场特征时要特别用到。

3.4　一般球面镜光学谐振腔中的高斯光束

3.2 节分析得到了对称共焦腔中的自再现光波场——高斯光束，对于一般的球面镜腔，有没有一种模场能够在谐振腔中自再现？

先来分析高斯光束通过透镜的情况，根据上节的分析，如果入射到透镜上的高斯光束的等相位面曲率半径 $R_1 = 2F$，通过透镜后形成新的高斯光束，新光束的等相位面曲率半径 $R_2 = -2F$，同时新光束与入射光束的光斑半径大小相等。代入式(3.26)和式(3.28)求解新高斯光束的光腰位置和光腰半径可知，两个光束的光腰大小相等，并且光腰位置对称分布于透镜两侧，同时可以看到离开光腰位置的任意空间点的光波场都是关于透镜对称的。

现在设想把上述透镜用一球面反射镜取代，反射镜的曲率半径 $r = 2F$，前述 $R_1 = 2F$ 的条件等价于 $R_1 = r$，高斯光束经过反射镜反射后，$R_2 = -r$，原来关于透镜平面对称的高斯光束现在被反射镜反射回原光束空间，并且反射光波的空间场分布特征与入射光波场完全一致。

由此得到如下结论，对于一个给定的球面镜腔(图 3.6)，如果反射镜曲率半径分别为 r_1 和 r_2 (反射镜曲率半径的符号规定为凹面镜为正，凸面镜为负)，两个反射镜间的距离为 L，设有高斯光束，它在镜面 r_1 和 r_2 上的等相位面曲率半径分别为 R 和 R'，高斯光束的光腰位于 $z=0$ 的平面上，高斯光束的共焦参数为 f，球面镜腔的两反射镜位置坐标分别为 z_1 和 z_2。根据前面的讨论，如果高斯光束在反射镜 r_1 和 r_2 上的等相位面曲率半径 R 和 R' 满足：$R=-r_1$ 和 $R'=r_2$，则根据前述分析，高斯光束在两个球面镜之间往返传播其横向场分布能够自再现。由式(3.28)，同时利用两反射镜相距为 L 的条件可得

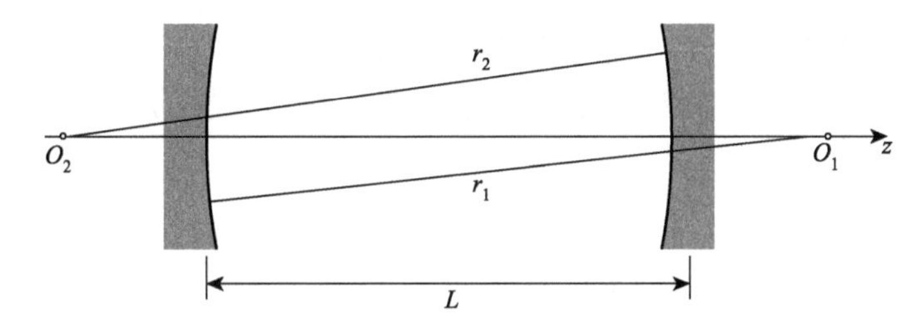

图 3.6　一般球面镜腔中的自再现高斯光束

$$\begin{cases} R=-r_1=z_1+\dfrac{f^2}{z_1} \\ R'=r_2=z_2+\dfrac{f^2}{z_2} \\ z_2-z_1=L \end{cases} \tag{3.35}$$

以上三个方程相互独立，方程中有三个未知数 z_1、z_2 和 f，解此方程组可得

$$\begin{cases} z_1=\dfrac{L(r_2-L)}{(L-r_1)+(L-r_2)} \\ z_2=-\dfrac{L(r_1-L)}{(L-r_1)+(L-r_2)} \\ f^2=\dfrac{L(r_1-L)(r_2-L)(r_1+r_2-L)}{\left[(L-r_1)+(L-r_2)\right]^2} \end{cases} \tag{3.36}$$

由此看到在一般球面镜腔中，可以存在高斯光束，条件是方程组(3.35)的解式(3.36)，z_1、z_2 和 f 均为实数。或者说，在此条件下，有一种高斯光束可以在光腔中自再现。

自再现的高斯光束具有在横向上的自我空间约束特征(否则它不能自再现)，使它的场能量约束在横向空间一个有限的范围之内，其尺度通常小于 1mm，只要反射镜尺度大于光波能量分布的尺度，高斯光束将以极低的衍射损耗在谐振腔中往返传播。能够支持高斯光束自再现模式的光学谐振腔，可以实现低衍射损耗，称作稳定腔；方程组(3.35)没有实数解的谐振腔，不支持自再现高斯光束，称作非稳定腔。

为了简化讨论，首先分析两种实际设计中常用的激光器谐振腔，然后再分析一般球面镜腔。

1. 对称球面腔

对于一个对称球面腔，两反射镜的曲率半径相等，即$r_1=r_2=r$，代入式(3.36)可得

$$\begin{cases} z_1=-L/2 \\ z_2=L/2 \\ f=\dfrac{L}{2}\sqrt{\dfrac{2r}{L}-1} \end{cases} \tag{3.37}$$

从式(3.37)前两个表示式看到，高斯光束的光腰位于光腔的中间位置，这在物理上是易于理解的，由于光腔关于中心面对称，因此要求高斯光束关于中心面对称，从式(3.37)第三式可知，对于对称球面镜腔，光腔内存在高斯光束自再模的条件为

$$2r>L \tag{3.38}$$

反之，没有一个高斯光束满足腔内自再现条件，腔内不存在稳定横向场分布的高斯光束，因此式(3.38)为对称球面镜腔的稳定性条件。

对于对称球面稳定腔，由式(3.25)可计算得到自再现高斯光束光腰半径：

$$w_0^2=\frac{f\lambda}{\pi}=\frac{L\lambda}{2\pi}\sqrt{\frac{2r}{L}-1}$$

代入式(3.26)可得镜面上高斯光束的光斑尺寸：

$$w^2(L/2)=w_0^2\left[1+\frac{(L/2)^2}{f^2}\right]=w_0^2\left[1+\frac{1}{(2r/L)-1}\right]$$

图3.7中绘制了光腔中高斯光束的腰斑尺寸和镜面上光斑尺寸随$2r/L$的变化曲线。

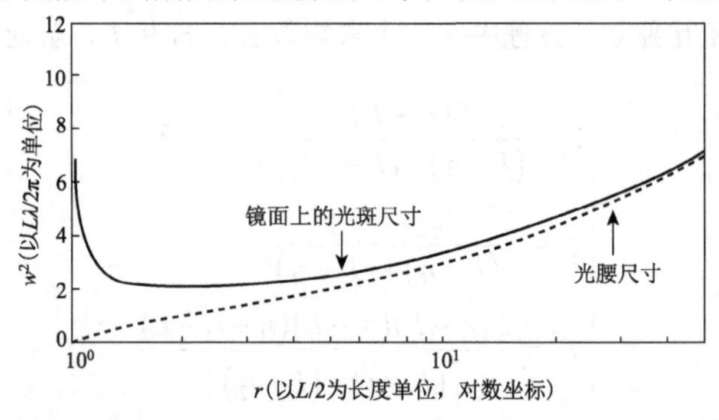

图3.7　对称球面镜腔中镜面上腰斑尺寸和光斑半径随$r/(L/2)$的变化曲线

从图3.7中可以看到随着$r/(L/2)$的增大，w_0^2增大，当$r/(L/2)\to\infty$时，$w_0^2\to\infty$。可以想象，当球面镜趋近于平面镜时，根据自再现模的讨论，镜面上光波的等相位面曲率半径也趋于无穷大，此时光腔中的自再现模趋近于平面波，所以光束的横向尺寸趋近于无限大。当$r/(L/2)$减小时，由于反射镜的汇聚作用增强，因为w_0^2减小，镜面上的光斑尺寸$w^2(L/2)$也随w_0^2的减小而减小，但由式(3.31)可知，随着w_0^2的减小，高斯光束的发散角θ增加，即光束的衍射效应增强，所以当w_0^2减小时，$w^2(L/2)$减小缓慢，当$r/(L/2)<2$时，随着w_0^2的继续减小，$w^2(L/2)$反而增加，这时衍射效应起主导作用。当$r/(L/2)\to 1$时，两球面镜的球心趋于重合，这种谐振腔又称作共心腔。由于此时在球心的点光源发

射的球面波满足在镜面上等相位面曲率半径与球面镜曲率半径相等的条件，因此由此判断高斯光束的光腰趋近于点光源，即 $w_0^2 \to 0$，但因为此时发散角很大，所以 $w^2(L/2) \to \infty$。在上述两种极限情况 $r/(L/2) \to \infty$ 和 $r/(L/2) \to 1$ 条件下，$w^2(L/2)$ 都趋于无限，用有限尺寸的反射镜不能实现低衍射损耗，因为这两种情况分别对应平行平面腔和共心腔，这两种谐振腔位于稳定腔与非稳定腔的边界上，属于临界腔。

2. 平凹腔

由一个平面镜和一个凹面镜组成的平凹腔是实际中最常用的激光谐振腔形式，这样的激光器大多从平面镜输出激光，激光器输出窗口位置即是高斯光束的光腰，为使用提供了方便，同时平面镜更加易于加工，降低激光器制造成本。

对于平凹腔激光器的分析可以完全利用前面对称球面镜腔分析的结果，只要将平凹腔以平面镜为对称面将其对称延拓，如图 3.8 所示。设平凹腔的腔长为 L，则其等效对称球面镜腔的腔长为 $2L$，由两种腔的等价性可得平凹腔的高斯光束参数。

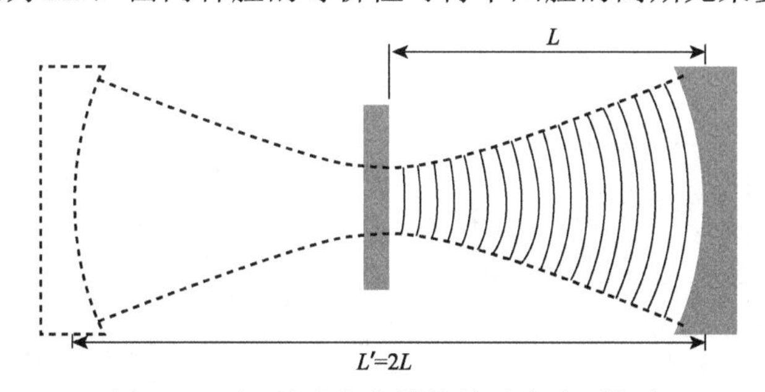

图 3.8　平凹腔和与之等价的对称球面镜腔

瑞利距离：

$$f = L\sqrt{\frac{r}{L} - 1} \tag{3.39}$$

平凹腔的稳定条件：

$$r > L \tag{3.40}$$

平凹腔稳定腔中高斯光束的光腰半径(平面镜镜面上光斑尺寸)：

$$w_0^2 = \frac{L\lambda}{\pi}\sqrt{\frac{r}{L} - 1} \tag{3.41}$$

球面镜镜面上光斑尺寸：

$$w^2(L) = w_0^2\left(1 + \frac{L^2}{f^2}\right) = w_0^2\left[1 + \frac{1}{(r/L) - 1}\right] \tag{3.42}$$

3. 一般球面镜腔

前面讨论了两种特殊的激光谐振腔，对于一般球面镜腔，腔中存在高斯光束自再现光波场的条件为方程组(3.35)有物理解，也就是式(3.36)中 $f^2 > 0$，即

$$L(r_1-L)(r_2-L)(r_1+r_2-L)\geqslant 0$$

上式两边同除以$(r_1r_2)^2$可得

$$\left(1-\frac{L}{r_1}\right)\left(1-\frac{L}{r_2}\right)\left[1-\left(1-\frac{L}{r_1}\right)\left(1-\frac{L}{r_2}\right)\right]\geqslant 0 \tag{3.43}$$

将式(3.43)看作关于变量$\left(1-\frac{L}{r_1}\right)\left(1-\frac{L}{r_2}\right)$的不等式，其解为

$$0\leqslant\left(1-\frac{L}{r_1}\right)\left(1-\frac{L}{r_2}\right)\leqslant 1 \tag{3.44}$$

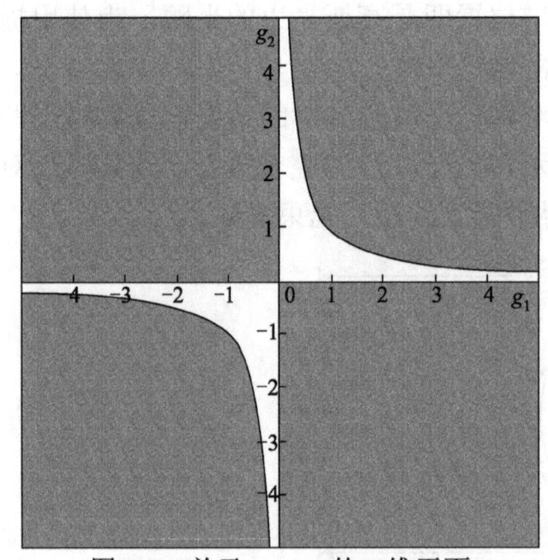

图 3.9　关于 g_1，g_2 的二维平面

在 g_1,g_2 平面上将 $0\leqslant g_1g_2\leqslant 1$ 的区域绘制成白色；否则绘制成灰色。如果激光腔的 g 参数落在白色区域中，则腔内存在低损耗模式；否则不存在低损耗模式

定义谐振腔镜的 g 参数：

$$\begin{cases} g_1=1-\dfrac{L}{r_1} \\ g_2=1-\dfrac{L}{r_2} \end{cases} \tag{3.45}$$

则谐振腔稳定条件可简写成

$$0\leqslant g_1g_2\leqslant 1 \tag{3.46}$$

用 g_1 和 g_2 作参量建立一个二维平面，如图 3.9 所示，稳定性条件对应于图 3.9 中的白色区域，也就是说如果谐振腔的 g 参数落在白色区域，则谐振腔支持低损耗的高斯光束模式；反之，谐振腔中将不存在低损耗模式。

对于对称球面镜腔，$g_1=g_2=1-L/r$，式(3.44)简化为$(1-L/r)^2\leqslant 1$，它与式(3.38)等价，证明过程留给读者自行完成(习题 3.3)。对于对称共心腔(两个球面镜的球心重合)，$L=2r$，$g_1=g_2=1$；对于对称共焦腔，$L=r$，$g_1=g_2=0$；对于平行平面镜 $r=\infty$，$g_1=g_2=1$；它们满足式(3.46)要求的稳定性条件，但都落在稳定区域的边缘上，因此它们被称为临界腔。

3.5　高　阶　模

目前得到的结论：对于稳定球面镜腔，高斯光束可以在光腔中传播并且在空间任意点自再现，在光腔中形成稳定的光波场分布。在对称共焦腔或者稳定球面镜腔中，除了存在式(3.24)所示的高斯光束外，对于方形边界的谐振腔，例如，在光路加一个方形光栏，还可以存在厄米-高斯分布形式的光束，也就是厄米多项式与高斯函数的乘积，它们可以在光腔中稳定地存在，这种光束电场空间分布的数学表示形式是

$$E_{lm}(x,y,z)=E_0\frac{w_0}{w(z)}\cdot \mathrm{e}^{-\frac{r^2}{w^2(z)}}\mathrm{e}^{-\mathrm{i}\left(kz+\frac{kz^2}{2R(z)}-\omega t\right)}\times H_l\left[\frac{\sqrt{2}}{w(z)}x\right]H_m\left[\frac{\sqrt{2}}{w(z)}y\right]\times \mathrm{e}^{-\mathrm{i}(l+m+1)\alpha} \tag{3.47}$$

式(3.47)中第一行与式(3.24)一致，表示一个高斯光束，第二行是厄米多项式，其中，l,m 为整数，每一个 (l,m) 组合，都表示光腔中光波场一种可能的解，$H_m(s)$ 表示的是一个关于变量 s 的 m 阶多项式，可以表示成

$$H_m(s)\mathrm{e}^{-s^2}=(-1)^m\frac{\mathrm{d}^m}{\mathrm{d}s^m}\mathrm{e}^{-s^2} \tag{3.48}$$

前几个低阶厄米多项式的表示式为

$$\begin{cases}H_0(s)=1\\ H_1(s)=2s\\ H_2(s)=4s^2-2\\ H_3(s)=8s^3-12s\\ H_4(s)=16s^4-4s^2+12\\ \quad\vdots\end{cases} \tag{3.49}$$

对于式(3.47)所表示的厄米-高斯光束，(l,m) 参数确定后场的横向分布也随之确定，因此 (l,m) 称为横模参数，用记号 TEM_{lm} 来标记每一个横模，对于最低阶模式 TEM_{00}，由于 $H_0(s)=1$，可以看到它正是前节讨论的高斯光束，因此高斯光束又称作激光器的基模。紧邻基模的是 TEM_{10} 模，其 y 方向上场分布与 TEM_{00} 相同，在 x 方向上是高斯函数与 $H_1\left[\frac{\sqrt{2}}{w(z)}x\right]$ 的乘积，如图 3.10(a)所示。

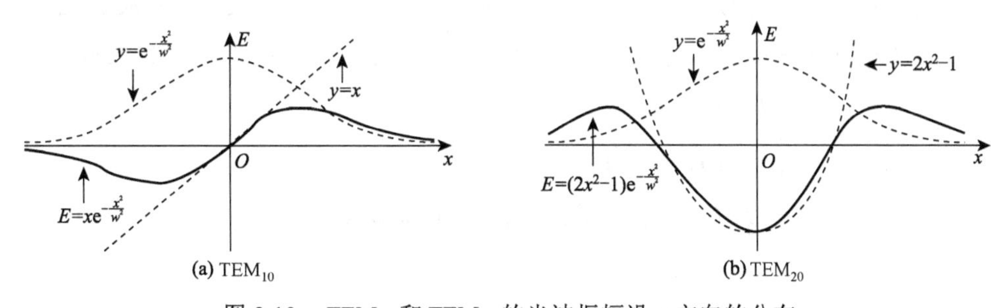

图 3.10　TEM_{10} 和 TEM_{20} 的光波振幅沿 x 方向的分布

对于 TEM_{10} 模，这个乘积在 x 方向上有两个极值点，使得光波场在横向上有两个光强极大值点和 $x=0$ 一个光强零点。一般而言，x 方向上 l 阶模式在该方向上有 l 个零点，$l+1$ 个光强极大。用完全相同的思路可以讨论 y 方向上场分布，在此从略；

图 3.10(b)示出了 TEM_{20} 的光波振幅沿 x 方向的分布。图 3.11 中给出了几种横向模式的场分布图。

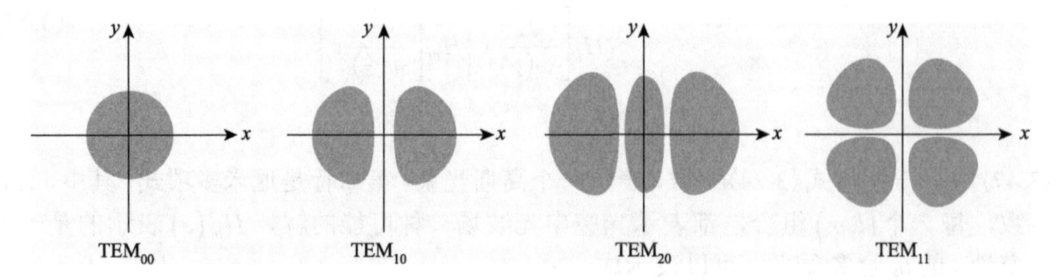

图 3.11　方形边界光学谐振腔中不同模式的光强分布图形

在式(3.47)的最后一行中，α 定义为

$$\alpha=\tan^{-1}(z/f) \tag{3.50}$$

它是关于变量 z 的增函数，所以相位 $-(l+m+1)\alpha$ 的作用是对传播相位 kz 的一个小修正，使得沿 z 方向传播的相位变化减慢，等价于波矢 k 的纵向分量的减小。这在物理上是可以理解的，因为横向上的有限尺寸，波矢 k 在横向上的分量不等于零，所以 k 在纵向上的分量减小，横模节数越高，横向场变化的尺度越小，k 的横向分量就越大，光波场在纵向上的相位变化减缓就越多。

最后必须指出，厄米-高斯光束是针对横向上具有方形边界的谐振腔的解，而实际应用中谐振腔的横向边界大多为以光轴为中心的圆形边界，对应于圆形边界的光腔中存在的光波场可以表示成

$$\begin{aligned}E_{mm}(x,y,z)=&E_0\frac{w_0}{w(z)}\cdot\mathrm{e}^{-\frac{r^2}{w^2(z)}}\mathrm{e}^{\mathrm{i}\left[kz+\frac{kr^2}{2R(z)}-\omega t\right]}\\&\times\left[\sqrt{2}\frac{r}{w(z)}\right]^m L_n^{(m)}\left[\frac{2r^2}{w^2(z)}\right]\\&\times\mathrm{e}^{-\mathrm{i}(m+2n+1)\alpha}\mathrm{e}^{-\mathrm{i}m\varphi}\end{aligned} \tag{3.51}$$

式中，m 表示角向(φ 方向)上光波振幅节点数目；n 表示径向(r 方向)光波振幅节点数目；α 的定义同前[$\alpha=\tan^{-1}(z/f)$]；$L_n^{(m)}(\sigma)$ 表示缔合拉盖尔多项式，它的表示式为

$$\begin{cases}L_0^{(m)}(\sigma)=1\\L_1^{(m)}(\sigma)=1+m-\sigma\\L_2^{(m)}(\sigma)=\left[(1+m)(2+m)-2(2+m)\sigma+\sigma^2\right]/2\\\quad\vdots\\L_n^{(m)}(\sigma)=\sum\limits_{k=0}^{n}\dfrac{(m+n)!(-\sigma)^k}{(m+k)!k!(n-k)!}\\n=0,1,2,\cdots\end{cases} \tag{3.52}$$

由于谐振腔横向边界的形式不同，激光场的横向分布也不同，圆形边界条件下的光强分布图形示于图 3.12 中，可以看到虽然高阶横模的横向分布与方形边界很不相同，但

是基模 TEM_{00} 的场分布对于方形和圆形边界是完全一致的，在对激光模式有严格要求的应用中大多使用基模，所以实际中人们对于激光器的边界形状一般不作特别的要求。

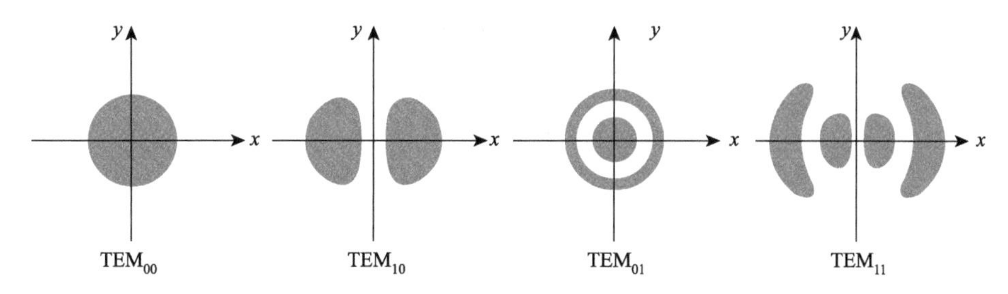

图 3.12　圆形边界光学谐振腔中不同模式的光强分布图形

3.6　谐振腔的谐振频率

前面各节中讨论了稳定球面镜腔中光波场的空间分布特征，如光腰位置、光腰半径、镜面上光斑尺寸等，本节将要讨论这种谐振腔的谐振频率。在第 2 章中使用了平面波模型研究了平行平面镜谐振腔的谐振频率，如式(2.14)，对于一般稳定球面镜谐振腔，光腔中存在的光波形式为厄米-高斯光束(或其他光束形式)，因此一般稳定球面镜腔的谐振频率也将与式(2.14)所表示的谐振频率有所不同。

对于方形边界条件下腔中存在的厄米-高斯光束 TEM_{lm}，根据式(3.47)其相位的空间变化表示为

$$\varphi(x,y,z)=k\left(z+\frac{r^2}{2R}\right)-(l+m+1)\alpha \tag{3.53}$$

式中

$$\alpha=\arctan(z/f) \tag{3.54}$$

根据约定式(3.54)中的坐标原点位于光腰的中点，光轴为 z 轴，光沿 z 轴正向传播，设在此坐标系中腔镜的位置 z_1 和 z_2，并且 α 在 z_1 和 z_2 点的取值分别为 α_1 和 α_2，则光在光腔中传播的单程相移为

$$\begin{aligned}\Delta\varphi&=\varphi(0,0,z_2)-\varphi(0,0,z_1)\\&=k(z_2-z_1)-(l+m+1)(\alpha_2-\alpha_1)\end{aligned} \tag{3.55}$$

因为谐振条件要求光在光腔中传播往返相移为 2π 的整数倍，即

$$2\Delta\varphi=s\cdot 2\pi \tag{3.56}$$

式中，s 为正整数。将式(3.55)代入式(3.56)得

$$k_{slm}(z_2-z_1)-(l+m+1)(\alpha_2-\alpha_1)=s\cdot\pi \tag{3.57}$$

由于对于不同的 (s,l,m)，谐振条件要求不同的波矢 k，因此用下标 slm 表示对应一组特定参量 (s,l,m) 的波矢。将波矢与频率的关系式 $k_{slm}=2\pi\nu_{slm}/c$ 代入式(3.57)，并注意到 $z_2-z_1=L$ 表示腔长，可得

$$\nu_{slm}=\frac{c}{2L}\left[s+\frac{1}{\pi}(l+m+1)(\alpha_2-\alpha_1)\right] \tag{3.58}$$

由 α 的表示式(3.54)可知，$\tan\alpha_1=z_1/f$，$\tan\alpha_2=z_2/f$，利用三角函数公式可得

$$\tan(\alpha_2-\alpha_1)=\frac{(z_2/f)-(z_1/f)}{1+(z_2/f)(z_1/f)}=\frac{f(z_2-z_1)}{f^2+z_2z_1} \tag{3.59}$$

$$\cos(\alpha_2-\alpha_1)=\frac{1}{\sqrt{1+\tan^2(\alpha_2-\alpha_1)}}=\frac{\left|f^2+z_2z_1\right|}{\sqrt{\left(f^2+z_2z_1\right)^2+f^2L^2}}$$

将式(3.36)代入式(3.59)，经过一些代数运算(附录 C)可得

$$\cos(\alpha_2-\alpha_1)=\sqrt{\left(1-\frac{L}{r_1}\right)\left(1-\frac{L}{r_2}\right)}=\sqrt{g_1g_2} \tag{3.60}$$

将式(3.60)代入式(3.58)，可以得到不同谐振腔模式的谐振频率：

$$\nu_{slm}=\frac{c}{2L}\left[s+\frac{1}{\pi}(l+m+1)\cos^{-1}\sqrt{g_1g_2}\right] \tag{3.61}$$

对于圆形边界激光谐振腔，同样的推导方法得到不同模式的谐振频率(习题 3.7)：

$$\nu_{smn}=\frac{c}{2L}\left[s+\frac{1}{\pi}(m+2n+1)\cos^{-1}\sqrt{g_1g_2}\right] \tag{3.62}$$

以下仍然以方形边界为例就谐振频率的一些特征进行讨论。对于 TEM_{00} 模，$l=m=0$，其谐振频率：

$$\nu_{s00}=\frac{c}{2L}\left(s+\frac{1}{\pi}\cos^{-1}\sqrt{g_1g_2}\right) \tag{3.63}$$

相邻 s 值的模式频率间隙 $\Delta\nu_{\mathrm{L}}=\dfrac{c}{2L}$ 称为纵模频率间隔。当 $l,m\neq0$ 时的光波谐振频率 ν_{slm} 与 ν_{s00} 比较有一个频率差：

$$\nu_{slm}-\nu_{s00}=\frac{c}{2L\pi}(l+m)\cos^{-1}\sqrt{g_1g_2} \tag{3.64}$$

对于近平行平面腔 $g_1,g_2\approx1$，$\cos^{-1}\sqrt{g_1g_2}\ll1$，式(3.61)中 $\dfrac{1}{\pi}(l+m+1)\cos^{-1}\sqrt{g_1g_2}$ 是对纵模频率一个小的修正，模式的频谱分布如图 3.13 所示。

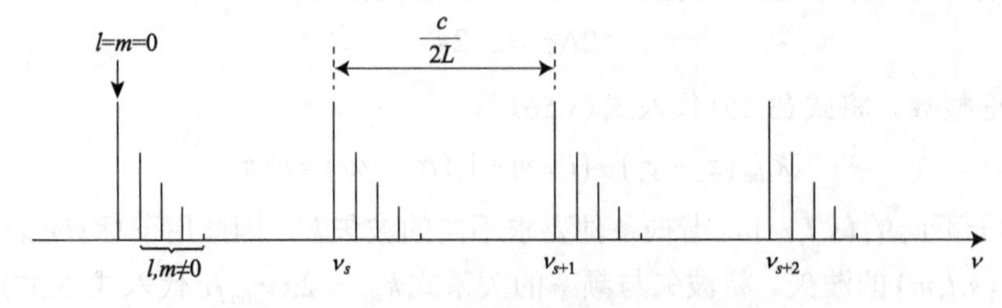

图 3.13 近平行平面腔的模式频率分布图

高阶模的频率相对于基模频率ν_{s00}有一个平移，一般而言，没有其他一个高阶模与基模频率相同，因此对于光腔基模而言，频率是非简并的，但对于某些特殊谐振腔，基模频率变成简并的。例如，对于对称共焦腔，$g_1 = g_2 = 0$，光波的谐振频率表示式(3.61)变为

$$\nu_{slm} = \frac{c}{2L}\left(s + \frac{l+m+1}{2}\right) \tag{3.65}$$

显然对于对称共焦腔，谐振频率只出现在满足以下条件的位置上：

$$\nu_{\text{resonace}} = s'\frac{c}{4L} \tag{3.66}$$

式中，s'为整数，如图 3.14 所示。正是由于对称共焦腔的这种性质，人们常常将其用于 F-P 谐振腔光谱分析仪中。F-P 谐振腔光谱分析仪利用测量输出光强随着腔镜的距离L的变化来确定光波的频率，对于一般球面镜谐振腔，由于存在高阶横模的影响，同一个光波频率可以在多个腔镜距离L有较强的输出，造成测量的混乱。对于对称共焦腔，不管它的横模阶数(l,m)如何，光谱仪的光强输出只出现在满足式(3.66)的位置上，特别是如果腔镜的扫描范围$\Delta L = c/(4\nu_0)$，其中，ν_0为光波的中心频率，在光波频率宽度$\Delta\nu < c/(4L)$的情况下，每个频率的输出光强极大值在每个扫描过程中只出现一次，对频率分析不造成混淆。

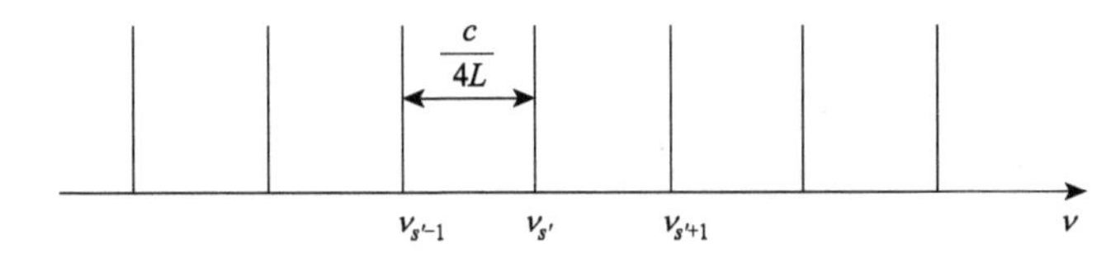

图 3.14　对称共焦腔的模式频率分布

但是在激光器设计中尽量避免使用对称共焦腔。原因之一是纵模频率的简并性，当几个模式具有相同的谐振频率时，这些模式的线性组合也具有此谐振频率，这样造成激光器中振荡光波场模式具有随机性，使得光波场不可预测；原因之二是严格的对称共焦腔从技术上讲是不可能的，这种偏离造成横模的谐振中心频率与纵模中心频率的微小分离，但由于光腔谐振线宽的影响，使各模式的谐振频率带重叠，表现为光腔的谐振线宽增加，造成输出激光的频率不确定性。

习　题

3.1　已知一个对称共焦腔激光器的发光波长为 900nm，镜面上的光斑尺寸为 0.3mm，计算：

(1) 激光器腔长；

(2) 光束的光腰半径；

(3) 模式之间的频率间隔(包括横模和纵模)。

3.2　一个激光谐振腔由相距为L的两个平面反射镜和一个焦距为F的凸透镜组成，凸透镜位于两个平面反射镜的中间，试推导谐振腔的稳定性条件。

3.3　由式(3.46)计算对称球面镜腔的稳定性条件，并与式(3.38)比较。

3.4　对于稳定球面镜腔，高斯光束是稳定球面镜腔的自再现模，高斯光束在横向上是无限扩展的，由于镜面尺寸有限它不能反射全部高斯光束，在镜面边缘之外的光波能量不能被反射回到谐振腔，这种能量损失的百分比称为光腔的衍射损耗。据此估算一个圆形镜对称稳定球面腔的单程衍射损耗随着$(a/w)^2$的变化函数。其中，a表示圆形反射镜的半径；w表示镜面上的光斑尺寸。

3.5　已知一个对称球面镜激光谐振腔的球面镜曲率半径为$r=5\mathrm{m}$，球面镜之间的距离是$L=20\mathrm{cm}$，激光发光波长为$\lambda=800\mathrm{nm}$，计算：

(1) 激光束的光腰尺寸；

(2) 估算反射镜的尺寸，使得反射镜边缘的衍射损耗可以忽略；

(3) 纵模间隔；

(4) 激光器横模间隔占纵模间隔的比例。

3.6　已知一个平凹稳定腔的球面镜曲率半径$r=1\mathrm{m}$，激光波长$\lambda=1000\mathrm{nm}$，画出光束发散角θ与腔长L的关系曲线，并求出最小发散角。

3.7　推导圆形边界激光谐振腔谐振频率的表示式(3.62)。

第 4 章　高斯光束的传输变换

微课

稳定激光谐振腔支持高斯光束的存在，高斯光束从激光器出射后如何针对具体应用对其进行操控是激光应用中经常遇到的问题。在本章中首先讨论高斯光束的聚焦和准直，然后利用高斯光束的 q 参数讨论高斯光束通过一般光学系统的变换。

4.1　高斯光束的聚焦

已知高斯光束通过透镜变换成一个新的高斯光束，聚焦就是使得新高斯光束的光腰半径远小于原光束的光腰半径，因此光波的能量集中在很小的面积范围之内。在激光加工、激光手术、激光到光纤的耦合、激光到微纳光子器件的耦合等应用中都有需要。为了讨论方便，重新写下第 3 章中有关描述高斯光束传输规律的一些公式。

高斯光束通过焦距为 F 的透镜变换：

$$\frac{1}{R_1}-\frac{1}{R_2}=\frac{1}{F} \tag{4.1}$$

$$w_1 = w_2 \tag{4.2}$$

式中，R_1 和 R_2 分别表示高斯光束通过透镜前、后表面时的等相位面曲率半径；w_1 和 w_2 分别表示高斯光束通过透镜前、后表面时的光斑半径。高斯光束从光腰位置沿着 z 轴传播 z 距离后（z 的正向为光传播的方向），光斑尺寸和等相位面曲率半径分别为

$$w(z)=w_0\sqrt{1+\frac{z^2}{f^2}} \tag{4.3}$$

$$R=z+\frac{f^2}{z} \tag{4.4}$$

式中

$$w_0=\sqrt{\frac{f\lambda}{\pi}} \tag{4.5}$$

表示高斯光束的光腰半径，

$$f=\pi w_0^2/\lambda \tag{4.6}$$

表示高斯光束的瑞利距离，高斯光束的发散角为

$$\Delta\theta=\frac{\lambda}{\pi w_0} \tag{4.7}$$

以上是高斯光束传输变换的一些基本公式。关于高斯光束的聚焦，考虑一个孔径直径为 $2a$ 的透镜，一束光斑半径为 w_1 的高斯光束通过此透镜，在此做三点假设：① $w_1 \leqslant a$，

这是合理的，因为如果 $w_1 > a$，那么在透镜之外的能量不能被透镜收集，使得光束的有效直径减小为 $2a$；②新光束的光腰半径 $w_{02} \ll w_1$，因为聚焦的目的是使得 w_{02} 尽量小；③原高斯光束在透镜前表面上的等相位面曲率半径 R_1 远大于聚焦透镜的焦距 F，这是因为聚焦所用的透镜的焦距 F 一般较小，经常是毫米或者厘米的数量级，而且透镜前表面上入射高斯光束的等相位面曲率半径 $R_1 = f_1(z_1/f_1 + f_1/z_1) \geqslant 2f_1$，$f_1 = \pi w_{01}^2/\lambda$，$w_{01}$ 估计在毫米数量级，f_1 则在米的数量级，因此 $R_1 \gg F$ 是合理的(如果 f_1 很小，则表示 w_{01} 也很小，聚焦的意义也就不明显)，也可以把入射高斯光束的光腰投射到聚焦透镜的前表面上，此时 $R_1 \gg F$ 显然成立。

如图 4.1 所示，设通过透镜变换后的新高斯光束光腰和透镜的距离为 d_1，光腰半径为 w_{02}，刚刚通过透镜时高斯光束的光斑半径与透镜左侧光斑半径相等，即

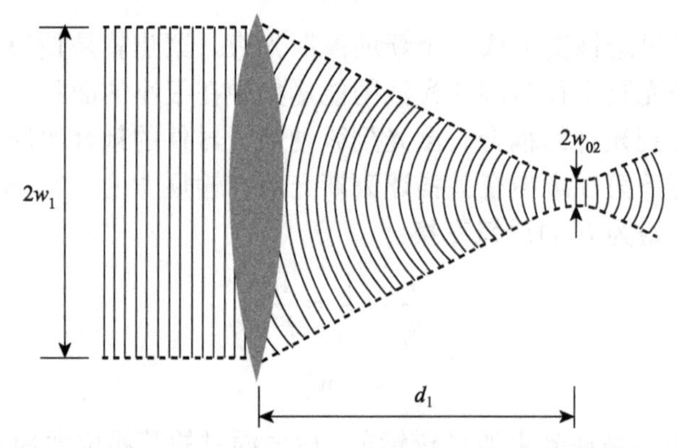

图 4.1 用一个透镜将一束近乎平行光的高斯光束聚焦

$$w_1^2 = w_{02}^2\left[1+\left(\frac{-d_1}{f_2}\right)^2\right] \tag{4.8}$$

式中，w_1 为入射光束在透镜表面上的光斑半径；$f_2 = \dfrac{\pi w_{02}^2}{\lambda}$ 为新高斯光束的瑞利距离。根据前面的假设② $w_{02} \ll w_1$，得出结论：

$$\left(\frac{d_1}{f_2}\right)^2 \gg 1 \tag{4.9}$$

式(4.8)可近似写成

$$w_1 = w_{02}\left(\frac{d_1}{f_2}\right) = d_2\frac{\lambda}{\pi w_{02}} \tag{4.10}$$

在几何光学中一束平行光被透镜聚焦到后焦点上。对于高斯光束的聚焦，根据假设③ $R_1 \gg F$，代入式(4.1)可知 $R_2 \approx -F$，由于对于新的高斯光束 $z = -d_1$，代入式(4.4)可得

$$R_2 = -d_1\left[1+\left(\frac{f_2}{d_1}\right)^2\right] \approx -F$$

再次利用式(4.9)，将上式近似写成

$$d_1 \approx F$$

代入式(4.10)可得

$$w_{02} = F\frac{\lambda}{\pi w_1} \geqslant \frac{\lambda F}{\pi a} = \frac{2}{\pi}\lambda \cdot F^{\#} \tag{4.11}$$

式中，$F^{\#} = F/(2a)$ 为透镜的光圈指数，也称作 F 数，是表征透镜特性的重要参数。从式 (4.11) 看到为了得到较小的光腰半径 w_{02}，希望使用较小的 $F^{\#}$，但在实际中由于技术条件的限制，$F^{\#} < 2$ 已经很难实现。由此可以得出结论：理论上无法实现无限小的光斑聚焦，激光束的最小腰斑尺寸由激光波长和透镜的光圈指数决定，一般在波长的量级。由式(4.11)可知，当 $w_1 = a$ 时，w_{02} 取到极小值，因此在做激光聚焦时，总是使 w_1 接近或等于 a，充分利用透镜的有效面积。

讨论与思考

1. 式(4.11)表示的最小光斑的光束发散角(半角)为 $\theta = a/F$，因此光束包含的立体角近似为 $\pi(a/F)^2$，光束的集光率为 $G = \pi w_{02}^2 \pi(a/F)^2 = \lambda^2$，所以最小聚焦光斑光束只包含一个横模。一般来讲质量较好的激光束包含一个横模，所以激光束光斑能够聚焦到很小，这也是许多应用都需要使用激光束的原因，例如激光打印、激光 DVD、激光机械加工等；普通光源的光子辐射分散于很多横模中，因此很难得到很小的光斑，或者我们选择其中的一个横模，但是又很难保证应用所需要的光子通量(或者说光功率)。

2. 在前面的第三点假设是 $R_1 \gg F$，如果我们执意使用一个长焦距透镜，使得条件 $R_1 \gg F$ 不成立，结果如何？由式(4.11)可知，较小的光圈指数有助于获得较小的聚焦光斑尺寸，当增大透镜的焦距 F 时，为了获得较小的光圈指数，势必要增大透镜的直径，但是用于焦距的激光束光斑半径一般不会很大，透镜被利用的有效尺寸不是透镜的尺寸，而是激光束的尺寸，因此在激光束尺寸不变的条件下增加透镜的焦距 F 等价于增大有效光圈指数，不利于获得更小的聚焦光斑。

4.2　高斯光束的准直

高斯光束的准直是聚焦的反过程。如果入射高斯光束光腰半径 w_{02}，经过光学系统变换成 w_{03}，$w_{03} \gg w_{02}$，则根据式(4.7)，新光束的发散角为

$$\Delta\theta_3 = \lambda/(\pi w_{03}) \ll \Delta\theta_2 = \lambda/(\pi w_{02}) \tag{4.12}$$

获得更小发散角的过程称为高斯光束的准直，从式(4.12)可知高斯光束的准直就是将高斯光束进行变换以获得更大的高斯光束光腰半径。完全准直的高斯光束(发散角等于零)是不存在的，因为实际光束的横向尺寸总是有限的。

考虑一个孔直径为 $2a$ 的透镜，焦距为 F_2，用此透镜可能得到的最大光腰半径是多少？如图 4.2 所示，直观分析可知在透镜后表面上最大光斑半径为 a，光腰是高斯光束

光斑尺寸最小的位置，新高斯光束的光腰半径 $w_{03} \leqslant a$，因此通过此透镜可能得到的最大光腰尺寸为 $w_{03} = a$，并且光腰位置在透镜的后表面上，设 F_2 透镜的入射高斯光束共焦参数 f_2，光腰半径 w_{02}，光腰距透镜 d_2，则根据式(4.3)和式(4.4)入射高斯光束在透镜上的光斑半径和等相面曲率半径分别为

$$w_2^2 = w_{02}^2\left[1+\left(\frac{d_2}{f_2}\right)^2\right] \tag{4.13}$$

$$R_2 = d_2\left[1+\left(\frac{f_2}{d_2}\right)^2\right] \tag{4.14}$$

根据前面讨论，$w_2 = w_{03} = a \gg w_{02}$，可知：

$$d_2/f_2 \gg 1 \tag{4.15}$$

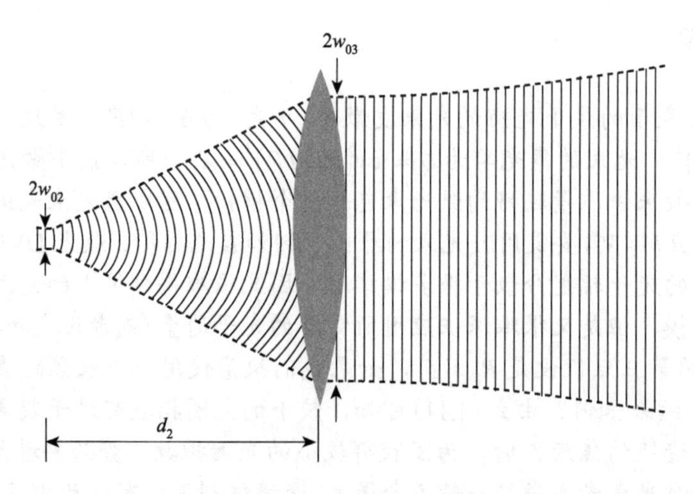

图 4.2　用一个焦距为 F_2 的透镜将一束发散的高斯光束准直

因此，式(4.13)和式(4.14)分别近似为

$$w_{03} = w_{02}\frac{d_2}{f_2} = d_2\frac{\lambda}{\pi w_{02}} \tag{4.16}$$

$$R_2 = d_2 \tag{4.17}$$

为了在高斯光束通过透镜后得到最大的光腰半径，出射高斯光束的光腰位于透镜 F_2 的后表面上，即 $R_3 = \infty$，代入式(4.1)和式(4.16)得

$$R_2 = d_2 = F_2 \tag{4.18}$$

$$w_{03} = F_2\frac{\lambda}{\pi w_{02}} \tag{4.19}$$

为了得到较大的 w_{03}，需要尽量减小 w_{02}，为此先用透镜 F_1 把高斯光束聚焦，根据式 (4.11)得

$$w_{02} = F_1 \frac{\lambda}{\pi w_{01}} \tag{4.20}$$

并且第二个高斯光束光腰位于透镜 F_1 的焦点上，因此只要排列两个透镜使其焦点位置重合，就可实现对高斯光束的准直。

将式(4.20)代入式(4.19)，可得

$$\frac{w_{03}}{w_{01}} = \frac{F_2}{F_1}$$

由于高斯光束的发散角与光腰半径成反比，因此：

$$\frac{\Delta\theta_1}{\Delta\theta_3} = \frac{F_2}{F_1} \tag{4.21}$$

为了得到好的准直效果，选取较大的 F_2 与较小的 F_1，这实际上是一个倒置的望远镜系统，如图 4.3 所示。

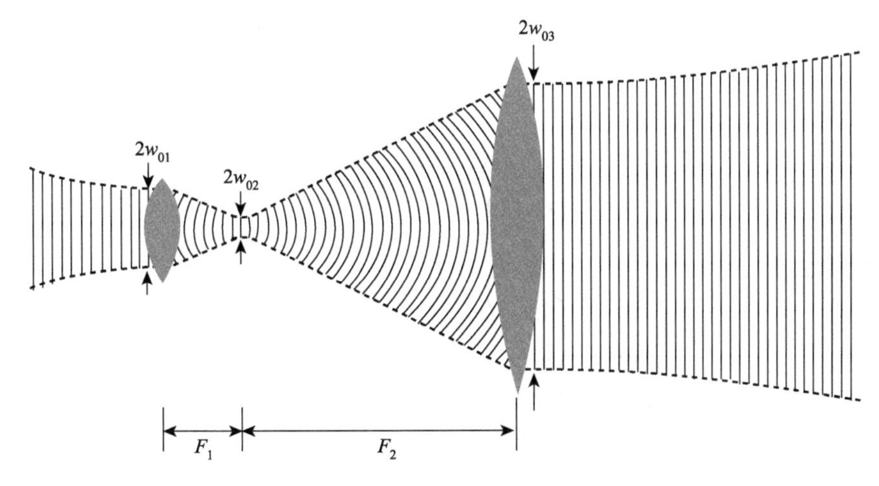

图 4.3　用于高斯光束准直的望远镜系统

将高斯光束准直系统的准直倍率定义为光束通过准直器前后光束发散角减小的倍率 $\eta = \Delta\theta_1/\Delta\theta_3$，根据式(4.21)可知它等于两透镜焦距之比，即

$$\eta = \frac{F_2}{F_1} \tag{4.22}$$

对于第二个透镜来说，前一个透镜的作用是扩大了入射光束的发散角，这种作用同样可以用一个凹透镜来实现，即 $F_1 < 0$，此时系统的准直倍率 $\eta = F_2/|F_1|$，两透镜之间的距离为 $d = F_2 - |F_1|$（习题 4.5）。

讨论与思考

根据式(4.19)，减小准直透镜前方的高斯光束光腰半径 w_{02} 能够增大准直透镜后方的高斯光束光腰半径 w_{03}，其本质是增加准直透镜前方的高斯光束的发散角，使光束能够在传播有限距离 F_2 之后得到足够大的高斯光束光斑半径，为此我们首先使用了一个汇聚

透镜将初始光斑半径 w_{01} 汇聚成 w_{02}。试想如果不使用汇聚透镜，根据式(4.19)，通过增大透镜焦距 F_2 同样能够在准直透镜后方得到较大的高斯光束光腰半径。但在实际中人们很少采用这种方案，这是由于通常 F_2 需要取很大的值，不易于准直装置的紧凑化。

4.3　光线光学的矩阵方法和高斯光束的传输变换

1. 光线的传输变换

如图 4.4 所示为一条在折射率为 n_1 的介质中传播的光线，在 z 轴上某点 z_1，光线到 z 轴的距离为 y_1，光线与 z 轴的夹角为 θ_1，这两个参量能够完全描述光线的特征，写成矩阵的形式为 $\begin{pmatrix} y_1 \\ n_1\theta_1 \end{pmatrix}$，其中引入介质折射率是为了使以后的光线传输矩阵具有更简洁的形式。这条光线在均匀介质中传播到 z_2 点，则在 z_2 的光线矩阵为 $\begin{pmatrix} y_2 \\ n_1\theta_2 \end{pmatrix}$，根据光线的直线传播特性得到如下关系式：

$$\begin{cases} y_2 = y_1 + \theta_1 (z_2 - z_1) \\ \theta_2 = \theta_1 \end{cases}$$

写成矩阵的形式为

$$\begin{pmatrix} y_2 \\ n_1\theta_2 \end{pmatrix} = \begin{pmatrix} 1 & d/n_1 \\ 0 & 1 \end{pmatrix} \begin{pmatrix} y_1 \\ n_1\theta_1 \end{pmatrix} = M_{\mathrm{T}} \begin{pmatrix} y_1 \\ n_1\theta_1 \end{pmatrix} \tag{4.23}$$

式中，$d = z_2 - z_1$，表示光线的传输距离，

$$M_{\mathrm{T}} = \begin{pmatrix} T_{11} & T_{12} \\ T_{21} & T_{22} \end{pmatrix} = \begin{pmatrix} 1 & d/n_1 \\ 0 & 1 \end{pmatrix} \tag{4.24}$$

M_{T} 称为光线的均匀介质空间传输变换矩阵。

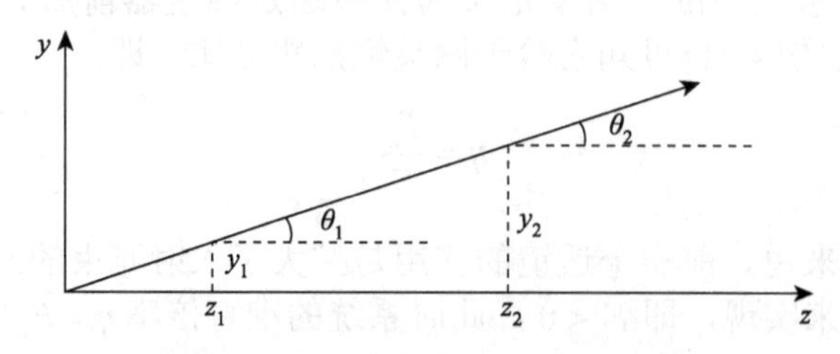

图 4.4　光线在均匀介质中从 z_1 点传播到 z_2 点

当光线经过两种介质的介面时发生折射时，光学成像系统一般由球面介质界面组成，如图 4.5 所示，一个曲率半径为 r_1 的球面界面，界面左右两边介质折射率分别为 n_1 和 n_2，界面左边光线矩阵为 $\begin{pmatrix} y_1 \\ n_1\theta_1 \end{pmatrix}$，界面右边光线矩阵为 $\begin{pmatrix} y_2 \\ n_2\theta_2 \end{pmatrix}$。设光线在介质界面上的入射角 i_1，光线的出射角 i_2，在傍轴光线近似下 i 与 θ 的关系如下：

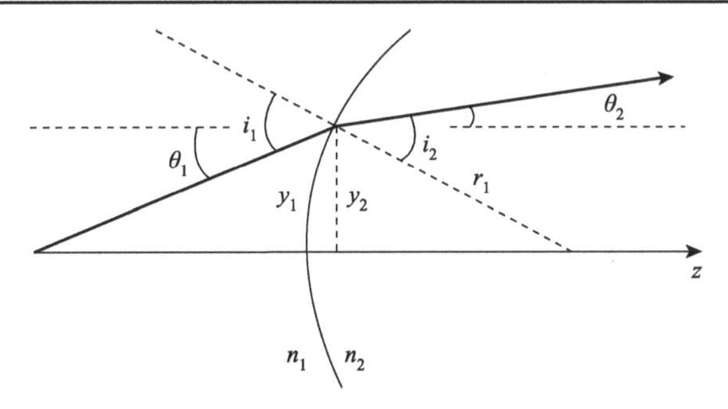

图 4.5　光线在球面介质界面上的变换

$$\begin{cases} i_1 = \theta_1 + \dfrac{y_1}{r_1} \\ i_2 = \theta_2 + \dfrac{y_2}{r_1} \end{cases} \tag{4.25}$$

式中，曲率半径 r_1 的符号规定为球心在球面的右侧（z 的正方向上）取正值；否则取负值，以下相同。由光线折射的斯涅耳定律（傍轴近似）：

$$n_2 i_2 = n_1 i_1$$

注意到 $y_2 = y_1$，将式(4.25)代入上式得

$$n_2\theta_2 = n_1\theta_1 - \frac{(n_2 - n_1)y_1}{r_1}$$

写成矩阵形式：

$$\begin{pmatrix} y_2 \\ n_2\theta_2 \end{pmatrix} = \begin{pmatrix} 1 & 0 \\ -\dfrac{n_2 - n_1}{r_1} & 1 \end{pmatrix} \begin{pmatrix} y_1 \\ n_1\theta_1 \end{pmatrix} \tag{4.26}$$

式(4.23)和式(4.26)是光线通过均匀介质和球面介质界面光线矩阵变换的普遍形式。通常情况是光线在空气和薄透镜组成的光学系统中传播，光线通过薄透镜等价于光线连续通过两个球面介质界面，设第一和第二个球面介面界面半径分别为 r_1 和 r_2，透镜介质折射率为 n_2，透镜两边介质折射率为 n_1，则透镜变换矩阵为

$$M_{\mathrm{L}} = \begin{pmatrix} 1 & 0 \\ -\dfrac{n_1 - n_2}{r_2} & 1 \end{pmatrix} \begin{pmatrix} 1 & 0 \\ -\dfrac{n_2 - n_1}{r_1} & 1 \end{pmatrix} = \begin{pmatrix} 1 & 0 \\ -(n_2 - n_1)\left(\dfrac{1}{r_1} - \dfrac{1}{r_2}\right) & 1 \end{pmatrix}$$

用 $\mathcal{P}$ 表示透镜在介质 1（折射率为 n_1）中的透镜折光本领：

$$\mathcal{P} = (n_2 - n_1)\left(\frac{1}{r_1} - \frac{1}{r_2}\right) \tag{4.27}$$

则透镜变换矩阵表示为

$$M_L = \begin{pmatrix} L_{11} & L_{12} \\ L_{21} & L_{22} \end{pmatrix} = \begin{pmatrix} 1 & 0 \\ -\mathcal{P} & 1 \end{pmatrix} \tag{4.28}$$

对于介质 1 为空气的情况，$n_1 = 1$，则透镜折光本领$\mathcal{P}$与透镜焦距互为倒数，即

$$\mathcal{P} = \frac{1}{F} \tag{4.29}$$

一般光学系统由透镜和均匀介质组合而成，均匀介质的折射率为 n_1（对于空气 $n_1 = 1$），由于已知均匀介质的光线传输变换矩阵 M_T 和透镜变换矩阵 M_L，可以对任意这种变换的组合进行光线追迹，只要把相应的变换矩阵按顺序相乘就可以。例如图 4.6 中，光线从 A 点出发依次通过均匀介质 d_1、透镜 L_1、均匀介质 d_2、透镜 L_2、均匀介质 d_3 到达 B 点，其总变换矩阵为$\begin{pmatrix} A & B \\ C & D \end{pmatrix}$，则对于在 A 点矩阵为$\begin{pmatrix} y_1 \\ n_1\theta_1 \end{pmatrix}$的入射光线，在 B 点的出射光线矩阵$\begin{pmatrix} y_6 \\ n_1\theta_6 \end{pmatrix}$为

$$\begin{pmatrix} y_6 \\ n_1\theta_6 \end{pmatrix} = \begin{pmatrix} A & B \\ C & D \end{pmatrix} \begin{pmatrix} y_1 \\ n_1\theta_1 \end{pmatrix} = M_{T3} M_{L2} M_{T2} M_{L1} M_{T1} \begin{pmatrix} y_1 \\ n_1\theta_1 \end{pmatrix}$$

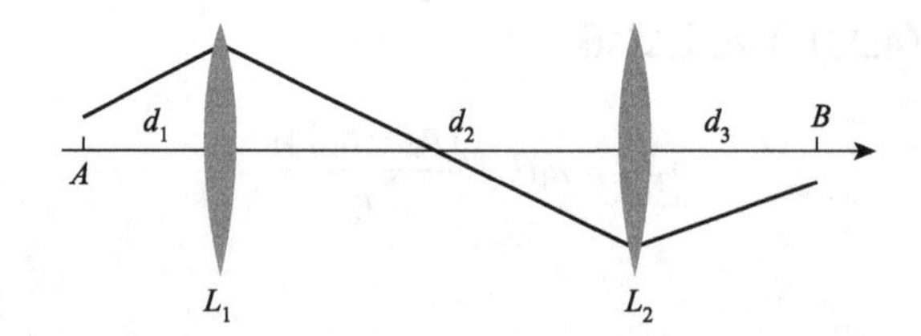

图 4.6　由两个透镜和均匀介质组成的光学系统

2. 球面波的传输变换

设一球面波的源点位于 $z = 0$，则该球面波在折射率为 n_1 的均匀介质中，从 z_1 点传播到 z_2 点，其等相位面曲率半径变换为

$$R_2 = z_2 = z_1 + (z_2 - z_1) = R_1 + d \tag{4.30}$$

式中，$d = z_2 - z_1$，表示球面波在 z 的正方向上传播的距离。用式(4.24)的均匀介质的传输矩阵元表示成

$$R_2/n_1 = \frac{T_{11}(R_1/n_1) + T_{12}}{T_{21}(R_1/n_1) + T_{22}} \tag{4.31}$$

对于球面波通过透镜变换，仍然假设透镜周围介质的折射率 n_1，透镜在该介质中的折光本领为$\mathcal{P}$，球面波在透镜前、后表面的曲率半径分别为 R_2 和 R_3，他们分别可看作距离透镜 R_2 的点光源发出的光通过透镜后成像于透镜后方 R_3 的位置，则由几何光学成像公式可知：

$$\frac{n_1}{R_3}=\frac{n_1}{R_2}-\mathcal{P} \tag{4.32}$$

对于 $n_1=1$ 的情况，式(4.32)过渡到式(4.1)。将式(4.32)用式(4.28)的透镜变换矩阵元表示成

$$R_3/n_1=\frac{L_{11}\left(R_2/n_1\right)+L_{12}}{L_{21}\left(R_2/n_1\right)+L_{22}} \tag{4.33}$$

比较式(4.31)和式(4.33)可发现，球面波通过均匀介质变换和透镜变换用矩阵元素表示后具有统一的数学变换形式，事实上对于由透镜和均匀介质组成的组合光学系统，如果其总光线变换矩阵 $M=\begin{pmatrix} A & B \\ C & D \end{pmatrix}$，设球面波进入系统时的等相位面曲率半径为 $R_{\rm i}$，从系统出射时的等相位面曲率半径为 $R_{\rm e}$，光传输介质的折射率为 n_1，则数学上容易证明(习题 4.7)，式(4.34)普遍成立：

$$R_{\rm e}/n_1=\frac{A\left(R_{\rm i}/n_1\right)+B}{C\left(R_{\rm i}/n_1\right)+D} \tag{4.34}$$

也就是说，利用系统的光线变换矩阵，可以借助式(4.34)计算光学系统对任意球面波的变换，这给求解光学变换的问题带来了很大方便。

3. 高斯光束的 q 参数及其变换

从式(4.34)可知，光学系统对于球面波的变换完全由系统的光线变换矩阵确定。从第 3 章的讨论知道，高斯光束的 q 参数的表示式：

$$q(z)=z-{\rm i}f \tag{4.35}$$

若参数 q 已知，则高斯光束的光腰位置和瑞利距离就完全确定。因此如果掌握了光学系统对 q 参数的变换规律，也就能够求解光学系统对高斯光束的变换。

根据 q 参数的表示式(4.35)，立即知道两点 z_1、z_2 间 q 参数的均匀介质(折射率为 n_1)变换：

$$q(z_2)=z_2-z_1+z_1-{\rm i}f=q(z_1)+d \tag{4.36}$$

对于高斯光束通过透镜的变换，首先利用式(4.4)、式(4.6)和式(4.3)将 q 参数写成

$$\frac{n_1}{q(z)}=n_1\frac{z+{\rm i}f}{z^2+f^2}=\frac{n_1}{R(z)}+{\rm i}\frac{n_1\lambda}{\pi w^2(z)} \tag{4.37}$$

注意到薄透镜前后高斯光束的光斑半径相等，可得 q 参数经过折光本领为 $\mathcal{P}$ 的透镜变换后其 q 参数由 $q(z)$ 变为 $q'(z)$：

$$\begin{aligned}\frac{n_1}{q'(z)}&=\frac{n_1}{R'(z)}+{\rm i}\frac{n_1\lambda}{\pi w^2(z)}\\&=\frac{n_1}{R(z)}-\mathcal{P}+{\rm i}\frac{n_1\lambda}{\pi w^2(z)}\end{aligned}$$

利用式(4.37)可得

$$\frac{n_1}{q'(z)}=\frac{n_1}{q(z)}-\mathcal{P} \tag{4.38}$$

比较式(4.36)和式(4.30)、式(4.38)和式(4.32)可以发现，高斯光束q参数通过均匀介质和透镜组成的光学系统时其变换规律与球面波的等相位面曲率半径变换规律完全相同。因此如果高斯光束通过变换矩阵为$M=\begin{pmatrix}A & B\\ C & D\end{pmatrix}$的光学系统，光传输介质的折射率$n_1$，则在通过系统前、后的高斯光束$q$参数为$q_{\mathrm{i}}$，$q_{\mathrm{e}}$，它们满足：

$$q_{\mathrm{e}}/n_1=\frac{A(q_{\mathrm{i}}/n_1)+B}{C(q_{\mathrm{i}}/n_1)+D} \tag{4.39}$$

式(4.39)称为高斯光束的$ABCD$变换规则。现在用q参数计算光学系统对高斯光束变换的步骤已经清楚了。

(1)写出系统中每一部分的光线变换矩阵(包括均匀介质变换、透镜变换、反射镜变换等)，将每一部分的变换矩阵相乘得到总变换矩阵$M=\begin{pmatrix}A & B\\ C & D\end{pmatrix}$。

(2)由q参数的$ABCD$变换规则式(4.39)，用高斯光束的入射q参数计算在光学系统出射高斯光束的q参数。

(3)计算q参数的实部和虚部，根据式(4.35)就得到出射高斯光束的光腰位置和瑞利距离。

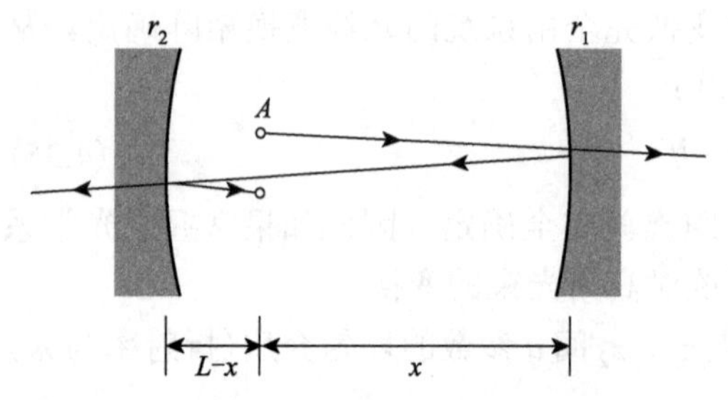

图 4.7　一条光线从A点出发，在谐振腔中经历一往返后回到A点

4. 用q参数分析问题举例

例 4.1　用q参数分析激光谐振腔的稳定条件。

解　如图 4.7 所示，设谐振腔两个反射镜曲率半径分别为r_1和r_2，两个反射镜相距为L，介质折射率$n_1=1$，由于两个反射镜的焦距分别为$F_1=r_1/2, F_2=r_2/2$，则两个反射镜的折光本领$\mathcal{P}_1=1/F_1$，$\mathcal{P}_2=1/F_2$，从与反射镜r_1距离x的某点沿着如图 4.7 所示的路径传播的光线在腔内一次往返变换矩阵为

$$\begin{pmatrix}A & B\\ C & D\end{pmatrix}=\begin{pmatrix}1 & L-x\\ 0 & 1\end{pmatrix}\begin{pmatrix}1 & 0\\ -2/r_2 & 1\end{pmatrix}\begin{pmatrix}1 & L\\ 0 & 1\end{pmatrix}\begin{pmatrix}1 & 0\\ -2/r_1 & 1\end{pmatrix}\begin{pmatrix}1 & x\\ 0 & 1\end{pmatrix}$$

$$=\begin{pmatrix}1-\dfrac{2L}{r_1}-2(L-x)\left(\dfrac{1}{r_1}+\dfrac{1}{r_2}-\dfrac{2L}{r_1r_2}\right) & 2L-\dfrac{2xL}{r_1}+2(L-x)\left(\dfrac{2xL}{r_1r_2}-\dfrac{x}{r_1}-\dfrac{x}{r_2}-\dfrac{L}{r_2}\right)\\ -\dfrac{2}{r_1}-\dfrac{2}{r_2}+\dfrac{4L}{r_1r_2} & 1-\dfrac{2x}{r_1}-\dfrac{2x}{r_2}-\dfrac{2L}{r_2}+\dfrac{4xL}{r_1r_2}\end{pmatrix} \tag{4.40}$$

设激光腔内存在高斯光束，根据高斯光束q参数的$ABCD$变换规则，激光场在腔内往返一周后的q参数由q_{i}变为q_{e}，并且满足：

$$q_e = \frac{Aq_i + B}{Cq_i + D} \tag{4.41}$$

对于稳定激光模式，激光场在腔内往返传播一周满足自再现条件：

$$q_e = q_i = q \tag{4.42}$$

将式(4.42)代入式(4.41)，并且利用传输矩阵行列式 $AD - BC = 1$ 的性质求解可得

$$q = -\frac{D-A}{2C} \pm \mathrm{i}\frac{\sqrt{1-(D+A)^2/4}}{C} \tag{4.43}$$

根据式(4.35)，高斯光束的 q 参数为非实数，式(4.43)有非实数解的条件为

$$-1 \leqslant (D+A)/2 \leqslant 1$$

将式(4.40)中相应的矩阵元代入得

$$-1 \leqslant 1 - \frac{2L}{r_1} - \frac{2L}{r_2} + \frac{2L^2}{r_1 r_2} \leqslant 1$$

即

$$0 \leqslant \left(1 - \frac{L}{r_1}\right)\left(1 - \frac{L}{r_2}\right) \leqslant 1 \tag{4.44}$$

与 3.5 节中得到的稳定性条件 $0 \leqslant g_1 g_2 \leqslant 1$ 一致。

事实上，前面讨论中得到的所有结论均可由求解相应的 q 参数得到，如谐振腔中高斯光束光腰半径，镜面上光斑尺寸等。对于某些结构更为复杂的激光谐振腔，用 q 参数变换的方法求解谐振腔中的高斯光束，则更加简洁明了。

例 4.2　有一环形激光谐振腔如图 4.8 所示，A、B 两点为曲率半径为 $r = 5\text{m}$ 的球面反射镜，C、D 两点为平面反射镜，$AB = 100\text{mm}$，$CD = 10\text{mm}$，各反射镜上光束的入射角均为 $\pi/8$。已知激光波长 $\lambda = 632.8\text{nm}$，忽略子午面与弧矢面光线的焦距差，近似认为球面镜的焦距为 $r/2$，介质折射率 $n = 1$，计算 AB 边上的高斯光束光腰半径。

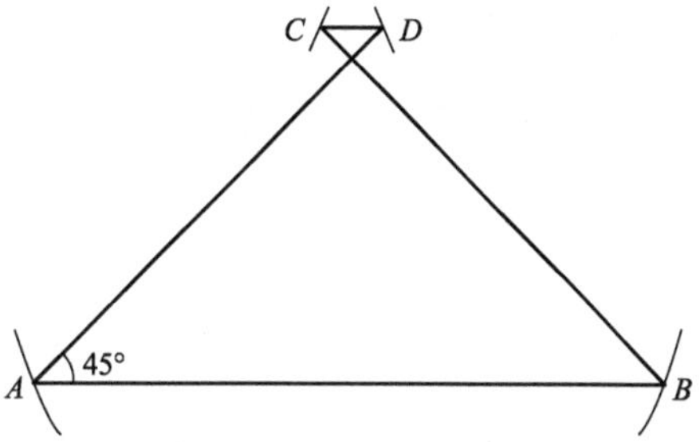

图 4.8　激光环形谐振腔示意图

解　根据对称性知，AB 边上的高斯光束的光腰位置在 AB 的中点。

谐振腔斜边的长度：

$$AD = BC = \frac{AB + DC}{2\cos(\pi/4)}$$

从 AB 边中点出发的光线传播一周的变换矩阵为

$$M = M_{\mathrm{T}(AB/2)} M_{\mathrm{R}(A)} M_{\mathrm{T}(DA)} M_{\mathrm{R}(D)} M_{\mathrm{T}(CD)} M_{\mathrm{R}(C)} M_{\mathrm{T}(BC)} M_{\mathrm{R}(B)} M_{\mathrm{T}(AB/2)} \tag{4.45}$$

式中，M_{T} 表示均匀介质变换矩阵，下标括号中的字母表示传输距离；$M_{\mathrm{R}(A)} = M_{\mathrm{R}(B)}$

$=\begin{pmatrix}1 & 0\\ -2/r & 1\end{pmatrix}$为球面镜$A$、$B$的变换矩阵；$M_{\mathrm{R}(C)}=M_{\mathrm{R}(D)}=\begin{pmatrix}1 & 0\\ 0 & 1\end{pmatrix}$为平面镜$C$、$D$的变换矩阵，它们是单位矩阵，代入式(4.45)并且化简为

$$M=M_{\mathrm{T}(AB/2)}M_{\mathrm{R}(A)}M_{\mathrm{T}(BCDA)}M_{\mathrm{R}(B)}M_{\mathrm{T}(AB/2)}$$

将数值代入上式进行数值计算可求得

$$M=\begin{pmatrix}0.8951 & 257.01\\ -7.74\times10^{-4} & 0.8951\end{pmatrix}$$

利用式(4.43)计算得

$$q=q_0=-\mathrm{i}\cdot 57.6\mathrm{cm}$$

$$f=\mathrm{i}q_0=57.6\mathrm{cm}$$

高斯光束光腰半径：

$$w_0=\sqrt{\frac{f\lambda}{\pi}}=0.341\mathrm{mm}$$

用光学系统q参数变换的方法，不仅可以求解由两个反射镜组成的激光谐振腔中光波的模式，同样可以求解由多个反射镜甚至透镜组成的光学系统中的光波模式，q参数变换的方法是求解稳定谐振腔中光波模式的有力工具。

例 4.3　已知一平凹腔 He-Ne 激光器输出波长$\lambda=632.8\mathrm{nm}$，球面镜曲率半径$r=3\mathrm{m}$，腔长$L=120\mathrm{mm}$，激光从平面镜输出。

(1) 计算激光束光腰半径w_{01}；

(2) 用焦距$F=1.5\mathrm{m}$的透镜实现激光器的高斯光束与例 4.2 中环形激光器高斯光束的匹配，应如何实现？

解

(1) 由式(3.39)和式(4.5)计算得激光器高斯光束的瑞利距离和光腰半径为

$$f=L\sqrt{\frac{r}{L}-1}=58.7\mathrm{cm}$$

$$w_{01}=\sqrt{\frac{f\lambda}{\pi}}=0.344\mathrm{mm}$$

(2) 从激光器中发出的高斯光束，经透镜变换后得到的新高斯光束光腰尺寸与环形激光器的高斯光束光腰尺寸一致，并且位置重合，则可实现两个激光谐振腔的模式匹配。

设平凹腔激光器与环形腔激光器的高斯光束的共焦参数分别为f_1和f_2，两个高斯光束的光腰与透镜距离分别为l_1和l_2，透镜的折光本领$\mathcal{P}=1/F$，则两个光腰之间光学系统的变换矩阵为

$$M=\begin{pmatrix}1 & l_2\\ 0 & 1\end{pmatrix}\begin{pmatrix}1 & 0\\ -1/F & 1\end{pmatrix}\begin{pmatrix}1 & l_1\\ 0 & 1\end{pmatrix}$$

$$=\begin{pmatrix}1-\dfrac{l_2}{F} & l_2+l_1-\dfrac{l_2 l_1}{F}\\ -1/F & 1-\dfrac{l_1}{F}\end{pmatrix}$$

由于 $q_{01}=-\mathrm{i}f_1$， $q_{02}=-\mathrm{i}f_2$，根据 q 参数变换的 $ABCD$ 规则，得

$$-\mathrm{i}f_2=\frac{-\mathrm{i}f_1\left[1-\left(l_2/F\right)\right]+l_1+l_2-\left(l_1l_2/F\right)}{\left(\mathrm{i}f_1/F\right)+1-\left(l_1/F\right)}$$

即

$$\left(f_1f_2/F\right)-\mathrm{i}f_2\left[1-\left(l_1/F\right)\right]=-\mathrm{i}f_1\left[1-\left(l_2/F\right)\right]+l_1+l_2-\left(l_1l_2/F\right)$$

令上式实部虚部分别相等：

$$\begin{cases}-f_1f_2=l_1l_2-l_1F-l_2F\\ f_2\left(l_1-F\right)=f_1\left(l_2-F\right)\end{cases}$$

解方程组可得

$$\begin{cases}l_1=F\pm\sqrt{\dfrac{f_1}{f_2}F^2-f_1^2}\\ l_2=F\pm\sqrt{\dfrac{f_2}{f_1}F^2-f_2^2}\end{cases}$$

由于

$$\begin{cases}f_1=58.7\mathrm{cm}\\ f_2=57.6\mathrm{cm}\\ F=150\mathrm{cm}\end{cases}$$

代入数据得到如下两组解：

$$\begin{cases}l_1=289.6\mathrm{cm},l_2=287.0\mathrm{cm}\\ l_1=10.4\mathrm{cm},l_2=13.0\mathrm{cm}\end{cases}$$

以上两组解都能够满足两个激光器光束匹配的要求，根据实际需要可以选择任意一组解，但是第二组解使实验装置较为紧凑，所以经常选用第二组解，实验装置如图 4.9 所示。图中球面镜 E 和平面镜 F 构成激光器的谐振腔，激光器的输出激光经过平面镜 G 和曲率半径 $r=6\mathrm{m}$ 的球面镜 H 反射进入环形谐振腔。实验中使用两个反射镜是为了光路调整方便，调整两个反射镜与光路的相对角度，可以使激光器的输出激光束与环形腔的光轴重合。实验装置中 $FG+GH=l_1=10.4\mathrm{cm}$， $HA=l_2-\left(AB/2\right)=8.0\mathrm{cm}$。由于平面镜对光束变换不起作用，因此光路中只有球面镜 H 对激光束进行变换，它的作用与题目中焦距 $F=3.0\mathrm{m}$ 的透镜等价。

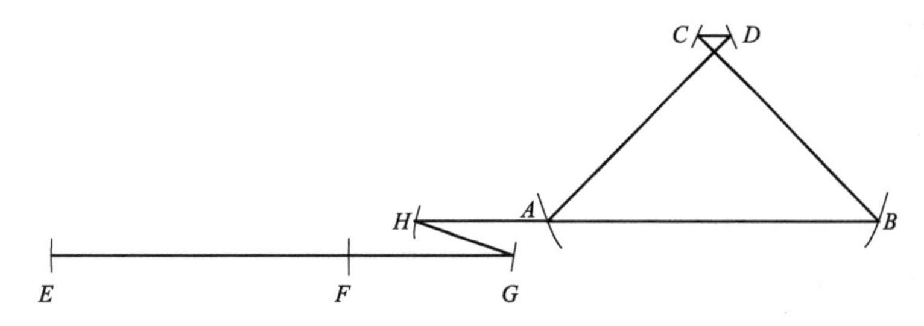

图 4.9　实现激光器与环形谐振腔光波场匹配的光路图

本例说明通过适当设计透镜的焦距和位置，能够把一个已知的高斯光束变换成任意需要的另一个高斯光束，q参数传输变换是这种高斯光束变换设计的有力工具，而聚焦和准直只是这种变换的两个特例。

例4.4 对于透镜成像，如果物体位于透镜的前焦平面上，则成像于无穷远；同理，无穷远的物体成像于透镜的后焦平面上。对于高斯光束，如果入射高斯光束的光腰位于透镜的前焦平面上，则出射高斯光束的光腰必然位于透镜的后焦平面上。

证明 设透镜周围介质的折射率为$n=1$，透镜的焦距为F，则从透镜前焦平面到透镜的后焦平面的光线传输变换矩阵为

$$\begin{bmatrix} A & B \\ C & D \end{bmatrix} = \begin{bmatrix} 1 & F \\ 0 & 1 \end{bmatrix} \begin{bmatrix} 1 & 0 \\ -1/F & 1 \end{bmatrix} \begin{bmatrix} 1 & F \\ 0 & 1 \end{bmatrix} = \begin{bmatrix} 0 & F \\ -1/F & 0 \end{bmatrix}$$

设入射光的高斯光束光腰q参数$q_1=-\mathrm{i}f_1$，则出射高斯光束的q参数为

$$q_2=\frac{F}{\mathrm{i}\,f_1/F}=-\mathrm{i}\frac{F^2}{f_1}$$

由于出射高斯光束在透镜后焦平面上的q参数为纯虚数，因此透镜后焦平面为出射高斯光束的光腰位置，并且出射高斯光束的瑞利距离为F^2/f_1。对于$n\neq1$的传播介质，例 4.4 的结论仍然成立，证明从略。

习 题

4.1 已知一个高斯光束的光腰半径$w_0=2\mathrm{mm}$，光波波长$\lambda=720\mathrm{nm}$，计算：

(1) 在距离光腰多远处光斑半径变成$w=4\mathrm{mm}$；

(2) 该位置处高斯光束的等相位面曲率半径。

4.2 已知高斯光束的波长$\lambda=632.8\mathrm{nm}$，光腰半径$w_0=0.32\mathrm{mm}$。

(1) 计算高斯光束在光腰位置的q参数；

(2) 计算离开光腰 2m 处高斯光束的q参数；

(3) 根据(2)的结果计算该位置高斯光束的等相位面曲率半径和光斑半径。

4.3 已知一个高斯光束的光腰半径$w_0=0.176\mathrm{mm}$，在离开光腰 20cm 远的位置上光斑半径$w=0.293\mathrm{mm}$，计算高斯光束的波长。

4.4 一台 Nd:YAG 激光器的输出功率为150W，激光波长$\lambda=1064\mathrm{nm}$，用一个焦距$F=25\mathrm{mm}$的透镜将激光束聚焦用于材料的机械加工，已知激光束在透镜上的光束直径为$d=3\mathrm{mm}$。

(1) 计算焦点上的光斑半径；

(2) 计算焦点上的光强；

(3) 如果加工要求激光光强的变化范围在 20% 以内，计算在加工过程中允许透镜和加工工件之间距离的变化。

4.5 证明在图 4.3 中，如果F_1取值为负，即第一个透镜为凹透镜，当$L=F_2-|F_1|$时这样的两个透镜F_1和F_2也构成一个准直系统，其准直倍率为$F_2/|F_1|$。

4.6　一个光腰半径为 w_{01} 的高斯光束经过焦距为 F 的透镜，变换成光腰半径为 w_{02} 的高斯光束，两个高斯光束的瑞利距离分别为 f_1 和 f_2，光腰与透镜的距离分别为 d_1 和 d_2。

(1) 当 $d_1 \gg f_1$，$d_2 \gg f_2$ 时，计算 w_{02}/w_{01}；

(2) 将上述结果与几何光学成像的放大倍率做一个比较；

(3) 透镜的直径对上述结论有没有影响。

4.7　已知球面波顺序通过两个光线变换矩阵分别为 $M_1 = \begin{pmatrix} A_1 & B_1 \\ C_1 & D_1 \end{pmatrix}$ 和 $M_2 = \begin{pmatrix} A_2 & B_2 \\ C_2 & D_2 \end{pmatrix}$ 的光学系统，每个光学系统对球面波的变换均由式(4.34)表示，则球面波通过两个光学系统后的总变换为 $R_{\mathrm{e}}/n_1 = \dfrac{A(R_{\mathrm{i}}/n_1)+B}{C(R_{\mathrm{i}}/n_1)+D}$，其中，$\begin{pmatrix} A & B \\ C & D \end{pmatrix} = \begin{pmatrix} A_2 & B_2 \\ C_2 & D_2 \end{pmatrix}\begin{pmatrix} A_1 & B_1 \\ C_1 & D_1 \end{pmatrix}$。

4.8　一个边长为 L 的正三角形环形激光谐振腔由一个平面镜和两个曲率半径 r 相等的球面镜构成。已知对于环形平面内传播的子午光线和垂直于该平面的弧矢光线球面镜的焦距分别为 $F_z = (r\cos\theta)/2$ 和 $F_h = r/(2\cos\theta)$，$\theta = \pi/6$ 为光线与球面镜法线的夹角，为了使得环形谐振腔满足稳定性条件，试求 r 的取值范围。

4.9　已知一台平凹腔 He-Ne 激光器的腔长为 $L_1 = 25\mathrm{cm}$，球面镜曲率半径 $r_1 = 1\mathrm{m}$，将激光器发出的激光耦合到一个腔长 $L_2 = 15\mathrm{cm}$，球面镜曲率半径 $r_2 = 5\mathrm{m}$ 的对称球面镜谐振腔中，用一个焦距 $F = 60\mathrm{cm}$ 的透镜设计一个实验装置实现激光束与谐振腔的匹配耦合。

第5章　受激辐射和光增益

微课

前面讨论了激光的传输特性和激光谐振腔，激光谐振腔的一个作用是选模，只有符合自再现条件的模式可以被选择，谐振腔是激光器的重要组成部分之一。激光器的另一个重要组成部分是增益介质，由于增益介质的存在，光波在光腔中往返传播，并且被不断放大，激光腔内光强的增大使得增益介质的辐射以受激辐射为主导，形成激光振荡，输出激光。本章首先引出受激辐射过程，讨论受激辐射系数与自发辐射系数的关系、受激辐射速率与光强的关系，并阐明由于粒子数反转而导致的光放大。

5.1　受激辐射

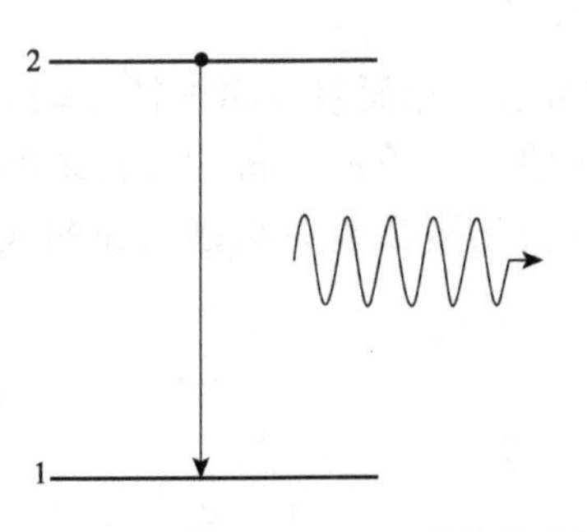

图 5.1　原子的核外电子受激辐射过程

原子由原子核和核外电子组成，电子在核外运动具有分立电子能级。当电子被激发到高能级时，它将自发地跃迁到低能级，并辐射一个光子，这种辐射称为自发辐射。电子处于高能级的原子称作激发态原子，图 5.1 表示激发态原子从高能级 2 自发地跃迁到低能级 1 并且辐射一个光子的过程。

设每个激发态原子单位时间内自发跃迁的概率为 A_{21}，并且在 t 时刻激发态原子的数量为 $n_2(t)$，如果自然界中只存在自发辐射过程，则激发态原子数目在 $\mathrm{d}t$ 时间间隔的增量：

$$\mathrm{d}n_2(t) = -n_2(t)A_{21}\mathrm{d}t \tag{5.1}$$

积分得

$$n_2(t) = n_2(0)\mathrm{e}^{-A_{21}t} = n_2(0)\mathrm{e}^{-t/\tau_2} \tag{5.2}$$

式中，A_{21} 称为自发辐射系数

$$\tau_2 = 1/A_{21} \tag{5.3}$$

表示激发态原子寿命。根据式(5.2)，原子系统的上能级粒子数随着时间不断减小，经过较长的时间以后，原子上能级的粒子数回到零。但在原子系统处于平衡态时，其上下能级的粒子数服从玻尔兹曼分布，而且不随时间发生变化：

$$\frac{n_2}{n_1} = \mathrm{e}^{-\frac{E_{21}}{k_\mathrm{B}T}} \tag{5.4}$$

式中，$k_\mathrm{B} = 1.38\times10^{-23}\ \mathrm{J/K}$ 为玻尔兹曼常数；T 为热平衡温度(绝对温度)；$E_{21} = E_2 - E_1$ 是能级 2 和能级 1 间的能量差。

上述理论与实验的矛盾源于“自然界中只存在自发辐射过程”的假设与事实不符，

实际上人们已经认识到处于低能级的电子可以吸收一个频率为 $\nu = E_{21}/h$ 的光子而跃迁到上能级，此过程称为受激吸收过程，由于该跃迁过程是由吸收频率为 ν 的光子而导致，所以有理由认为受激吸收速率与频率 ν 附近的光波场的能量谱密度成正比：

$$W_{12} = B_{12}\rho_\nu(\nu) \tag{5.5}$$

式中，ρ_ν 为光波场的能量谱密度，其定义为

$$\rho_\nu(\nu) = \frac{\text{体积d}V\text{内，频率}\nu\text{附近d}\nu\text{频率范围内光场的能量}}{\mathrm{d}V \cdot \mathrm{d}\nu} \tag{5.6}$$

能量谱密度的单位是 $\mathrm{J \cdot s/m^3}$，式(5.5)中 B_{12} 为比例常数，称为受激吸收系数。

考虑到受激吸收过程对粒子数变化的贡献，式(5.1)改写为

$$\frac{\mathrm{d}n_2(t)}{\mathrm{d}t} = -n_2(t)A_{21} + n_1(t)W_{12} \tag{5.7}$$

在热平衡条件下粒子在各能级处于稳定的分布状态，因此：

$$\mathrm{d}n_2(t)/\mathrm{d}t = 0 \tag{5.8}$$

由上式得到

$$\frac{n_2}{n_1} = \frac{B_{12}}{A_{21}}\rho_\nu(\nu) \tag{5.9}$$

对于理论上的黑体，它吸收各种频率的光波，同时也发射各种频率的光波，因此频率 ν 的变化范围为 $[0,\infty]$，在式(5.9)中 B_{12} 和 A_{21} 为常系数，热平衡条件下粒子数密度随能量的变化服从玻尔兹曼分布

$$\frac{n_2}{n_1} = \mathrm{e}^{-\frac{E_{21}}{k_\mathrm{B}T}} = \mathrm{e}^{-\frac{h\nu}{k_\mathrm{B}T}} \tag{5.10}$$

代入式(5.9)可知，平衡条件下黑体辐射场的能量谱密度：

$$\rho_\nu(\nu) \propto \mathrm{e}^{-\frac{h\nu}{k_\mathrm{B}T}} \tag{5.11}$$

已知黑体辐射场的能量谱密度分布为普朗克黑体辐射公式：

$$\rho_\nu(\nu) = \frac{8\pi\nu^2}{c^3}\frac{h\nu}{\mathrm{e}^{h\nu/(k_\mathrm{B}T)} - 1} \tag{5.12}$$

在高频端，$h\nu/(k_\mathrm{B}T) \gg 1$，式(5.12)近似为

$$\rho_\nu(\nu) = \frac{8\pi h\nu^3}{c^3}\mathrm{e}^{-\frac{h\nu}{k_\mathrm{B}T}} \tag{5.13}$$

与式(5.11)符合，但在低频端，$h\nu/(k_\mathrm{B}T) \ll 1$，

$$\rho_\nu(\nu) = \frac{8\pi\nu^2}{c^3}k_\mathrm{B}T \tag{5.14}$$

式(5.14)与式(5.11)明显不符，爱因斯坦在 1916 年正是注意到这种矛盾，理论上提出跃迁的第三种过程，即受激辐射。他的思想是，原子除了可以自发地发光，还可能受到外界光子的激励而从高能级跃迁到低能级同时发射一个与激励光子完全相同的光子，这就是受激辐射。图 5.2 为原子跃迁的三种过程。

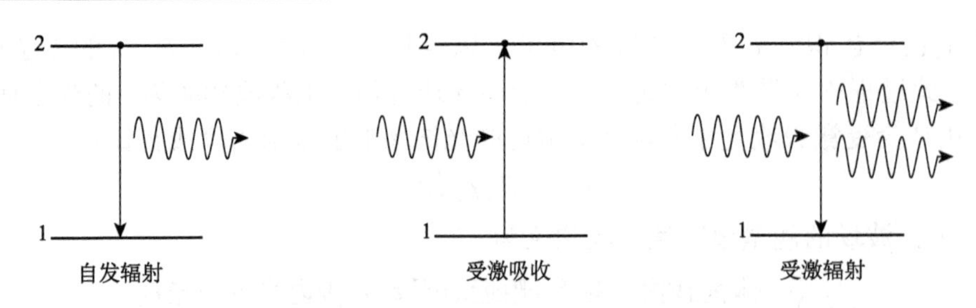

图 5.2　原子跃迁的受激吸收、自发辐射和受激辐射过程

通过受激辐射过程由一个光子得到两个光子，这便是在本书开始时提到的受激辐射放大。由于受激辐射过程与受激吸收过程一样依赖于光波场的存在，因此假设单位时间内受激辐射发生的概率正比于光波场的功率谱密度：

$$W_{21} = B_{21}\rho_\nu(\nu) \tag{5.15}$$

式中，比例系数 B_{21} 称为受激辐射系数。在考虑受激辐射过程之后，激发态能级粒子数的变化率式(5.7)变为

$$\frac{\mathrm{d}n_2(t)}{\mathrm{d}t} = -n_2(t)A_{21} + n_1(t)W_{12} - n_2(t)W_{21} \tag{5.16}$$

在稳态条件式(5.8)的情况下，将平衡态的粒子数随能量变化的玻尔兹曼分布(5.10)和黑体辐射的普朗克公式(5.12)代入式(5.16)，即得

$$\mathrm{e}^{\frac{h\nu}{k_B T}} - 1 = \frac{8\pi h\nu^3}{c^3}\left(\mathrm{e}^{\frac{h\nu}{k_B T}}\frac{B_{12}}{A_{21}} - \frac{B_{21}}{A_{21}}\right)$$

上式对任意 T 成立，要求：

$$\begin{cases} B_{21} = B_{12} \\ \dfrac{A_{21}}{B_{21}} = \dfrac{8\pi h\nu^3}{c^3} \end{cases} \tag{5.17}$$

爱因斯坦在 1917 年首先得出式(5.17)，因此式(5.17)又称作爱因斯坦关系式。受激辐射过程的发现为激光器的实现奠定了理论基础。爱因斯坦关系式把自发辐射与受激辐射联系在一起，说明它们描述原子的同一物理本质。将式(5.17)表示的自发辐射系数与受激辐射系数的关系代入式(5.5)，即可得到用自发辐射系数表示的受激辐射速率：

$$W_{21} = \frac{c^3}{8\pi h\nu^3}A_{21}\rho_\nu(\nu) \tag{5.18}$$

根据模式谱密度表示式(1.11)，爱因斯坦关系式又可写成

$$\frac{A_{21}}{B_{21}} = \beta_\nu(\nu)h\nu \tag{5.19}$$

光波场的功率谱密度可表示为

$$\begin{aligned}\rho_\nu(\nu) &= \frac{\text{光波场模式数}\cdot\text{每个模式的光子数}}{\text{体积}\cdot\text{频率间隔}}\cdot\text{每个光子的能量} \\ &= \beta_\nu(\nu)\bar{n}h\nu\end{aligned} \tag{5.20}$$

式中，$\bar{n}$ 表示每个模式的平均光子数，将式(5.20)代入式(5.18)，利用式(1.11)可得

$$W_{21} = \bar{n}A_{21} \tag{5.21}$$

式(5.21)表示受激辐射速率等于自发辐射速率乘以每个模式的光子数目，或者说自发辐射速率等于每个光子引起的受激辐射速率。

例 5.1　已知一台 He-Ne 激光器的光腔长度 $L = 20\text{cm}$，光腔横截面直径 $\phi = 0.15\text{cm}$，激光波长 $\lambda = 632.8\text{nm}$，激光频率带宽 $\Delta\nu = 1.5\text{GHz}$，计算：(1)激光频率带宽内光腔模式的数目；(2)室温下(300K)热平衡状态下每个模式的平均光子数；(3)激光腔中激光频率带宽范围内热平衡辐射的光子数目。

解　(1)光腔内模式数目：

$$\mathcal{N} = \frac{8\pi\nu^2}{c^3}V\Delta\nu = \frac{8\pi V}{c\lambda^2}\Delta\nu$$

$$= \frac{8\pi(3.5\times10^{-7})(1.5\times10^{9})}{(3\times10^{8})(633\times10^{-9})^2} = 1.1\times10^{8}$$

(2)波长 $\lambda = 632.8\text{nm}$ 的光子能量：

$$h\nu = hc/\lambda = \frac{(6.625\times10^{-34})(3\times10^{8})}{632.8\times10^{-9}} = 3.14\times10^{-19}\,\text{J}$$

室温下的热运动能量：

$$k_{\text{B}}T = (1.38\times10^{-23})\times(300) = 4.14\times10^{-21}\,\text{J}$$

室温热平衡条件下平衡条件下的平均光子数为

$$\bar{n} = \frac{1}{\text{e}^{314/4.14} - 1} = 1.15\times10^{-33}$$

(3)热平衡条件下激光腔中频率带宽范围内的总光子数：

$$\bar{n}\mathcal{N} = (1.15\times10^{-33})(1.1\times10^{8}) = 1.3\times10^{-25}$$

从此例中看到激光器中热辐射的光子数是很小的一个数值，由式(5.21)可知，热平衡条件下自发辐射速率远大于受激辐射速率；在激光器中由于激光谐振腔的作用，某一个模式的光子几乎不能逃逸谐振腔，在受激辐射的作用下该模式的光子数目不断增加，使得激光器中单一模式的光子数即可远大于 1(见例 1.7)，在此条件下受激辐射速率远大于自发辐射速率，在激光器中受激辐射占据主导地位。

(注：如果原子的上下能级是简并的，其简并度分别是 b_2 和 b_1，则热平衡条件下上下能级的粒子数分布为

$$\frac{n_2}{n_1} = \frac{b_2}{b_1}\text{e}^{-\frac{E_2-E_1}{k_{\text{B}}T}}$$

同样的推导过程可得

$$\frac{B_{21}}{B_{12}} = \frac{b_1}{b_2}$$

其他公式相应变化。)

5.2 自发辐射的经典谐振子模型

当电子处于激发态时，它不会永久地处于激发态而总会以某种方式发生跃迁，因此使能级具有有限的寿命，根据量子力学测不准关系，原子上能级能量具有一个取值范围而不能完全确定，其测不准量满足：

$$\Delta E \cdot \tau_2 \approx \hbar \tag{5.22}$$

式中，ΔE 表示能量取值范围；τ_2 表示上能级原子寿命。由于光子频率与光子能量成正比，因此自发辐射频率也有一个相应的带宽，并且满足：

$$\Delta \omega \cdot \tau_2 \approx 1$$

式中，$\Delta \omega$ 表示辐射光波的角频率范围。

接下来的讨论中将使用经典谐振子模型来讨论自发辐射和受激辐射的光谱分布，进而得出自发辐射光谱分布的洛伦兹线型。

假设电子在原子核的周围作简谐振动，在没有能量损失的条件下，谐振子方程为

$$m\frac{\mathrm{d}^2 x}{\mathrm{d}t^2} + kx = 0 \tag{5.23}$$

式中，m 为电子质量；k 为弹性恢复系数；x 表示电子位移。或者将式(5.23)写成

$$\frac{\mathrm{d}^2 x}{\mathrm{d}t^2} + \omega_0^2 x = 0 \tag{5.24}$$

式中，$\omega_0 = \sqrt{k/m}$ 为谐振频率。该简谐方程的解为

$$x = x_0 \mathrm{e}^{-\mathrm{i}\omega_0 t} \tag{5.25}$$

由电动力学知识知道，加速运动的带电粒子向外辐射电磁波，并且自身受到辐射阻尼的作用而损失能量，假设阻尼力与电子运动速度成正比，方向与速度方向相反，则电子的运动方程(5.24)改写成

$$\frac{\mathrm{d}^2 x}{\mathrm{d}t^2} + \gamma\frac{\mathrm{d}x}{\mathrm{d}t} + \omega_0^2 x = 0 \tag{5.26}$$

该微分方程的解为

$$x = x_0 \mathrm{e}^{-\gamma t/2} \mathrm{e}^{-\mathrm{i}\sqrt{\omega_0^2 - (\gamma/2)^2}\cdot t}$$

在弱阻尼 $\gamma \ll \omega_0$ 的条件下，忽略 γ 的二阶小量，上式可近似写成

$$x = x_0 \mathrm{e}^{-\gamma t/2} \mathrm{e}^{-\mathrm{i}\omega_0 t}$$

由于辐射场的电场振幅正比于电子振荡位移，因此辐射场电场随时间的变化可写成

$$E(t) = E_0 \mathrm{e}^{-\gamma t/2} \mathrm{e}^{-\mathrm{i}\omega_0 t} \tag{5.27}$$

定义原子激发态寿命为

$$\tau_2 = 1/\gamma \tag{5.28}$$

则式(5.27)可写成

$$E(t)=E_0\mathrm{e}^{-t/(2\tau_2)}\mathrm{e}^{-\mathrm{i}\omega_0 t} \tag{5.29}$$

将式(5.29)所表示的电磁波做傅里叶变换，可以得到光波电场振幅的频率谱：

$$\begin{aligned}\mathscr{E}(\omega)&=\int_0^{\infty}E_0\mathrm{e}^{-t/(2\tau_2)}\mathrm{e}^{-\mathrm{i}\omega_0 t}\mathrm{e}^{\mathrm{i}\omega t}\mathrm{d}t\\&=E_0\frac{1}{\mathrm{i}(\omega-\omega_0)-\dfrac{1}{2\tau_2}}\end{aligned} \tag{5.30}$$

光波的辐射功率正比于电场强度的模平方，为了讨论方便，将辐射场在频率空间的功率分布写成如下形式：

$$\mathscr{P}(\omega)=\mathscr{P}_0\frac{1}{\pi}\frac{(1/2\tau_2)}{(\omega-\omega_0)^2+(1/2\tau_2)^2} \tag{5.31}$$

式(5.31)即为自发辐射在不同频率上的功率分布表示式，光波场辐射功率的频谱分布如图 5.3 所示。

从图 5.3 可以看到，在 $\omega=\omega_0$ 的位置辐射具有最强的功率。设 $\omega=\omega'$ 时辐射功率下降到最大值的一半，代入式(5.31)求解得到：

$$\omega'=\omega_0\pm\frac{1}{2\tau_2}$$

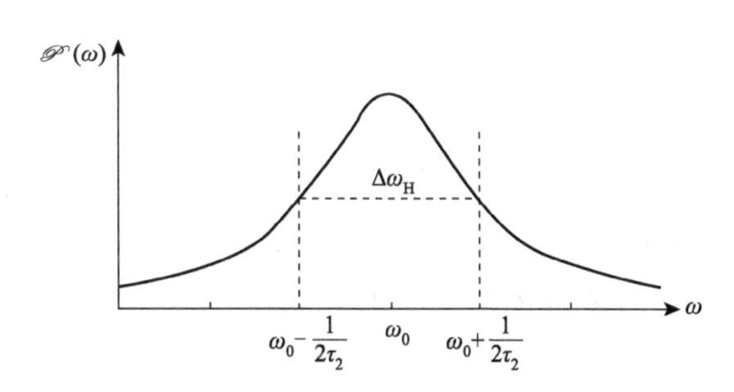

图 5.3　一个具有阻尼的简谐振动电子的辐射频谱图

定义辐射功率下降到最大值的 50%所对应的角频率范围为自发辐射角频率线宽 $\Delta\omega_H$，并且：

$$\Delta\omega_H=\frac{1}{\tau_2}$$

或者用频率线宽写成

$$\Delta\nu_H=\frac{1}{2\pi\tau_2} \tag{5.32}$$

这就是用经典谐振子模型计算得到的辐射线宽与谐振子寿命的关系式。

由式(5.31)可得在频率 ν 附近，$\mathrm{d}\nu$ 频率间隔内的自发辐射功率

$$\mathrm{d}\mathscr{P}(\nu)=\mathscr{P}(\nu)\mathrm{d}\nu=\mathscr{P}_0 g_H(\nu,\nu_0)\mathrm{d}\nu \tag{5.33}$$

式中

$$g_H(\nu,\nu_0)=\frac{1}{\pi}\frac{\dfrac{\Delta\nu_H}{2}}{(\nu-\nu_0)^2+\left(\dfrac{\Delta\nu_H}{2}\right)^2} \tag{5.34}$$

称为自发辐射线型函数。利用积分公式 $\int_{-\infty}^{\infty}(a^2+x^2)^{-1}\mathrm{d}x=\pi a^{-1}$，容易证明：

$$\int_{-\infty}^{\infty} g_{\mathrm{H}}(\nu,\nu_0)\mathrm{d}\nu = 1 \tag{5.35}$$

因此式(5.33)和式(5.31)中$\mathcal{P}_0$表示辐射的总功率。

利用经典简谐振子模型推导得到自发辐射过程原子辐射功率频率分布的洛伦兹线型式((5.34))(这是因为函数$f(x)=1/(x^2+a^2)$在数学上称为洛伦兹函数)，由于是从简谐振子的阻尼振动得到的上述结论，因此它是一个原子的辐射频谱分布。假设一个系统由大量相同的独立原子组成，并且所有原子都处于相同的状态，那么这个原子系统的辐射功率的频谱分布与单个原子辐射功率的频谱分布相同，都由线型函数式(5.34)表示，因此$g_{\mathrm{H}}(\nu,\nu_0)$又称作均匀加宽系统的线型函数，简称为均匀加宽线型，$\Delta\nu_{\mathrm{H}}$称为原子辐射的均匀加宽线宽，这种频率加宽产生的原因是激发态原子具有有限的寿命，如式(5.32)所示。不同于均匀加宽，系统中不同原子的运动状态不同，或者与周围原子的相互作用不同，因此它们的辐射特征不同，例如，每个原子辐射光波的中心频率ν_0可以不同，那么这种原子集团(大量原子的集合)辐射功率的频率加宽与单个原子的辐射频率加宽也不同，称作非均匀加宽，其频谱分布不能用式(5.34)表示。气体增益介质是典型的非均匀加宽介质系统，关于气体增益介质在第 9 章中讨论。

原子的有限寿命不仅仅由原子能级结构的固有特征决定，外界扰动同样可以改变原子的能级寿命。例如，在气体原子系统中原子之间的碰撞，原子和电子的碰撞等，这些扰动的结果都使原子的跃迁速率增加。假设孤立原子的单位时间内自发跃迁速率为$(A_{21})_{\mathrm{N}}$，单位时间内由于原子碰撞导致的跃迁速率为$(A_{21})_{\mathrm{C}}$，如果这两种因素对原子跃迁同时起作用，那么原子跃迁的总速率为

$$A_{21} = (A_{21})_{\mathrm{N}} + (A_{21})_{\mathrm{C}} \tag{5.36}$$

因为$(\tau_2)_{\mathrm{N}} = 1/(A_{21})_{\mathrm{N}}$，$(\tau_2)_{\mathrm{C}} = 1/(A_{21})_{\mathrm{C}}$，所以用原子的自然寿命和碰撞寿命表示原子在这两种因素作用下的总寿命如下：

$$\frac{1}{\tau_2} = \frac{1}{(\tau_2)_{\mathrm{N}}} + \frac{1}{(\tau_2)_{\mathrm{C}}} \tag{5.37}$$

只要存在某种扰动s，而这种因素单独存在的结果使原子具有有限的平均寿命$(\tau_2)_s$，由于该因素而造成的谱线宽度$(\Delta\nu_{\mathrm{H}})_s$，假设共有$\mathcal{S}$个这样的扰动，就可以得到在这$\mathcal{S}$个因素的共同作用下原子的总寿命表示式：

$$\frac{1}{\tau_2} = \sum_{s=1}^{\mathcal{S}} \frac{1}{(\tau_2)_s} \tag{5.38}$$

原子系统总辐射线宽可表示为

$$\Delta\nu_{\mathrm{H}} = \sum_{s=1}^{\mathcal{S}} (\Delta\nu_{\mathrm{H}})_s \tag{5.39}$$

由于所有影响原子寿命的因素对于每个原子的作用都是相同的，并且每个原子辐射的中心频率也完全相同，因此原子系统的辐射功率频谱线型也与单个原子的辐射功率频谱线型完全一致，这是一个均匀加宽辐射系统，辐射频谱线型用式(5.34)表示，其中的均匀加宽频率宽度为原子辐射的总频率宽度式(5.39)。

例 5.2　(1)已知二氧化碳分子与10.6μm 谱线对应的孤立分子能级寿命为$\tau_{\mathrm{N}} \approx 1\times10^{-4}\mathrm{s}$，

计算孤立分子在10.6μm 辐射的频率线宽。

(2) 已知二氧化碳气体的压强 $p = 300\text{Pa}$，温度 $T = 500\text{K}$，并且激发态分子经历的每次分子碰撞都使其发生向下能级的跃迁。换言之，分子平均碰撞频率的倒数即为分子碰撞寿命，计算由碰撞引起的辐射谱线宽度，假设二氧化碳分子的碰撞截面 $\sigma = 5\times10^{-19}\text{m}^2$，二氧化碳分子的质量 $m = 7.3\times10^{-23}\text{g}$。图 5.4 为分子不断与其他分子发生碰撞示意图。

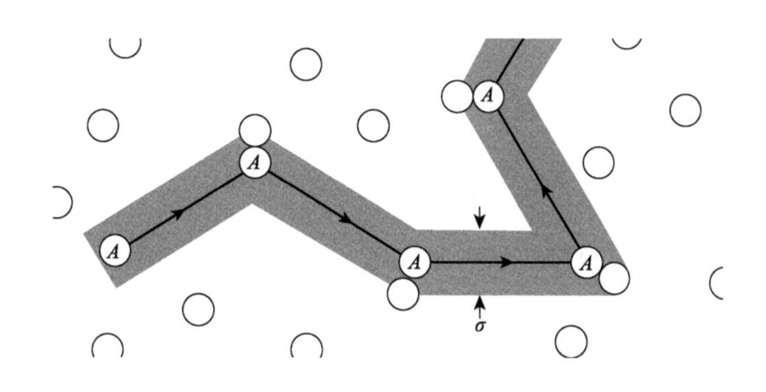

图 5.4　分子 A 在运动过程中与其他分子发生碰撞过程

解　(1) 根据式(5.32)：

$$\Delta\nu_{\text{N}} = \frac{1}{2\pi\tau_{\text{N}}} = \frac{1}{2\pi\times1\times10^{-4}} = 1.6(\text{kHz})$$

(2) 根据气体的麦克斯韦统计速率分布可知，气体分子的平均运动速率：

$$\overline{u} = \sqrt{\frac{8k_{\text{B}}T}{\pi m}} \tag{5.40}$$

式中，m 表示分子质量。但是式(5.40)的平均速度是相对于实验室坐标系而言，设两个分子的运动速度分别为 $\boldsymbol{u}_1$ 和 $\boldsymbol{u}_2$，如图 5.5 所示。

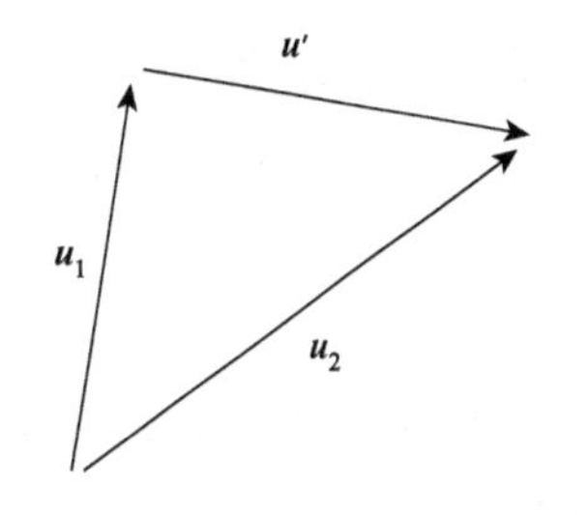

图 5.5　分子运动的相对速度

这两个分子的相对运动速度的方均值可以表示为

$$\overline{|\boldsymbol{u}'|^2} = \overline{|\boldsymbol{u}_1 - \boldsymbol{u}_2|^2} = \overline{u_1^2 + u_2^2 - 2u_1u_2\cos\theta} \tag{5.41}$$

由于分子相对运动方向的随机性，式(5.41)中对 $\cos\theta$ 的平均等于 0，而该式写成

$$\overline{|\boldsymbol{u}'|^2} = \overline{|\boldsymbol{u}_1 - \boldsymbol{u}_2|^2} = \overline{u_1^2 + u_2^2} = 2\overline{u^2}$$

即

$$\overline{u'} = \sqrt{2}\overline{u}$$

分子在 Δt 时间内运动的相对路径长度为

$$l' = \sqrt{2}\overline{u}\cdot\Delta t$$

分子 A 的运动过程中与其邻近在 $\sigma = 5\times10^{-19}\,\text{m}^2$ 面积范围内的其他分子发生碰撞，也就是说分子在 Δt 的时间内，与中心在 $V = \sigma \cdot l'$ 体积内的分子发生碰撞，假设分子密度为 n_0，则分子 A 单位时间内与其他分子发生碰撞的次数 $\mathcal{R}_\text{C}$ 为

$$\mathcal{R}_\text{C} = n_0 \cdot V / \Delta t = n_0 \sigma \sqrt{2}\bar{u} \tag{5.42}$$

结合式(5.40)，式(5.42)以及理想气体状态方程 $p = n_0 k_\text{B} T$ 可得

$$\mathcal{R}_\text{C} = 4\sigma p\sqrt{\frac{1}{\pi m k_\text{B} T}} = 2\times10^{-19}\times300\sqrt{\frac{1}{1.38\times10^{-23}\times500\times7.3\times10^{-26}\pi}} = 1.5\times10^{7}(\text{s}^{-1})$$

由于分子碰撞引起的辐射光谱加宽为

$$\Delta\nu_\text{C} = \frac{1}{2\pi\tau_\text{C}} = \frac{\mathcal{R}_\text{C}}{2\pi} = 2.4\text{MHz}$$

从该例子可以看到碰撞引起的频率加宽远大于孤立二氧化碳分子的辐射频率宽度，碰撞加宽占据主导地位。但这还不是二氧化碳分子系统辐射线宽的全部，经试验测量到的系统辐射线宽还包括非均匀加宽，有关内容将在第 9 章讨论。

一个处于激发态的电子，在向下能级跃迁的过程中辐射一个光子，从前面的讨论可知原子的辐射不是单一频率，我们将单位时间内激发态原子辐射在频率 ν 附近，$\text{d}\nu$ 频率间隔内自发辐射一个光子的概率记为 $\text{d}\left[A_{21}(\nu,\nu_0)\right]$，由于单位时间内总辐射概率为 A_{21}，并且辐射功率的频谱分布与自发辐射系数的频谱分布成正比，根据式(5.31)和式(5.34)可得：

$$\text{d}\left[A_{21}(\nu,\nu_0)\right] = A_{21} g_\text{H}(\nu,\nu_0)\text{d}\nu \tag{5.43}$$

式中，ν_0 表示原子辐射的中心频率。

原子辐射的频率宽度也代表了原子能级上的能量不确定性，这样就使得频率偏离原子中心频率 ν_0 的光波也能引起受激辐射(或者受激吸收)。由于频率 ν 附近 $\text{d}\nu$ 频率间隔内的自发辐射速率由 $\text{d}\left[A_{21}(\nu,\nu_0)\right]$ 表示，因此如果讨论频率 ν 附近 $\text{d}\nu$ 频率间隔内光波场引起的受激辐射速率，就应该将式(5.18)中的 A_{21} 用 $\text{d}\left[A_{21}(\nu,\nu_0)\right]$ 代替，经过以上代换立即得到频率 ν 附近 $\text{d}\nu$ 频率间隔内光波场引起的受激辐射速率：

$$\text{d}W_{21} = \frac{\lambda^3}{8\pi h} A_{21} g_\text{H}(\nu,\nu_0)\rho_\nu(\nu)\text{d}\nu \tag{5.44}$$

由于函数 $\rho_\nu(\nu)$ 与 $g_\text{H}(\nu,\nu_0)$ 的自变量 ν 可以在 $(0,\infty)$ 的范围内变化，因此原子总的受激辐射速率为

$$W_{21} = \frac{\lambda^3}{8\pi h} A_{21}\int_0^\infty g_\text{H}(\nu,\nu_0)\rho_\nu(\nu)\text{d}\nu \tag{5.45}$$

通过这个积分就可以将爱因斯坦自发射系数与原子单位时间内的受激辐射速率联系起来，这种联系对任意的光波场能量谱密度分布函数成立，下面就两种极限情况进行讨论。第一种情况是当光波的频率分布范围远大于原子的自发辐射的频率宽度，例如，原子与黑体辐射场作用属于这种情况，这时在原子的辐射频率宽度范围之内，辐射场能量谱密度变化很小，可用原子中心频率的辐射场能量谱密度值 $\rho_\nu(\nu_0)$ 代替，如图 5.6 所示。

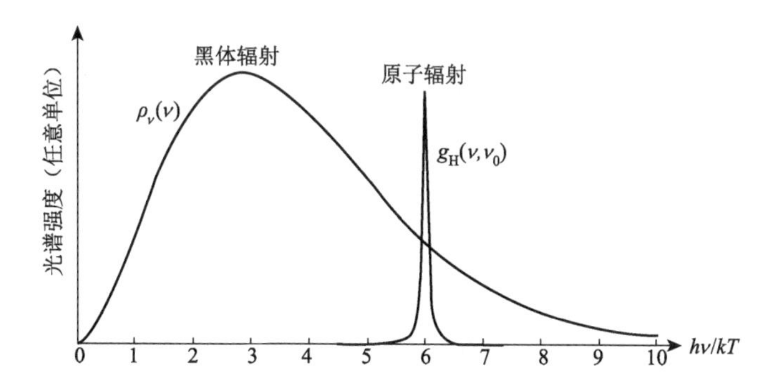

图 5.6　原子自发辐射的频率谱宽度远小于光波场的频率分布宽度

这时原子受激辐射速率近似为

$$W_{21} = \frac{\lambda^3}{8\pi h} A_{21}\rho_\nu(\nu_0)\int_0^\infty g_H(\nu,\nu_0)\,d\nu = \frac{\lambda^3}{8\pi h} A_{21}\rho_\nu(\nu_0) \tag{5.46}$$

式(5.46)中利用了线型函数 $g_H(\nu,\nu_0)$ 的归一化关系式(5.35)在图 5.6 所示的情况下 W_{21} 与 ν_0 频率点的辐射场能量谱密度成正比，与式(5.18)一致，因此式(5.18)所表示的是光波频率宽度远大于原子自发辐射频率宽度条件下的受激辐射速率。

对于激光场与原子相互作用的情形，激光场的频率带宽远小于原子自发辐射的频率带宽，如图 5.7 所示。

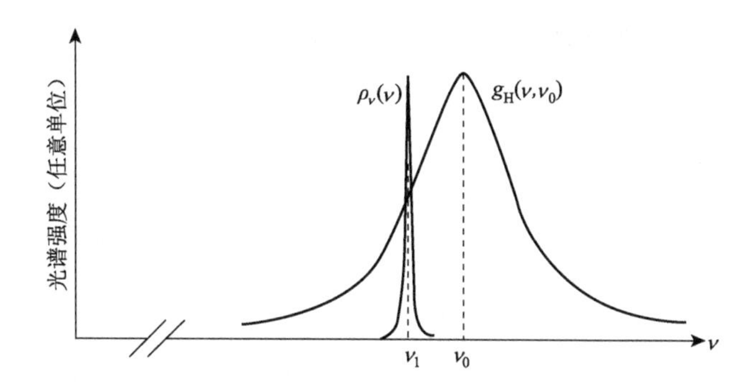

图 5.7　对于激光辐射情形，激光的频率带宽远小于原子的自发辐射带宽

在激光频率宽度范围内，原子自发辐射速率可看作常数，在此极限条件下，式(5.45)可近似为

$$W_{21} = \frac{\lambda^3}{8\pi h} A_{21} g_H(\nu_1,\nu_0)\int_0^\infty \rho_\nu(\nu)\,d\nu = \frac{\lambda^3}{8\pi h} A_{21} g_H(\nu_1,\nu_0)\rho \tag{5.47}$$

式中，ν_1 表示激光的中心频率；$\rho = \int_0^\infty \rho_\nu(\nu)d\nu$ 为光波场的能量密度。这里注意区分能量密度与能量谱密度，前者是单位体积内光波场的能量，后者是单位体积单位频率间隔内光波场的能量，它们的单位也不同，分别是 J/m^3 和 $J\cdot s/m^3$，因此当原子和激光场发生相互作用时，受激辐射的速率与激光场的总能量密度成正比。

通常用光强描述光波场的能量特性，光强 I 的定义是在垂直于光传播的方向的截面上单位面积单位时间内通过的光波能量，根据定义可以得到：

$$I = c\rho \tag{5.48}$$

代入式(5.47)中可以得到用光强表示的受激辐射速率，从爱因斯坦关系式(5.17)注意到受激吸收系数与受激辐射系数相等，于是受激吸收速率也与受激辐射速率相等：

$$W_{12} = W_{21} = \frac{\lambda^3}{8\pi h} A_{21} g_{\mathrm{H}}(\nu_1, \nu_0) \frac{I}{c} \tag{5.49}$$

激光产生于受激辐射放大过程，因此接下来将应用式(5.49)讨论激光在介质中传播的光增益。

5.3 激 光 增 益

激光器的核心是激光增益介质，增益介质为激光提供增益使得激光在激光器中传播被不断放大，由式(5.49)可知受激辐射速率随着激光光强的增加线性增大，当激光光强增大到一定值时，受激辐射速率大于自发辐射速率，介质发光以受激辐射为主导，这就是激光。

在讨论激光器运转之前，先来了解受激辐射过程中激光增益的变化规律。激光场的存在引起原子的受激辐射或受激吸收，假设原子系统处于激光上能级的粒子数密度为 n_2，处于激光下能级的粒子数密度为 n_1，则单位时间内从上能级受激跃迁到下能级的粒子数为 n_2W_{21}，同样从下能级受激跃迁到上能级的粒子数为 n_1W_{12}，如图 5.8 所示，因此激光通过原子系统过程中单位时间内光子数密度的净增量：

$$\frac{\mathrm{d}N}{\mathrm{d}t} = n_2W_{21} - n_1W_{12} = \Delta n \cdot W_{21} \tag{5.50}$$

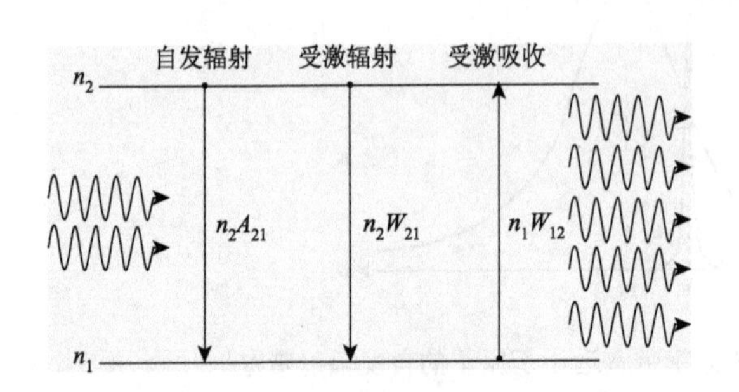

图 5.8　在激光介质中存在的受激吸收、受激辐射和自发辐射过程

式中，N 为光子数密度；$\Delta n = n_2 - n_1$ 表示上下能级粒子数密度的差值，称为粒子数反转。在式(5.50)中忽略了自发辐射对光子数增加的贡献，原因是在激光放大过程中自发辐射速率远小于受激辐射速率，再者自发辐射向所有光波模式以同等概率辐射，能够辐射到激光模式上对激光增益有贡献的光子数更少。

假设有一增益介质，激光在增益介质 z 处的光强为 I，经过 $\mathrm{d}t$ 时间间隔之后，激光传播到 $z + \mathrm{d}z$ 位置，光强为 $I + \mathrm{d}I$ (图 5.9)，激光光强随着传播距离的增大而增大。

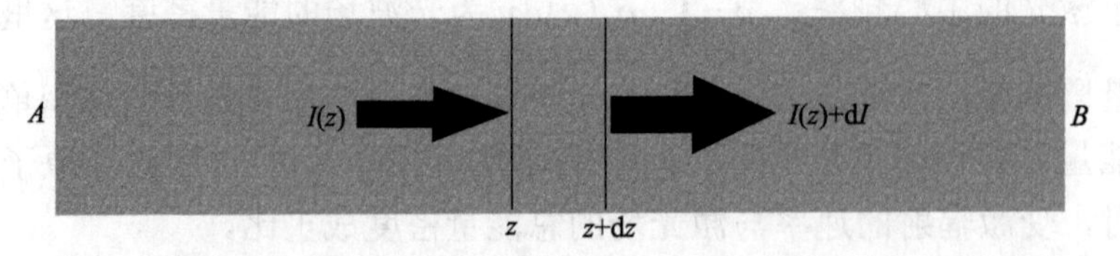

图 5.9　激光在增益介质中传播，激光光强随着传播距离的增加而增大

由光强定义：垂直于光传播方向上单位面积通过的光功率，可知光子数密度与光强的关系可写为

$$I = N \cdot h\nu_1 \cdot c \tag{5.51}$$

式中，ν_1表示激光的中心频率。将式(5.51)对时间微分，并且利用式(5.49)和式(5.50)，可得

$$\begin{aligned} \mathrm{d}I &= \Delta n \frac{\lambda^3}{8\pi h} A_{21} g_{\mathrm{H}}(\nu_1, \nu_0) \frac{I}{c} h\nu_1 c\mathrm{d}t \\ &= g(\nu_1, \nu_0) I\mathrm{d}z \end{aligned} \tag{5.52}$$

式中，λ为光波在介质中的波长；$g(\nu_1, \nu_0)$称为增益系数，即

$$g(\nu_1, \nu_0) = \frac{1}{I}\frac{\mathrm{d}I}{\mathrm{d}z} = \Delta n \frac{\lambda^2}{8\pi} A_{21} g_{\mathrm{H}}(\nu_1, \nu_0) \tag{5.53}$$

它的物理含义是光波通过增益介质单位长度距离光强增量的百分比，增益系数中的参量(ν_1, ν_0)表示中心频率ν_0的原子对频率ν_1激光的增益系数。

从表示式(5.53)可知，增益系数随着Δn的符号变化可正可负，为了得到激光放大，必须使$g(\nu_1, \nu_0) > 0$，即$\Delta n > 0$，这就要求$n_2 > n_1$，在热平衡状态下原子各能级的粒子数服从玻尔兹曼分布，其结果是$n_2 \ll n_1$，因此必须有一种机制把低能级的粒子抽运到高能级，称为泵浦。原子系统$n_2 > n_1$的状态，称为粒子数反转状态。

如果$g(\nu_1, \nu_0) > 0$，并且不随位置变化，则积分式(5.52)可得

$$\int_{I_0}^{I} \frac{\mathrm{d}I}{I} = \int_0^z g(\nu_1, \nu_0)\mathrm{d}z$$

即

$$I = I_0 \mathrm{e}^{g(\nu_1, \nu_0)z} \tag{5.54}$$

式中，I_0是$z=0$点的光强。

根据式(5.54)，光强随着距离指数增长，这是由于在受激辐射过程中受激辐射速率与光波场能量密度(或者说与光强)成正比。当光强较弱时，只有少量上能级原子受激跃迁到下能级，对粒子数反转影响不大，Δn可看作常数，增益系数$g(\nu_1, \nu_0)$亦为常数，光强随着传播距离指数增长，式(5.54)成立。但随着光强的增加，受激辐射使Δn的减小不能忽略，$g(\nu_1, \nu_0)$不再维持为常数，而是随着I的增加而减小，式(5.54)的指数增长规律不再成立，这就是增益饱和，相关内容将在第 6 章中讨论。

5.4　增 益 截 面

在增益系数表示式(5.53)中，Δn表示粒子数反转密度，与原子的性质无关，而另一部分定义为增益截面：

$$\sigma(\nu_1, \nu_0) = \frac{\lambda^2}{8\pi} A_{21} g_{\mathrm{H}}(\nu_1, \nu_0) \tag{5.55}$$

它是由原子性质决定的，与粒子数反转无关。式中，λ表示光波长，看似与光波参量

有关，但 $g_{\rm H}(\nu_1,\nu_0)$ 只在 $\nu_1=\nu_0$ 附近很小的范围内不为零，因此只要原子跃迁能级给定，λ 为一定值。由于 A_{21} 具有时间倒数量纲，$g_{\rm H}(\nu_1,\nu_0)$ 具有时间量纲，因此 $\sigma(\nu_1,\nu_0)$ 具有面积量纲，这也是其被称为增益截面的原因之一。引入了增益截面后增益系数的表示式将简化为

$$g(\nu_1,\nu_0)=\sigma(\nu_1,\nu_0)\cdot\Delta n \tag{5.56}$$

光强随着传播距离的变化可以写成

$$\mathrm{d}I=\sigma(\nu_1,\nu_0)\cdot\Delta n\cdot I\mathrm{d}z \tag{5.57}$$

如前所述，粒子数反转 Δn 是与原子的性质无关的参量，而 $\sigma(\nu_1,\nu_0)$ 则完全由原子的性质决定。人们通过实验测量得到的 $\sigma(\nu_1,\nu_0)$ 数值并列表供查用，表 12.1 和表 12.2 中列出一些常用原子或离子的增益截面数值。

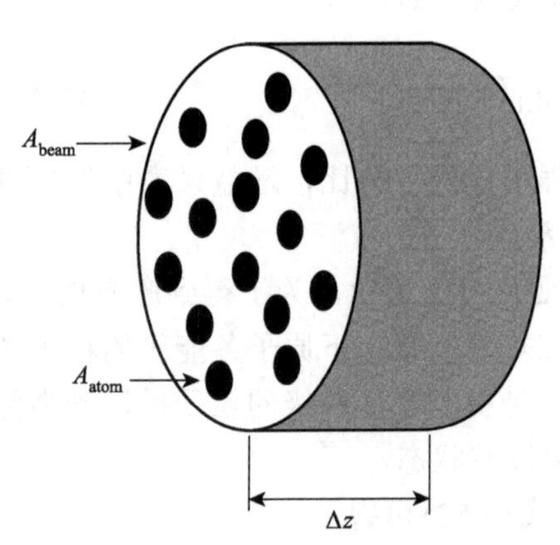

图 5.10　原子系统吸收光波能量

既然增益截面具有面积的量纲，尝试将其理解为原子与光波场发生相互作用的面积范围。以原子吸收为例，想象每个原子具有截面 $A_{\rm atom}$，通过截面 $A_{\rm atom}$ 的光波能量被全部吸收，否则全部通过，如图 5.10 所示。在光波场有效面积为 $A_{\rm beam}$，厚度为 Δz 的体积中，原子全部处于下能级(吸收介质)，原子数为 $n_1A_{\rm beam}\Delta z$，光波场的光强通过原子系统被吸收的比例为

$$\frac{I_{吸收}}{I}=\frac{(n_1A_{\rm beam}\Delta z)A_{\rm atom}}{A_{\rm beam}}=n_1A_{\rm atom}\Delta z$$

或者写成

$$\Delta I=-I_{吸收}=-I\cdot n_1A_{\rm atom}\Delta z \tag{5.58}$$

在式(5.57)中令 $\Delta n=-n_1$，与式(5.58)比较可知：

$$\sigma(\nu_1,\nu_0)=A_{\rm atom}$$

所以 $\sigma(\nu_1,\nu_0)$ 的物理意义可以理解成原子与光波场发生相互作用有效面积的大小，当然不能理解为原子的大小，因为 $\sigma(\nu_1,\nu_0)$ 是光频率的函数，而原子尺寸显然不是。

在讨论激光增益的问题时经常用到受激辐射截面 $\sigma(\nu,\nu_0)$，它是激光频率 ν 的函数，根据式(5.55)，其函数形式为洛伦兹线型，为了描述原子的辐射特性，引入峰值辐射截面 $\sigma_{\rm peak}$，用峰值辐射截面将受激辐射截面 $\sigma(\nu,\nu_0)$ 表示成

$$\sigma(\nu,\nu_0)=\sigma_{\rm peak}\frac{(\Delta\nu_{\rm H}/2)^2}{(\nu-\nu_0)^2+(\Delta\nu_{\rm H}/2)^2} \tag{5.59}$$

将式(5.55)代入式(5.59)并且对 ν 积分可得

$$A_{21}=4\pi^2\sigma_{\rm peak}\Delta\nu_{\rm H}/\lambda^2 \tag{5.60}$$

峰值辐射截面 σ_{peak} 和原子辐射线宽的数值可以通过试验获得，因此也就获得了自发辐射系数和原子的辐射跃迁寿命。

对于更一般的情况，受激辐射截面 $\sigma(\nu,\nu_0)$ 不一定是洛伦兹函数形式，则式(5.60)必须用积分表示：

$$A_{21}=\frac{8\pi^2}{\lambda^2}\int\sigma(\nu,\nu_0)\mathrm{d}\nu \tag{5.61}$$

式(5.61)说明，只要通过实验测量得到 $\sigma(\nu,\nu_0)$，就可以通过对 $\sigma(\nu,\nu_0)$ 积分计算获得自发辐射系数和辐射跃迁寿命。

5.5　非辐射跃迁和量子效率

到目前为止总是假设原子自发地从上能级跃迁到下能级同时辐射一个光子，这种跃迁过程称为辐射跃迁。对于一个孤立的激发态原子，没有能量的其他释放形式，辐射跃迁是必由之路。但是对于非孤立原子，如固体中的原子，跃迁的能量可以转化成邻近原子或离子的振动能量，使固体升温；原子跃迁释放的能量也可以传递给其他原子使其激发到高能量状态；在这些跃迁过程中原子并没有辐射光子，把没有光子辐射的过程统称为非辐射跃迁，如图 5.11 所示。

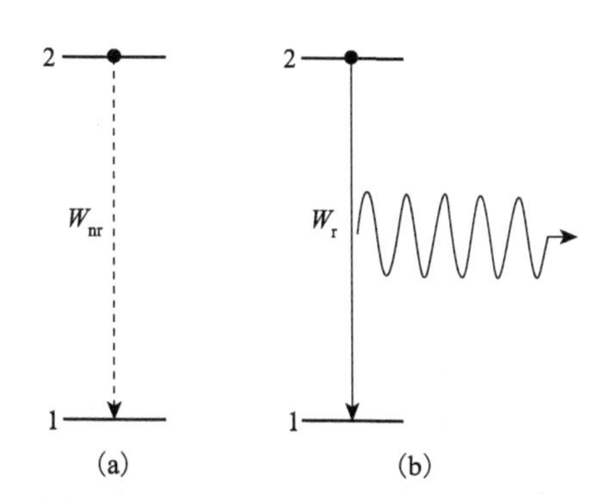

图 5.11　原子从高能级跃迁到低能级可通过非辐射跃迁或辐射跃迁过程

辐射跃迁的跃迁速率记为 W_{r}，非辐射跃迁的跃迁速率记为 W_{nr}，则原子总跃迁速率 W 可表示为

$$W=W_{\mathrm{r}}+W_{\mathrm{nr}} \tag{5.62}$$

根据自发辐射系数的定义可知，A_{21} 表示原子从上能级跃迁到下能级并且辐射一个光子的速率，因此：

$$W_{\mathrm{r}}=A_{21} \tag{5.63}$$

辐射跃迁和非辐射跃迁任何一个过程的独立存在都使得原子上能级具有有限的寿命，定义辐射跃迁寿命和非辐射跃迁寿命分别为

$$\begin{aligned}\tau_{\mathrm{r}}&=1/W_{\mathrm{r}}\\ \tau_{\mathrm{nr}}&=1/W_{\mathrm{nr}}\end{aligned} \tag{5.64}$$

考虑非辐射跃迁过程之后原子上能级的总寿命 τ_2 可以写成

$$\frac{1}{\tau_2}=\frac{1}{\tau_{\mathrm{r}}}+\frac{1}{\tau_{\mathrm{nr}}} \tag{5.65}$$

在激光放大介质中实现粒子数反转，总是希望上能级的粒子通过辐射跃迁的方式跃迁到下能级，非辐射跃迁对于激光增益没有贡献。引入原子辐射的量子效率 η_{q} 来描述原子辐射光子的效率，定义：

$$\eta_q = \frac{W_r}{W} = \frac{\tau_2}{\tau_r} \tag{5.66}$$

它的含义是总跃迁中辐射跃迁占的比例。

习 题

5.1 计算在热平衡状态下掺铒光纤激光器中第一激发态铒离子数与基态铒离子数的比例。已知这两个能级间的跃迁波长为 $\lambda = 1500\text{nm}$，$T = 300\text{K}$。

5.2 证明对于洛伦兹加宽线型的增益介质受激辐射峰值截面的表示式为 $\sigma_{\text{peak}} = \dfrac{\lambda_0^2}{\tau_{21}4\pi^2 n^2 \Delta\nu}$，其中，$\Delta\nu$ 表示辐射线型的半高宽，τ_{21} 表示粒子的辐射寿命，λ_0 表示真空波长，n 表示介质的折射率。

5.3 红宝石激光器中的增益粒子是掺杂在三氧化二铝晶体中的 Cr^{3+}，介质折射率 $n = 1.76$，激光真空波长 $\lambda_0 = 694\text{nm}$，峰值辐射截面 $\sigma_{\text{peak}} = 2.5\times10^{-20}\text{cm}^2$，辐射线宽 $\Delta\nu = 0.33\text{THz}$，激发态能级寿命 $\tau_2 = 3\text{ms}$。

(1) 假设介质的辐射线型为洛伦兹线型，计算 Cr^{3+} 的辐射寿命；

(2) 计算量子效率；

(3) 计算辐射跃迁和非辐射跃迁速率；

(4) 计算介质的自发辐射系数 A 和受激辐射系数 B。

5.4 在第 5.3 题中 Cr^{3+} 的掺杂浓度为 $1.6\times10^{19}\text{cm}^{-3}$，设介质在室温下处于热平衡状态，计算介质对于峰值辐射的吸收系数，利用计算结果计算光子在红宝石介质中传播 5mm 距离被吸收的概率。

5.5 假设第 5.3 题的激光器工作于脉冲状态，脉冲的峰值光强为 $I_{\max} = 10^9\text{ W/cm}^2$，脉冲的中心频率等于介质的增益中心频率，激光频率带宽远小于增益带宽，计算 Cr^{3+} 的受激辐射速率，并与其自发辐射速率比较。

5.6 已知掺铒光纤放大器的 Er^{3+} 密度为 $8\times10^{18}\text{cm}^{-3}$，放大器的泵浦光波长 $\lambda_p = 1480\text{nm}$，泵浦光吸收截面 $\sigma_{ab} = 0.14\times10^{-20}\text{cm}^2$，被放大激光的波长 $\lambda_l = 1560\text{nm}$，激光的受激辐射截面 $\sigma_{em} = 0.16\times10^{-20}\text{cm}^2$，计算：

(1) 泵浦光的吸收系数；

(2) 泵浦光通过 2m 的光纤后被吸收能量的百分比；

(3) 在强泵浦的作用下(粒子全部跃迁到上能级)激光在光纤中传播的增益系数。

5.7 一个光纤放大器利用 Pr^{3+} $^1G_4$ 能级跃迁放大波长 $\lambda = 1300\text{nm}$ 的激光信号，计算得到的 $^1G_4$ 能级辐射寿命为 $\tau_r = 3\text{ms}$，而测量得到的荧光寿命为 $\tau = 110\mu\text{s}$，计算：

(1) 辐射的量子效率；

(2) 辐射跃迁速率；

(3) 非辐射跃迁速率。

5.8 一个染料激光器的增益线型可以近似成非对称的三角形而不是洛伦兹线型。假设增益介质的自发辐射寿命为 8ns，辐射中心波长 $\lambda = 590\text{nm}$，辐射频谱半高宽为 40nm，染料介质的折射率为 $n=1.33$，粒子数反转 $\Delta n=1\times10^{18}\mathrm{cm}^{-3}$，计算：

(1) 峰值受激辐射截面；

(2) 峰值增益系数；

(3) 如果需要将信号放大 20 倍，计算激光通过染料介质的长度。

5.9　若实验室有宽谱光源一个，单色仪一台，光电倍增管及其电源一套，圆柱形抛光红宝石样品一个，红宝石中铬离子浓度为 $n_0=1.6\times10^{19}\mathrm{cm}^{-3}$，694.3nm 波长的荧光线宽 $\Delta\nu_\mathrm{F}=3.3\times10^{11}\mathrm{Hz}$，请通过设计实验测出红宝石的吸收截面、辐射截面和荧光寿命。

第 6 章　激光放大器

微课

通过受激辐射过程产生光放大是任何一种激光器的本质，不仅如此，激光放大器作为一种独立的光学器件也得到广泛的应用，如激光脉冲的能量放大、长距离光纤通信的中继放大等。在第 5 章讨论了通过受激辐射过程实现光的放大，本章将着重讨论在受激辐射放大过程中激光增益的饱和效应，放大过程中泵浦能量的转化效率等。

6.1　三能级系统与四能级系统的粒子数变化的速率方程

在受激辐射和受激吸收过程中，原子中的电子发生能级跃迁，由于激光是一种准单色光，因此激光场只与原子的两个特定能级发生相互作用，称此二能级为激光能级，如图 6.1 中的 1 和 2 能级。基态的原子在泵浦的作用下被抽运到能级 3，能级 3 的原子通过辐射跃迁或无辐射跃迁转移到激光上能级 2，能级 2 是亚稳态，具有较长的能级寿命，原子在能级 2 上积累，直到能级 2 的粒子数 n_2 大于能级 1 的粒子数 n_1，这时得到 $\Delta n = n_2 - n_1 > 0$ 的条件，也称为粒子数的反转，根据式(5.53)，光波在介质中传播的增益系数大于 0，光波被放大。一般而言能级 3 的寿命较短，粒子从基态抽运到能级 3 之后，它将迅速转移到能级 2 上，因此粒子将主要分布在 1 和 2 两个激光能级上：

$$n \approx n_2 + n_1 \tag{6.1}$$

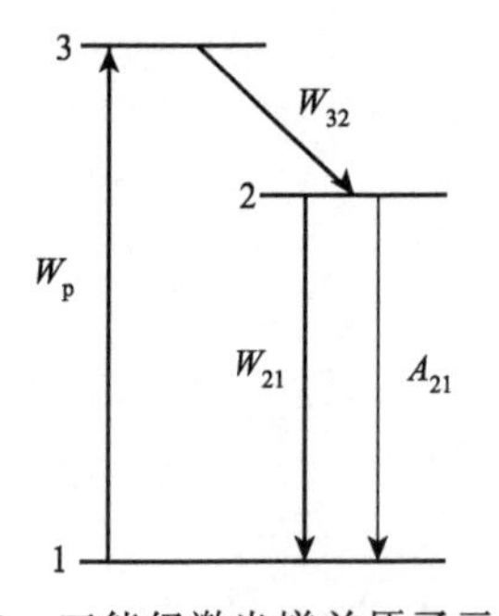

图 6.1　三能级激光增益原子示意图

式中，n 为总粒子数密度。由式(6.1)可知，要实现粒子数反转，必须使 $n_2 > n/2$，即大于总数的 50%的原子都要被抽运到上能级，由于整个过程涉及三个原子能级，因此称为三能级系统。

需要指出的是，第三个能级是必需的，因为不能把粒子从能级 1 直接激发到能级 2 实现粒子数反转。在使用光泵浦的情况下，当 $n_2 = n_1 = n/2$ 时，单位时间内从下能级跃迁到上能级的粒子数与上能级跃迁到下能级粒子数相等，即 $n_2W_{21} = n_1W_{12}$，增加泵浦光的功率对改变粒子数分布没有作用，因此不能实现粒子数反转。电子碰撞激发也是如此，不具体分析。对于半导体激光器，它是以电子和空穴注入的方式实现粒子数反转，将在第 13 章中讨论。

对于三能级系统，假设从能级 1 到能级 3 的泵浦速率为 W_p（W_p 表示单个基态粒子单位时间内被抽运到上能级的速率），激光上能级粒子数的变化速率为

$$\frac{dn_2}{dt} = n_1W_p - n_2W_{21} + n_1W_{12} - \frac{n_2}{\tau_2} \tag{6.2}$$

式中，等号右侧各项的物理意义分别为泵浦激发、受激辐射、受激吸收和自发跃迁。

由于总粒子数不变，因此由式(6.1)可得

$$\frac{\mathrm{d}n_1}{\mathrm{d}t}=-\frac{\mathrm{d}n_2}{\mathrm{d}t} \tag{6.3}$$

暂时不对三能级系统展开进一步的讨论，因为如上所述，在三能级系统中实现粒子数反转必须要将半数以上的粒子泵浦到激光上能级，要求较高的泵浦功率，不利于激光器的高效运转，因此接下来重点讨论四能级系统，有些激光系统与三能级系统相似，但又不是严格的三能级系统，称为准三能级系统，对于准三能级系统将在第 12 章中讨论。

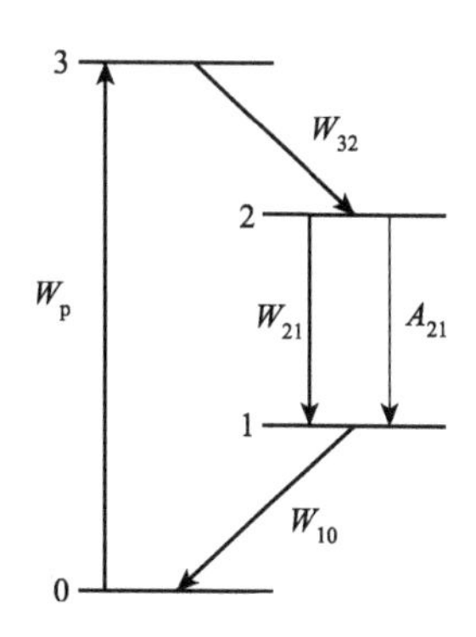

图 6.2　四能级激光增益原子示意图

如果激光下能级不是原子基态，如图 6.2 所示，则参与泵浦和激光跃迁的能级共有四个，该原子系统称为四能级系统。四能级系统的特征是激光下能级为原子的激发态，在热平衡条件下，激光下能级的粒子数密度很小，近似为零，因此只要较小的泵浦速率，就可以在能级 2 上积累足够的粒子数 n_2 实现 2 和 1 两能级间的粒子数反转。对于四能级系统，激光上能级的粒子数变化率方程为

$$\frac{\mathrm{d}n_2}{\mathrm{d}t}=n_0W_\mathrm{p}-n_2W_{21}+n_1W_{12}-\frac{n_2}{\tau_2} \tag{6.4}$$

四能级系统泵浦速率一般不是很大，这种条件下，基态粒子数近似等于总粒子数 $n_0=n$。激光下能级寿命一般较短，激光上能级的粒子跃迁到下能级后，它很快跃迁到基态，激光下能级上没有粒子积累，因此 $n_1\approx 0$，$\Delta n\approx n_2$，考虑了这些因素之后，可以写出粒子数反转的时间变化率方程：

$$\frac{\mathrm{d}\Delta n}{\mathrm{d}t}=n_0W_\mathrm{p}-\Delta nW_{21}-\frac{\Delta n}{\tau_2} \tag{6.5}$$

根据式(5.49)和式(5.55)：

$$W_{12}=W_{21}=\frac{\lambda^3}{8\pi h}A_{21}g_\mathrm{H}\left(\nu_1,\nu_0\right)\frac{I}{c}$$

$$\sigma\left(\nu_1,\nu_0\right)=\frac{\lambda^2}{8\pi}A_{21}g_\mathrm{H}\left(\nu_1,\nu_0\right)$$

立即得到用增益截面 σ 表示的受激辐射速率 W_{21} 的表示式：

$$W_{21}=\frac{\sigma\left(\nu_1,\nu_0\right)I}{h\nu_1} \tag{6.6}$$

式中，ν_1 表示激光的中心频率。代入式(6.5)可得

$$\frac{\mathrm{d}\Delta n}{\mathrm{d}t}=\mathcal{R}-\Delta n\left[\frac{\sigma\left(\nu_1,\nu_0\right)I}{h\nu_1}+\frac{1}{\tau_2}\right] \tag{6.7}$$

式中，$\mathcal{R}=n_0W_\mathrm{p}$ 表示在泵浦的作用下粒子数反转的产生速率。

这就是四能级增益介质粒子数反转的变化速率方程，简称为速率方程。速率方程将粒子数反转的时间变化率与光强联系起来。

6.2　增 益 饱 和

对于稳定的泵浦速率 $\mathcal{R}$ 和光强 I，粒子数反转有稳态解 $\frac{\mathrm{d}\Delta n}{\mathrm{d}t}=0$，代入速率方程(6.7)可得到粒子数反转的稳态解：

$$\Delta n^{(s)}=\frac{\mathcal{R}\tau_2}{1+\frac{\sigma(\nu_1,\nu_0)\tau_2}{h\nu_1}I} \tag{6.8}$$

式中，受激辐射截面 $\sigma(\nu_1,\nu_0)$ 只在 $\nu_1=\nu_0$ 附近很小的范围内不等于零，所以该式又可以等价地表示成

$$\Delta n^{(s)}=\frac{\mathcal{R}\tau_2}{1+\frac{\sigma(\nu_1,\nu_0)\tau_2}{h\nu_0}I} \tag{6.9}$$

式(6.9)将在第 9 章中用到以简化讨论。由于增益系数与粒子数的反转成正比，因此：

$$g(\nu_1,\nu_0)=\sigma(\nu_1,\nu_0)\Delta n^{(s)}=\frac{\sigma(\nu_1,\nu_0)\mathcal{R}\tau_2}{1+\frac{\sigma(\nu_1,\nu_0)\tau_2}{h\nu_1}I} \tag{6.10}$$

由式(6.10)可以看到，介质的增益系数随光强的增大而减小，这种效应称为增益饱和。定义饱和光强：

$$I_{\mathcal{S}}=\frac{h\nu_1}{\sigma(\nu_1,\nu_0)\tau_2} \tag{6.11}$$

这时增益系数写成

$$g(\nu_1,\nu_0)=\frac{\sigma(\nu_1,\nu_0)\mathcal{R}\tau_2}{1+(I/I_{\mathcal{S}})} \tag{6.12}$$

增益饱和的物理机理是在光波场的作用下，激光上能级原子通过受激辐射跃迁到下能级，缩短了原子在上能级的停留时间，减少了激光上能级粒子的有效寿命，因此减少了激光上能级的粒子数。正是由于增益饱和效应，激光在增益介质中传播不能严格按指数增长规律放大。但对于弱光强情况，$I\ll\frac{h\nu_1}{\sigma\tau_2}$，此时的增益系数用 $g_0(\nu_1,\nu_0)$ 表示：

$$g_0(\nu_1,\nu_0)=\sigma(\nu_1,\nu_0)\mathcal{R}\tau_2 \tag{6.13}$$

称为小信号增益系数，因此式(6.11)定义的饱和光强是使增益系数下降到小信号增益系数一半时的激光光强。

对于给定的激光光强 I，可以将粒子数反转的速率方程写为

$$\frac{\mathrm{d}\Delta n}{\mathrm{d}t}=\mathcal{R}-\frac{\Delta n}{\tau_2'} \tag{6.14}$$

式中

$$\tau_2' = \left(\frac{\sigma I}{h\nu_1} + \frac{1}{\tau_2}\right)^{-1} = \frac{\tau_2}{1+\left(I/I_g\right)} \tag{6.15}$$

为激光上能级粒子在激光场作用下的等效寿命。将式(6.14)变形为

$$\frac{\mathrm{d}\left(\Delta n \cdot \mathrm{e}^{t/\tau_2'}\right)}{\mathrm{d}t} = \mathcal{R}\mathrm{e}^{t/\tau_2'}$$

积分上式，并且假设初始条件 $\Delta n(0)=0$，则可得 Δn 随时间变化的函数关系：

$$\Delta n(t) = \mathcal{R}\tau_2'\left(1-\mathrm{e}^{-t/\tau_2'}\right) \tag{6.16}$$

从式(6.16)看到粒子数反转从 0 开始增加，最终趋近于某个稳定值，并且这个稳定值随着激光光强 I 的增加而减小，图 6.3 中为不同光强条件下粒子数反转的变化曲线。从图 6.3 可见，对于 $I=0$ 的情形，当 $t=(2\sim4)\tau_2$ 时，Δn 已经基本达到稳定，之后泵浦与自发辐射处于一种平衡状态。

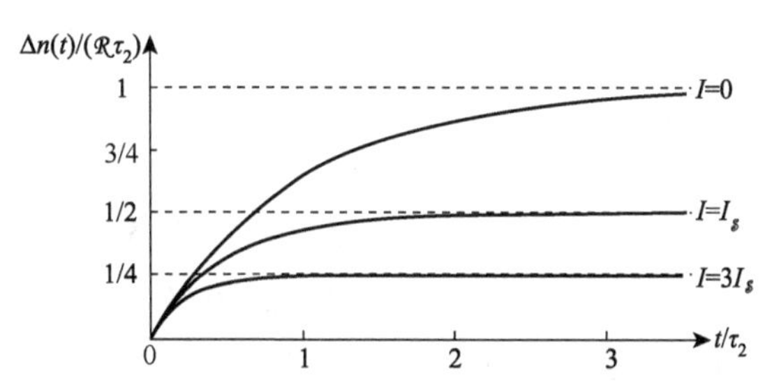

图 6.3　不同激光光强作用下稳态粒子数反转随时间的变化

6.3　放大器增益

根据电子仪器中放大器增益的概念，一个光学放大器的增益定义为

$$G = \frac{I_2}{I_1} \tag{6.17}$$

式中，I_1 为光波在放大器输入端的光强；I_2 为光波在放大器输出端的光强。由 6.2 节讨论可知增益系数是光强的函数，由于光放大的作用，在放大器长度方向上不同位置的光强不同，因此增益系数也不同。根据增益系数 $g=\frac{1}{I}\frac{\mathrm{d}I}{\mathrm{d}z}$ 的定义并且结合式(6.12)和式(6.13)可得

$$\frac{1}{I}\frac{\mathrm{d}I}{\mathrm{d}z} = \frac{g_0}{1+\left(I/I_g\right)} \tag{6.18}$$

为了获得微分方程(6.18)的解，首先讨论两种极端情况。第一种情况是激光光强很弱，在整个放大器中 $I \ll I_g$，这时的放大器增益称为小信号增益，由于 $I \ll I_g$，式(6.18)近似写成

$$\frac{1}{I}\frac{\mathrm{d}I}{\mathrm{d}z} = g_0 \tag{6.19}$$

积分上式可得

$$I(z)=I(0)\mathrm{e}^{g_0 z} \tag{6.20}$$

假设光学放大器的长度为 L，放大器小信号增益的表示式为

$$G=\frac{I(L)}{I(0)}=\mathrm{e}^{g_0 L} \tag{6.21}$$

因此光放大器的小信号增益随放大器长度以指数规律增长。为了更方便地描述放大器的放大特性，工程上通常使用分贝增益，其定义为

$$\text{分贝增益}=10\cdot\lg G=4.343 g_0 L \tag{6.22}$$

分贝增益是放大器长度的线性函数，分贝增益每增加 10，放大器增益增加一个数量级。有时也用单位长度分贝增益描述介质的增益特性，从式(6.22)可知单位长度的分贝增益用小信号增益系数表示为 $4.343g_0$，其单位为 dB/m。

在吸收介质中，光强随传播距离 z 的变化为

$$I(z)=I(0)\mathrm{e}^{-\alpha z}$$

式中，α 称为损耗系数。依照分贝增益可以定义分贝损耗：

$$\text{分贝损耗}=4.343\alpha L$$

如果介质同时具有增益和损耗，则光通过介质的分贝净增益为

$$\text{分贝净增益}=4.343(g_0-\alpha)L \tag{6.23}$$

接下来讨论第二种情况，强激光通过介质被放大，$I\gg I_s$，这时的放大器增益称为大信号增益，由于 $I\gg I_s$，式(6.18)近似写成

$$\frac{\mathrm{d}I}{\mathrm{d}z}=g_0 I_s \tag{6.24}$$

积分上式可得

$$I(z)-I(0)=g_0 I_s z$$

假设光学放大器的长度为 L，放大器大信号增益的表示式为

$$G=1+\frac{g_0 I_s L}{I(0)}$$

对于强光，放大器增益与介质长度 L 之间呈线性关系。

设光束的截面积为 A，则光波通过增益介质后的功率增量 $\Delta\mathcal{P}$ 为

$$\Delta\mathcal{P}=\left[I(z)-I(0)\right]A=g_0 I_s LA \tag{6.25}$$

将式(6.13)和式(6.11)代入式(6.25)可得

$$\Delta\mathcal{P}=\mathcal{R}h\nu_1 LA \tag{6.26}$$

设泵浦光的频率为 ν_p，由于单位时间内介质吸收的泵浦光总光子数为 $\mathcal{R}LA$，所以介质单位时间内吸收泵浦光的能量为

$$\mathcal{P}_\mathrm{pump}=\mathcal{R}LA\cdot h\nu_\mathrm{p} \tag{6.27}$$

由此得泵浦能量到激光场能量的转化效率为

$$\eta_{\text{大信号}}=\frac{\Delta\mathcal{P}}{\mathcal{P}_{\text{pump}}}=\frac{h\nu_1}{h\nu_{\text{p}}} \tag{6.28}$$

由于激光频率总是小于泵浦频率，因此$\eta_{\text{大信号}}<1$。从式(6.28)可知，在大信号条件下，每一个频率ν_{p}的泵浦光子转变成一个频率ν_1的激光光子，大信号条件下放大器的功率损耗是由于激光频率总是小于泵浦光的频率，泵浦光子与激光光子的能量差转变成杂散光能量、介质热能或其他的能量形式。

可以用同样的方法计算小信号条件下的能量转换效率：

$$\eta_{\text{小信号}}=\frac{\Delta\mathcal{P}}{\mathcal{P}_{\text{pump}}}=\frac{\left(\text{e}^{g_0L}-1\right)I(0)A}{\mathcal{R}h\nu_{\text{p}}LA}$$

对于较小的增益系数$g_0L\ll1$，利用式(6.13)将上式简化为

$$\eta_{\text{小信号}}=\frac{g_0LI(0)A}{\mathcal{R}h\nu_{\text{p}}LA}=\frac{I(0)}{I_{\mathcal{S}}}\frac{h\nu_1}{h\nu_{\text{p}}} \tag{6.29}$$

对于小信号情况，激光上级能粒子不能全部通过受激辐射过程对激光增益贡献一个光子，因为$I\ll I_{\mathcal{S}}$，所以只有激光上能级粒子总数的$\left(I/I_{\mathcal{S}}\right)\times100\%$对光增益有贡献，而其他激发态粒子贮存的能量则通过自发辐射或其他的能量转换途径而耗散。在小信号情况下，受激辐射消耗粒子数反转的数量与自发辐射等跃迁过程相比处于可忽略的地位，因此受激辐射对粒子数反转几乎没有影响。粒子数反转维持在较高水平上，激光放大过程中只利用了其中很小一部分激发态粒子，所以放大器的能量效率较低。对于大信号过程，几乎所有粒子都参与了受激辐射放大，得到最大的能量效率，但由于粒子数反转处于一个较低水平上，因此放大器增益受到限制。

前面讨论了两种极端情况下激光放大介质的总增益，对于一般情况，既不能用小信号近似又不能用大信号近似，这时将式(6.18)写成

$$\left(\frac{1}{I}+\frac{1}{I_{\mathcal{S}}}\right)\text{d}I=g_0\text{d}z \tag{6.30}$$

积分式(6.30)可得

$$\ln G+\frac{I_0(G-1)}{I_{\mathcal{S}}}=g_0L \tag{6.31}$$

式中，$I_0=I(0)$表示激光在进入放大器之前的初始光强；L表示放大器介质长度；对于已知的$I_0/I_{\mathcal{S}}$和g_0L，由式(6.31)可求解增益G，图6.4中为不同$I_0/I_{\mathcal{S}}$和g_0L的条件下增益G的数值。

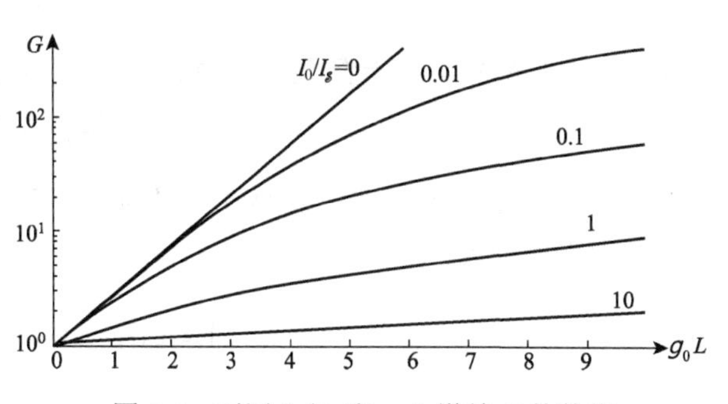

图 6.4　不同$I_0/I_{\mathcal{S}}$和g_0L增益G的数值

在前面的讨论中，始终假设激发速率是一个不依赖于空间坐标的常数，因此$\mathcal{R}$是一个常数，但对于某些光放大系统，$\mathcal{R}$不一定是常数，如接下来讨论的光纤放大器。

6.4 光纤放大器

随着光纤技术的发展，光纤放大器以及光纤激光器的应用日益广泛，从长距离光纤通信网络的中继放大，到各种光纤激光器等，有源光纤器件已深入通信、能源和军事等许多重要领域，本节主要讨论光纤放大器的工作原理和放大特性。

一个典型的光纤放大器原理结构如图 6.5 所示，泵浦光通过光纤耦合器输入到掺有增益离子的光纤中，在泵浦光的作用下，增益离子被激发到激光上能级，信号光在光纤中传输与被激发的增益离子相互作用，激发态离子在激光的作用下受激跃迁到激光下能级，辐射光子使激光被放大。下面以四能级系统为例对光纤放大器进行讨论。

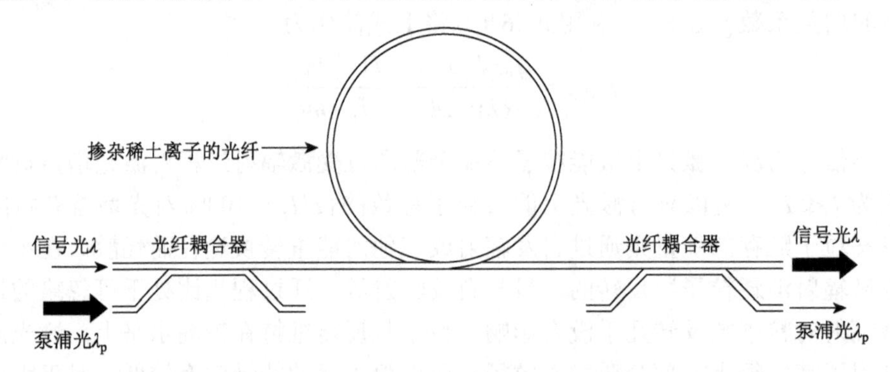

图 6.5 光纤放大器原理结构示意图

如果光纤中掺入的粒子(一般是稀土离子)具有图 6.2 所示的能级结构，则光纤放大器的增益介质为四能级系统。

假设耦合进入光纤放大器的泵浦光光强为 I_{p0}，波长为 λ_p，掺入的增益粒子密度为 n_0，由于四能级系统基态粒子密度受泵浦的影响可以忽略，近似为 n_0，则泵浦光吸收系数为

$$\alpha_p = n_0 \sigma_p \tag{6.32}$$

式中，σ_p 为泵浦光吸收截面。泵浦光强沿着光传播方向的变化率为

$$\frac{dI_p}{dz} = -I_p \alpha_p \tag{6.33}$$

对式(6.33)作积分可以得到泵浦光强沿光纤长度方向的分布为

$$I_p(z) = I_{p0} e^{-\alpha_p z} \tag{6.34}$$

由于沿着光纤的不同位置泵浦光的强度不同，粒子从基态被激发到上能级的速率也随位置的不同而变化：

$$\mathcal{R}(z) = n_0 W_p(z) = n_0 \frac{I_p(z)\sigma_p}{h\nu_p} \tag{6.35}$$

将式(6.35)、式(6.32)代入式(6.13)，可以得到 z 点的小信号增益系数可表示为

$$g_0(z)=\frac{\alpha_p\sigma_2\tau_2}{h\nu_p}I_p(z) \tag{6.36}$$

式中，σ_2表示激光上能级粒子的辐射截面。式(6.36)表明在光纤放大器中小信号增益系数不再是常数，它是在沿光纤长度方向上位置坐标的函数。

对小信号情况，$I \ll I_s$，注意到激光增益系数是位置的函数，重新写出表示式(6.19)：

$$\frac{1}{I}\frac{dI}{dz}=g_0(z) \tag{6.37}$$

将式(6.36)代入式(6.37)，并利用式(6.34)，积分得

$$\ln G=\frac{I_{p0}\sigma_2\tau_2}{h\nu_p}\left(1-e^{-\alpha_p L}\right) \tag{6.38}$$

式中，L为有源光纤的总长度。

对于$\alpha_p L \gg 1$的情形，泵浦光全部被吸收，式(6.38)简化为

$$\ln G=\frac{I_{p0}\sigma_2\tau_2}{h\nu_p} \tag{6.39}$$

放大器的光增益与放大器长度无关，是泵浦光强I_{p0}的函数并随I_{p0}指数增加，这时的分贝增益表示为

$$10\lg G=4.343\frac{I_{p0}\sigma_2\tau_2}{h\nu_p} \tag{6.40}$$

式(6.40)表示，小信号分贝增益与泵浦光强成正比。

对于大信号情况，$I \gg I_s$，式(6.24)中的g_0是位置z的函数：

$$\frac{dI}{dz}=g_0(z)I_s$$

将式(6.36)和式(6.34)代入上式积分可得

$$I(L)-I_0=\frac{I_{p0}I_s\sigma_2\tau_2}{h\nu_p}\left(1-e^{-\alpha_p L}\right) \tag{6.41}$$

对于$\alpha_p L \gg 1$的情形，利用式(6.11)，式(6.41)简化为

$$I(L)-I_0=\frac{I_{p0}I_s\sigma_2\tau_2}{h\nu_p}\frac{h\nu_1}{h\nu_1}=\frac{h\nu_1}{h\nu_p}I_{p0} \tag{6.42}$$

如果光纤的截面积为A，则上式可写成

$$\left[I(L)-I_0\right]A=\frac{h\nu_1}{h\nu_p}I_{p0}A \tag{6.43}$$

即输入的泵浦功率以$\frac{h\nu_1}{h\nu_p}$的比例转化成激光功率，这是由于泵浦光把粒子从基态 0 抽运

到激发态 3(图 6.2)，所需光子能量为 $h\nu_p$，而粒子从激发态 3 跃迁到激光上能级 2 之后，可以对频率 ν_1 的激光提供增益，发射一个能量 $h\nu_1$ 的光子，因此每一个泵浦光子按能量比例 $\dfrac{h\nu_1}{h\nu_p}$ 转化成一个激光光子，式(6.43)即表示全部的泵浦光子都参与了从光波频率 ν_p 的泵浦光到光波频率 ν_1 激光的能量转化过程。

根据式(6.42)，在大信号条件下增益 G 的表示式写成

$$G = 1 + \frac{h\nu_1}{h\nu_p}\frac{I_{p0}}{I_0} \tag{6.44}$$

习　　题

6.1　一种染料分子在波长 $\lambda = 550\text{nm}$ 处的受激辐射截面为 $\sigma = 4\times10^{-16}\text{cm}^2$，荧光寿命为 $\tau = 3\text{ns}$，假设染料介质辐射为均匀加宽，计算染料介质的饱和光强。

6.2　玻璃中掺杂的 Nd^{3+} 峰值辐射波长和截面分别为 $\lambda = 1054\text{nm}$ 和 $\sigma = 4\times10^{-20}\text{cm}^2$，荧光寿命 $\tau = 290\mu\text{s}$，假设增益介质辐射为均匀加宽，计算钕玻璃介质的饱和光强。

6.3　第 6.2 题中 Nd^{3+} 的掺杂浓度为 $n_0 = 3\times10^{20}\text{cm}^{-3}$，泵浦速率为 $W_p = 170\text{s}^{-1}$，计算：

(1) 单位时间单位体积内泵浦到上能级的粒子数；

(2) 在没有信号光作用的条件下，激光上能级的粒子数密度；

(3) 激光上能级的粒子数占总粒子数的百分比；

(4) 波长 $\lambda = 1054\text{nm}$ 小信号激光的增益系数。

6.4　在第 6.3 题中的钕玻璃激光放大器，入射激光信号的光强为 $I = 5\times10^4\text{W/cm}^2$，计算：

(1) 自发辐射和受激辐射的速率；

(2) 激光上能级的稳态粒子数密度；

(3) 激光的增益系数。

6.5　一台长度 $L = 15\text{cm}$ 的激光放大器将小信号激光放大 200 倍，计算小信号增益系数，分别将其用 cm^{-1} 和 dB/cm 表示。

6.6　已知第 6.5 题放大器的饱和光强 $I_g = 2\times10^4\text{W/cm}^2$，激光增益介质为四能级均匀加宽介质，在以下两种情况下计算放大器增益：

(1) 入射激光光强 $I_0 = 4\times10^5\text{W/cm}^2$；

(2) 入射激光光强 $I_0' = 2\times10^4\text{W/cm}^2$。

6.7　如果第 6.6 题中的放大器为纤芯直径 $\phi = 50\mu\text{m}$ 的光纤放大器，计算两种情况下的激光功率增量。

6.8　一个足够长的光纤放大器 $(\alpha_p L \gg 1)$ 对于 $\lambda = 1500\text{nm}$ 激光的小信号增益为 $G_0 = 22.5\text{dB}$，已知入射激光光强 $I_1 = 25\text{kW/cm}^2$，出射激光光强 $I_2 = 50\text{kW/cm}^2$，增益介质为均匀加宽介质，计算增益介质的饱和光强。

6.9　一台激光放大器被泵浦光均匀照射，增益介质具有洛伦兹线型，$\Delta\nu_H = 1\text{GHz}$；当入射光频率等于放大器中心频率时，放大器小信号增益是 10dB，饱和光强

$I_s = 10\text{W} \cdot \text{cm}^{-2}$，增益介质损耗为 0。

(1) 入射光频率 $\nu = \nu_0$，求放大器增益和入射光光强 I_0 的关系式；

(2) $|\nu - \nu_0| = 0.5\text{GHz}$，求放大器增益和入射光光强 I_0 的关系式；

(3) 当 $\nu = \nu_0$ 时，求增益较最大增益下降 3dB 时的输出光强。

6.10　红宝石激光器激发态能级寿命 $\tau_2 = 3\text{ms}$，Cr^{3+} 的掺杂浓度为 $1.6 \times 10^{19} \text{cm}^{-3}$，计算介质的透明泵浦速率(此时激光上下能级的粒子数相等，$n_1 = n_2$，激光通过介质没有放大，也没有吸收)。

第 7 章　连续波激光器

微课

在第 6 章中讨论了激光的受激辐射放大，激光从外部输入到增益介质，并且在介质中传播被放大。想象如果在增益介质的两端放置两个反射镜形成光学谐振腔，由于介质的自发辐射使得增益介质中存在一些杂散光，它们通过增益介质被放大，放大的杂散光被两端的反射镜反射，符合自再现条件的光波在谐振腔中往返传播并且相干加强，这种光波场多次通过增益介质由受激辐射过程放大，自再现光波场在谐振腔中的光强迅速增加，最终增益介质的辐射以受激辐射为主导，形成激光，介质中不断被放大的激光不是由系统外部输入，而是由系统自身产生，在激光被放大的同时，总会有一部分激光从反射镜输出，这种产生并且输出激光的装置就是激光器。

7.1　激光产生的条件

由第 1 章讨论可知，激光区别于普通光在于激光的相干性，而激发态的原子在受激辐射过程中辐射一个光子，它与入射光子处于相同的光子态，或者说它们属于相同的模式。在激光器中存在大量处于相同模式的光子，它们是相干的，这是激光的特征。

根据式(5.21)，一个上能级原子的受激辐射速率 W_{21} 与自发辐射速率 A_{21} 满足如下关系：$W_{21}=\bar{n}A_{21}$，其中，$\bar{n}$ 为光波场每个模式中的平均光子数，在热平衡条件下的黑体辐射场中 $\bar{n}$ 的表示式为

$$\bar{n}=\frac{1}{\mathrm{e}^{(h\nu/k_{\mathrm{B}}T)}-1} \tag{7.1}$$

对于 $\lambda=600\mathrm{nm}$ 的波长，其频率 $\nu=5\times10^{14}\mathrm{Hz}$。当 $T=300\mathrm{K}$ 和 $T=6000\mathrm{K}$ 时，由式(7.1)计算可得 $\bar{n}$ 分别等于 2×10^{-35} 与 0.02，由此可见，即使对于 $T=6000\mathrm{K}$ 的太阳辐射，每个模式内的光子数仍然很少，因此对于热平衡条件下的原子辐射而言，自发辐射占据主导地位，大量上能级原子的辐射以自发射辐射的形式跃迁到下能级，辐射光为非相干光，辐射光子占据所有的光波模式。但如果将放大介质置于谐振腔中，使某一个模式的光子不能逃逸谐振腔，这个模式的光子数在谐振腔中通过受激辐射放大不断增加，最终实现 $\bar{n}>1$ 或者 $\bar{n}\gg1$，在此条件下受激辐射占主导地位，光腔中相干辐射占据优势，由此获得受激辐射放大的光，就是激光。

如图 7.1 所示的激光系统中，在两个反射镜中间置以增益介质。设介质的光损耗系数为 α，小信号增益系数为 g_0，反射镜光强反射率分别为 R_1 和 R_2，则光波在光腔中往返一周后其光强变为

$$I_1=I_0R_1R_2\mathrm{e}^{(g_0-\alpha)\cdot2L} \tag{7.2}$$

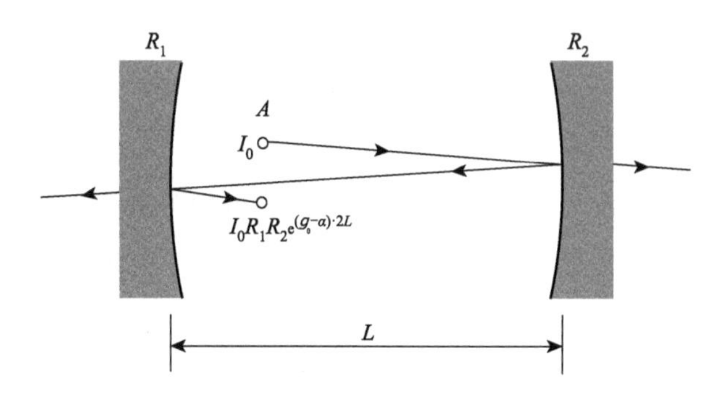

图 7.1　激光在谐振腔中传播一个往返

如果 $I_1 > I_0$，则光波场在光腔中往返得到增强，符合谐振条件光波模式内的光子数迅速增加，从而在激光器中获得激光。由式(7.2)可知，这就要求：

$$R_1R_2e^{(g_0-\alpha)\cdot 2L} > 1 \tag{7.3}$$

讨论与思考

根据式(5.21)，受激辐射速率等于模式的平均光子数乘以自发辐射速率。对于普通光源，每个模式的平均光子数目小于 1，例如，太阳辐射每个模式的光子数目大约为 0.01 的数量级，因此光源辐射的受激辐射速率小于自发辐射速率，光源辐射以自发辐射为主导，受激辐射占据次要的地位。而在激光器中，由于激光谐振腔的存在，符合谐振条件的光子在谐振腔中往返传播，在增益介质对于光波放大的作用下，只要满足这个模式的光子数目往返传播不断增加的条件，那么模式的平均光子数必然会增加到大于 1 的状态，这时候光源辐射的受激辐射速率大于自发辐射速率，光源辐射以受激辐射为主导，例如，一台普通氦氖激光器中每个模式的光子数可以达到 10^6 的数量级，自发辐射则占据次要的地位，此时激光器辐射激光。

由于对于一台激光器，R_1、R_2 和 α 由反射镜的性能和材料的吸收特性决定，由式(7.3)可知，要产生激光振荡，要求增益系数满足如下条件：

$$g_0 > g_{th} = \alpha + \frac{1}{2L}\ln\left(\frac{1}{R_1R_2}\right) \tag{7.4}$$

式中，g_{th} 称为临界增益系数，也称作阈值增益系数。

由第 5 章中增益系数的表示式：

$$g_0(\nu_1,\nu_0) = \Delta n \cdot \sigma(\nu_1,\nu_0) = \Delta n \cdot A_{21}\frac{\lambda^2}{8\pi}g_H(\nu_1,\nu_0) \tag{7.5}$$

式中，ν_1 和 ν_0 分别表示激光频率和原子中心频率，代入式(7.4)可得激光振荡条件另一种表述形式：

$$\Delta n \cdot A_{21}\frac{\lambda^2}{8\pi}g_H(\nu_1,\nu_0) > g_{th} \tag{7.6}$$

获得激光振荡的所需的粒子数反转为

$$\Delta n > \frac{8\pi g_{\text{th}}}{A_{21}\lambda^2 g_{\text{H}}(\nu_1, \nu_0)} \tag{7.7}$$

激光振荡所需的粒子数反转是激光频率的函数，激光频率等于原子跃迁中心频率，即 $\nu_1 = \nu_0$ 时，$g_{\text{H}}(\nu_1, \nu_0)$ 取最大值 $g_{\text{Hmax}} = \dfrac{2}{\pi \Delta \nu_{\text{H}}}$，这时获得激光振荡所需的 Δn 取最小值。

定义临界粒子数反转：

$$\Delta n_{\text{th}} = \frac{8\pi g_{\text{th}}}{A_{21}\lambda^2 g_{\text{Hmax}}} = \frac{4\pi^2 g_{\text{th}} \Delta \nu_{\text{H}}}{A_{21}\lambda^2} \tag{7.8}$$

式中，$\Delta \nu_{\text{H}}$ 表示原子辐射线宽；λ 表示激光在增益介质中的波长。式(7.8)表示得到激光振荡所要求的最小粒子数反转，通常也称作阈值粒子数反转，它和临界粒子数反转这两个名称是完全等价的。

在激光器中，如果能够使得增益介质的粒子数反转大于临界粒子数反转，可以得到不断增强的光波场，当光场增强到一定程度时介质辐射将以受激过程为主，在激光器中产生激光振荡。为了在较低的泵浦速率条件下得到激光，人们总是希望较低的激光器临界粒子数反转，由式(7.8)可知增加 A_{21} 或减小 $\Delta \nu_{\text{H}}$ 都可以降低 Δn_{th}，从物理上讲，减小 $\Delta \nu_{\text{H}}$ 意味着原子辐射更加集中在中心频率附近，有利于增加峰值增益，而增加 A_{21} 的结果是增加了受激辐射速率，这是因为受激辐射系数正比于自发辐射系数。减小阈值粒子数反转的另一个途径是提高谐振腔的质量，从而减小阈值增益系数 g_{th}。由式(7.4)可知，减小 α，增加 R_1 和 R_2 都可以有效地减小 g_{th}。实际中选用的激光介质都具有较小的吸收系数 α，为了减小 g_{th} 还要使用高反射率的反射镜。增加激光器长度的做法一般不是首选，因为在某些应用中要求激光器的紧凑性，当然设计一台激光器需要根据实际要求综合考虑激光器的尺寸、反射镜反射率和泵浦速率等参量。

例 7.1　已知一台在玻璃中掺杂 Nd^{3+} 的钕玻璃激光器，其玻璃棒长度 $L = 10\text{cm}$，玻璃棒两端的两个反射镜反射率分别为 $R_1 = 1$ 和 $R_2 = 0.95$，玻璃棒吸收系数 $\alpha = 0.2\text{m}^{-1}$，离子辐射的中心波长 $\lambda = 1054\text{nm}$，辐射线宽 $\Delta\lambda = 19\text{nm}$，自发辐射系数 $A_{21} = 450\text{s}^{-1}$，计算临界粒子数反转。

解　离子辐射的频率线宽：

$$\Delta \nu = \frac{c}{\lambda^2} \Delta \lambda = 5.1 \times 10^{12}\,\text{Hz}$$

临界增益系数：

$$g_{\text{th}} = \alpha + \frac{1}{2L} \ln\left(\frac{1}{R_1 R_2}\right) = 0.456\text{m}^{-1}$$

临界粒子数反转：

$$\Delta n_{\text{th}} = \frac{4\pi^2 g_{\text{th}} \Delta \nu}{A_{21}\lambda^2} = 1.84 \times 10^{17}\,\text{cm}^{-3}$$

从本题的求解中读者已经注意到，题目所给条件中离子辐射线宽是指辐射的总线宽，并不是式(7.8)中的均匀加宽线宽，实际上激光介质的峰值增益总是与辐射的总线宽成反比，这一点在第 8 章讨论多普勒加宽时就会更加明了。定性地讲，激光介质的增益线宽越宽，它对某个特定频率激光的增益就越小。

7.2　激光器稳态运转

根据 7.1 节的讨论，如果粒子数反转超过临界粒子数反转，激光器中的光强不断增加，但在激光光强增大的同时，增益饱和效应也在增强，使增益减小，当光强增加到某一光强值时增益等于损耗，光强不再增加，激光器达到一种稳定工作状态，输出稳定的激光。在本节中，将首先写出激光器中光强和粒子数反转的运动方程，然后对运动方程求解得到激光器的稳定工作状态。

设增益介质在某一时刻的增益系数为 g，此时光波在光腔中经历一次往返其光强由 I 变为 I'，则：

$$I' = I\mathrm{e}^{\left(g-\alpha-\frac{1}{2L}\ln\frac{1}{R_1R_2}\right)2L}$$

光波在光腔中经历一次往返的光强增量为 ΔI：

$$\Delta I = I\left[\mathrm{e}^{\left(g-\alpha-\frac{1}{2L}\ln\frac{1}{R_1R_2}\right)2L}-1\right] \tag{7.9}$$

由于一次往返的时间为 Δt：

$$\Delta t = \frac{2L}{c} \tag{7.10}$$

因此光强的时间变化率为

$$\frac{\mathrm{d}I}{\mathrm{d}t} \approx \frac{\Delta I}{\Delta t} = I\left[\mathrm{e}^{(g-g_{\mathrm{th}})2L}-1\right]\frac{c}{2L} \tag{7.11}$$

其中，g_{th} 表示临界增益系数：

$$g_{\mathrm{th}} = \alpha + \frac{1}{2L}\ln\frac{1}{R_1R_2} \tag{7.12}$$

在 $(g-g_{\mathrm{th}})2L \ll 1$ 的条件下，利用 e 指数函数的一阶展开近似可得：

$$\begin{aligned}\frac{\mathrm{d}I}{\mathrm{d}t} &= (g-g_{\mathrm{th}})cI \\ &= c\sigma\Delta n I - \frac{I}{\tau_{\mathrm{R}}}\end{aligned} \tag{7.13}$$

其中，利用了增益系数表示式(5.56)，Δn 表示 t 时刻的粒子数反转。光腔的光子寿命 τ_{R} 定义为

$$\tau_{\mathrm{R}}=\left(cg_{\mathrm{th}}\right)^{-1}=\left(c\alpha+\frac{c}{2L}\ln\frac{1}{R_1R_2}\right)^{-1} \tag{7.14}$$

通过比较式(7.14)与式(2.22)，可知表示式(7.14)中多了一项 $c\alpha$ ，这是考虑了介质损耗的因素后对光子寿命表示式(2.22)的补充，在 $\alpha=0$ 的条件下，式(7.14)过渡到式(2.22)。由式(7.13)和式(6.7)，即可得到关于激光器中光强和粒子数反转的一组微分方程：

$$\begin{cases}\dfrac{\mathrm{d}I}{\mathrm{d}t}=c\sigma\Delta nI-\dfrac{I}{\tau_{\mathrm{R}}}\\[2ex]\dfrac{\mathrm{d}\Delta n}{\mathrm{d}t}=R-\Delta n\left(\dfrac{\sigma I}{h\nu_1}+\dfrac{1}{\tau_2}\right)\end{cases} \tag{7.15}$$

由于在方程(7.15)中包含了 Δn 与 I 的乘积项，因此这是一组非线性微分方程，但是对于激光器稳态运转：

$$\frac{\mathrm{d}I}{\mathrm{d}t}=0,\ \frac{\mathrm{d}\Delta n}{\mathrm{d}t}=0 \tag{7.16}$$

将式(7.16)代入式(7.15)后微分方程组转变成一组代数方程，即可对代数方程组求解。在稳态条件(7.16)下，式(7.15)变为

$$\begin{cases}c\sigma\Delta nI-\dfrac{I}{\tau_{\mathrm{R}}}=0\\[2ex]\mathcal{R}-\Delta n\left(\dfrac{\sigma I}{h\nu_1}+\dfrac{1}{\tau_2}\right)=0\end{cases} \tag{7.17}$$

该方程组为二元二次方程组，由数学求解可知 Δn 和 I 有两组解：

$$\begin{cases}I^{(s)}=0\\\Delta n^{(s)}=\mathcal{R}\tau_2\end{cases} \tag{7.18}$$

$$\begin{cases}I^{(s)}=\dfrac{h\nu_1}{\sigma\tau_2}\left(\dfrac{\mathcal{R}}{\mathcal{R}_{\mathrm{th}}}-1\right)\\[2ex]\Delta n^{(s)}=\dfrac{1}{c\sigma\tau_{\mathrm{R}}}\end{cases} \tag{7.19}$$

式中

$$\mathcal{R}_{\mathrm{th}}=\frac{1}{c\sigma\tau_{\mathrm{R}}\tau_2} \tag{7.20}$$

称为临界泵浦速率(或阈值泵浦速率)。当 $\mathcal{R}<\mathcal{R}_{\mathrm{th}}$ 时，在第二组解(7.19)中 $I^{(s)}<0$ ，负光强没有物理意义，因此取第一组解，这说明当泵浦速率较小，小于临界泵浦速率时，激光光强为 0，激光器中没有激光振荡，并且粒子数反转随泵浦速率线性增加。

在 $\mathcal{R}>\mathcal{R}_{\mathrm{th}}$ 的条件下，两组解都有物理意义，但是由于自发辐射的存在，激光器中总会有少量的杂散光，这使得 $I(t=0)=0$ 的情况实际是不存在的。正是由于微弱的初始光

强$I=\varepsilon$，它将在激光器中往返传播得到放大，最后达到由式(7.19)表示的稳定状态，因此在$\mathcal{R}>\mathcal{R}_{\text{th}}$的条件下，式(7.19)表示的是激光器的真实状态，对于式(7.18)、式(7.19)是否是真实物理解的分析也可以由解的稳定性入手，其方法是假设在稳态解上有一个微扰，在微扰的作用下激光器将偏离稳态条件，光强和粒子数反转的时间变化率不等于 0，如果微扰随时间的推移而减小使得激光器光强和粒子数反转回到式(7.18)或式 (7.19)表示的稳态解，那么解是稳定的，它是真实的物理解，否则是不稳定的，因此不代表真实的物理解，具体的分析过程留作读者练习(习题 7.6)。

综合式(7.18)和式(7.19)两种解的情况，作出光强与粒子数反转随泵浦速率变化的函数曲线如图 7.2 所示。

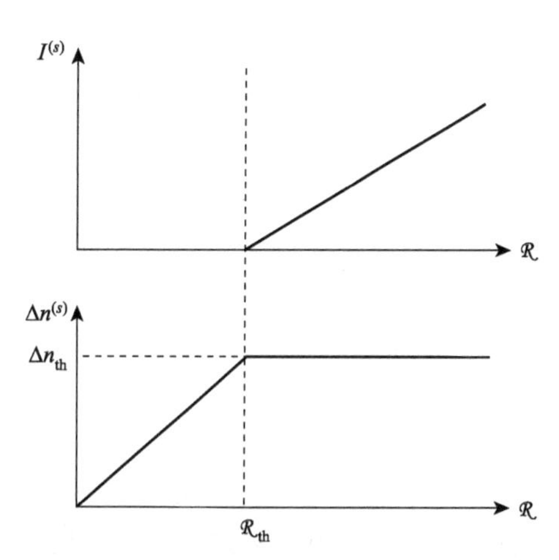

图 7.2　激光器中的光强和粒子束反转随激光器泵浦速率的变化

当$\mathcal{R}<\mathcal{R}_{\text{th}}$时，激光光强等于零，根据前面的讨论，激光增益小于损耗，在激光器中激光振荡不能建立，此时激光上能级的粒子数随泵浦速率线性增加。由于激光光强为零，激光上能级粒子将主要以自发辐射的形式跃迁到激光下能级。当$\mathcal{R}>\mathcal{R}_{\text{th}}$时，激光光强随泵浦速率线性增加，但这时，激光上能级粒子数保持为常数，因为每个粒子自发辐射的速率为常数，所以单位时间通过自发辐射跃迁到激光下能级粒子数不随泵浦速率的改变而改变，保持为常数，这种恒定的自发辐射的能量也要从泵浦能量中获得，因此泵浦速率中$\mathcal{R}_{\text{th}}$部分消耗于维持自发辐射，$\mathcal{R}-\mathcal{R}_{\text{th}}$的部分转化为激光能量，激光光强随$\mathcal{R}-\mathcal{R}_{\text{th}}$线性增加，但并不是大于泵浦阈值的全部功率都转化成激光功率，如何考虑激光器的工作效率，是接下来要讨论的问题。

在$\mathcal{R}>\mathcal{R}_{\text{th}}$的条件下，式(7.19)给出激光器腔内光强：

$$I^{(s)}=\frac{h\nu_1}{\sigma\tau_2\mathcal{R}_{\text{th}}}\left(\mathcal{R}-\mathcal{R}_{\text{th}}\right) \tag{7.21}$$

在激光器内光波场以驻波的形式存在，它由沿相反方向传播的行波激光场叠加而成，沿正负方向传播的行波场的光强$I_+=I_-=I^{(s)}/2$。为了使激光器中的光波能量以较高的效率输出，激光腔的两个反射镜之一具有较高的光强透射率T，如果激光束的面积为A，则激光器输出功率$\mathcal{P}_0$为

$$\mathcal{P}_0=\frac{1}{2}I^{(s)}TA \tag{7.22}$$

由于单位体积内粒子被激发的速率为$\mathcal{R}$，则激光器的泵浦输入功率为

$$\mathcal{P}_{\text{in}}=\mathcal{R}h\nu_{\text{p}}LA \tag{7.23}$$

式中，L为激光器长度；LA为激光模式体积。对应于临界泵浦速率$\mathcal{R}_{\text{th}}$的输入泵浦功率称为临界泵浦功率$\mathcal{P}_{\text{th}}$，即

$$\mathcal{P}_{th} = \mathcal{R}_{th} h\nu_p LA \tag{7.24}$$

将式(7.21)代入式(7.22)，利用式(7.23)，式(7.24)和式(7.20)可得

$$\begin{aligned}\mathcal{P}_0 &= \frac{1}{2}T\frac{h\nu_1}{\sigma\tau_2}\left(\mathcal{P}_{in}-\mathcal{P}_{th}\right)\frac{1}{\mathcal{R}_{th}}\frac{1}{h\nu_p LA}\cdot A \\ &= \frac{h\nu_1}{h\nu_p}\frac{c}{2L}\tau_R T\left(\mathcal{P}_{in}-\mathcal{P}_{th}\right)\end{aligned} \tag{7.25}$$

由于只有大于临界泵浦功率的输入功率对激光输出有贡献，引入斜率效率：

$$\eta_s = \frac{\mathcal{P}_0}{\mathcal{P}_{in}-\mathcal{P}_{th}} = \frac{h\nu_1}{h\nu_p}\frac{c}{2L}\tau_R T \tag{7.26}$$

它表示大于临界泵浦功率的输入功率之激光能量转化效率。

讨论与思考

1. 在激光器输出功率的斜率效率的表示式(7.26)中，第一个因子表示激光光子能量与泵浦光子能量之比，它表示一个泵浦光子转化成一个激光光子的能量转化效率，这个好理解；第二个因子可以变形成$T\left[\tau_R/(2L/c)\right]$，由于$\tau_R/(2L/c)=m_e$表示光波在谐振腔中有效往返次数，而$1/m_e$则表示光波每次往返的平均损耗，$T/(1/m_e)$能够理解为谐振腔输出损耗占总损耗的百分比，由于输出损耗是激光器的有用损耗，因此斜率效率表示式中后面部分表示输出损耗占总损耗百分比的物理含义也就显而易见了。

2. 读者也许会问：只有高于临界泵浦功率的泵浦功率$\mathcal{P}_{in}-\mathcal{P}_{th}$按照效率$\eta_s$转化为激光输出，那么$\mathcal{P}_{th}$的功率在哪里消耗了？实际上根据稳态解的表示式(7.19)，在稳态条件下激光器中需要维持一个稳定的粒子数反转，而这个粒子数反转必然伴随自发辐射。读者可以自行验证一下，维持自发辐射所需要的泵浦功率刚好等于$\mathcal{P}_{th}$，也就是说，临界泵浦功率用于维持不可避免的自发辐射。

在普通激光器中，激光器的两个反射镜之一具有较高的光强透射率，称为激光输出镜，如R_2，并且$R_2=1-T$，将其代入τ_R的表示式(7.14)中，τ_R可以改写成

$$\tau_R = \left(\frac{c}{2L}\right)^{-1}\left(\alpha 2L + \ln\frac{1}{R_1} + \ln\frac{1}{1-T}\right)^{-1}$$

对于$T \ll 1$，$\ln\frac{1}{1-T}=T$，代入上式可得

$$\tau_R = \frac{2L}{c}\frac{1}{\delta+T} \tag{7.27}$$

式中，$\delta=\alpha 2L+\ln R_1^{-1}$为激光在光腔中一个往返的非输出损耗。代入式(7.26)，将斜率效率的表示式写成

$$\eta_s = \frac{h\nu_1}{h\nu_p}\frac{T}{\delta+T} \tag{7.28}$$

式中，$h\nu_1/h\nu_p$ 表示泵浦光子转化成激光光子的量子效率，与原子能级结构有关，对于给定的增益介质，$h\nu_1/h\nu_p$ 是一定值，提高斜率效率的途径是提高透射输出占总损耗的比例(注：激光透射对激光谐振腔而言也是一种损耗)。但值得注意的是，增加透射率 T 的结果是减少光子寿命，增加阈值泵浦功率，因此减少激光器非输出损耗 δ 是激光器设计的努力方向。在此需要阈值泵浦功率和斜率效率两个参量较全面地描述一台激光器的能量转换特性，在给定泵浦功率条件下激光器的输出功率同时由这两个参量确定。在许多激光应用中，总希望设计输出镜的透射率 T 得到最大的激光功率输出，这样的透射率称为最佳透射率，为此写出输出功率 P_0 与透射率 T 的函数关系式。将式(7.20)和式(7.21)代入式(7.22)，并且利用式(7.27)可得

$$\mathcal{P}_0 = \frac{1}{2}AT\frac{h\nu_1}{\sigma\tau_2}\left(\frac{\mathcal{R}\tau_2\sigma\cdot 2L}{\delta+T}-1\right)$$

利用小信号增益系数表示式(6.13)和饱和光强表示式(6.11)，上式进一步简写成

$$\mathcal{P}_0 = \frac{1}{2}AI_sT\left(\frac{g_0\cdot 2L}{\delta+T}-1\right) \tag{7.29}$$

在最佳透射率 $T=T_{\text{opt}}$ 时，式(7.29)对透射率 T 求一阶导数等于零，即 $\left.\frac{\mathrm{d}\mathcal{P}_0}{\mathrm{d}T}\right|_{T=T_{\text{opt}}}=0$，将式 (7.29)代入可得

$$T_{\text{opt}} = \sqrt{g_0\cdot 2L\delta}-\delta \tag{7.30}$$

例 7.2　已知一台 Nd：YAG 激光器的 YAG 棒长度 $L=7.5\text{cm}$，激光器反射镜反射率 $R_1=0.995$，$R_2=0.850$，激光器用 $\lambda_p=500\text{nm}$ 的波长泵浦。Nd^{3+}的激光跃迁参数如下：激光波长 $\lambda=1064\text{nm}$，激光上能级原子寿命 $\tau_2=230\mu\text{s}$，受激辐射截面 $\sigma=2.8\times10^{-19}\text{cm}^2$，激光光束截面积 $A=0.2\text{cm}^2$，激光棒的激光吸收系数为 $\alpha=5\times10^{-3}\text{cm}^{-1}$，计算：

(1) 激光器运转的斜率效率；

(2) 临界泵浦功率；

(3) 如果激光器的泵浦功率等于(2)中临界泵浦功率的两倍，求最佳透射率。

解　(1) 激光输出镜的透射率：$T=1-R_2=0.15$，不包括激光输出镜透射的激光在谐振腔中往返损耗 δ：

$$\delta=\alpha 2L+\ln R_1^{-1}=0.08$$

将式(7.28)中的频率变换成波长，代入已知数据可得斜率效率：

$$\eta_s=\frac{\lambda_p}{\lambda}\frac{T}{\delta+T}=\frac{500}{1064}\frac{0.15}{0.08+0.15}=30.6\%$$

(2) 由式(7.4)，激光器的临界增益系数：

$$g_{\text{th}}=\alpha+\frac{1}{2L}\ln\left(\frac{1}{R_1R_2}\right)=0.0162\text{cm}^{-1}$$

由式(7.20)可得激光器的临界泵浦速率：

$$\mathcal{R}_{\text{th}} = \frac{1}{c\sigma\tau_{\text{R}}\tau_2} = \frac{g_{\text{th}}}{\sigma\tau_2} = 2.51\times10^{20}\,\text{cm}^{-3}\text{s}^{-1}$$

将已知数据代入式(7.24)可得

$$\mathcal{P}_{\text{th}} = \mathcal{R}_{\text{th}} h \frac{c}{\lambda_{\text{p}}} LA = 150\text{W}$$

(3)由于泵浦功率等于(2)中临界泵浦功率的两倍，因此激光器的小信号增益系数也等于上题中临界增益系数的两倍：

$$g_0 = 2g_{\text{th}} = 0.0324\text{cm}^{-1}$$

将已知数据代入式(7.30)可得

$$T_{\text{opt}} = \sqrt{g_0 \cdot 2L\delta} - \delta = \sqrt{0.324\times2\times7.5\times0.08} - 0.08 = 0.12$$

在以上例题中计算得到临界泵浦功率，注意其物理含义是激光器产生激光振荡增益介质需要吸收的最小功率，而不能理解为激光器所消耗的总功率。例如，用一个气体放电灯作为泵浦源，如果放电灯的电光转换效率为 0.2，泵浦光功率被增益介质所吸收的效率为 0.3，则实现激光振荡需要输入的最小电功率为

$$\mathcal{P}_{\text{electric}} = \mathcal{P}_{\text{th}}/0.06 = 2500\text{W}$$

所以激光器的总能量转换效率受到激光器中每一个能量转换环节效率的限制，减少能量转换环节是提高激光器总能量转换效率的重要途径，激光二极管将载流子直接注入激光上能级，因此半导体激光器是目前电光能量转换效率很高的激光器件，本书将在第 13 章中讨论半导体激光器。

习 题

7.1　已知一台激光器的谐振腔腔长 $L = 0.25\text{m}$，激光器两个反射镜的反射率分别为 0.997 和 0.980，激光器的其他损耗可以忽略，计算激光器的临界增益系数和光子寿命。

7.2　当 $R_1R_2 \sim 1$，$\alpha = 0$ 时，由式(7.14)推导光子寿命 τ_{R} 的近似表示式，用近似表示式重新计算第 7.1 题并与原计算结果比较。

7.3　如果增益介质的辐射线宽仅仅由激光上能级的能级寿命决定，并且辐射的量子效率为 η，在这种条件下简化临界粒子数反转的表示式。

7.4　已知一台钕离子激光器的相关参量如下：受激辐射截面 $\sigma = 1.8\times10^{-19}\,\text{cm}^2$，激光上能级寿命 $\tau = 480\mu\text{s}$，激光棒长度 $L = 7.5\text{cm}$，反射镜反射率分别为 1.00 和 0.95，激光束截面积 0.23cm^2，激光棒损耗系数 $\alpha = 8\times10^{-3}\,\text{cm}^{-1}$，假设泵浦光波长 $\lambda_{\text{p}} = 500\text{nm}$。

(1)计算实现激光振荡激光棒所需吸收的最低泵浦功率；

(2)如果泵浦灯的电光转换效率为 5%，计算实现激光振荡所需的最小电功率。

7.5　已知一个掺铒光纤放大器的长度为 $L = 1\text{m}$，掺杂离子浓度为 $n_0 = 1\times10^{19}\,\text{cm}^{-3}$，峰值受激辐射截面 $\sigma_{\text{peak}} = 0.6\times10^{-20}\,\text{cm}^{-2}$，光纤在强泵浦的作用下几乎所有的增益粒子都

跃迁到激光上能级。

(1)计算光纤的小信号激光增益系数和放大器增益(用分贝表示)；

(2)如果在光纤的两端用相同的反射镜将激光信号反射回光纤，计算获得激光振荡反射镜的最低反射率；

(3)通过计算说明如果光纤的端面没有反射镜，仅靠端面的菲涅耳反射能否形成激光振荡(取光纤的折射率 n=1.5)。

7.6　分别在稳态解(7.18)和稳态解(7.19)上施加微扰，代入激光器运动方程(7.15)中，忽略二阶小量，通过求解微扰随时间的变化说明在 $\mathcal{R}>\mathcal{R}_{\text{th}}$ 的条件下哪一组解是真实的物理解。

7.7　一台光泵浦激光器的泵浦光波长 $\lambda_{\text{p}}=810\text{nm}$，发射激光波长 $\lambda=1060\text{nm}$，激光输出镜的透射率 $T=2\%$，已知泵浦功率 2.5W 对应的激光输出功率 180mW，泵浦功率 3.5W 对应的激光输出功率 450mW。

(1)计算激光器的斜率效率；

(2)计算临界泵浦功率；

(3)如果使得激光器的泵浦功率为 3W，计算输出激光功率；

(4)已知激光器腔长 $L=6\text{cm}$，增益介质折射率 $n=1.5$，计算光子寿命。

7.8　已知一台激光器的腔内往返损耗 $\delta=1.5\%$，激光器输出镜的透射率 $T=1\%$，激光器的临界泵浦功率 $\mathcal{P}_{\text{th}}=70\text{mW}$。

(1)如果激光器的泵浦功率为 $\mathcal{P}_{\text{p}}=200\text{mW}$，计算激光器输出镜的最佳透射率；

(2)如果采用(1)中计算的透射率，激光器的临界泵浦功率为多大。

7.9　已知一台单模 He-Ne 激光器的发光波长 $\lambda=632.8\text{nm}$，腔长 $L=25\text{mm}$，两个反射镜的反射率分别为 $R_1=100\%$ 和 $R_2=98\%$，稳态功率输出是 2mW，输出光束直径 0.5mm，假设在某一时刻激光器增益突然从 0 增加到临界增益的 1.2 倍，试粗略估算从激光模式内由一个光子增加至稳态功率输出需要多长时间。

微课

第 8 章　气体激光器

在前面章节关于激光器理论的讨论中，没有讨论不同原子跃迁发光的差异。因此其中隐含了一个假设，即所有原子都是相同的。每个原子辐射一定频率宽度的谱线，由于所有原子都具有相同的辐射中心频率和线宽，所以所有原子集合的辐射频谱分布线型与单个原子辐射线型相同，这种辐射线型称为均匀加宽线型，其线型函数为洛伦兹函数，相应的谱线线宽称为均匀线宽。实际的激光器中，由于原子所处的状态不同，不同原子具有不同的发光特征。例如，在玻璃中掺杂的钕离子，每个钕离子周围的 SiO_2 分子的位置和取向都是完全随机的，因此每个钕离子受周围原子的作用也不相同，这就导致不同的钕离子具有不同的中心频率，所有离子集合的辐射线型与单个离子的辐射线型也不同。在本章中以气体介质激光器为例讨论非均匀加宽激光增益介质。

8.1　运动原子的多普勒效应

运动原子的多普勒效应如图 8.1 所示。

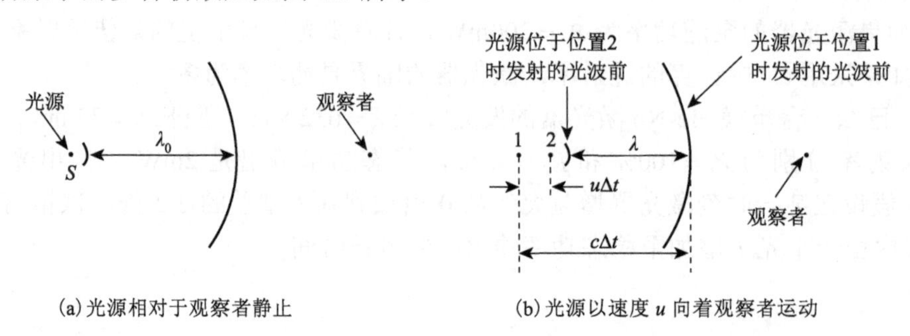

图 8.1　运动原子的多普勒效应

假设原子沿着 z 轴正方向运动速度为 u_z，在原子坐标系中原子发光频率为 ν_0，发光波长 $\lambda_0 = c/\nu_0$，原子在实验室坐标系中某一时刻 t_1 发射一个光波幅面，在 t_2 发射了第二个光波幅面，由于光波的运动速度为 c，在实验室坐标系中进行测量，第一个波幅面在 t_2 时刻传播了距离 $c(t_2-t_1)$，原子运动了距离 $u_z(t_2-t_1)$，则两波幅面的距离即是在实验室坐标系中测量的光波波长：

$$\begin{aligned}\lambda &= c(t_2-t_1)-u_z(t_2-t_1)\\ &=(c-u_z)\Delta t\end{aligned} \tag{8.1}$$

式中，$\Delta t = t_2 - t_1$ 是在实验室坐标系中原子发射相邻两个波幅面的时间间隔。在原子坐标系中，这两个事件的时间间隔 $\Delta t_0 = \dfrac{1}{\nu_0} = \dfrac{\lambda_0}{c}$，根据相对论时间膨胀原理：

$$\Delta t = \frac{\lambda_0}{c}\frac{1}{\sqrt{1-\left(u_z/c\right)^2}} \tag{8.2}$$

代入式(8.1)可得

$$\lambda = \sqrt{\frac{c-u_z}{c+u_z}}\lambda_0 \tag{8.3}$$

由于频率与波长成反比关系，在实验室坐标系观测到的原子发光频率为

$$\nu_0' = \sqrt{\frac{c+u_z}{c-u_z}}\nu_0 \tag{8.4}$$

式(8.4)说明如果一个原子静止时的发光中心频率是ν_0，那么当该原子以速度u_z沿着z轴运动时，在实验室坐标系中观测它的发射频率变为ν_0'，ν_0和ν_0'满足式(8.4)的关系。

如果有一束频率等于ν_1的光沿z轴的正向传播，在沿z轴运动速度为u_z的原子坐标系上来看，相当于发光体在以$-u_z$的速度运动，因此在原子上测量光波的频率为ν，即

$$\nu = \sqrt{\frac{c-u_z}{c+u_z}}\nu_1 \tag{8.5}$$

讨论与思考

根据式(8.5)，如果实验室测量的光波频率满足式(8.4)，代入式(8.5)可得在原子坐标系上测量得到的光波频率$\nu=\nu_0$，这种结果是必然的。因为粒子辐射频率为ν_0的光波，实验室中测量其频率为ν_0'，反过来再次在原子坐标系上测量光波的频率，必然等于ν_0。这也说明实验室测量运动粒子辐射光波频率为ν_0'，同时运动粒子不能与实验室中频率为ν_0的光波发生共振相互作用，而是与实验室频率为ν_0'的光波发生相互作用。因此我们也可以将此现象理解成运动粒子的中心频率发生了变化，由原来的中心频率ν_0变成了ν_0'。由于不同粒子具有不同的运动速度，因此在实验室中观测发现不同粒子具有不同的辐射中心频率，不同于在此之前讨论的情况，那时所有粒子具有相同的辐射中心频率，辐射的光波具有频率宽度是因为每个粒子辐射都具有一定的并且相同的频率宽度，这种频率加宽称为均匀加宽；相反，现在每个粒子辐射具有不同的中心频率，即使每个粒子辐射都是单色波，而全部粒子辐射光波也具有一定的频率宽度，这种频率加宽来源于不同粒子具有不同的辐射频率，称为非均匀加宽。

在$u_z \ll c$的条件下，式(8.4)近似为

$$\nu_0' = \frac{1+\left(u_z/c\right)}{\sqrt{1-\left(u_z/c\right)^2}}\nu_0 = \nu_0\left(1+\frac{u_z}{c}\right) \tag{8.6}$$

或者将上式写成

$$\nu_0' = \nu_0 + \nu_0\frac{u_z}{c} = \nu_0 + \nu_{\mathrm{D}} \tag{8.7}$$

式中

$$\nu_D = \nu_0' - \nu_0 = \nu_0 u_z / c \tag{8.8}$$

表示运动原子辐射光的频率相对于静止原子辐射光频率的偏移量，称为辐射多普勒频移，简称多普勒频移。如果我们讨论沿着 z 轴负方向传播的光波，则以上各式中的 c 取负值，公式形式不变。因此在本章中我们始终约定速度沿 z 轴的正方向为正，以下不再重复。

同理在 $u_z \ll c$ 的条件下，式(8.5)近似为：

$$\nu = \frac{1-(u_z/c)}{\sqrt{1+(u_z/c)^2}}\nu_1 = \nu_1\left(1-\frac{u_z}{c}\right) \tag{8.9}$$

或者将上式写成

$$\nu = \nu_1 - \nu_1\frac{u_z}{c} = \nu_1 - \nu_D' \tag{8.10}$$

式中

$$\nu_D' = \nu_1 - \nu = \nu_1 u_z / c \tag{8.11}$$

表示运动原子接收光的频率相对于静止原子接收光频率的偏移量，称为接收多普勒频移，也简称多普勒频移。

讨论与思考

根据式(8.10)，如果实验室光波频率满足式(8.7)，代入式(8.10)可得在原子坐标系上测量得到的光波频率 $\nu \neq \nu_0$，也就是说在粒子的运动坐标系上测量其自身的辐射光波频率发生了矛盾，这种矛盾来源于我们在式(8.10)和式(8.7)中使用了一阶近似，而实际上这种矛盾是不存在的。

8.2 气体原子激光器振荡的定性讨论

在气体增益介质中由于气体原子的无规则热运动，不同的原子具有不同的运动速度，原子数按照速度的分布服从麦克斯韦-玻尔兹曼速度分布律，原子出现在某个运动速度的概率分布为

$$g(u_z) = \sqrt{\frac{m}{2\pi k_B T}}e^{-\frac{mu_z^2}{2k_B T}} \tag{8.12}$$

式中，m 表示原子质量；T 表示气体绝对温度；k_B 表示玻尔兹曼常数。该概率分布在 $u_z = 0$ 时取最大值，随着 $|u_z|$ 值的增大，原子出现在该速度的概率越来越小。气体增益介质的粒子数反转随着速度的分布遵从同样的变化规律，将粒子数反转随着 z 方向运动速度的分布作图如图 8.2 所示。

如果一束激光通过该气体增益介质，如图 8.3 所示，根据式(8.10)，不同的气体原子观测到的激光频率是不同的，只有当原子观测到的激光频率等于原子跃迁的中心频率

时，激光上能级的原子才能与光波场发生共振相互作用产生受激辐射跃迁到下能级（或者激光下能级的原子通过受激吸收跃迁到激光上能级）。

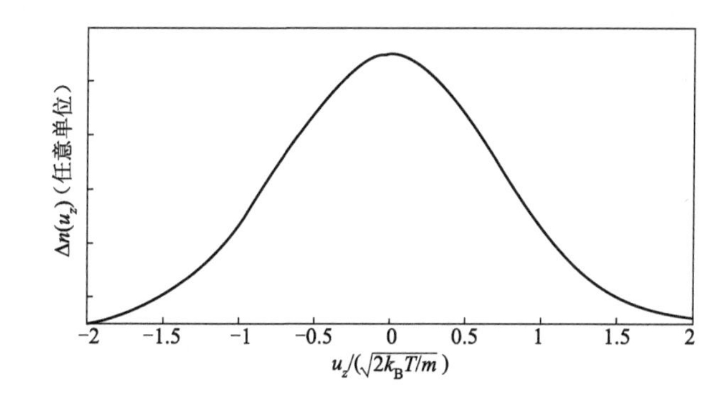

图 8.2 气体增益介质中粒子数反转按照热运动速度 u_z 的分布

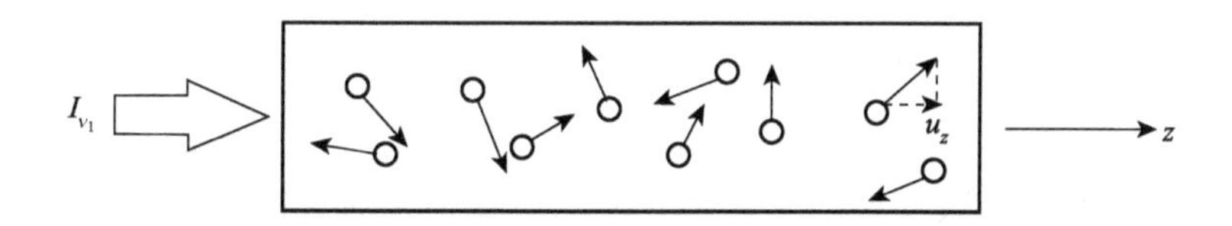

图 8.3 激光通过增益介质时与不同运动速度的原子发生相互作用

因此在激光的作用下，图 8.2 所表示的粒子数反转将发生非均匀下降，某一种速度的原子，它们感受到的光波频率等于原子的中心频率，这部分粒子数反转与激光场发生共振相互作用产生受激辐射，粒子数反转下降，其他速度的原子观测到的激光频率不等于原子中心频率，它们不能和激光发生共振相互作用，其粒子数反转受影响较小或者不受影响，如图 8.4 所示。

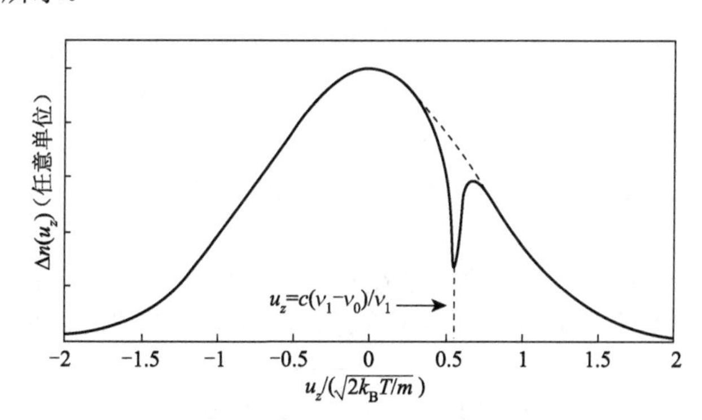

图 8.4 在激光场受激辐射的作用下不同速度粒子数变化情况

从图 8.4 可以看到，当原子的运动速度满足 $u_z = c(\nu_1 - \nu_0)/\nu_1$ 时，粒子数反转出现明显下降，在粒子数反转的速度分布图上显示一个凹陷，称为粒子数反转的速度烧孔（由于原子运动速度与多普勒频率移动相联系，因此在以后各节中又称为频率烧孔）。烧孔位置粒子数反转减少是因为在受激辐射过程中该部分粒子数反转为激光的放大提供了增益，因此烧孔面积越大，为激光放大提供增益的粒子数反转就越多，激光束获得的增益就越大。

对于气体增益介质激光器，在激光器中同时存在沿着 $\pm z$ 方向传播的激光场，当 $u_z = c(\nu_1 - \nu_0)/\nu_1$ 的原子与正方向传播的激光发生共振相互作用时，$u_z = -c(\nu_1 - \nu_0)/\nu_1$ 必然与负方向传播的激光发生共振相互作用，所以在气体激光器中粒子数反转烧孔总是对称地出现在粒子数反转速度分布曲线的两边，如图 8.5 所示。

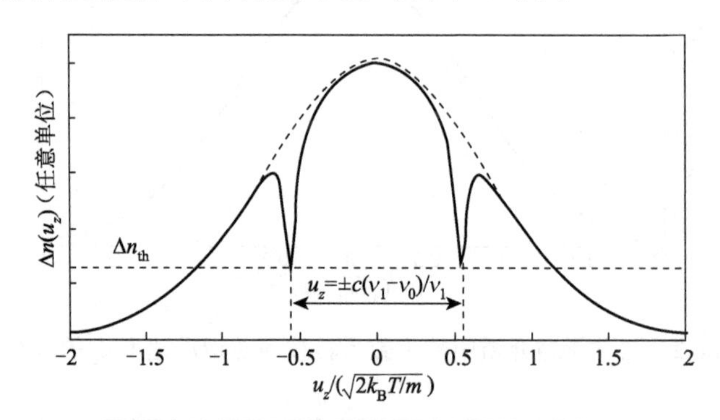

图 8.5　在气体增益介质激光器中粒子数反转烧孔对称地出现在分布曲线的两边

在激光器中粒子数反转总是下降到临界粒子数反转实现激光器的稳态振荡，由于对于给定的激光器临界粒子数反转为一常值，因此当激光频率 ν_1 向着原子的中心频率 ν_0 移动时，烧孔深度变大，烧孔面积变大，有更多的粒子数反转，为激光振荡提供增益，激光光强变大；当激光频率 ν_1 接近或者等于原子的中心频率 ν_0 时，两个烧孔开始部分重叠或者完全重叠，烧孔深度增加面积反而变小，为激光振荡提供增益的粒子数反转变小，激光光强变小，这种在 $\nu_1 = \nu_0$ 附近激光输出光强的凹陷称为兰姆凹陷，气体激光器的输出光强随着激光频率变化将在 8.5 节中详细讨论。

通过如上分析知道，在气体激光器中 $\nu_1 \neq \nu_0$ 的条件下，不同方向传播的激光由不同的增益原子提供增益，因此在环形激光器中两个方向传播的激光可以实现无竞争振荡，使得气体增益介质环形激光器有可能同时稳定地输出两个方向的激光，这对于环形激光器中稳定存在两个方向传播的激光振荡是非常重要的(习题 8.4、习题 8.5)。

8.3　气体原子辐射的频率分布

按照统计物理的讨论结果，气体原子在热平衡条件下原子数目按速度的分布服从麦克斯韦-玻尔兹曼速度分布律(8.12)，原子在速度 u_z 附近，间隔 $\mathrm{d}u_z$ 内出现的概率为

$$g(u_z)\mathrm{d}u_z = \sqrt{\frac{m}{2\pi k_B T}}\mathrm{e}^{-\frac{mu_z^2}{2k_B T}}\mathrm{d}u_z \tag{8.13}$$

速度 u_z 附近，间隔 $\mathrm{d}u_z$ 内原子数目为

$$\mathrm{d}n = n_0 g(u_z)\mathrm{d}u_z \tag{8.14}$$

式中，n_0 表示气体原子密度。将式(8.13)代入式(8.14)，并且利用式(8.7)可得

$$\mathrm{d}n = n_0\frac{c}{\nu_0}\sqrt{\frac{m}{2\pi k_B T}}\mathrm{e}^{-\frac{m}{2k_B T}\left(\frac{c}{\nu_0}\right)^2\nu_D^2}\mathrm{d}\nu_D \tag{8.15}$$

式(8.15)表示原子按照辐射多普勒频移 ν_{D} 的分布，将此分布的线型函数记为 $g_{\mathrm{D}}(\nu_{\mathrm{D}})$，由于这种辐射频率的变化源于原子运动的多普勒效应，因此该线型函数又称为多普勒线型函数。式(8.15)用多普勒线型函数表示成

$$\mathrm{d}n = n_0 g_{\mathrm{D}}(\nu_{\mathrm{D}})\mathrm{d}\nu_{\mathrm{D}} \tag{8.16}$$

式中

$$g_{\mathrm{D}}(\nu_{\mathrm{D}}) = \frac{c}{\nu_0}\sqrt{\frac{m}{2\pi k_{\mathrm{B}}T}}\mathrm{e}^{-\frac{m}{2k_{\mathrm{B}}T}\left(\frac{c}{\nu_0}\right)^2\nu_{\mathrm{D}}^2} \tag{8.17}$$

该函数在 $\nu_{\mathrm{D}} = 0$ 时取极大值。在

$$\nu_{\mathrm{D}} = \pm\nu_0\sqrt{\frac{2k_{\mathrm{B}}T}{mc^2}\ln 2}$$

时下降到最大值的一半，定义气体激光增益介质的多普勒线宽：

$$\Delta\nu_{\mathrm{D}} = 2\nu_0\sqrt{\frac{2k_{\mathrm{B}}T}{mc^2}\ln 2} \tag{8.18}$$

则多普勒线型用 $\Delta\nu_{\mathrm{D}}$ 表示为

$$g_{\mathrm{D}}(\nu_{\mathrm{D}}) = \frac{2}{\Delta\nu_{\mathrm{D}}}\sqrt{\frac{\ln 2}{\pi}}\mathrm{e}^{-4\ln 2\frac{\nu_{\mathrm{D}}^2}{\Delta\nu_{\mathrm{D}}^2}} \tag{8.19}$$

线型函数(8.19)满足归一化条件：

$$\int_{-\infty}^{\infty} g_{\mathrm{D}}(\nu_{\mathrm{D}})\mathrm{d}\nu_{\mathrm{D}} = 1 \tag{8.20}$$

根据式(8.7)，$\nu_{\mathrm{D}} = \nu_0' - \nu_0$，所以许多文献上又将上式写成如下形式：

$$g_{\mathrm{D}}(\nu_0', \nu_0) = \frac{2}{\Delta\nu_{\mathrm{D}}}\sqrt{\frac{\ln 2}{\pi}}\mathrm{e}^{-4\ln 2\frac{(\nu_0'-\nu_0)^2}{\Delta\nu_{\mathrm{D}}^2}} \tag{8.21}$$

在气体增益介质中，假设每个原子在相对于自己静止的坐标系中辐射频率都是 ν_0，由于不同速度的原子辐射的多普勒频移不同，整个原子集团的辐射也不再是单一频率。对于气体原子而言，这时候原子集团的辐射频谱分布可以用式(8.19)所表示的线型描述，其中 ν_{D} 表示观测频率相对于静止原子辐射中心频率 ν_0 的偏移量。这种由于不同原子具有不同的运动速度而导致总体辐射的频率展宽称为多普勒加宽，它属于非均匀加宽。不同于均匀加宽辐射频谱分布的洛伦兹线型，多普勒加宽频谱分布为高斯线型。

考虑到每个原子同时又具有有限的能级寿命，因此原子能级具有有限的宽度，实际上每个原子的辐射不是单一频率，而是具有一定的频率宽度，在实验室坐标系中每个原子辐射频谱在中心频率 $\nu_0 + \nu_{\mathrm{D}}$ 附近宽度 $\Delta\nu_{\mathrm{H}}$ 的范围内，频谱分布符合洛伦兹分布线型，属于均匀加宽。因此气体原子集团的辐射频谱分布既受非均匀加宽因素的影响，又受均

匀加宽的影响。

如果考查某速度为u_z的所有原子，由于这些原子的速度相同，由式(8.6)可知，在实验室坐标系观测这些原子辐射的中心频率$\nu_0+\nu_D$也相同。设气体上能级总粒子数密度为n_2，则中心频率$\nu_0+\nu_D$附近$d\nu_D$间隔内的上能级粒子数密度为

$$dn_2(\nu_D)=n_2 g_D(\nu_D)d\nu_D \tag{8.22}$$

这些原子具有相同的辐射中心频率$\nu_0+\nu_D$，因此在实验室坐标系中观测其辐射线型为以$\nu_0+\nu_D$为辐射中心频率的均匀加宽洛伦兹线型，它们对频率为ν的自发辐射功率贡献为

$$d\mathcal{P}(\nu)=h\nu\cdot A_{21}g_H(\nu,\nu_0+\nu_D)\cdot n_2 g_D(\nu_D)d\nu_D \tag{8.23}$$

上式等号右边的三个部分用点号隔开，最后一部分表示辐射中心频率为$\nu_0+\nu_D$，$d\nu_D$范围内的上能级原子数目，中间部分表示每个辐射中心频率为$\nu_0+\nu_D$的上能级原子单位时间内发射一个频率为ν的光子的概率，最左边部分表示每个光子的能量。注意到介质辐射频率宽度范围$\Delta\nu\ll\nu_0$，因此近似认为光子能量$h\nu\approx h\nu_0$，代入式(8.23)并对各种不同速度的原子积分，可得原子集团总辐射功率的频谱分布：

$$\mathcal{P}(\nu)=h\nu_0 n_2 A_{21}\int_{-\infty}^{\infty}g_H(\nu,\nu_0+\nu_D)g_D(\nu_D)d\nu_D \tag{8.24}$$

对于给定的$\Delta\nu_H$和$\Delta\nu_D$，式(8.24)可以作数值积分，将几种情况的积分结果示于图 8.6中。其中，实线对应于$\Delta\nu_D=30\Delta\nu_H$；虚线对应$\Delta\nu_D=20\Delta\nu_H$；点线对应于$\Delta\nu_D=10\Delta\nu_H$。

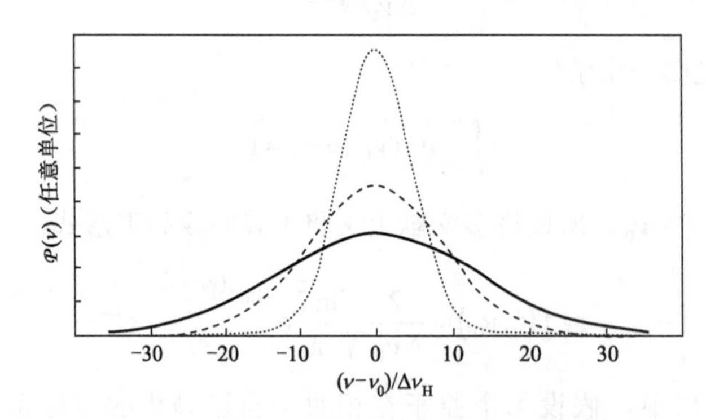

图 8.6 不同条件下原子辐射按频率分布的线型

式(8.24)中的积分在以下两种极限情况下可得到简化。

(1) $\Delta\nu_D\ll\Delta\nu_H$，在这种情况下，$g_D(\nu_D)$只在$\nu_D=0$附近很小的范围内明显不为零，对于任意给定的光波频率ν，$g_H(\nu,\nu_0+\nu_D)$只在$\nu_D=0$附近很小的范围内对积分有贡献，如图 8.7(a)所示。在此范围内$g_H(\nu,\nu_0+\nu_D)\approx g_H(\nu,\nu_0)$，因此利用归一化条件式(8.20)，积分式(8.24)近似写成

$$\begin{aligned}\mathcal{P}(\nu)&=h\nu_0 n_2 A_{21}g_H(\nu,\nu_0)\int_{-\infty}^{\infty}g_D(\nu_D)d\nu_D\\&=h\nu_0 n_2 A_{21}g_H(\nu,\nu_0)\end{aligned} \tag{8.25}$$

此时系统的辐射频率谱分布线型为均匀加宽线型。

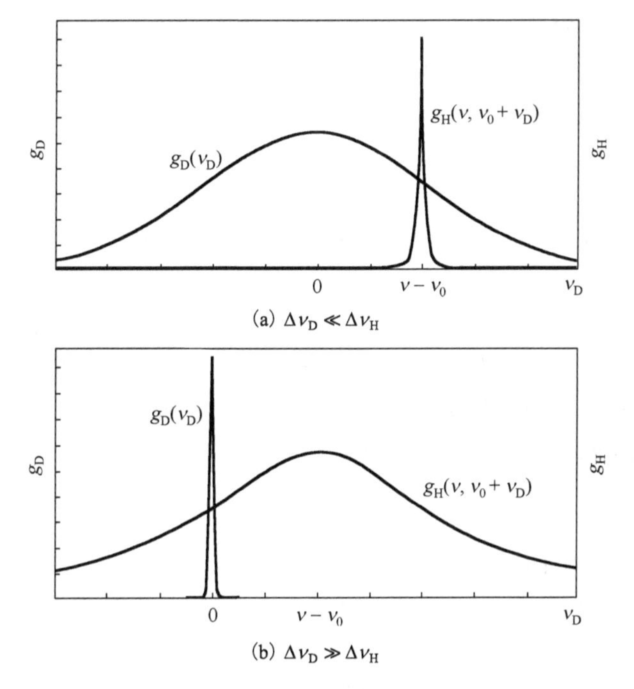

图 8.7　两种极限情况的线型曲线对比图

(2) $\Delta\nu_D \gg \Delta\nu_H$，与第一种情况同样的讨论方法可知，在 $g_H(\nu,\nu_0+\nu_D)$ 明显不为零的范围内，$g_D(\nu_D)$ 可视为常数，如图 8.7(b)所示。这种情形下式(8.24)近似表示成

$$\begin{aligned}\mathcal{P}(\nu) &= h\nu_0 n_2 A_{21} g_D(\nu-\nu_0)\int_{-\infty}^{\infty} g_H(\nu,\nu_0+\nu_D)\,\mathrm{d}\nu_D \\ &= h\nu_0 n_2 A_{21} g_D(\nu-\nu_0)\end{aligned} \tag{8.26}$$

系统的辐射频率谱分布为多普勒线型。

下面给出两种典型的气体激光器谱线宽度的数据。

(1) He-Ne 激光器。He-Ne 激光器最常用的波长是 $\lambda = 632.8\text{nm}$ 的红光谱线，它由氖原子 $3s_2 \to 2p_4$ 的能级跃迁产生，孤立原子的能级频率宽度为 $\Delta\nu_N \approx 10^7\,\text{Hz}$。

气体原子碰撞作用，使得原子能级寿命缩短，因而能级宽度增加，试验显示气体介质的碰撞加宽与气体压强成正比 $\Delta\nu_C \approx \alpha p$。其中，$p$ 为压强；α 为比例系数。对于 He-Ne 激光器，实验测得 $\alpha = 7.5\times10^5\,\text{Hz/Pa}$，激光器的充气压一般为 $p = (100\sim300)\text{Pa}$ 左右，因此 $\Delta\nu_C \approx (70\sim220)\text{MHz}$。

将氖原子质量 $m = 3.32\times10^{-26}\text{kg}$ 代入到式(8.18)中，用 $T = 500\text{K}$ 估算 He-Ne 激光器的多普勒线宽 $\Delta\nu_D \approx 1700\text{MHz}$，可见在 He-Ne 激光器中可以认为原子辐射以多普勒加宽为主。

(2) 二氧化碳激光器。二氧化碳激光器的发光谱线以(001)激光上能级到(100)激光下能级跃迁为主(其符号含义将在第 12 章中介绍)，谱线中心波长为 $\lambda = 10.6\mu\text{m}$，孤立原子的辐射线宽 $\Delta\nu_N \approx (1\sim10)\text{kHz}$。实验测得二氧化碳分子辐射碰撞加宽与气体压强的关系 $\Delta\nu_C \approx \alpha p$，其中，$\alpha = 49\text{kHz/Pa}$。对于 $p = 1400\text{Pa}$，$\Delta\nu_C \approx 69\text{MHz}$。对于多普勒加宽，

将 CO_2 分子质量 $m = 7.31\times10^{-26}\text{kg}$，$T = 500\text{K}$，代入式(8.18)计算可得 $\Delta\nu_D \approx 68\text{MHz}$。对于如上工作条件的二氧化碳激光器，碰撞加宽和多普勒加宽基本相当，两种性质不同的加宽中没有一种加宽占据绝对优势，称介质为综合加宽。但随着气压的增加，$\Delta\nu_C$ 增加，当 $\Delta\nu_C \gg \Delta\nu_D$ 时，增益介质变为均匀加宽介质。

8.4　非均匀加宽增益介质的增益系数

在第 5 章和第 6 章中讨论了均匀加宽介质的增益特性，本节将讨论非均匀加宽介质的增益系数。如果增益介质辐射的非均匀加宽线宽远大于均匀加宽线宽，即 $\Delta\nu_D \gg \Delta\nu_H$ 的情况，这时称增益介质为非均匀加宽介质。在气体介质中，没有激光场作用的情况下多普勒频移 $\nu_D \sim \nu_D + \mathrm{d}\nu_D$ 范围内粒子数反转为

$$\mathrm{d}\left[\Delta n^{(0)}(\nu_D)\right] = \Delta n_0 g_D(\nu_D)\mathrm{d}\nu_D \tag{8.27}$$

式中，Δn_0 为没有激光场作用情况下的总粒子数反转。实验室测量 $\mathrm{d}\left[\Delta n^{(0)}(\nu_D)\right]$ 这一部分粒子辐射光波的频率相同，单独考虑这一部分的粒子，它属于均匀加宽介质，和以前一样，以四能级系统为例进行讨论。

如图 8.3 所示有一束激光通过气体增益介质，激光的频率为 ν_1、光强为 I_{ν_1}，多普勒频移为 ν_D 的这部分粒子观测到的激光频率为 $\nu_1 - \nu_D$，在激光场作用下，由式(6.9)可知，这部分粒子的粒子数反转变为

$$\mathrm{d}\left[\Delta n(\nu_D)\right] = \frac{\Delta n_0 g_D(\nu_D)\mathrm{d}\nu_D}{1 + I_{\nu_1}\dfrac{\tau_2\sigma(\nu_1 - \nu_D, \nu_0)}{h\nu_0}} \tag{8.28}$$

式中，$\sigma(\nu_1 - \nu_D, \nu_0)$ 表示增益截面是激光频率的函数，由式(5.59)可知：

$$\sigma(\nu_1 - \nu_D, \nu_0) = \sigma_{\text{peak}}\frac{(\Delta\nu_H/2)^2}{(\nu_1 - \nu_D - \nu_0)^2 + (\Delta\nu_H/2)^2} \tag{8.29}$$

式中，σ_{peak} 表示原子的峰值受激辐射截面。$\mathrm{d}\left[\Delta n(\nu_D)\right]$ 的粒子数反转对频率为 ν_1 激光的增益系数贡献为

$$\begin{aligned}
\mathrm{d}g(\nu_1, \nu_D) &= \sigma(\nu_1 - \nu_D, \nu_0)\mathrm{d}\left[\Delta n(\nu_D)\right] \\
&= \sigma(\nu_1 - \nu_D, \nu_0)\frac{\Delta n_0 g_D(\nu_D)\mathrm{d}\nu_D}{1 + I_{\nu_1}\dfrac{\tau_2\sigma_{\text{peak}}}{h\nu_0}\dfrac{(\Delta\nu_H/2)^2}{(\nu_1 - \nu_D - \nu_0)^2 + (\Delta\nu_H/2)^2}} \\
&= \frac{\sigma_{\text{peak}}\Delta n_0 g_D(\nu_D)(\Delta\nu_H/2)^2\mathrm{d}\nu_D}{(\nu_1 - \nu_D - \nu_0)^2 + (\Delta\nu_H/2)^2\left[1 + I_{\nu_1}(\tau_2\sigma_{\text{peak}}/h\nu_0)\right]}
\end{aligned}$$

上式表示多普勒频移为 ν_D 的这一部分原子对激光增益的贡献，激光在介质中传输得到的总增益应该是上式对所有多普勒频移 ν_D 的积分：

$$g(\nu_1)=\int_{-\infty}^{\infty}\frac{\sigma_{\text{peak}}\Delta n_0 g_{\text{D}}(\nu_{\text{D}})(\Delta\nu_{\text{H}}/2)^2}{(\nu_1-\nu_{\text{D}}-\nu_0)^2+(\Delta\nu_{\text{H}}/2)^2\left[1+I_{\nu_1}(\tau_2\sigma_{\text{peak}}/h\nu_0)\right]}\text{d}\nu_{\text{D}} \tag{8.30}$$

根据假设条件，$\Delta\nu_{\text{D}}\gg\Delta\nu_{\text{H}}$，在分母的有效宽度$\Delta\nu_{\text{H}}$范围内$g_{\text{D}}(\nu_{\text{D}})$保持为常数，可提到积分号外，式(8.30)变为

$$g(\nu_1)=\sigma_{\text{peak}}\Delta n_0 g_{\text{D}}(\nu_1-\nu_0)\left(\frac{\Delta\nu_{\text{H}}}{2}\right)^2\int_{-\infty}^{\infty}\frac{1}{(\nu_1-\nu_{\text{D}}-\nu_0)^2+(\Delta\nu_{\text{H}}/2)^2\left[1+I_{\nu_1}(\tau_2\sigma_{\text{peak}}/h\nu_0)\right]}\text{d}\nu_{\text{D}}$$

定义非均匀加宽工作物质的饱和光强：

$$I_{s_0}=\frac{h\nu_0}{\tau_2\sigma_{\text{peak}}} \tag{8.31}$$

利用数学积分公式$\int_{-\infty}^{\infty}(a^2+x^2)^{-1}\text{d}x=\pi a^{-1}$对上式作积分可得

$$g(\nu_1)=g_0(\nu_1)\frac{1}{\sqrt{1+(I_{\nu_1}/I_{s_0})}} \tag{8.32}$$

式中

$$g_0(\nu_1)=\sigma_{\text{peak}}\Delta n_0 g_{\text{D}}(\nu_1-\nu_0)\frac{\Delta\nu_{\text{H}}}{2}\pi \tag{8.33}$$

表示频率为ν_1激光的小信号增益系数。对非均匀加宽增益介质，激光增益系数随激光光强的增加而减小，这是非均匀加宽增益介质的饱和效应，与均匀加宽介质的饱和效应不同，增益饱和与$\sqrt{1+\dfrac{I_{\nu_1}}{I_{s_0}}}$成反比，均匀加宽介质的增益饱和效应与$1+\dfrac{I(\nu_1)}{I_s}$成反比。同时读者还应该注意到均匀加宽和非均匀加宽饱和光强的表示式也不同，非均匀加宽饱和光强表示式(8.31)中σ_{peak}表示激光频率等于原子中心频率时原子的受激辐射截面，与频率无关。均匀加宽饱和光强表示式(6.11)中的受激辐射截面$\sigma(\nu_1,\nu_0)$是激光频率的函数，不同的激光频率其饱和光强是不一样的，这是不同增益介质饱和效应又一个最重要的差异。为了更好地理解这种差异，接下来讨论在激光场作用下多普勒加宽介质粒子数反转的变化。

定义ν_{D}附近粒子数反转的谱密度：

$$\psi(\nu_{\text{D}})=\frac{\text{d}\left[\Delta n(\nu_{\text{D}})\right]}{\text{d}\nu_{\text{D}}} \tag{8.34}$$

式中，ψ表示多普勒频移ν_{D}附近单位频率间隔内的粒子数反转。在频率为ν_1，光强为$I_{\nu 1}$的激光场作用下，根据式(8.28)，并且利用式(8.29)以及饱和光强的定义式(8.31)，可以得到多普勒频移为ν_{D}附近原子的粒子数反转谱密度的表示式：

$$\psi(\nu_{\text{D}})=\frac{(\nu_1-\nu_{\text{D}}-\nu_0)^2+(\Delta\nu_{\text{H}}/2)^2}{(\nu_1-\nu_{\text{D}}-\nu_0)^2+(\Delta\nu_{\text{H}}/2)^2\left[1+(I_{\nu_1}/I_{s_0})\right]}\psi_0(\nu_{\text{D}}) \tag{8.35}$$

式中

$$\psi_0(\nu_D) = \Delta n_0 \left[\frac{2}{\Delta\nu_D} \sqrt{\frac{\ln 2}{\pi}} e^{-4\ln 2 \frac{\nu_D^2}{\Delta\nu_D^2}} \right] \tag{8.36}$$

表示小信号$I_{\nu 1} \ll I_{s0}$时的粒子数反转谱密度。当小信号条件不成立时，不同中心频率的粒子数反转谱密度下降的程度是不同的，图 8.8 表示出了不同运动速度的粒子数反转在激光作用下的变化情况。图中虚线表示小信号粒子数反转谱密度ψ_0，实线表示在激光场作用下由式(8.35)表示的粒子数反转谱密度分布。粒子数反转只在$\nu_0+\nu_D=\nu_1$附近有明显下降，称为粒子数反转的频率烧孔，或者简称为烧孔。当$\nu_0+\nu_D=\nu_1$时，ψ下降最大，并且下降的深度为

$$\psi_0(\nu_D) - \psi(\nu_D) = \frac{I_{\nu_1}/I_{s_0}}{1+\left(I_{\nu_1}/I_{s_0}\right)} \psi_0(\nu_D) \tag{8.37}$$

称为烧孔深度。

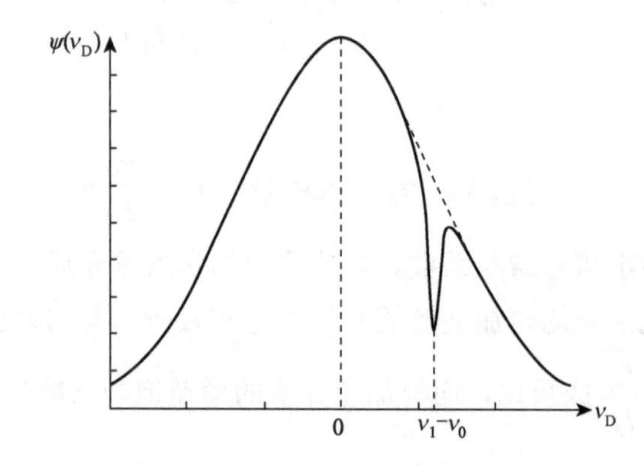

图 8.8　在频率等于ν_1的激光场作用下粒子数反转的谱密度随着粒子的多普勒频移ν_D的变化

$\Delta\nu_D = 30\Delta\nu_H$，$\nu_1-\nu_0 = 12\Delta\nu_H$，$I_{\nu_1} = 2I_{s0}$

当$|\nu_1+\nu_D-\nu_0| = \sqrt{1+\left(I_{\nu_1}/I_{s_0}\right)}(\Delta\nu_H/2)$，即$\nu_{D\pm} = \nu_1-\nu_0 \pm \sqrt{1+\left(I_{\nu_1}/I_{s_0}\right)}(\Delta\nu_H/2)$时，$\psi$下降的深度为

$$\psi_0(\nu_{D\pm}) - \psi(\nu_{D\pm}) = \frac{1}{2} \cdot \frac{I_{\nu_1}/I_{s_0}}{1+\left(I_{\nu_1}/I_{s_0}\right)} \psi_0(\nu_{D\pm})$$

因此当$\nu_D=\nu_{D\pm}$时粒子数反转的下降深度为$\nu_D=\nu_1-\nu_0$时的最大下降深度的一半(图 8.9)。定义粒子数反转的烧孔宽度为

$$\Delta\nu_D = \sqrt{1+\left(I_{\nu_1}/I_{s_0}\right)}\Delta\nu_H \tag{8.38}$$

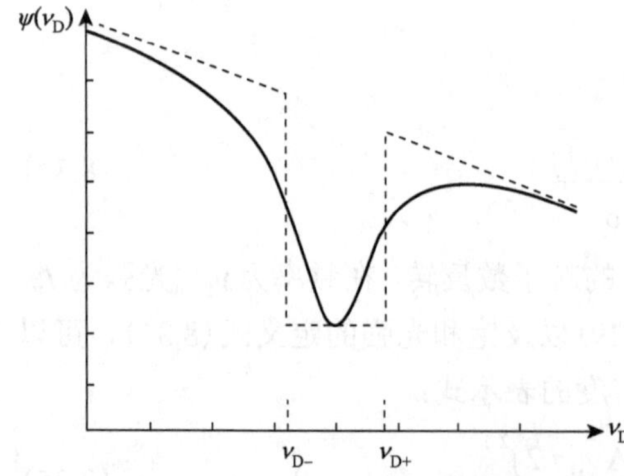

图 8.9　图 8.8 在$\nu_D=\nu_1-\nu_0$附近的局部放大图

则可以近似认为对于非均匀加宽介质在频率等于ν_1的激光作用下，粒子数反转在$\nu_D=\nu_1-\nu_0$附近出现一个烧孔，烧孔的深

度和宽度分别由式(8.37)和式(8.38)表示。

现在回过头来讨论均匀加宽介质和非均匀加宽介质饱和效应的差异，从图 8.9 可以看到，粒子数反转只在激光频率 $\nu_D = \nu_1 - \nu_0$ 附近有明显下降，也就是说只有多普勒频移等于 $\nu_1 - \nu_0$ 附近的原子和激光发生相互作用，对激光增益有贡献。这部分原子感受到的激光频率约为 $\nu_1 - \nu_D \approx \nu_0$，$(\nu_1 - \nu_D - \nu_0) > \sqrt{1+(I_{\nu_1}/I_{s_0})}\Delta\nu_H$ 的原子，其粒子数反转没有明显下降，表明它们不能和激光发生相互作用，因此在非均匀加宽增益介质中，激光场总是选择能够与其发生共振相互作用的原子产生受激辐射，所以非均匀加宽介质饱和光强表示式中的增益截面总是峰值增益截面，与激光频率无关。在非均匀加宽增益介质中对激光增益有贡献的粒子数目与粒子数反转的烧孔面积成正比，而由式(8.38)，烧孔宽度随着激光光强的增加而增加，参与激光增益的粒子数随着光强的增加而增加，激光振荡消耗的粒子数反转在一定程度上得到补充，使得增益饱和效应减弱。

8.5　气体介质激光器的输出光强

在 8.4 节中讨论了气体增益介质在激光场的作用下其增益系数和粒子数反转的变化规律，本节将要讨论这种变化对激光器输出光强的影响。对于由两个反射镜构成的激光谐振腔，在谐振腔中同时存在沿着光轴的正负方向传播的激光，如图 8.10 所示。

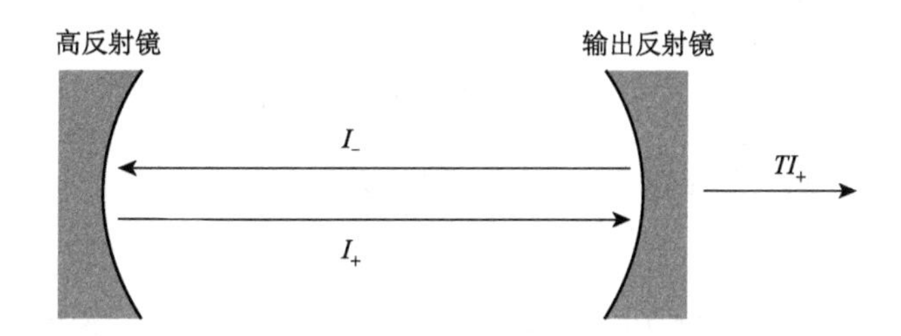

图 8.10　在激光器谐振腔中同时存在沿 ±z 方向传播的激光场

由于原子具有运动速度，原子观测到的激光频率不再是实验室观测频率 ν_1，对于沿着 z 的正向传播的激光，原子观测到的激光频率有一个 $-\nu_D$ 的频移，同理，负向激光有一个 $+\nu_D$ 的频移，因此在速度 u_z 的运动原子坐标系中观测正负方向传播的激光频率为

$$\nu_{1\pm} = \nu_1 \mp \nu_D \tag{8.39}$$

式中

$$\nu_D = \nu_1 \frac{u_z}{c} \tag{8.40}$$

式(8.39)中 $\nu_{1\pm}$ 分别表示运动原子观测到激光器中 ± 方向传播激光的频率。

与 8.4 节讨论放大器增益系数不同的是，在激光器中原子同时受到沿 z 的正负方向传播激光场的作用，在第 6 章中式(6.7)描述的是原子在一个频率的激光场作用下粒子数反转的时间变化率，而在激光器中原子同时受到正负方向传播激光的作用，在原子坐标系上这两束光的频率不同，每个方向的激光都引起原子的受激辐射，因此微分粒子数反转 $\mathrm{d}\left[\Delta n\left(\nu_{\mathrm{D}}\right)\right]$ 的时间变化率应该同时考虑正负方向激光的受激辐射作用，因为实验室坐标系中这部分粒子数反转的辐射频率一致，所以属于均匀加宽，因此式(6.7)写成

$$\mathrm{d}\left[\Delta\dot{n}\left(\nu_{\mathrm{D}}\right)\right]=\frac{2\mathcal{R}\tau_2}{\Delta\nu_{\mathrm{D}}}\sqrt{\frac{\ln 2}{\pi}}\mathrm{e}^{-4\ln 2\frac{\nu_{\mathrm{D}}^2}{\Delta\nu_{\mathrm{D}}^2}}\mathrm{d}\nu_{\mathrm{D}}-\mathrm{d}\left[\Delta n\left(\nu_{\mathrm{D}}\right)\right]\left[\frac{\sigma\left(\nu_{1+},\nu_0\right)I_+}{h\nu_0}+\frac{\sigma\left(\nu_{1-},\nu_0\right)I_-}{h\nu_0}+\frac{1}{\tau_2}\right] \tag{8.41}$$

式中，$\mathrm{d}\left[\Delta\dot{n}\left(\nu_{\mathrm{D}}\right)\right]$ 表示微分粒子数反转的时间变化率；$\mathcal{R}$ 表示单位体积内气体原子的总泵浦速率；式(8.41)第一项表示在激光器中激光光强为 0 时多普勒频移 ν_{D} 附近 $\mathrm{d}\nu_{\mathrm{D}}$ 范围内气体原子的粒子数反转；最后的中括号中的三项分别表示正、负方向激光的受激辐射速率和自发辐射速率；I_+,I_- 分别表示激光器中沿 z 的正负方向传播激光的光强，并且

$$I_+\approx I_-\approx I_0/2 \tag{8.42}$$

式中，I_0 表示激光器中的总光强，因此以后不再区分 I_+,I_-，将其统一记为 I 。式(8.41)中的受激辐射截面是激光频率的洛伦兹函数：

$$\sigma\left(\nu_{1\pm},\nu_0\right)=\sigma_{\mathrm{peak}}\frac{\left(\Delta\nu_{\mathrm{H}}/2\right)^2}{\left(\nu_{1\pm}-\nu_0\right)^2+\left(\Delta\nu_{\mathrm{H}}/2\right)^2} \tag{8.43}$$

稳态条件下，粒子数反转不随时间发生变化，$\mathrm{d}\left[\Delta\dot{n}\left(\nu_{\mathrm{D}}\right)\right]=0$，代入式(8.41)可得在 $\nu_{\mathrm{D}}\sim\nu_{\mathrm{D}}+\mathrm{d}\nu_{\mathrm{D}}$ 范围内的粒子数反转为

$$\mathrm{d}\left[\Delta n\left(\nu_{\mathrm{D}}\right)\right]=\frac{R\tau_2\dfrac{2}{\Delta\nu_{\mathrm{D}}}\sqrt{\dfrac{\ln 2}{\pi}}\mathrm{e}^{-4\ln 2\frac{\nu_{\mathrm{D}}^2}{\Delta\nu_{\mathrm{D}}^2}}\mathrm{d}\nu_{\mathrm{D}}}{1+\dfrac{\sigma\left(\nu_{1+},\nu_0\right)\tau_2 I}{h\nu_0}+\dfrac{\sigma\left(\nu_{1-},\nu_0\right)\tau_2 I}{h\nu_0}} \tag{8.44}$$

由式(8.44)可以立即写出在激光器中单位频移间隔内的粒子数反转 $\psi\left(\nu_{\mathrm{D}}\right)=\mathrm{d}\left[\Delta n\left(\nu_{\mathrm{D}}\right)\right]/\mathrm{d}\nu_{\mathrm{D}}$ 随多普勒频移 ν_{D} 变化的表示式，将其作图如图 8.11 所示。粒子数反转在 $\nu_{\mathrm{D}}=0$ 两侧对称的位置出现了烧孔，这是由于增益介质同时受到两个方向激光作用的结果。当 $\nu_1-\nu_0>0$ 时，沿着 z 轴正方向运动的原子观测到正方向传播激光的频率低于 ν_1，当运动原子的多普勒频移 $\nu_{\mathrm{D}}=\nu_1-\nu_0$ 时原子与激光发生共振作用，因此在 $\nu_{\mathrm{D}}=\nu_1-\nu_0$ 的位置出现粒子数反转烧孔；沿着 z 轴负方向运动的原子观测到负方向传播激光的频率低于 ν_1，当运动原子的多普勒频移

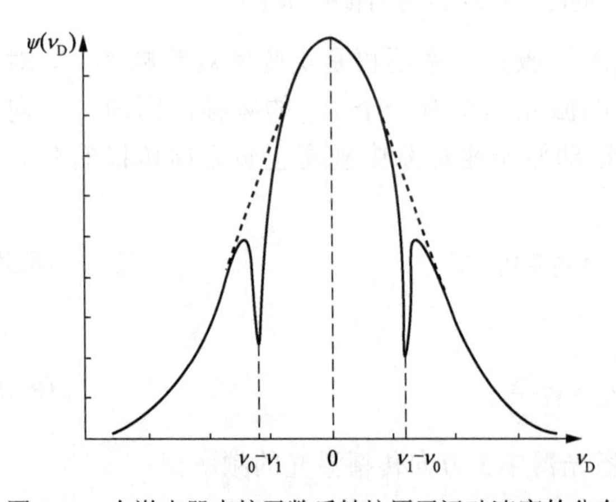

图 8.11　在激光器中粒子数反转按原子运动速度的分布

$\nu_{\mathrm{D}}=\pm\left(\nu_1-\nu_0\right)$ 分别表示与正、负方向激光发生共振相互作用的原子(假设 $\nu_1>\nu_0$)

$\nu_D = -(\nu_1 - \nu_0)$时原子与激光发生共振作用，因此在$\nu_D = -(\nu_1 - \nu_0)$的位置出现粒子数反转烧孔；两个烧孔对称地出现在$\nu_D = 0$的两侧。同样，当$\nu_1 - \nu_0 < 0$时，激光器增益介质的粒子数反转烧孔同样对称地出现在$\nu_D = 0$的两侧，详细分析读者自行完成(习题 8.8)。

激光器内存在正、负方向传播的激光场，$\mathrm{d}[\Delta n(\nu_D)]$这部分粒子数反转对两个方向激光增益系数的贡献分别为

$$\mathrm{d}g_{\pm} = \mathrm{d}[\Delta n(\nu_D)]\sigma(\nu_{1\pm}, \nu_0)$$

因此激光在激光器内一个往返传播由多普勒频移ν_D的粒子数反转$\mathrm{d}[\Delta n(\nu_D)]$贡献的平均增益系数可写成

$$\mathrm{d}\bar{g} = \mathrm{d}[\Delta n(\nu_D)]\frac{[\sigma(\nu_{1+}, \nu_0) + \sigma(\nu_{1-}, \nu_0)]}{2} \tag{8.45}$$

将式(8.44)代入式(8.45)，考虑所有运动速度的原子，对多普勒频移ν_D积分就得到激光在激光器中传播的平均增益系数：

$$\bar{g} = \int_{-\infty}^{\infty} \frac{\mathcal{R}\tau_2 \dfrac{2}{\Delta\nu_D}\sqrt{\dfrac{\ln 2}{\pi}}\mathrm{e}^{-4\ln 2\frac{\nu_D^2}{\Delta\nu_D^2}}}{1 + \dfrac{\sigma(\nu_{1+}, \nu_0)\tau_2 I_+}{h\nu_0} + \dfrac{\sigma(\nu_{1-}, \nu_0)\tau_2 I_-}{h\nu_0}} \frac{[\sigma(\nu_{1+}, \nu_0) + \sigma(\nu_{1-}, \nu_0)]}{2}\mathrm{d}\nu_D \tag{8.46}$$

根据式(8.43)，$\sigma(\nu_{1\pm}, \nu_0)$为洛伦兹函数，它在$\nu_{1\pm} = \nu_0$，也就是

$$\nu_D = \mp(\nu_0 - \nu_1) \tag{8.47}$$

附近，大约$\Delta\nu_H$的宽度范围内明显不为 0。假设增益介质以多普勒加宽为主，$\Delta\nu_D \gg \Delta\nu_H$，则在$\sigma(\nu_{1\pm}, \nu_0)$的有效范围内，式(8.46)中的 e 指数因子近似为常数可以提到积分号外边，并且ν_D取式(8.47)的值。

$$\bar{g} = \mathcal{R}\tau_2 \frac{1}{\Delta\nu_D}\sqrt{\frac{\ln 2}{\pi}}\mathrm{e}^{-4\ln 2\frac{(\nu_0-\nu_1)^2}{\Delta\nu_D^2}} \int_{-\infty}^{\infty} \frac{[\sigma(\nu_{1+}, \nu_0) + \sigma(\nu_{1-}, \nu_0)]}{1 + \dfrac{\sigma(\nu_{1+}, \nu_0)\tau_2 I}{h\nu_0} + \dfrac{\sigma(\nu_{1-}, \nu_0)\tau_2 I}{h\nu_0}}\mathrm{d}\nu_D \tag{8.48}$$

当激光器中光强I很小时，满足$I \ll \dfrac{h\nu_0}{\sigma(\nu_{1\pm}, \nu_0)\tau_2}$的条件，上式可以对光强$I$进行泰勒展开，取 0 阶近似，完成积分可得 0 阶近似的增益系数：

$$\bar{g}^{(0)} = \frac{\mathcal{R}\tau_2}{\Delta\nu_D}\sqrt{\frac{\ln 2}{\pi}}\mathrm{e}^{-4\ln 2\frac{(\nu_0-\nu_1)^2}{\Delta\nu_D^2}} \int_{-\infty}^{\infty}[\sigma(\nu_1 - \nu_D, \nu_0) + \sigma(\nu_1 + \nu_D, \nu_0)]\mathrm{d}\nu_D = g_0(\nu_1 - \nu_0) \tag{8.49}$$

式中

$$g_0(\nu_1 - \nu_0) = \mathcal{R}\tau_2\sigma_{\mathrm{peak}}\sqrt{\pi\ln 2}\frac{\Delta\nu_H}{\Delta\nu_D}\mathrm{e}^{-4\ln 2\frac{(\nu_1-\nu_0)^2}{\Delta\nu_D^2}} \tag{8.50}$$

表示频率为ν_1激光的小信号增益系数。式(8.50)表明在小信号条件下，也就是激光场引起的粒子数反转下降可以忽略，气体增益介质激光器中激光的增益系数随着激光频率的

变化服从高斯分布，这是因为从式(8.19)可以看到增益介质的粒子数反转随着多普勒频移的变化服从高斯分布，而增益系数正比于粒子数反转；同时激光的小信号增益系数与多普勒线宽成反比，与均匀加宽线宽成正比，这是因为多普勒线宽越宽，粒子数反转的频率分布范围越大，单位频率间隔的粒子数反转越少；$\Delta\nu_{\mathrm{H}}$ 越大，由式(8.38)可知粒子数反转的烧孔宽度就越宽，对激光增益有贡献的粒子数反转就越多。在激光场引起的粒子数反转下降不能忽略时，仍然假设光强 I 为一小量，因此式(8.48)可以按照 I 的幂次展开，取一级近似可得

$$\bar{g}=\frac{g_0(\nu_1-\nu_0)}{\pi\sigma_{\mathrm{peak}}\Delta\nu_{\mathrm{H}}}\int_{-\infty}^{\infty}\left[\sigma(\nu_{1+},\nu_0)+\sigma(\nu_{1-},\nu_0)\right]\left[1-\frac{\sigma(\nu_{1+},\nu_0)\tau_2 I}{h\nu_0}-\frac{\sigma(\nu_{1-},\nu_0)\tau_2 I}{h\nu_0}\right]\mathrm{d}\nu_{\mathrm{D}} \tag{8.51}$$

式(8.51)最右边方括号中的第一项为 1，这一项的积分与式(8.49)相同，它表示小信号增益系数 $g_0(\nu_1)$。将式(8.51)写成

$$\bar{g}=g_0(\nu_1-\nu_0)-\beta_+I-\beta_-I-\vartheta I \tag{8.52}$$

式(8.52)中的各符号的表示式如下：

$$\left.\begin{aligned}
\beta_+&=\frac{g_0(\nu_1-\nu_0)\tau_2}{\pi\sigma_{\mathrm{peak}}h\nu_0\Delta\nu_{\mathrm{H}}}\int_{-\infty}^{\infty}\left[\sigma(\nu_1-\nu_{\mathrm{D}},\nu_0)\right]^2\mathrm{d}\nu_{\mathrm{D}}\\
\beta_-&=\frac{g_0(\nu_1-\nu_0)\tau_2}{\pi\sigma_{\mathrm{peak}}h\nu_0\Delta\nu_{\mathrm{H}}}\int_{-\infty}^{\infty}\left[\sigma(\nu_1+\nu_{\mathrm{D}},\nu_0)\right]^2\mathrm{d}\nu_{\mathrm{D}}\\
\vartheta&=\frac{2g_0(\nu_1-\nu_0)\tau_2}{\pi\sigma_{\mathrm{peak}}h\nu_0\Delta\nu_{\mathrm{H}}}\int_{-\infty}^{\infty}\sigma(\nu_1-\nu_{\mathrm{D}},\nu_0)\cdot\sigma(\nu_1+\nu_{\mathrm{D}},\nu_0)\,\mathrm{d}\nu_{\mathrm{D}}
\end{aligned}\right\} \tag{8.53}$$

式(8.52)中 β_+I 和 β_-I 分别表示由于正向激光和负向激光单独存在时激光增益的减小，这是由于每个方向的激光都使某个运动速度附近的粒子数反转减小，如图 8.7 所示，这种增益饱和的机制与 8.4 节中讨论的饱和机制完全一致。利用数学积分公式：

$$\int_{-\infty}^{\infty}\frac{1}{(x^2+a^2)^2}\mathrm{d}x=\frac{\pi}{2a^3}$$

可得

$$\beta_+=\beta_-=g_0(\nu_1-\nu_0)\frac{\tau_2\sigma_{\mathrm{peak}}}{h\nu_0} \tag{8.54}$$

式(8.53)中 ϑ 表示包含两个洛伦兹函数乘积的积分，根据式(8.43)，这两个洛伦兹函数的中心相距 $2|\nu_1-\nu_0|$。由于每个洛伦兹函数的有效宽度为 $\Delta\nu_{\mathrm{H}}$，因此，当 $2|\nu_1-\nu_0|>\Delta\nu_{\mathrm{H}}$ 时，两个洛伦兹函数没有重叠，ϑ 近似等于 0；当 $2|\nu_1-\nu_0|=\Delta\nu_{\mathrm{H}}$ 时；两个洛伦兹函数开始有重叠；当 $2|\nu_1-\nu_0|<\Delta\nu_{\mathrm{H}}$ 时，随着重叠的增加，ϑ 逐渐增大；当 $2|\nu_1-\nu_0|=0$ 时，两个洛伦兹函数完全重叠，ϑ 达到最大值；ϑ 随着 $\nu_1-\nu_0$ 的变化形式如图 8.12 所示。

当激光器的增益系数与临界增益系数相等时净增益系数等于 0，激光器的光强不再发生变化，达到稳态光强 $I^{(s)}$，代入式(8.52)可得

$$g_0(\nu_1-\nu_0)-\beta_+ I^{(s)}-\beta_- I^{(s)}-\vartheta I^{(s)}=g_{\text{th}} \tag{8.55}$$

因此气体激光器的稳态光强为

$$I^{(s)}=\frac{g_0(\nu_1-\nu_0)-g_{\text{th}}}{\beta_+ +\beta_- +\vartheta} \tag{8.56}$$

由于 β_+、β_- 和 ϑ 均为激光频率 ν_1 的函数，因此式(8.56)表示的光强是 ν_1 的函数，用式 (8.56)计算得到的激光光强随着激光频率的变化如图 8.13 所示。在 $\nu_1-\nu_0=0$ 附近输出光强有一个急剧下降，称为兰姆凹陷。图中所用增益介质线宽参数为 $\Delta\nu_D=30\Delta\nu_H$。

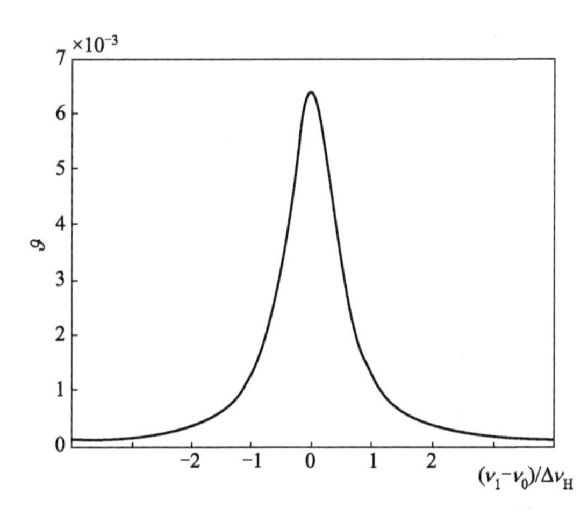

图 8.12　交叉饱和系数 ϑ 随着 $\nu_1-\nu_0$ 的变化曲线

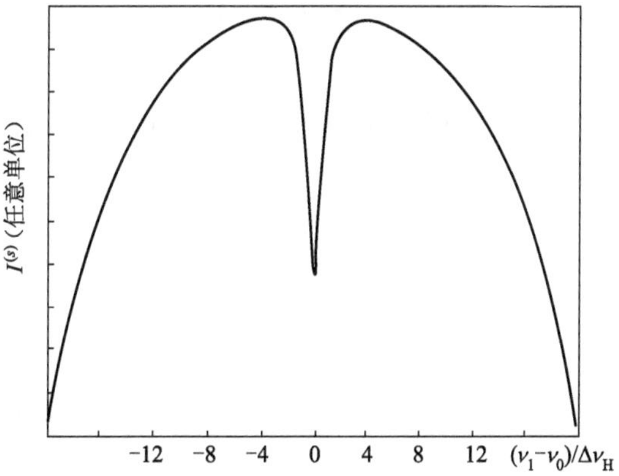

图 8.13　气体激光器的输出光强随着 $\nu_1-\nu_0$ 的变化曲线

从图 8.11 可以看到，在气体激光器中有两种速度的原子粒子数反转明显下降，这些粒子数反转储存的能量转化成了激光能量，粒子数反转没有明显下降的那部分原子对于激光光强没有贡献。当激光频率 ν_1 向着 ν_0 移动时，由于小信号粒子数反转增加，激光增益系数保持在临界增益系数，因此粒子数反转烧孔的深度增加，对激光能量有贡献的粒子数增加，激光器光强增大。当 $2|\nu_1-\nu_0|=\Delta\nu_H$ 时，两个烧孔开始重叠，当 ν_1 继续向着 ν_0 移动时，两个烧孔的重叠面积增大，粒子数反转烧孔的总面积减小，即向激光转换能量的粒子数减少，激光光强减小。当 $2|\nu_1-\nu_0|=0$ 时，烧孔面积达到最小，激光器中的光强也达到最小值。从光强公式(8.56)来看，当激光频率 ν_1 由远离静止原子中心频率 ν_0 向着 ν_0 移动时，$g_0(\nu_1-\nu_0)$ 增加导致激光器的稳态光强增加，但是当 ν_1 很接近 ν_0 时，从图 8.12 可知 ϑ 值增大，式(8.56)中的 ϑ 开始起作用，激光器中的光强反而减小，在 $\nu_1=\nu_0$ 处激光器输出光强达到极小值，与上述分析结果一致。对于气体激光器在激光频率等于静止原子中心频率附近的一个约为 $\Delta\nu_H$ 宽度范围内其输出光强的下降称为兰姆凹陷，兰姆凹陷的存在是气体激光器不同于固体激光器的一个重要特征，有一种激光稳频方案正是利用了气体激光器的这种性质，称为兰姆凹陷稳频，将在第 10 章中讨论。

讨论与思考

1. 从图 8.13 可以看到，气体增益介质激光器的输出光强在粒子中心频率附近具有兰姆凹陷的特征，在激光光强较弱的条件下，根据式(8.38)，兰姆凹陷的宽度约等于粒子辐射的均匀加宽线宽，也就是粒子辐射的自然线宽，例如，He-Ne 激光器中 Ne 原子的辐射自然线宽只有约 100MHz，而激光器的发光频率宽度大约等于 1500MHz，因此兰姆凹陷宽度远小于激光器发光宽度，利用气体增益介质激光器的兰姆凹陷宽度很小的这种特征，通过控制激光频率将激光光强稳定在激光器输出光强兰姆凹陷的最小值附近，可以得到 $10^{-8} \sim 10^{-9}$ 的激光频率稳定度，是实现激光频率稳定的常用方法。

2. 同样的原理可用于分析讨论气体介质的吸收光谱特征，例如，使用两束频率相同、传播方向相反的激光束通过待测气体样品，如图 8-14 所示。因为气体粒子吸收激光光子从下能级跃迁到上能级，所以下能级的粒子数减少。由于在实验室坐标系中观测不同的粒子具有不同的跃迁中心频率，只有与激光频率发生共振相互作用的粒子才能有效地吸收光子从下能级跃迁到上能级，因此激光下能级粒子数频率分布曲线上也会出现烧孔，如图 8-15 所示。

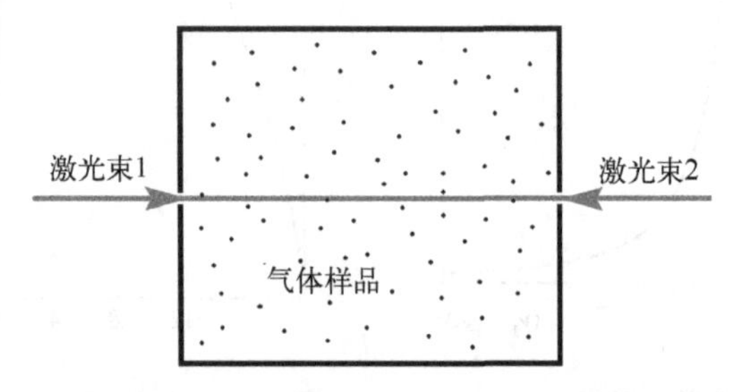

图 8-14　传播方向相反的两束激光同时通过待测气体样品示意图

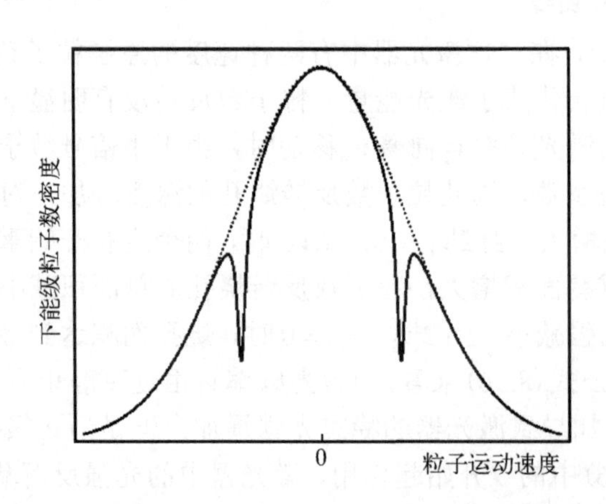

图 8-15　传播方向相反的两束激光分别在不同粒子速度位置产生下能级粒子数烧孔

因此当激光频率从两侧向中间移动时，由于与激光发生共振相互作用的粒子数增加，激光的吸收系数增加，激光通过气体样品吸收室的光强减小，但是当激光频率接近到粒子中心频率的自发辐射线宽范围时，两个下能级粒子数烧孔开始重叠，吸收激光的粒子数反而减少，激光吸收系数减小，激光通过气体样品吸收室的光强增加，激光光强随着激光频率的变化如图 8-16 所示。

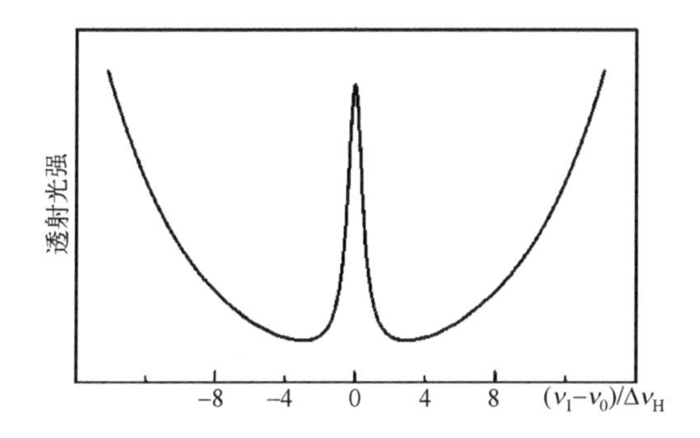

图 8-16　两束传播方向相反的激光作用下样品的透射光强随着激光频率的变化

由于气体粒子吸收光谱测量中的透射光强在中心频率附近表现出与气体激光器的输出光强类似的光谱特征(变化趋势相反)，因此利用与气体介质增益饱和原理相同的饱和吸收特性，能够消除由于粒子运动而产生的多普勒效应的影响，更加准确地测量气体粒子的吸收光谱。因为物质在气体状态下原子之间的相互作用很小，可以忽略，所以绝大多数原子光谱的测量都使原子处于气体状态，以上测量方法在消除测量中多普勒效应因素的影响方面具有普遍意义。

3. 气体增益介质对于激光陀螺器件的实现也是至关重要的，激光陀螺是一种环形激光器，如图 8-17 所示。在一台激光陀螺仪环形激光器中，谐振腔由三到四个反射镜组成，激光增益介质置于谐振腔中，环形谐振腔使得光波沿着闭合环路传播，其中两列光波分别沿着顺时针方向和逆时针传播，其光波频率也分别记为 ν_+ 和 ν_-。根据赛格纳克干涉仪沿着顺、逆时针传播光波的光程差公式容易得到激光陀螺中两列光波的频率差

$$\nu_+ - \nu_- = \frac{4A}{L\lambda}\Omega \tag{8.57}$$

式中，A 表示环路面积；L 表示谐振腔腔长；λ 表示激光波长；Ω 表示转动角速度在环路平面方向上的投影。依此原理制作的环形激光陀螺仪已经成为惯性转动测量的重要仪器。

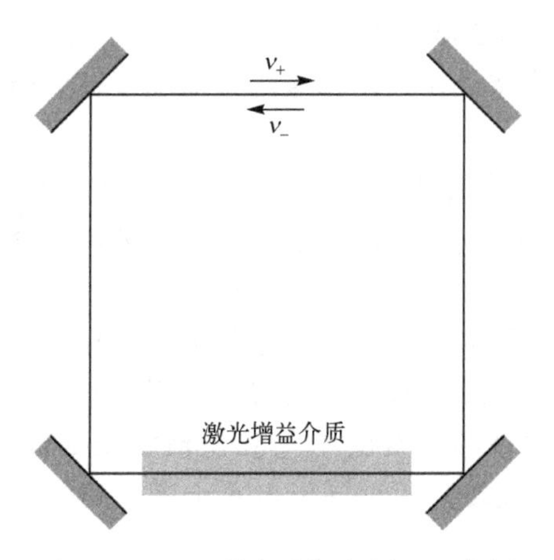

图 8-17　环形激光陀螺仪原理示意图

试想如果激光陀螺仪中的增益介质使用固体介质，由于组成固体介质的粒子只能在

其平衡位置附近做微小振动，因此粒子辐射不能具有多普勒效应，而激光陀螺中两列光波的频率差不大，在 kHz 的范围之内，一般来讲粒子辐射的自然线宽都要大于这个范围，所以同一个激光上能级粒子既可为顺时针方向光波提供增益，又可为逆时针光波提供增益，一旦某一列光波光强增加，那么其受激辐射速率也随之增加，粒子向这列光波提供增益的概率增加，这列光波光强变大，另一列光波光强变小，直到消失，这就是两列光波之间的竞争效应，因此激光陀螺一般不选择固体介质作为增益介质。

如果环形激光器中使用气体增益介质，结果会大不相同，在气体增益介质中不同方向传播的激光消耗不同运动速度的增益粒子，如图 8.5 所示，或者说不同运动速度的上能级粒子为不同传播方向的激光提供增益，因此两个方向上传播的激光彼此没有竞争，它们都可以稳定振荡，这对于激光陀螺的稳定信号输出是至关重要的。但是读者或许已经注意到激光陀螺不能工作在增益粒子的中心频率点，因为此时两个方向上传播激光的增益同时由运动速度为 0 的增益粒子提供，这使得两束激光又出现彼此竞争的现象，为了使激光陀螺能够工作任意需要的频率点(一般情况下将光强稳定在极值点附近)，激光陀螺中通常充以 Ne^{20} 和 Ne^{22} 混合气体，混合气体能够有效消除竞争的物理机制分析留给读者自行完成(习题 8.5)。

习　　题

8.1　设氖原子的运动速度 z 分量(z 为光传播方向)分别为 $0.01c$ 和 $0.1c$，辐射谱线的波长为 $\lambda = 632.8\text{nm}$，用多普勒效应近似公式(8.6)的计算误差是多少(绝对误差和相对误差)？

8.2　一台发光波长 $\lambda = 632.8\text{nm}$ 的 He-Ne 激光器工作于中心频率 ν_0，假设激光腔内光强等于饱和光强，发光原子的均匀加宽线宽 $\Delta\nu_{\text{H}} = 100\text{MHz}$，计算能够为激光提供增益的原子运动速度 z 分量范围；假设激光器的工作温度为 700K，Ne 的原子量为 20，将上述结果与热运动速度比较。

8.3　已知 Hg 的原子量为 200，分别计算 Hg 蒸汽放电光源在 T=100K 和 T=300K 温度下其 546nm 谱线的辐射线宽，并且计算这两种情况下辐射谱线的相干时间，计算中忽略谱线的均匀加宽。

8.4　在没有方向选择措施的情况下环形腔激光器中可以同时存在两个方向的行波激光振荡，一台环形腔激光器中充以单同位素 Ne^{20} 气体，能否总是同时得到两个方向的稳定激光输出？如果不能，在什么情况下可以同时得到两个方向的稳定激光输出？如果将环形激光器中的气体增益介质换成固体增益介质，情况会发生什么变化？

8.5　在 8.4 题中的环形腔激光器中的增益介质用 Ne^{20} 和 Ne^{22} 混合同位素代替，混合比例近似 1∶1，已知这两种同位素在 $\lambda = 632.8\text{nm}$ 波长处辐射中心频率差为 880MHz，重新讨论 8.4 题的结论；如果要求两种同位素对于激光的峰值小信号增益相同，计算两种同位素的混合比例。

8.6　已知一台 He-Ne 激光器的腔长 $L = 20\text{cm}$，放电管直径 $\phi = 2\text{mm}$，两个反射镜的反射率分别为 $R_1 = 0.99$ (激光输出镜)和 $R_2 = 0.998$ (激光全反镜)，氖原子的峰值受激辐射截面 $\sigma_{\text{peak}} = 3\times10^{-13}\text{cm}^2$，激光上能级寿命 $\tau_2 = 100\text{ns}$，假设氖原子自发辐射的均匀线宽

$\Delta\nu_{\mathrm{H}}=100\mathrm{MHz}$，多普勒线宽 $\Delta\nu_{\mathrm{D}}=1500\mathrm{MHz}$，作为四能级系统激光下能级的粒子数可以忽略，氖气室温下的气体压强 $p_{\mathrm{Ne}}=80\mathrm{Pa}$。

(1)计算临界总粒子数反转，该粒子数反转占氖原子数目的比例；

(2)计算临界泵浦速率；

(3)激光上能级与氖原子基态的能量差等于 20eV，每个原子激发都需要这么大的能量，计算临界泵浦功率。

8.7　在第 8.6 题中激光器输出功率 $\mathcal{P}_0=1.5\mathrm{mW}$，激光上能级的辐射跃迁寿命 $\tau_{\mathrm{r}}=30\mathrm{ns}$，计算受激辐射速率和自发辐射速率的比例。

8.8　试分析在气体增益介质激光器中当 $\nu_1-\nu_0<0$ 时，粒子数反转烧孔出现的位置。

第 9 章　激光器模式控制

微课

在第 7 章和第 8 章中讨论了激光器的光强的变化规律，在许多实际应用中，不但需要控制激光光强，还需要控制激光的输出模式和激光频率，这是我们在本章各节中讨论的内容。

9.1　均匀加宽增益介质激光器

在均匀加宽增益介质中，介质中不同粒子的跃迁中心频率完全相同，每个粒子都在围绕中心频率附近的一个小范围内响应外界光波场的作用产生受激辐射或吸收，因此增益系数曲线有一宽度，如图 9.1 所示。

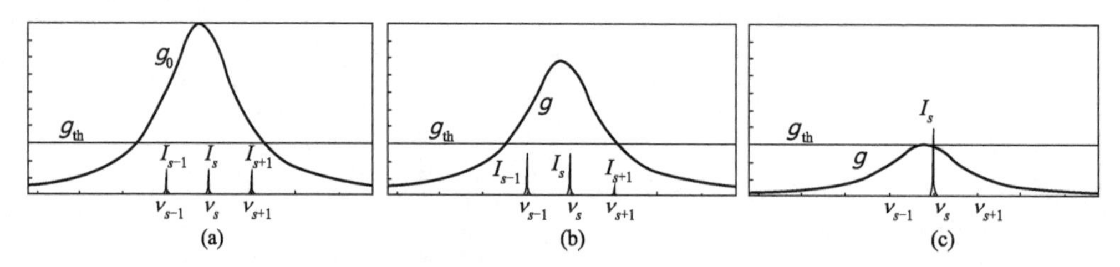

图 9.1　均匀加宽增益介质的增益饱和过程

在图 9.1 中 g_{th} 表示临界增益系数，$g_0(\nu)$ 表示小信号增益系数。在激光振荡开始阶段，激光光强很弱，介质对激光场的增益系数为小信号增益系数。从图 9.1(a) 中可以看到有三个模式的增益系数大于临界增益系数，因此在激光振荡的初始阶段有三个激光频率同时建立激光振荡，由于净增益大于零，激光光强将随时间增加；随着激光光强的增加，增益饱和效应开始起作用，此时激光增益下降，当增益下降到如图 9.1(b) 所示的情况时，模式 $s+1$ 的净增益变为负值，该激光模式熄灭，模式 $s-1$ 和 s 的净增益仍然大于零，因此它们的光强继续增加，增益继续下降，当模式 $s-1$ 的净增益小于 0 时该模式熄灭，由于模式 s 的净增益系数仍然大于 0，其光强继续增加，激光增益继续下降，最终增益下降到图 9.1(c) 所示状态，由于对于模式 s，净增益等于零，因此其光强不再发生变化，对理想的均匀加宽增益介质激光器，只有一个频率振荡，激光器可实现单模运转，这种单模运转的实现是模式之间竞争效应作用的结果。在很多激光器的应用中希望激光器工作于单模振荡状态，如光学全息照相，对激光束的纵向相干长度有一定的要求，单模激光器可以实现更大的纵向相干长度，在激光应用中对激光器要求单模输出的例子还有很多，如激光长度计量、激光光谱分析等，这里不一一列举。但是一般而言激光器中还有一些因素不利于激光器的单模运转，接下来将对这些因素逐一讨论。

激光器增益介质都具有简单规则的几何形状，如圆柱形增益介质，在圆柱体内增益介质由外界能量均匀泵浦，在没有激光场作用的条件下，粒子数反转密度在介质中均匀分布，在有激光场存在的情况下，激光诱导受激辐射，使粒子数反转下降，但由于激光场在增益介质中并非均匀分布，在激光较强的位置粒子数反转也相应有较大的下降，在激光光强等于零的位置粒子数反转没有下降，粒子数反转在空间上有一个被挖空的区域，称为粒子数反转的空间烧孔。

例如，对于图 9.2 所示的激光器，假设只有基横模运转，其光斑尺寸在光腰位置最小，并且随着离开光腰位置距离的增加光斑尺寸增大，这束激光在增益介质中引起粒子数反转下降的区域如图 9.2 中白色区域所示，好像粒子数反转在白色区域有一个孔洞，这一孔洞称为空间烧孔，在白色区域之外粒子数反转不受影响。

假设有一个高阶横模，例如图 3.11 中的 TEM_{11} 模，其光波场能量主要分布在白色以外的区域，前述基横模产生的空间粒子数反转烧孔对于 TEM_{11} 模式影响不大，因为它在中心位置光强为零，而在空间烧孔之外的粒子数反转恰好可以为该高阶模提供增益，因此借助于空间烧孔效应，TEM_{11} 或者更高阶的模式可以在激光器中运转，激光器输出多横模。

为了抑制高阶横模的振荡而得到单模输出，可以在激光器中加入一个光栏，如图 9.3 所示，在光栏的作用下，高阶模激光场有一部分被光栏阻挡无法通过，因此增加了高阶横模的临界增益值，当高阶横模的临界增益大于增益介质的最大增益系数值时，高阶横模不能在激光器中振荡，可实现激光器高阶横模的抑制。

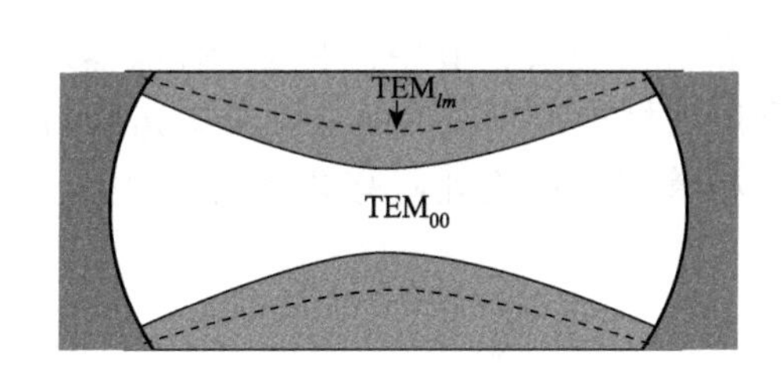

图 9.2　圆柱形增益介质

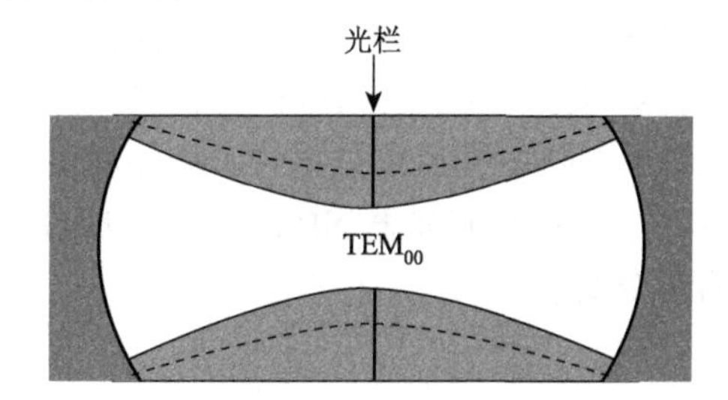

图 9.3　在激光器的光路中加上一个光栏可以抑制高阶横模的振荡

在抑制高阶横模之后，激光器中将只存在 TEM_{00} 基模振荡，但由于激光器内光波以驻波形式存在，如图 9.4 所示，在驻波波节位置，激光光强始终等于零，其增益介质的粒子数反转保持小信号条件下的值，但对于驻波波幅位置，激光场最强，粒子数反转明显下降，这是由于激光场存在的驻波形式导致粒子数反转分布的空间不均匀性，也是一种粒子数反转的空间烧孔效应，由于这种不均匀性沿着光传播的方向，所以称为粒子数反转的纵向空间烧孔。

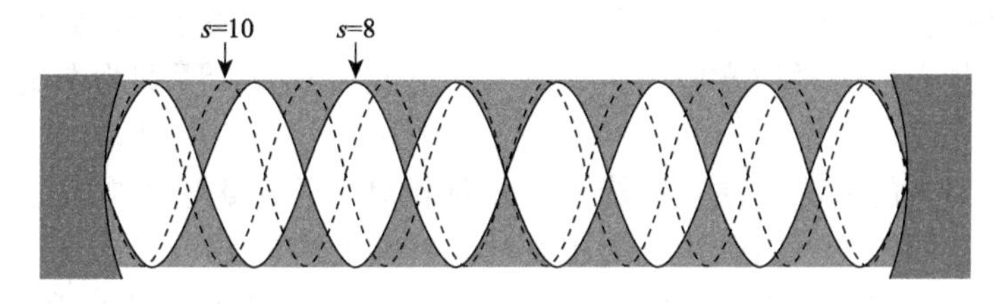

图 9.4　纵向空间烧

白色区域表示只有 $s=8$ 的纵模存在时粒子数反转的空间烧孔

由于粒子数反转纵向烧孔的存在，不同的纵模可以同时振荡，以纵模节数 8 和 9 为例作一个形象的讨论，如图 9.4 所示。在图中一个纵模的波节可能是另一个纵模的波幅，因此为不同模式提供增益的粒子数反转的空间区域并不完全重叠，它们从纵向上不同区域的激发态原子得到激光增益，一个模式消耗的粒子数反转对另一个模式的增益没有明显影响，这时不同的纵模可以同时振荡，导致激光器多模运转。

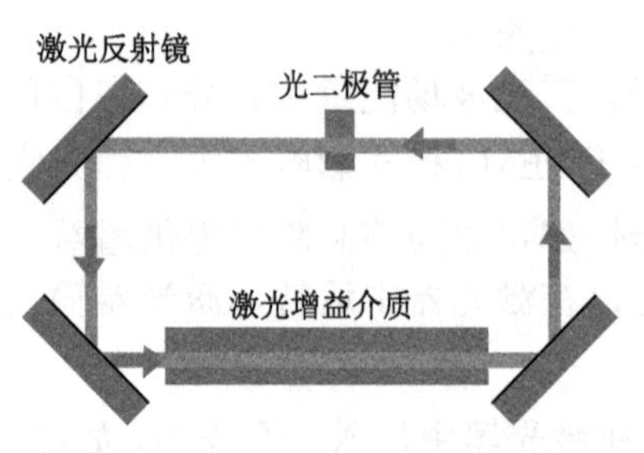

图 9.5　环形腔结构激光器示意图

为了消除激光器粒子数反转的纵向烧孔效应，通常采用行波激光器的技术方案，如图 9.5 表示了一台行波激光器，在行波激光器中通常用三个或四个反射镜构建一个环形激光谐振腔，在谐振腔环路中安装一个称为光二极管的组件，使光只能沿一个方向传播，反向传播被禁止，激光器中的光波以行波形式存在，粒子数反转的纵向烧孔被消除，结合前述光栏的方法抑制高阶横模的振荡，可以在均匀加宽增益介质条件下得到可靠的单模运转激光器。

实现图 9.5 中光二极管的途径有多种，下面用一个具体的例子来说明如何用一些常规的光学元器件来搭建一个光学二极管。

如图 9.6 所示用三个光学元件实现激光器中的光二极管，其中，P 表示偏振器，它只允许 x 方向偏振的激光通过，接下来是一个利用法拉第旋光效应的法拉第旋光器 FR，最后是一个自然旋光器 NR。为了说明图示光二极管的工作原理，有必要先说明关于旋光的两个概念。

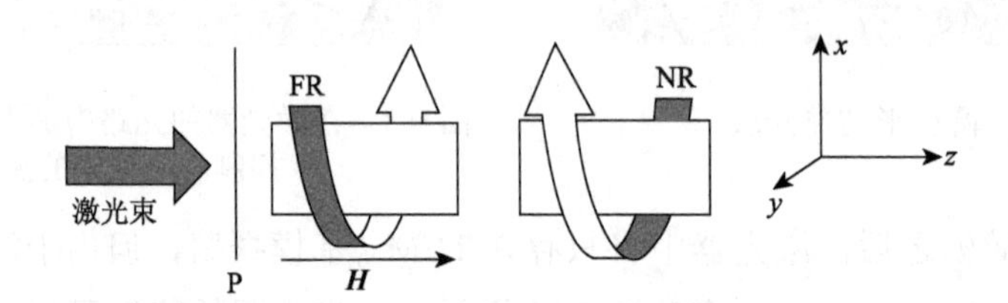

图 9.6　使用三个光学元件在激光器实现一个光学二极管

(1) 对于法拉第旋光器 FR，伸出右手，让大拇指指向磁场方向，如果线偏振入射光出射时的偏振旋转方向是右手握紧的方向，定义法拉第旋光为正旋，否则为负旋。本例中使用正旋法拉第旋光器。

(2) 对于自然旋光器 NR，伸出右手，让大拇指指向光传播方向，如果线偏振入射光的偏振旋转方向是右手握紧的方向，定义该自然旋光为右旋，否则为左旋。本例中使用左旋自然旋光器。

请注意两个旋光的差异，法拉第旋光方向是相对于外加磁场方向而言，与光波的传播方向无关，而自然旋光方向则是相对于光传播方向而言。

对于图 9.6 中沿 z 轴正方向传播的光波，首先通过偏振器 P，使光偏振沿 x 方向，假设法拉第旋光器使偏振方向正旋转 45°，则通过 FR 后光偏振方在 xy 平面的第一象限并

与 x 轴成 45° 夹角，再通过自然旋光晶体 NR 左旋 45°，则偏振方向恢复到 x 方向，所以正向传播的 x 偏振光可以在环路中沿 z 轴正向传播。

如果 x 偏振的激光沿图 9.6 中 z 轴的负方向传播，首先自然旋光晶体 NR 使激光的偏振方向左旋 45°，这时激光偏振方向在 xy 平面的第一象限并与 x 轴成 45° 夹角，然后再通过 FR 使激光偏振方向正旋 45°，则偏振方向旋转到 y 方向，不能通过偏振器 P，激光的传播被截止。读者也许会说，y 偏振的激光沿图 9.6 中 z 轴的负方向传播可以通过偏振器 P，但注意这一束光在图 9.5 所示的环形腔中传播一周再回到偏振器 P 时就变成了 y 偏振，不能通过偏振器而被截止，因此不论 x 偏振或 y 偏振，沿着 z 负方向传播都将被截止。

根据如上分析，由于偏振器的偏振方向在 x 方向，因此 y 偏振光不能在激光谐振腔中传播，在一台实际的激光器中通常用多层介质膜垂直偏振和平行偏振反射率的差异来代替偏振器，这样做可以使激光器结构简化，同时由于减少了腔内元件使激光器的激光损耗减小，有利于激光振荡的产生。因此光二极管和环形腔结合，可实现激光器的行波运转，使得在沿着激光传播方向上没有波幅和波节的交替排列，可以有效地抑制均匀加宽增益介质激光器的多纵模振荡。行波激光器的另一个优点是纵向不同位置的原子都同等地参与和激光场的相互作用而对激光提供增益，因此激光的泵浦能量可以得到更充分地利用。

9.2　非均匀加宽增益介质激光器

对于非均匀加宽增益介质，在实验室坐标系中观测时，不同的原子或离子具有不同的辐射中心频率，在气体增益介质激光器中某一个频率 ν_1 的激光，它只和多普勒频移 $\nu_u \approx \nu_1 - \nu_0$（$\nu_0$ 表示静止原子的辐射中心频率，ν_u 表示多普勒频移）的粒子发生相互作用，而多普勒频移 ν_u 远离 $\nu_1 - \nu_0$ 的粒子数反转不受光波存在的影响，因此频率为 ν_1 的激光场引起多普勒频移 $\nu_u = \nu_1 - \nu_0$，大约 $\nu_u \pm \frac{1}{2}\Delta\nu_{\text{H}}$ 宽度范围内粒子数反转的下降，如果观察粒子数反转按频率的分布，它在频率 $\nu_u = \nu_1 - \nu_0$ 附近有一个明显的下降，如图 8.8 所示。这种粒子数反转的下降不同于前节讨论的空间烧孔，它不是体现在空间上粒子数反转的非均匀下降，而是对于不同多普勒频移（也就是不同运动速度）的粒子数反转的非均匀下降，所以称为粒子数反转的频率烧孔。

由于非均匀加宽增益介质中频率烧孔效应，某一频率的激光振荡不影响其他中心频率的粒子数反转，因此某一频率的激光振荡对其他频率的激光振荡没有影响，这样就使得非均匀加宽增益介质激光器模式之间的相互作用不同于均匀加宽激光器，不同模式之间几乎不存在竞争效应，使得增益线宽范围之内所有的频率均可振荡，如图 9.7 所示。

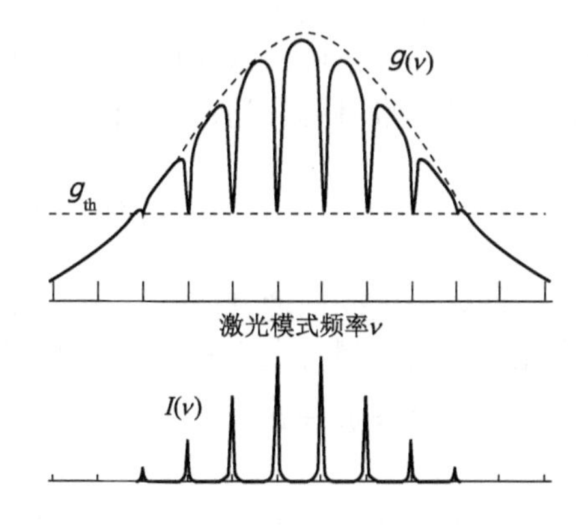

图 9.7　在非均匀加宽增益介质激光器中多个模式振荡可以同时存在

对于某些增益介质，其增益线宽不是很大，所以可以通过改变纵模频率间隔的方法实现激光器的单模运转，例 9.1 说明了这种方法的具体实现过程。

例 9.1　已知 He-Ne 激光器峰值小信号增益是临界增益的 1.5 倍，Ne 原子多普勒线宽 $\Delta\nu_D = 1500\text{MHz}$，其均匀加宽线宽约为 $\Delta\nu_H = 100\text{MHz}$，试设计激光器腔长以满足单模运转要求。

解　对于 He-Ne 激光器，$\Delta\nu_D \gg \Delta\nu_H$，因此 He-Ne 激光器可认为是非均匀加宽激光器，其小信号增益系数的频率函数为高斯线型：

$$g(\nu_1) = g_0 e^{-4\ln 2\frac{\nu_u^2}{\Delta\nu_D^2}} = g_0 e^{-4\ln 2\frac{(\nu_1-\nu_0)^2}{\Delta\nu_D^2}}$$

设 $\nu_1 = \nu_1'$ 时，激光的小信号增益系数等于临界增益系数，则：

$$\frac{g(\nu_1')}{g_0} = e^{-4\ln 2\frac{(\nu_1'-\nu_0)^2}{\Delta\nu_D^2}} = \frac{1}{1.5}$$

$$\nu_1' - \nu_0 = \pm 0.38\Delta\nu_D$$

因此 He-Ne 激光器的工作频率范围为 $0.76\Delta\nu_D = 1140\text{MHz}$，如果设计激光器的纵模间隔大于这个数值，那么可以保证激光器单纵模振荡。设激光器的腔长为 L，则激光器纵模间隔：

$$\Delta\nu_L = \frac{c}{2L} \geqslant 1140\text{MHz}$$

可得

$$L \leqslant 0.13\text{m}$$

由例 9.1 可知，对于非均匀加宽激光器，通过减小腔长，进而增加模式频率间隔，获得激光器的单纵模运转。但从第 6 章讨论中知道，分贝增益与长度成正比，在实际应用中，为了使激光振荡获得较高的增益，希望将激光器增益区长度做大，与减小腔长获得单模振荡是一对矛盾。为了在不减小激光器腔长的条件下，获得单纵模振荡，人们经常利用在光腔中插入一个光学标准具的方法来选择某一个激光频率振荡。

光学标准具本质上是一个法布里珀罗干涉仪。在一块平行玻璃板的两个表面镀上适当反射率的介质薄膜，就构成了一个光学标准具。因此在第 2 章中关于 F-P 干涉仪一些结论对光学标准具同样适用，光强为 I_0 的激光入射到光学标准具上的透射光强为

$$I_T = I_0 \frac{1}{1 + (2\mathcal{F}/\pi)^2 \cdot \sin^2\Delta\varphi} \tag{9.1}$$

式中，$\mathcal{F}$ 表示光学标准具的精细度，其表示式由式(2.9)给出。由于光学标准具在使用时总是相对于光传播方向有一个小角度倾斜，因此 $\Delta\varphi$ 的表示式(2.10)需要稍作修改。假设在标准具中光波波矢 $\boldsymbol{k}'$：

$$\boldsymbol{k}' = k_x'\hat{\boldsymbol{x}} + k_z'\hat{\boldsymbol{z}} \tag{9.2}$$

式中，$\hat{\boldsymbol{x}}$ 和 $\hat{\boldsymbol{z}}$ 分别表示 x 和 z 方向上的单位矢量(图 9.8)。由此激光场在标准具中传播一个往返的相位延迟为

$$2\Delta\varphi = 2k_z'd = 2nkd\cos\theta' \tag{9.3}$$

式中，θ' 表示在标准具内部激光在标准具两个反射面上的入射角；n 为标准具介质的折射率；k 为真空波矢，如图 9.8 所示。

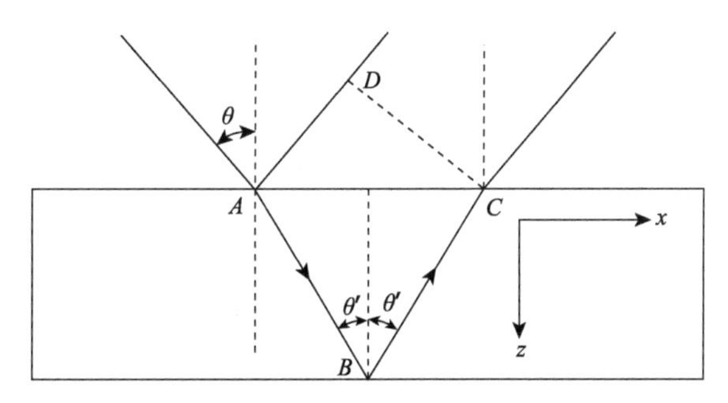

图 9.8　光学标准具中 θ' 表示光线于表面法线的夹角

这样在第 2 章中关于 F-P 干涉仪的结论对于光学标准具都适用。光学标准具的谐振频率间隔：

$$\Delta\nu_e = \frac{c}{2nd\cos\theta'} \tag{9.4}$$

光学标准具的精细度：

$$\mathcal{F} = \frac{\pi\sqrt{R}}{1-R} \tag{9.5}$$

式中，R 为标准具反射镜的光强反射率。光学标准具的谐振频率宽度为

$$\delta\nu_e = \Delta\nu_e / \mathcal{F} \tag{9.6}$$

使用了标准具后，就可以对激光器纵模进行选择，在此通过一个具体的例子对选模过程简要讨论如下。

例 9.2　设工作物质为 Nd∶YAG 的固体激光器，激光波长 $\lambda = 1.06\mu m$，介质折射率 $n = 1.82$，其荧光线宽 $\Delta\nu_D \approx 1\times10^{11}$ Hz，谐振腔长 $L = 300$mm，设计一个标准具，使激光器工作在单模振荡状态。

解　(1) 如果标准具的模式频率间隔大于或等于激光工作物质的发光线宽，则激光器发光只能在标准具的一个模式宽度范围之内，如图 9.9 所示，因为标准具其他模式均在发光光谱范围之外，这样要求标准具的模式频率间隔 $\Delta\nu_e$：

$$\Delta\nu_e = \frac{c}{2n_1 d\cos\theta'} \approx \frac{c}{2n_1 d} = \Delta\nu_D$$

由上式求解得：$2n_1 d = 3.0$mm。

设标准具使用石英材料折射率 $n_1 = 1.46$，可得标准具厚度约为 $d = 1.03$mm。

(2) 要保证在标准具线宽范围之内只有一个激光模式振荡，则要求标准具模式频率线宽 $\delta\nu_e$ 小于或等于激光器纵模间隔 $\Delta\nu_L$，即 $\delta\nu_e \leqslant \Delta\nu_L = \dfrac{c}{2nL} = 2.75\times10^8$ Hz，由此要求

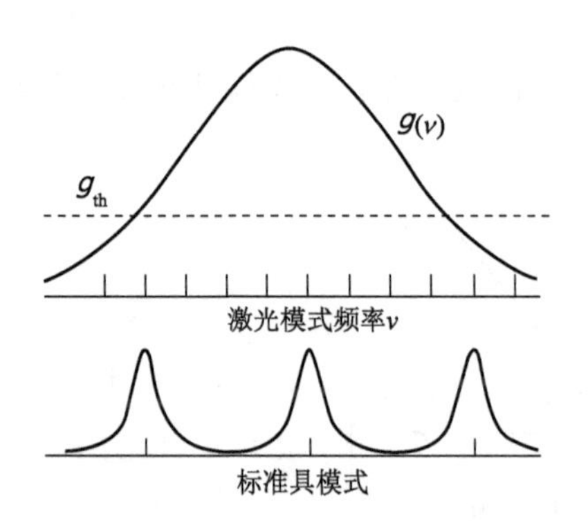

图 9.9 标准具与激光谐振腔的共同作用使得激光器中只有一个模式振荡

标准具的精细度：

$$\mathcal{F} = \Delta \nu_e / \delta \nu_e = 364$$

代入式(9.5)可得：$R = 99.1\%$。

(3)标准具的表面起伏 Δd 对于光波一次往返造成的光程差和相位差分别为 $2n\Delta d$ 和 $k2n\Delta d = 2n\Delta d \cdot 2\pi/\lambda$，根据式(2.20)，光波往返允许的相位差为 $\varepsilon = \pm\pi/\mathcal{F}$，因此如果表面起伏 Δd 引起的传播相位起伏满足 $|2n\Delta d \cdot 2\pi/\lambda| \leqslant \pi/\mathcal{F}$，那么我们仍然认为光波与谐振腔处于谐振范围之内，也就是：

$$\Delta d \leqslant \frac{\lambda}{4n\mathcal{F}} = 0.5\text{nm}$$

讨论与思考

上述问题也可以如下思考，标准具的表面起伏 Δd 对于光波一次往返造成的相位差为 $2n\Delta d \cdot 2\pi/\lambda$，由于光波在谐振腔中往返次数为 $m_e = \mathcal{F}/2\pi$，因此光波往返 m_e 次后的总相位差为 $2n\Delta d\mathcal{F}/\lambda$。为了使所有往返光波相干加强，该相位差 $2n\Delta d\mathcal{F}/\lambda \ll \pi$，计算可得 $\Delta d \ll 3\text{nm}$，如果认为 3nm 的六分之一为远小于，则与上述结论一致。

这样激光器中使用的标准具设计工作已经完成，设计参数都比较适中，因此在技术实现上也没有太大的困难。在例 9.2 中的荧光线宽 $\Delta\nu_D \approx 1\times10^{11}\text{Hz}$ 相当于波长范围 $\Delta\lambda \approx 0.3\text{nm}$，对于多谱线的增益介质，其辐射波长范围比 $\Delta\lambda \approx 0.3\text{nm}$ 会大很多，因此要求标准具的厚度更小，工艺上难以实现，在这种情况下人们使用色散棱镜实现对激光波长的选择，通过例 9.3 来说明用棱镜选择激光器工作波长的具体设计方法。

例 9.3 已知石英玻璃在可见光波段的折射率随波长的变化可以写成 $n = 0.0264\lambda^{-1} + 1.3781 + 0.0788\lambda - 0.0316\lambda^2$，其中，$\lambda$ 的单位为 μm。氩离子激光器在 $\lambda = 0.4880\mu\text{m}$ 附近的激光波长还有 $\lambda_1 = 0.4765\mu\text{m}$ 和 $\lambda_2 = 0.4965\mu\text{m}$，为了使激光器工作在 $\lambda = 0.4880\mu\text{m}$，设计一个腔内石英玻璃棱镜，利用这个棱镜的色散作用抑制相邻波长的振荡。

解 (1)石英玻璃对于这三个波长光波的折射率分别为

$$n = 1.4631, n_1 = 1.4639, n_2 = 1.4626$$

(2)为了保证棱镜插入后谐振腔的低损耗，应该将棱镜的入射角设计成 $\lambda = 0.4880\mu\text{m}$ 波长激光的布儒斯特角 β_B，在此条件下激光光强的理论透射率为100%，据此：

$$\beta_B = \tan^{-1} n = 0.971\text{rad}$$

激光在石英玻璃中的折射角为

$$\beta_B' = 0.600\text{rad}$$

为了使激光以布儒斯特角从棱镜出射，棱镜的顶角应该设计成：

$$\phi = 2\beta_B' = 1.199\text{rad}$$

激光器装置如图 9.10 所示，平面反射镜与波长为 λ 激光光线垂直，将激光沿原路反射回谐振腔。由图可见波长为 λ_1 和 λ_2 的激光通过棱镜的出射角与波长 λ 激光不同，因此它们不能被反射回原光路，也就不能在激光器中振荡。但是激光器的反射光线允许一定的角度误差，如果 λ_1 和 λ_2 的激光出射的角度偏差太小，这种方案也不能完全抑制 λ_1 和 λ_2 的激光振荡，所以接下来继续讨论 λ_1 和 λ_2 的激光相对于 λ 激光的偏角是多大。

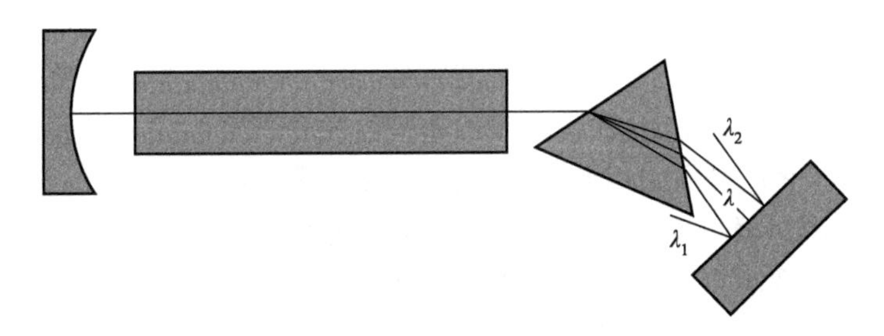

图 9.10　在激光器谐振腔中放置一个棱镜后的光路

(3) 利用简单的几何关系，可以推导得出激光入射角 β_{in} 和出射角 β_{out}（图 9.11）的关系式：

$$\beta_{\text{out}} = \sin^{-1}\left\{n\sin\left[\phi - \sin^{-1}\left(\frac{\sin\beta_{\text{in}}}{n}\right)\right]\right\}$$

$$\frac{\mathrm{d}\beta_{\text{out}}}{\mathrm{d}n} = \left\{1 - n^2\sin^2\left[\phi - \sin^{-1}\left(\frac{\sin\beta_{\text{in}}}{n}\right)\right]\right\}^{-1/2}$$
$$\times\left\{\sin\left[\phi - \sin^{-1}\left(\frac{\sin\beta_{\text{in}}}{n}\right)\right] + \cos\left[\phi - \sin^{-1}\left(\frac{\sin\beta_{\text{in}}}{n}\right)\right]\frac{\sin\beta_{\text{in}}/n}{\sqrt{1+\left(\sin\beta_{\text{in}}/n\right)^2}}\right\}$$

将 $\beta_{\text{in}} = \beta_{\text{B}}$，$\phi = 2\beta'_{\text{B}}$，$\sin\beta_{\text{in}} = n\sin\beta'_{\text{B}}$ 和 $\tan\beta_{\text{in}} = n$ 代入上式可得

$$\mathrm{d}\beta_{\text{out}} = 2\mathrm{d}n$$

因此 $\lambda_1 = 0.4765\mu\text{m}$ 和 $\lambda_2 = 0.4965\mu\text{m}$ 通过棱镜后的出射光相对于 $\lambda = 0.4880\mu\text{m}$ 激光的角度偏移量 $\Delta\beta_{\text{out1}}$ 和 $\Delta\beta_{\text{out2}}$ 为

$$\Delta\beta_{\text{out1}} = 2(n_1 - n) = 1.6\times10^{-3}\,\text{rad}$$

$$\Delta\beta_{\text{out2}} = 2(n_2 - n) = -1.0\times10^{-3}\,\text{rad}$$

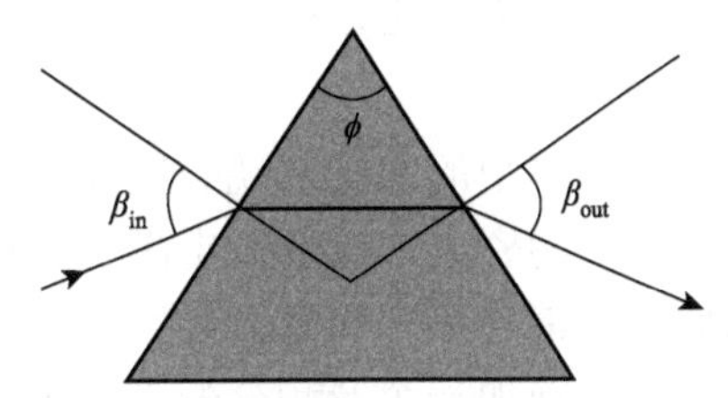

图 9.11　激光在棱镜中的光路示意图

因为图 9.10 中的平面镜将波长为 λ 的激光原路反射回谐振腔，λ_1 和 λ_2 的激光的平面镜反射光将以与入射方向夹角 $2\Delta\beta_{\text{out1}}$ 和 $2\Delta\beta_{\text{out2}}$ 的方向出射，根据例 11.1 的计算结果，激光器对于反射光的方向允许误差在 10^{-4} rad 的量级，所以通过在谐振腔内加入棱镜的方法可以抑制 $\lambda = 0.4880\mu\text{m}$ 附近相邻激光波长的振荡，当然也可以抑制不相邻波长的激光振荡，这样就完成了一个棱镜选频激光器的设计，在图 9.10 中调整平面镜的反射角度可以获得不同的激光波长振荡。由于这种方案的灵活性，棱镜选频方案多用于实验室中。商用激光器设计中人们总是

努力通过对多层介质薄膜进行适当的设计满足激光器选频的要求，例如，设计反射镜对某一个或几个激光波长高反射而对另外的波长高透射，从而达到抑制某些激光波长振荡的目的，这种用反射镜进行频率选择的激光器结构紧凑，工作更加稳定可靠。

9.3　激光器的稳频

在 9.1 节、9.2 节重点讨论了激光器模式控制，对于不同种类的激光器采用不同的措施以获得激光器的单模运转，但单模运转的激光器并不保证输出单频激光，由于环境振动，气体扰动或温度变化等原因引起激光器腔长或气体折射率的变化，根据 $\nu_s = sc/2nL$，这些因素都将引起激光器频率的变化，因此要获得稳定的单频激光输出，还必须对激光器施加稳频措施。实现激光器稳频的方法有多种，本节仅以兰姆凹陷稳频的 He-Ne 激光器为例，对激光稳频的实现进行讨论。

一台理想的 He-Ne 激光器输出光强随频率的变化曲线如图 8.13 所示，为了更加清楚起见将该图的凹陷部分放大如图 9.12 所示。

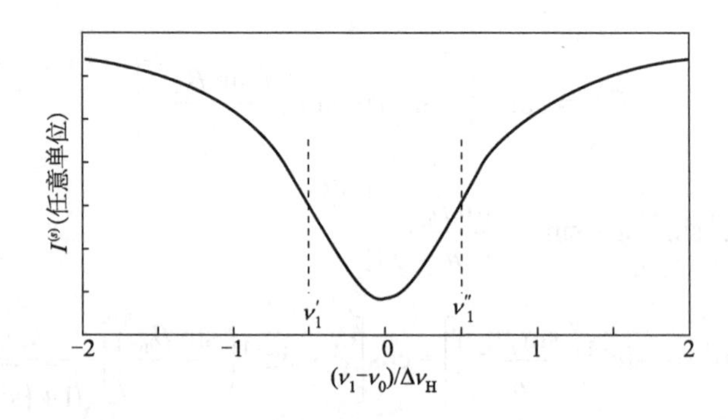

图 9.12　气体激光器输出光强的兰姆凹陷

激光频率在氖原子的中心频率 ν_0 处输出光强达到极小值，如果通过一定措施，使激光器输出光强稳定在极小值处，则很明显激光频率稳定在原子中心频率 ν_0 处，即实现了激光器稳频。

一个典型的稳频实现装置原理图示于图 9.13 中，He-Ne 激光器的两个反射镜之一安装在压电陶瓷上，改变压电陶瓷上所加电压可以改变激光器两个腔镜的距离，因此改变谐振腔的谐振频率和激光频率。为了能够检测激光频率是否等于原子中心频率 ν_0，在压电陶瓷上施加一个音频交变电压 V(又称调制电压)，如图 9.14(a)所示。调制电压引起激光频率在激光中心频率附近上下起伏，如图 9.14(b)所示。压电陶瓷上调制电压的变化周期 T 一般在亚毫秒至亚微秒量级，激光频率以相同周期 T 发生变化。设计压电陶瓷上调制电压的大小，使得激光频率的变化幅度在 $(10^{-4} \sim 10^{-3})\Delta\nu_H$ 的数量级，这样既可以得到易于检测的光强变化，又不至于由于调制的作用使激光频率在很大范围内起伏。图 9.14(c)、图 9.14(d)、图 9.14(e)分别表示出激光频率 $\nu_1 = \nu_1' < \nu_0$、$\nu_1 = \nu_0$ 和 $\nu_1 = \nu_1'' > \nu_0$ 情况下激光光强随时间的变化。

由图 9.14 可见，当激光频率 $\nu_1 < \nu_0$ 和 $\nu_1 > \nu_0$ 时，光强信号分别与频率调制信号以相同的周期T反相与同相变化；当$\nu_1=\nu_0$时，光强信号以$T/2$的周期变化。因此设计稳频控制电路，它能够根据光强信号的变化改变压电陶瓷的直流电压，将光强信号稳定在变化周期$T/2$的激光频率位置，此时激光频率$\nu_1=\nu_0$，因此获得稳定的激光频率。

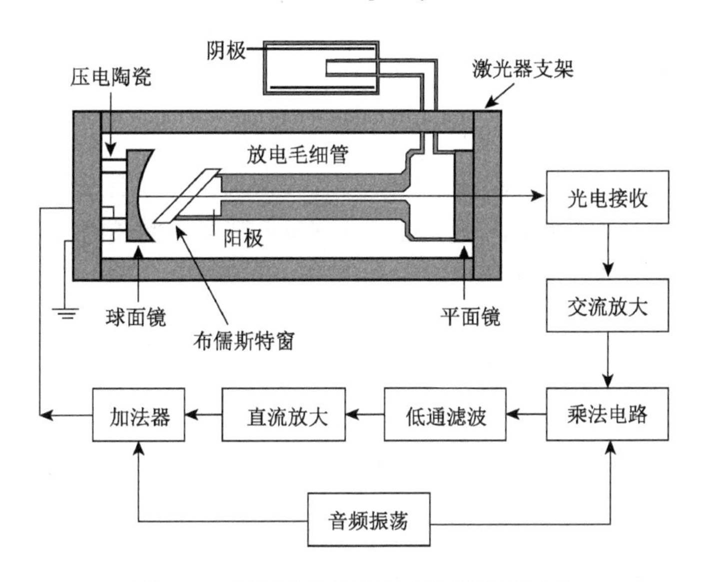

图 9.13　激光器兰姆凹陷稳频原理示意图

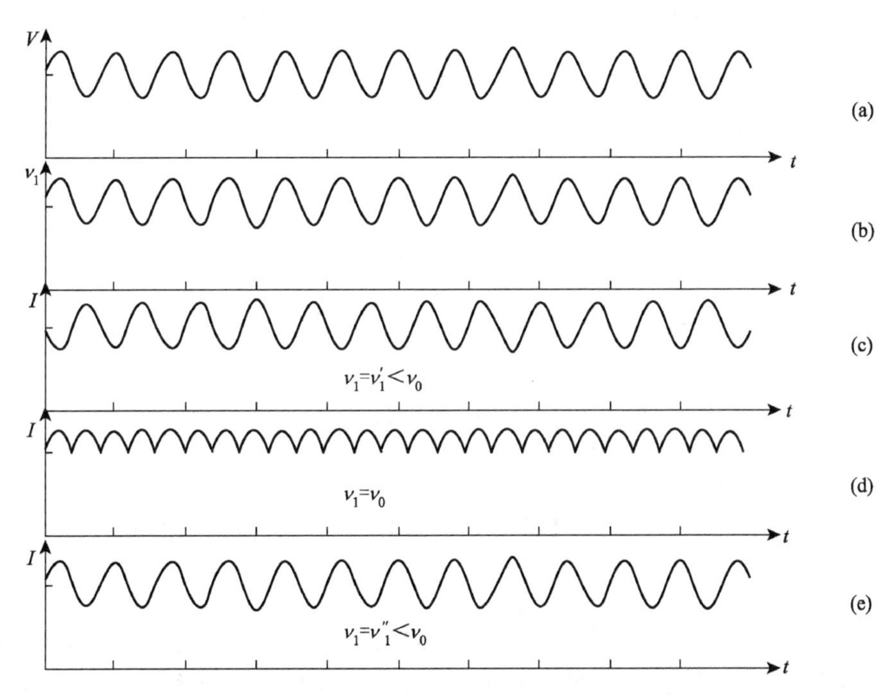

图 9.14　在压电陶瓷交变电压V的作用下，激光频率ν_1、激光光强I随时间的变化

在图 9.3 中激光器输出光强通过光电接收转换成电压信号，较弱的电信号经过交流放大器后交流信号被放大，直流信号被滤除，乘法电路将交流放大器的信号与音频调制信号进行乘法运算得到激光频率与原子中心频率的偏差信息，根据此信息对激光

器的腔长进行控制，实现激光振荡的频率稳定。以下用一些简单的数学推导来说明激光频率偏差信息的提取过程，这种数学推导也有利于读者以后对于更加复杂的情况进行定量分析。

假设在兰姆凹陷中心附近一个很小的范围内光强随频率的变化可用二次函数来近似：

$$I(\nu)=a(\nu-\nu_0)^2+I_0 \tag{9.7}$$

式中，I_0表示兰姆凹陷中心的极小值光强；a为二次项系数。因为在压电陶瓷上加了一个音频振荡的电压，该电压引起压电陶瓷的小抖动和激光器腔长的周期性变化，因此导致激光频率微小的周期性变化：

$$\begin{aligned}\nu&=s\frac{c}{2(L+\Delta L\sin\omega t)}\approx s\frac{c}{2L}\left(1-\frac{\Delta L}{L}\sin\omega t\right)\\&=\nu_1-\varepsilon\sin\omega t\end{aligned} \tag{9.8}$$

式中，s表示纵模级数；ω为音频信号频率；ν_1为激光中心频率；ε为激光频率抖动幅度，代入式(9.7)：

$$\begin{aligned}I(\nu)&=a(\nu_1-\nu_0-\varepsilon\sin\omega t)^2+I_0\\&=a(\nu_1-\nu_0)^2-2a(\nu_1-\nu_0)\cdot\varepsilon\sin\omega t+a(\varepsilon\sin\omega t)^2+I_0\end{aligned} \tag{9.9}$$

该信号与调制信号相乘：

$$I(\nu)\sin\omega t=a(\nu_1-\nu_0)^2\sin\omega t-2a(\nu_1-\nu_0)\cdot\varepsilon\sin^2\omega t+a(\varepsilon)^2\sin^3\omega t+I_0\sin\omega t$$

根据数学公式：

$$\sin^2\omega t=(1-\cos2\omega t)/2$$
$$\sin^3\omega t=(3\sin\omega t-\sin3\omega t)/4$$

可得

$$\begin{aligned}I(\nu_1)\sin\omega t=&\left[a(\nu_1-\nu_0)^2+I_0+3a(\varepsilon/2)^2\right]\sin\omega t-a(\varepsilon/2)^2\sin3\omega t\\&+a(\nu_1-\nu_0)\varepsilon\cos2\omega t-a(\nu_1-\nu_0)\varepsilon\end{aligned} \tag{9.10}$$

上述光强信号通过低通滤器，频率不为零的信号被滤除，则滤波器的输出信号：

$$A(\nu_1)=-a(\nu_1-\nu_0)\varepsilon \tag{9.11}$$

该信号强度与激光频率偏离原子中心频率的偏移量成正比，它可以用作压电陶瓷的控制电压，调整压电陶瓷的伸长，使激光频率稳定在原子的中心频率。例如，当$\nu_1-\nu_0>0$时，$A(\nu_1)<0$，该电压使压电陶瓷缩短，激光器腔长增加，激光频率向着ν_0移动；同理，当$\nu_1-\nu_0<0$时，$A(\nu_1)>0$，该电压使压电陶瓷伸长，激光器腔长减小，激光频率也向着ν_0移动；只有当$\nu_1-\nu_0=0$时，$A(\nu_1)=0$。因此控制激光器腔长维持$A(\nu_1)=0$，激光频率也就维持在ν_0不变，实现了激光器输出频率的稳定。

以上讨论的稳频方案以激光器发光原子的中心频率为参考频率基准，利用激光器在原子中心频率处输出光强的兰姆凹陷进行激光频率控制，因此又称作兰姆凹陷稳频，这种稳频方案用于 He-Ne 激光器 632.8nm 的激光波长可实现频率稳定度 $\Delta\nu/\nu_0 \approx 10^{-9}$ 。为了进一步提高激光的频率稳定性，可以选用辐射均匀加宽更小的其他原子的特征频率作为参考基准，例如，对于 He-Ne 激光器 632.8nm 激光波长可以利用碘同位素蒸汽分子的某个吸收线作为频率基准，在激光器制作时把碘吸收室置入激光器中，如图 9.15 所示。

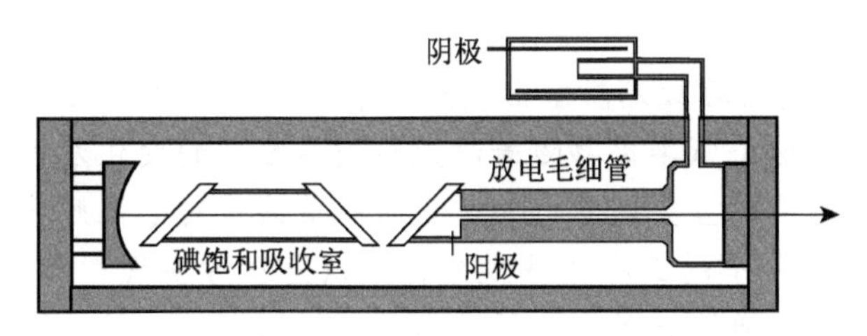

图 9.15　吸收介质置于激光器谐振腔中

当激光频率在碘分子的中心频率 ν_{I2} 附近时，吸收系数降低(与兰姆凹陷同样的原理)，因此激光输出在碘分子中心频率点附近有一个凸起，如图 9.16 所示。可以用与兰姆凹陷稳频相似的方法，将激光频率稳定在碘蒸汽的中心频率附近，由于碘蒸汽的吸收线具有更小的均匀加宽线宽，并且碘吸收室不受激光器放电的影响，因此其中心频率具有更好的稳定性，用碘饱和吸收实现稳频的 He-Ne 激光器频率稳定性可达 10^{-12}～10^{-11}，频率再现性可达到 10^{-11} 。

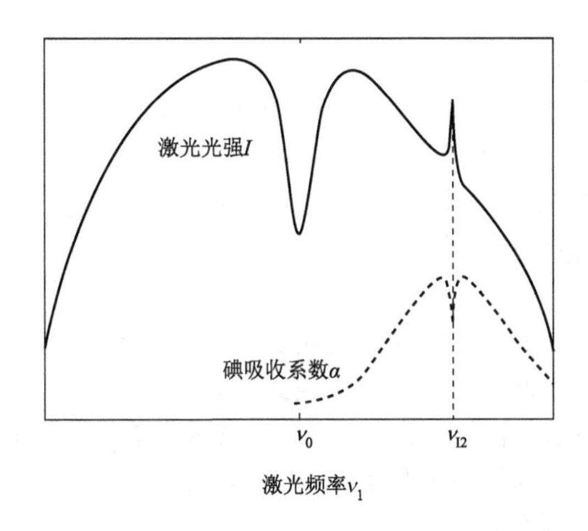

图 9.16　激光光强 I 与碘蒸汽对激光的吸收系数 α 随着激光频率的变化曲线

实线表示激光光强；虚线表示碘蒸汽的吸收系数

讨论与思考

读者观察图 9.16 不难发现，碘分子吸收系数的中心频率 ν_{I2} 与激光增益曲线的中心并不重合，ν_{I2} 位于增益曲线的近乎线性位置，因此在频率点 ν_{I2} 附近光强随着频率变化的函数关系变成一个二次函数与一个线性函数叠加的形式：

$$I(\nu)=a(\nu-\nu_{I2})^2+b(\nu-\nu_{I2})+I_0 \tag{9.12}$$

重复式(9.8)～式(9.11)的推导过程可得：

$$A(\nu_1)=-\left[a(\nu_1-\nu_{I2})+\frac{1}{2}b\right]\varepsilon \tag{9.13}$$

或者写成

$$A(\nu_1)=-a(\nu_1-\nu_{I2}+\chi)\varepsilon,\quad \chi=b/2a \tag{9.14}$$

由式(9.14)可见，稳频后激光器输出激光的中心频率 ν_1 将和碘分子的中心频率 ν_{I2} 有一个频率偏移 χ，而且这个频率偏移随着激光器增益参数的变化发生变化，这是阻碍激光器高性能稳频激光输出的重要因素，为了克服增益曲线对于高频率稳定度的困扰，工程师们通常提取光强信号中的三次谐波成分作为误差信号实现稳频，也就是将 $I(\nu_1)$ 与 $\sin 3\omega t$ 相乘，然后通过低通滤波器提取稳频信号，能够有效消除这种频率偏移，详细分析过程读者可以尝试自行完成。

习 题

9.1 已知一台 Nd^{3+} 片上激光器的增益介质折射率 $n=1.8$，激光器腔长 $L=3\text{mm}$，激光反射镜直接镀制在两个端面上，反射率分别为 0.995 和 0.98，假设介质的增益线型为洛伦兹线型，增益的频率带宽为 5THz。

(1) 计算纵模间隔；

(2) 计算临界增益系数；

(3) 假设介质为均匀加宽，计算紧邻中心频率的模式增益与中心频率模式增益的比例，并以百分数的形式表示，你认为这个激光器会单模运转吗？

9.2 已知一台氩离子激光器的激光腔长 $L=1\text{m}$，介质折射率为 1，增益线型为非均匀加宽的高斯线型，增益线型的半高宽 $\Delta\nu_D=3.5\text{GHz}$，计算：

(1) 计算纵模间隔；

(2) 激发度等于 2 时，激光器中振荡的模式数；

(3) 激发度等于 5 时，激光器中振荡的模式数。

9.3 在第 9.2 题中的激光腔中插入一个标准具进行选模，激光在标准具表面上接近垂直入射($\theta\approx 0$)，标准具的材料为折射率 $n=1.46$ 的石英玻璃，厚度 $d=5\text{mm}$，标准具两个端面镀制 $R=0.99$ 的反射薄膜。

(1) 计算标准具的纵模间隔；

(2) 计算标准具的精细度和模式线宽；

(3) 这个标准具能满足在激光器中选择一个模式的要求吗？

(4) 如果激光在标准具表面的入射角 $\theta'=40°$，计算标准具模式的频率间隔(θ' 的含义见图 9.8)。

9.4 已知 He-Ne 激光器的增益线型为高斯线型，其半高宽 $\Delta\nu_D=1.5\text{GHz}$，He-Ne 气

体的折射率 $n\approx1$，如果激光器的激发度等于 2，激光器的腔长等于多少才能保证激光器单纵模运转。

9.5　已知一台 He-Ne 激光器的腔长 $L=25\text{cm}$，发射波长 $\lambda=632.8\text{nm}$，激发度等于 2。

(1) 激光器中可能有多少模式运转？

(2) 由于材料的热胀冷缩，在温度变化下激光器腔长会发生变化，计算 L 变化多少时 $s\pm1$ 阶纵模会移动到原来 s 阶纵模的位置(分别用长度的绝对变化和相对变化表示)？

(3) 激光器中振荡的模式数目会发生变化吗？

9.6　用图题 9.6 所示的复合腔也可以实现纵模选择，试述复合腔的选模机理；在图示两种复合腔中 l_1 和 l_2 分别如何选取？

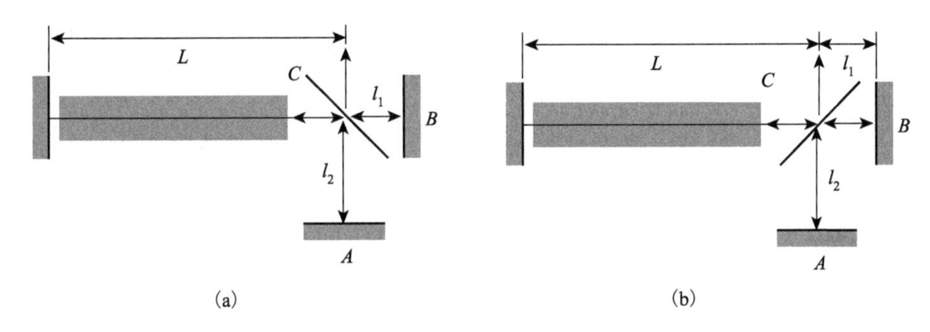

图题 9.6

第 10 章　脉冲激光器

到目前为止，讨论仅限于连续波激光器，连续波激光在稳频控制条件下可以输出频谱宽度很窄的激光，适用于高频率稳定性要求的应用，如激光光谱、激光干涉测量仪、激光通信等。而一些其他的应用要求短时间脉冲激光，例如，在激光手术中，用脉冲激光切除生物组织，由于脉冲持续时间很短，热量来不及扩散，因此，激光手术对于被切除生物组织之外的细胞没有影响，而实现对周围组织的最小损伤。在受控激光热核聚变工程中，人们将接近 2×10^6 J 的脉冲激光能量在约为 10^{-9} s 的时间内释放到毫米大小的氘靶上，产生 10^8 ℃的高温和 10^{16} Pa 的压强，由此模拟太阳环境产生氘核聚变，为人类提供新的能源。

实现脉冲激光的主要技术路线有激光器 Q 开关方法和激光器锁模方法，本章将分别就这两种方法的理论和技术进行讨论。

10.1　Q 开关激光器理论

图 10.1 示出激光器开机过程中粒子数反转和激光光强随时间的变化，在激光器开机的瞬间，激光器的泵浦速率从 0 上升到一个稳定值，但是粒子数反转不能迅速上升，根据式(6.16)，$\Delta n(t)=\mathcal{R}\tau_2\left(1-\mathrm{e}^{-t/\tau_2}\right)$，粒子数反转将随着时间较缓慢地增加，如图 10.1(b)所示，当 $\Delta n(t)\geqslant\Delta n_{\mathrm{th}}$ 时，激光在激光器中净增益大于 0，激光场开始建立，根据例题 5.1 的结论，激光模式中的光子数很少，因此激光光强很弱，激光受激辐射消耗的粒子数反转可以忽略，粒子数反转继续增加。随着激光光强的不断增加，受激辐射速率增加，粒子数反转开始减小，这时激光器的粒子数反转仍然大于临界粒子数反转，激光光强继续增加，当 $\Delta n(t)$ 减小到 Δn_{th} 时，激光光强不再增加，达到极大值，之后，$\Delta n(t)<\Delta n_{\mathrm{th}}$，激光增益小于 0，激光开始熄灭。激光光强减小到一定程度之后，粒子数反转又开始积累，下一个脉冲过程开始，在经历了有限次这种脉冲振荡过程之后，激光器工作趋于稳定，输出稳定的激光，这种开机振荡过程又称为激光器的弛豫振荡。

从弛豫振荡现象可以推断，激光器中的粒子数反转 $\Delta n(t)$ 总是被钳制在临界粒子数反转 Δn_{th} 附近，因为 $\Delta n(t)$ 一旦超过 Δn_{th}，激光振荡就不可避免地会发生，这种激光振荡消耗粒子数反转以获得能量。对于脉冲激光器总是以获得高脉冲能量和短脉冲宽度为目标，而大的粒子数反转意味着高能量存储，有利于获得高脉冲能量。为了获得大的粒子数反转，必须抑制激光振荡的发生，这就是激光器的 Q 开关技术。顾名思义，Q 开关是一种开关，就像常用的电开关，它切换电路的电阻的 Ω 状态，如电路从开到关，也就是电阻 Ω 从 0 到 ∞ 的状态切换，因此日常用的电开关可称作 Ω 开关，由此控制电路中电器不同工作状态的转换；那么现在讲的 Q 开关就是将激光器的 Q 值进行高低切换，由此控制激光振荡与不振荡状态的转换。

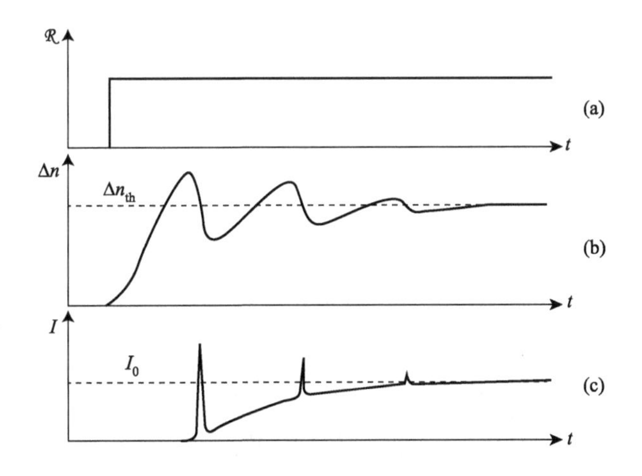

图 10.1　激光器开机过程中粒子数反转和激光光强随时间的变化

为了讨论方便，重新写出式(2.33)和式(7.14)如下：

$$Q = \nu/\delta\nu = 2\pi\nu\tau_R$$

$$\tau_R = \frac{1}{cg_{th}} = \left(c\alpha + \frac{c}{2L}\ln\frac{1}{R_1R_2}\right)^{-1}$$

根据粒子数反转和增益系数的关系式(5.56)， $g = \sigma\Delta n$ ，可知：

$$\Delta n_{th} = \frac{g_{th}}{\sigma} = \frac{1}{c\sigma\tau_R} = \frac{2\pi}{\lambda\sigma Q} \tag{10.1}$$

根据式(10.1)，临界粒子数反转与谐振腔的 Q 值成反比，因此如果降低谐振腔的 Q 值，提高临界粒子数反转，就可以有效地抑制激光振荡，使得激光器中能够获得更大的粒子数反转，在粒子数反转积累到一定程度后，迅速增加激光器的 Q 值，这时激光器中的粒子数反转几倍于临界粒子数反转，在受激辐射放大的作用下激光场迅速建立，粒子数反转中存储的能量转换成激光能量使激光器输出高能量的激光脉冲。这种实现 Q 值快速变化激光器称为 Q 开关激光器，其相应的技术称为 Q 开关技术(在许多文献中又称为调 Q 技术，相应的激光器称为调 Q 激光器，激光脉冲称为调 Q 脉冲)。

为了讨论 Q 开关激光器中激光光强和粒子数反转的变化规律，重新写下四能级增益介质激光器中粒子数反转与激光光强的时间变化方程(7.15)：

$$\begin{cases}\dfrac{d\Delta n}{dt} = \mathcal{R} - \Delta n\left(\dfrac{\sigma I}{h\nu_1} + \dfrac{1}{\tau_2}\right)\\[2ex]\dfrac{dI}{dt} = c\sigma\Delta n I - \dfrac{I}{\tau_R}\end{cases}$$

由于 Q 开关激光器激光脉冲持续时间在 ns 量级，而在这样短时间内激光下能级的粒子数不能有效地向更低的能级跃迁而被抽空，每一次受激辐射跃迁激光上能级粒子数减少一个而激光下能级的粒子数增加一个，总粒子数反转减少两个，因此对于脉冲激光器如上速率方程组修正为

$$\begin{cases} \dfrac{\mathrm{d}\Delta n}{\mathrm{d}t} = \mathcal{R} - 2\Delta n \dfrac{\sigma I}{h\nu_1} - 2\dfrac{\Delta n}{\tau_2} \\ \dfrac{\mathrm{d}I}{\mathrm{d}t} = c\sigma \Delta n I - \dfrac{I}{\tau_{\mathrm{R}}} \end{cases} \tag{10.2}$$

一般而言，在激光脉冲形成后，激光器中光强很强，脉冲持续时间很短，使得在激光脉冲的持续时间之内，式(10.2)中受激辐射项远大于泵浦项和自发辐射项，作为合理近似，忽略式(10.2)中的$\mathcal{R}$和$\Delta n/\tau_2$项得到微分方程组如下：

$$\begin{cases} \dfrac{\mathrm{d}\Delta n}{\mathrm{d}t} = -2\Delta n \dfrac{\sigma I}{h\nu_1} = -2\dfrac{\Delta n}{\Delta n_{\mathrm{th}}} \dfrac{I}{h\nu_1 c\tau_{\mathrm{R}}} \\ \dfrac{\mathrm{d}I}{\mathrm{d}t} = c\sigma \Delta n I - \dfrac{I}{\tau_{\mathrm{R}}} = \left(\dfrac{\Delta n}{\Delta n_{\mathrm{th}}} - 1\right)\dfrac{I}{\tau_{\mathrm{R}}} \end{cases} \tag{10.3}$$

式中，$\Delta n_{\mathrm{th}} = 1/(c\sigma\tau_{\mathrm{R}})$表示临界粒子数反转。在方程组(10.3)中消去时间参量t得

$$\frac{\mathrm{d}I}{\mathrm{d}\Delta n} = -\frac{1}{2}\left(1 - \frac{\Delta n_{\mathrm{th}}}{\Delta n}\right) h\nu_1 c \tag{10.4}$$

对上式积分可得

$$I = I_0 + \frac{1}{2} h\nu_1 c \left(\Delta n_0 - \Delta n + \Delta n_{\mathrm{th}} \ln\frac{\Delta n}{\Delta n_0}\right) \tag{10.5}$$

式中，Δn_0为初始粒子数反转；I_0为初始激光光强。激光光强I随粒子数反转Δn的变化曲线示于图 10.2 中。

1. 峰值光强

为了计算峰值光强，令式(10.4)等于零，可得$\Delta n = \Delta n_{\mathrm{th}}$，代入式(10.5)所得光强即为$Q$开关激光器的峰值光强：

$$I_{\max} = I_0 + \frac{1}{2} h\nu c \left(\Delta n_0 - \Delta n_{\mathrm{th}} + \Delta n_{\mathrm{th}} \ln\frac{\Delta n_{\mathrm{th}}}{\Delta n_0}\right)$$

由于I_0很小，可以忽略，上式简写为

$$I_{\max} = \frac{1}{2} h\nu c \Delta n_0 \left(1 - \frac{\Delta n_{\mathrm{th}}}{\Delta n_0} - \frac{\Delta n_{\mathrm{th}}}{\Delta n_0} \ln\frac{\Delta n_0}{\Delta n_{\mathrm{th}}}\right) \tag{10.6}$$

在式(10.6)括号中第一项为常数，第二项当初始粒子数反转远大于临界粒子数反转时趋近于零，第三项写成$\ln x/x$的形式。从数学理论知道，当$x \gg 1$时，$\ln x/x \to 0$，所以在初始粒子数反转很大的条件下，$I_{\max} = h\nu c\Delta n_0/2$，即峰值光强随$\Delta n_0$线性增长。

2. 脉冲能量

将光强与粒子数反转的函数关系(10.5)绘于图 10.2 中，设初始时刻光强为I_0，初始粒子数反转$\Delta n_0/\Delta n_{\mathrm{th}}$=1。随着粒子数反转的减小，光强增加，正如前面分析那样，当$\Delta n = \Delta n_{\mathrm{th}}$时，光强达到最大值，之后随着粒子数反转的继续减小，光强也减小，最后光强减小至初

始光强I_0，称此时的粒子数反转值Δn_F为终态粒子数反转。将Δn_F与I_0的上述关系代入式(10.5)得

$$\frac{\Delta n_F}{\Delta n_0}=1+\frac{\Delta n_{th}}{\Delta n_0}\ln\frac{\Delta n_F}{\Delta n_0} \tag{10.7}$$

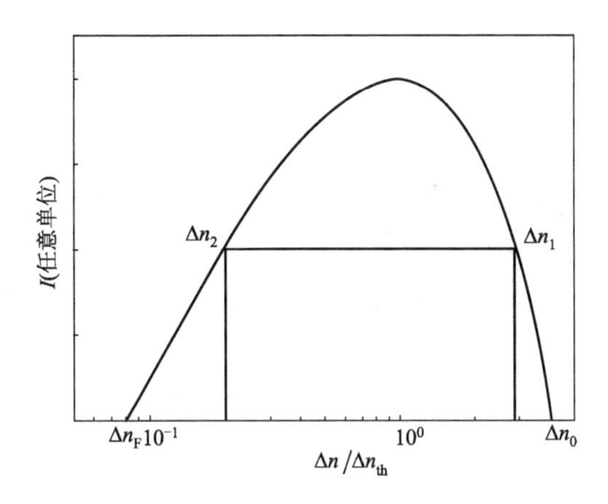

图 10.2　脉冲激光器的光强随着激光器粒子数反转的变化

计算中使用$\Delta n_0/\Delta n_{th}=4$

从式(10.7)看到$\Delta n_F/\Delta n_0$只是激发度$\Delta n_0/\Delta n_{th}$的函数，由数值计算结果将式(10.7)作函数曲线如图 10.3 所示。

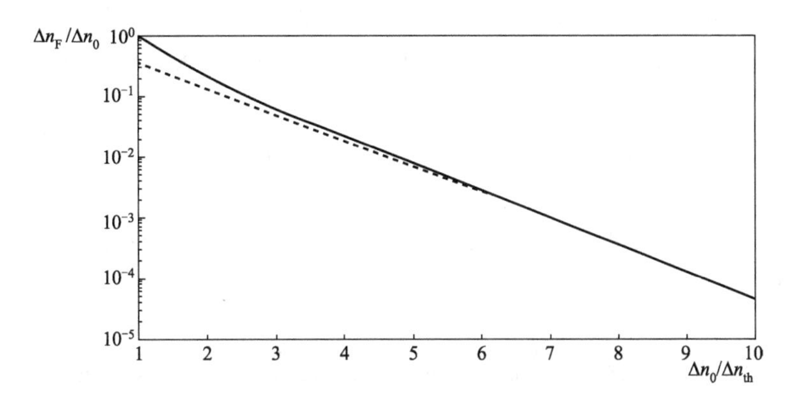

图 10.3　终态粒子数反转随着激发度$\eta=\Delta n_0/\Delta n_{th}$的增加而下降

实线表示由式(10.7)计算的终态粒子数反转；虚线表示$\Delta n_F/\Delta n_0=e^{-(\Delta n_0/\Delta n_{th})}$的近似计算结果，当$\Delta n_0/\Delta n_{th}>4$时，二者基本重合

当激发度增加时，终态粒子数反转下降，假设激光器的光强透射率为T，非透射损耗为δ，则激光器输出能量占激光器内总能量的比例为$T/(T+\delta)$，粒子数反转中的储能转化为激光脉冲能量E_{pulse}，假设增益介质体积为V，则有

$$E_{pulse}=\frac{T}{2(T+\delta)}h\nu(\Delta n_0-\Delta n_F)V \tag{10.8}$$

从图 10.3 可以看到，当$\Delta n_0\geqslant 4\Delta n_{th}$时，$\Delta n_F\leqslant\Delta n_0\times 2\%$，在大激发度的条件下，忽

略 Δn_F，激光脉冲的能量近似写成

$$E_{pulse}=\frac{1}{2}h\nu\Delta n_0 V\frac{T}{\delta+T} \tag{10.9}$$

它是初始粒子数反转的线性函数，储存在原子中的能量最大限度地转化成激光脉冲的能量。

3. 脉冲宽度

对于一个激光脉冲，定义激光光强从峰值光强的 1/2 开始增加至峰值光强再降低至峰值光强的 1/2 所需要的时间。在图 10.2 中脉冲光强上升至 1/2 峰值光强时的粒子数反转为 Δn_1，下降至 1/2 峰值光强时粒子数反转为 Δn_2。在式(10.5)中令 $I=I_{max}/2$，则从方程(10.5)求解 Δn 可得 Δn_1 和 Δn_2，将微分方程组(10.3)的第一个方程对 Δn 从 Δn_1 到 Δn_2 求定积分，可得激光脉冲宽度：

$$\tau_{pulse}=t_2-t_1=-h\nu c\tau_R\int_{\Delta n_1}^{\Delta n_2}\frac{\Delta n_{th}}{2I\Delta n}\mathrm{d}\Delta n \tag{10.10}$$

由于在考查的时间范围 τ_{pulse} 内，光强变化范围为 $\left[\frac{1}{2}I_{max},I_{max}\right]$，作为近似估计，在式(10.10)积分中分别用式(10.6)表示的 I_{max} 和 $I_{max}/2$ 代替 I，可得

$$\tau_R\frac{1}{\dfrac{\Delta n_0}{\Delta n_{th}}-1-\ln\dfrac{\Delta n_0}{\Delta n_{th}}}\ln\frac{\Delta n_1}{\Delta n_2}<\tau_{pulse}<2\tau_R\frac{1}{\dfrac{\Delta n_0}{\Delta n_{th}}-1-\ln\dfrac{\Delta n_0}{\Delta n_{th}}}\ln\frac{\Delta n_1}{\Delta n_2} \tag{10.11}$$

图 10.2 是激发度 $\Delta n_0/\Delta n_{th}=4$ 的计算结果，将图中的结果代入式(10.11)可知，$1.6\tau_R<\tau_{pulse}<3.3\tau_R$。一般而言，$\tau_{pulse}$ 与 τ_R 具有相同数量级，因此在不作精确计算的情况下，经常用 τ_R 对 Q 开关激光器的激光脉冲时间宽度作粗略估计。

至此，从粒子数反转时间变化方程和激光器腔内光强时间变化方程求解得到激光脉冲的峰值功率，光脉冲能量和脉冲的时间宽度等。接下来继续讨论如何用 Q 开关技术实现激光器的脉冲输出。

10.2 Q 开关激光器产生激光脉冲的过程

Q 开关技术本质上是抑制激光发光的措施，在激光器运转的初期，控制激光器处于低 Q 值的状态，如图 10.4 所示，在激光泵浦的作用下，粒子数反转不断增加，但由于激光器处于高阈值粒子数反转(低 Q 值)状态，因此激光振荡被抑制，泵浦能量以增加粒子数反转的形式不断积累。当粒子数反转达到一个较高值时，控制激光器谐振腔由低 Q 值转换到高 Q 值状态，阈值粒子数反转下降到一个较低的水平，粒子数反转大于阈值粒子数反转，激光振荡条件得到满足。由于在 Q 值增加的瞬间，激光器内没有激光振荡存在，根据式(10.3)，$\mathrm{d}I/\mathrm{d}t=0$，似乎激光场不能建立，而实际上由于增益介质的自发辐射作用，在激光器的谐振腔模式中总会有少量的杂散光子，这些光子可以在激光腔中多次往返被放

大形成激光振荡，从这些杂散光子到在激光器中建立起激光振荡的过程大约需要 10～30ns，这个时间也称为脉冲建立时间，而典型的激光脉冲时间宽度为 10ns 量级。

图 10.4 中的激光器 Q 开关过程只输出一个激光脉冲，因为在脉冲之后泵浦不再存在，粒子数反转不能再积累。图 10.5 表示 Q 开关激光器的另一种情况，由于使用连续泵浦，粒子数反转在激光脉冲之后得到恢复，通过重复开关激光器的 Q 值，可以得到激光脉冲序列。从式(6.16)和图 6.3 可知，粒子数反转恢复的时间常数约为激光上能级粒子的寿命 τ_2 的 2～4 倍，对于连续泵浦的 Q 开关激光器，其脉冲时间间隔 $t_{\text{pulse}} \approx (2\sim4)\tau_2$。原因如下：当 $t_{\text{pulse}} < (2\sim4)\tau_2$ 时，下一个激光脉冲建立的时候粒子数反转还未来得及恢复，因此激发度较低，不能获得最大激光脉冲能量和峰值功率；当 $t_{\text{pulse}} > (2\sim4)\tau_2$ 时，由于粒子数反转已经达到其最大值而不能继续增加，外界输入的额外泵浦能量由于上能级粒子的自发辐射而耗散，因此不能对激光脉冲能量产生有效贡献而成为一种能量损失。由上述分析，Q 开关脉冲的最佳重复时间 $t_{\text{pulse}} \sim (2\sim4)\tau_2$ 较为合理。对于 Nd：YAG 激光器，$\tau_2 \sim 0.23\times10^{-3}$，$Q$ 开关激光器的脉冲重复频率约为 $(1\sim2)\text{kHz}$，如图 10.5 所示。

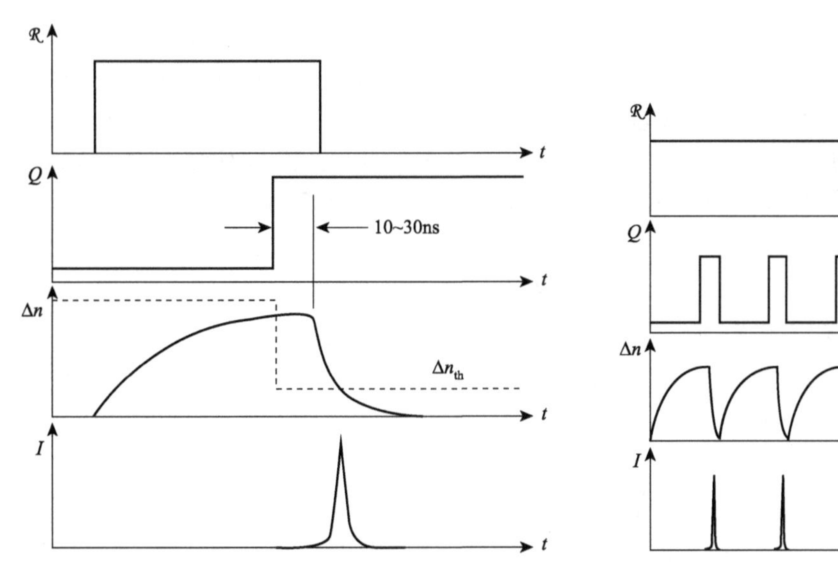

图 10.4　Q 开关激光器的粒子数反转和激光光强随时间的变化

图 10.5　在重复脉冲 Q 开关激光器中的粒子数反转和激光光强随时间的变化

10.3　激光器 Q 开关实现方法

在实际应用中有多种实现激光器 Q 开关的方法，每种方法都有其特点，下面介绍四种常用的方法。

1. 转镜 Q 开关

如图 10.6 所示的一台平凹腔激光器，当在转动的作用下平面镜发生倾斜时，光线在激光腔内被倾斜反射镜反射后逸出，相当于一个反射镜的反射率为零，增加了激光在谐振腔中传输的损耗，激光器处于低Q值状态，激光振荡被抑制。随着反射镜继续转动，当旋转反射镜再次转动到反射面法线与激光器光轴重合时，激光器处于高Q值状态，同时激光增益介质中积累了远大于Δn_{th}的粒子数反转，激光振荡迅速建立，储存在激光增益介质中的能量转化成激光脉冲能量，激光器输出一个光脉冲。

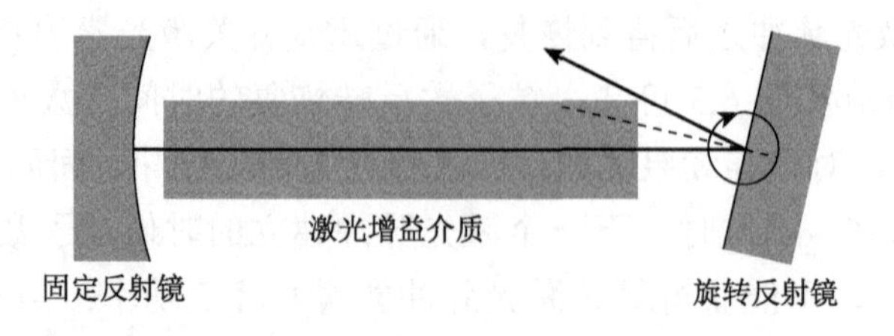

图 10.6　转镜Q开关激光器示意图

由于受到机械转动速度的限制，转镜Q开关方案的开关时间较长，通常认为转镜Q开关为慢开关。对于常用的平凹稳定腔激光器，通过一个例子计算平面镜的倾斜角调整要求，并且以此讨论用转镜方法实现Q开关方案的开关时间。

例 10.1　已知一台激光器的发光波长$\lambda = 694\text{nm}$，由平凹反射镜谐振腔构成，其凹面镜曲率半径为$r = 1\text{m}$，腔镜距离$L = 0.25\text{ m}$，假设凹面镜处于准确调整状态，腔镜的直径$D = 2\text{ mm}$，试估计平面镜的调整要求。

解　设平面镜的倾斜角为β，平面镜与球面镜形成新的谐振腔，新谐振腔的光轴OA与两个镜面中心连线的夹角为β，O为球面镜的球心，如图 10.7 所示，A点偏离球面镜中心B的距离为

$$a = \beta r$$

A点到球面镜边缘的距离为

$$b = (D/2) - \beta r \tag{10.12}$$

根据式(3.41)和式(3.42)：

$$w_0 = \sqrt{\frac{L\lambda}{\pi}\sqrt{\frac{r}{L} - 1}} = 0.31\text{mm}$$

$$w(L) = w_0\left(1 + \frac{L^2}{f^2}\right)^{1/2} = w_0\left[1 + \frac{1}{(r/L) - 1}\right]^{1/2} = 0.36\text{mm}$$

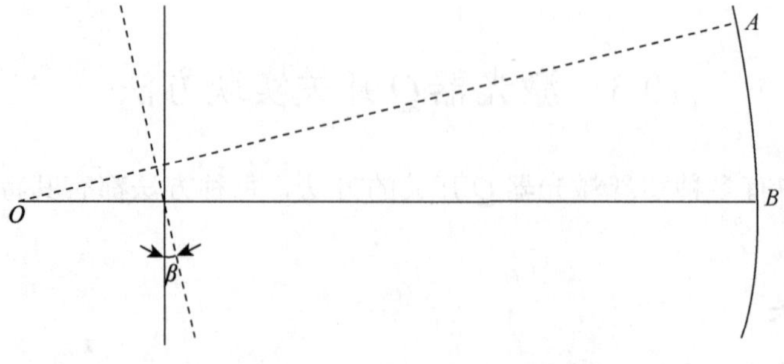

图 10.7　平凹镜组成的激光谐振腔

倾斜的平面镜与凹面镜形成的实际谐振腔光轴偏离激光镜的中心

认为当 A 点到球面镜边缘的距离等于球面镜上光斑半径时平面镜的倾斜角 β 为平面镜调整的最大允许误差，由式(10.12)：

$$\beta = \frac{(D/2) - w(L)}{r} = 6.4 \times 10^{-4}\,\text{rad}$$

这是平凹腔激光器所允许的平面镜最大倾斜角度。对于例 10.1 中所述转镜 Q 开关激光器，电机转速可达 $\omega = 10^4\,\text{r/min}$，激光器的 Q 值上升时间约为 $\beta/\omega = 600\text{ns}$，相对于脉冲建立时间 10 ~ 20ns 开关时间太长，容易产生多个激光脉冲，但由于其装置简单，在某些固体 Q 开关激光器仍在使用，如红宝石 Q 开关激光器。

2. 声光 Q 开关

图 10.8 表示一声光 Q 开关激光器原理图，将一个透明晶体置入激光器谐振腔中，用电声换能器在晶体中产生较强的纵向声波，声波造成晶体的折射率周期性变化，从而形成一相位光栅，光通过光栅后发生衍射，增大了光腔的损耗，降低了腔的 Q 值，阻止激光振荡的产生，当电声换能器被快速关闭时，晶体中的声波消失，激光器的 Q 值迅速增加产生激光脉冲。

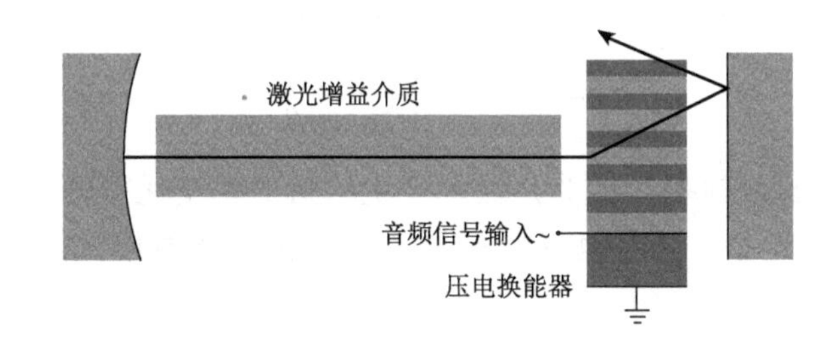

图 10.8　声光 Q 开关激光器原理图

声光衍射分为拉曼-纳斯(Raman-Nath)衍射与布拉格衍射两种情况。当声波频率较高，声光作用长度 L 较大，而且光波波矢与声波波面间以一定的角度斜入射时，光波在介质中要穿过多个声波阵面，这种声光衍射称为布拉格衍射。布拉格衍射的情况下光波在每个声波阵面上都会有部分光反射，当所有部分反射光相干加强时，光波能量将转移到该反射方向上。当声波频率较低，声光作用长度 L 较小时，光波在介质中传播不能通过多个声波阵面，由于晶体中声波场作用，晶体的折射率周期性变化，声光晶体相当于一个相位光栅，激光通过晶体后发生衍射，这就是拉曼-纳斯衍射，光波的能量较多地集中在零级上，衍射效率较低，因此，声光 Q 开关激光器多使用布拉格衍射。

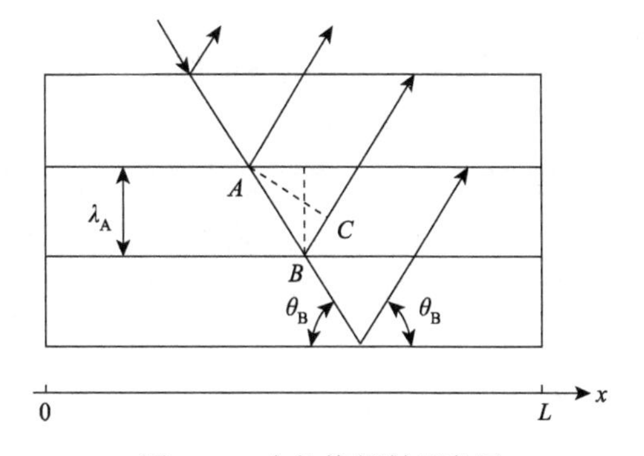

图 10.9　布拉格衍射示意图

不同界面的反射光出射后相干叠加

图 10.9 给出布拉格衍射的示意图，入射光在声波阵面上相继被反射，相邻反射光线的光程差为

$$\begin{aligned}\delta\varphi &= \frac{2\pi n}{\lambda}(AB+BC)\\ &= \frac{2\pi n}{\lambda}\frac{\lambda_A}{\sin\theta_B}\left[1+\cos(\pi-2\theta_B)\right]\\ &= \frac{2\pi n}{\lambda}\lambda_A 2\sin\theta_B\end{aligned}$$

式中，n为声光晶体的折射率；λ为光波真空波长；λ_A表示声波波长。相邻反射光干涉加强的条件为$\delta\varphi = s\cdot 2\pi$，对于一级极大，$s=1$，代入上式可得

$$\sin\theta_B = \frac{\lambda}{2n\lambda_A} \tag{10.13}$$

式中，θ_B称为布拉格衍射角。可见只有当声光晶体中的光线与声波波阵面的夹角满足式(10.13)时，在不同声波阵面上的反射光波能够干涉加强，得到衍射极大，式(10.13)称为布拉格方程。由于光波波长很短，一般情况下满足$\lambda \ll \lambda_A$，式(10.13)可以简化为

$$\theta_B = \frac{\lambda}{2n\lambda_A} \tag{10.14}$$

理论上可以证明(附录E)，布拉格声光衍射的衍射效率：

$$\eta_B = \frac{I_d}{I_i} = \sin^2\left(\frac{\omega\varepsilon_n L}{2c\cos\theta_B}\right). \tag{10.15}$$

式中，ω为入射激光的角频率；ε_n为声波场产生的折射率变化振幅；L表示晶体在垂直于声波传播方向上的宽度。适当地调整ε_n与L，理论上布拉格声光衍射的效率可达到100%。

产生布拉格衍射要求光线多次通过声波阵面，光线通过相邻声波阵面在x方向上(图10.9)传播的距离为

$$\Delta x = \frac{\lambda_A}{\tan\theta_B} \approx \frac{\lambda_A}{\theta_B}$$

光线多次通过声波阵面要求$L \gg \Delta x$，结合式(10.14)可得

$$L \gg \frac{2n\lambda_A^2}{\lambda} \tag{10.16}$$

式(10.16)即为产生布拉格衍射的条件，也称作厚光栅条件。下面通过一个具体例子说明声光Q开关激光器的设计。

例 10.2 一个声光偏转器由火石玻璃制成，其折射率为$n=1.95$，火石玻璃中的声速为$u=3\times10^3\text{m/s}$，声波频率为$\nu_A = 80\text{MHz}$，激光的真空波长为$\lambda = 800\text{nm}$，计算布拉格衍射角和激光的偏转角，如果火石玻璃厚度$L = 7\text{cm}$，计算是否满足厚光栅条件，估算Q开关时间。

解 声波波长：

$$\lambda_A = \frac{u}{\nu_A} = 37.5\mu\text{m}$$

布拉格衍射角：

$$\theta_{\mathrm{B}} = \frac{\lambda}{2n\lambda_{\mathrm{A}}} = 5.5\times10^{-3}\,\mathrm{rad}$$

光线从晶体的出射角如图 10.10 所示：

$$\theta_{\mathrm{B}}' = n\theta_{\mathrm{B}} = 1.1\times10^{-2}\,\mathrm{rad}$$

光束的偏转角：

$$\theta = 2\theta_{\mathrm{B}}' \approx 2\times10^{-2}\,\mathrm{rad}$$

根据例 10.1 的计算，激光器最大允许腔镜的偏角为 $6\times10^{-4}\,\mathrm{rad}$，因此本例中的光束偏转角足以满足抑制激光振荡的要求。

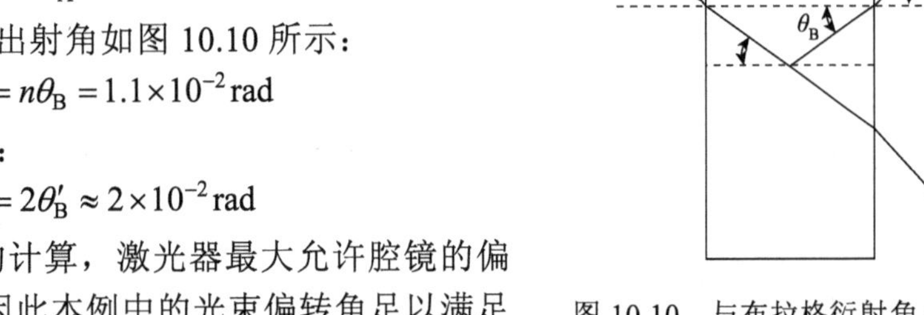

图 10.10　与布拉格衍射角 θ_{B} 对应的衍射光线的出射角 θ_{B}'

厚光栅的条件要求：

$$L \gg \frac{2n\lambda_{\mathrm{A}}^2}{\lambda} = 6.8\mathrm{mm}$$

由于本例中 $L = 70\mathrm{mm}$，因此声光开关基本满足厚光栅条件。

设电声换能器的电信号关闭瞬间，换能器中的声波场立刻消失，此时火石玻璃中的声波继续向上传播，并在顶端声波吸收层中消失，仍然利用例 10.1 中的数据，$w_0 = 0.31\mathrm{mm}$，激光束的直径为 0.6mm，则声波尾部通过光束所需要的时间为 $2w_0/u = 200\mathrm{ns}$，也就是说激光器的 Q 开关时间约为 200ns，比转镜 Q 开关激光器的开关时间短了很多，但是相对于激光脉冲的建立时间，为一慢速开关。尽管如此，声光 Q 开关激光器在很多应用场合仍然能够获得高质量的激光脉冲。

3. 电光 Q 开关

图 10.11 表示出一种典型的电光开关装置，它由偏振器、电光晶体和反射镜构成，其中偏振器的偏振沿 $\boldsymbol{x}_1$ 方向，电光晶体外加电压沿 $\boldsymbol{y}$ 方向，x_1Oy_1 坐标系与 xOy 坐标系成 45° 夹角。电光晶体为一非线性极化晶体，具有二阶非线性系数，晶体的电极化强度对电场的平方响应不等于 0。设晶体沿 $\boldsymbol{y}$ 方向加一直流电场 E_0，激光场在 $\boldsymbol{y}$ 方向的电场强度为 $E_y\cos\omega t$，晶体中在 $\boldsymbol{y}$ 方向的总电场为 $E_0 + E_y\cos\omega t$，$\boldsymbol{y}$ 方向极化强度表示为

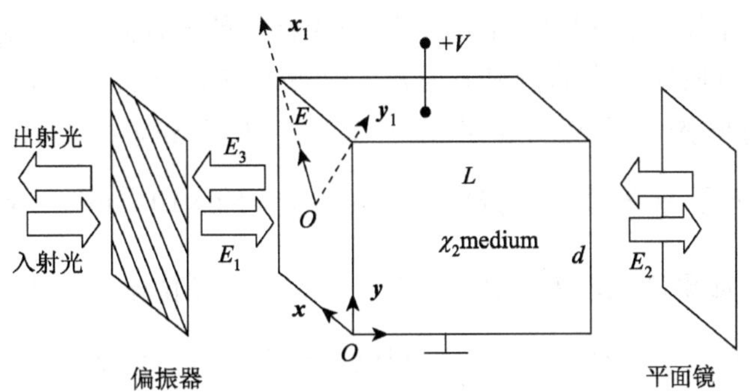

图 10.11　用电光晶体实现激光器 Q 开关的原理示意图

$\chi_2$medium 表示具有二阶非线性系数的非线性极化介质

$$\mathscr{P}_y(t)=\varepsilon_0\chi_1\left(E_y\cos\omega t+E_0\right)+\varepsilon_0\chi_2\left|E_y\cos\omega t+E_0\right|^2 \tag{10.17}$$

式(10.17)中电极化强度由直流分量、入射光波频率分量和其倍频分量组成，其中，入射光波频率分量为

$$\mathscr{P}_\omega=\varepsilon_0\chi_1E_y+\varepsilon_0\chi_2 2E_yE_0 \tag{10.18}$$

晶体对 $\boldsymbol{y}$ 方向偏振光的相对介电常数可以表示为

$$\varepsilon_{ry}=1+\chi_1+2\chi_2\left|E_0\right| \tag{10.19}$$

因此介质对于 $\boldsymbol{y}$ 方向上偏振光的折射率变为

$$n_y=\sqrt{\varepsilon_{ry}}=n+\frac{1}{n}\chi_2\left|E_0\right| \tag{10.20}$$

式中，$n=\sqrt{1+\chi_1}$ 表示晶体的外加直流电场等于 0 时介质的折射率，在式(10.20)中使用了 $\chi_2\left|E_0\right|\ll n$ 的近似条件。$\boldsymbol{y}$ 方向的偏振光通过介质的相位延迟为

$$\Delta\varphi_y=\frac{2\pi}{\lambda}\left(n+\frac{1}{n}\chi_2\left|E_0\right|\right)L \tag{10.21}$$

这种通过外加电场线性改变晶体折射率的效应称作泡克耳斯效应，在文献上人们用泡克耳斯系数 r 来描述晶体的折射率对外加电场的响应，并且定义：

$$r=\frac{2}{n^4}\chi_2 \tag{10.22}$$

因此，式(10.21)表示成

$$\Delta\varphi_y=\frac{2\pi}{\lambda}\left(n+\frac{1}{2}n^3r\left|E_0\right|\right)L \tag{10.23}$$

在推导式(10.23)的过程中使用了过度简化的模型，认为二阶极化系数 χ_2 是一个标量，因此忽略了晶体的各向异性性质。事实上，对于晶体在某一个方向上施加外加电场可以同时改变其他方向上晶体的介电常数，以铌酸锂晶体为例来说明这种各向异性作用，铌酸锂的化学分子式为 $LiNbO_3$，它是一种重要的电光效应材料。

铌酸锂是单轴晶体，假设晶体的光轴沿 xyz 坐标系的 $\boldsymbol{z}$ 方向，则 $\boldsymbol{z}$ 方向偏振光的折射率为 n_e，垂直于 $\boldsymbol{z}$ 方向偏振光的折射率为 n_0。如果对晶体施加一个沿 $\boldsymbol{z}$ 方向的静电场，对于 $\boldsymbol{z}$ 方向的偏振光，泡克耳斯系数 $r_{33}=30.8\times10^{-12}\,\mathrm{m/V}$，晶体的折射率变化为 $\Delta n_z=\frac{1}{2}n_e^3r_{33}\left|E_0\right|$，对于 xy 平面内的偏振光，$r_{13}=r_{23}=8.6\times10^{-12}\,\mathrm{m/V}$，晶体的折射率变化为 $\Delta n=\frac{1}{2}n_0^3r_{13}\left|E_0\right|$。如果激光沿着晶体的光轴方向传播，则由于 $\boldsymbol{x}$ 偏振光和 $\boldsymbol{y}$ 偏振光的折射率相同，晶体没有双折射效应。但是如果沿 $\boldsymbol{x}$ 或者 $\boldsymbol{y}$ 方向外加一个静电场，例如，静电场在 $\boldsymbol{y}$ 方向上，则 $\boldsymbol{y}$ 方向偏振光的折射率增加，$\Delta n_y=\frac{1}{2}n_0^3r_{22}\left|E_0\right|$，$\boldsymbol{x}$ 方向偏振光的折

射率减小，$\Delta n_x = \frac{1}{2} n_0^3 r_{12} |E_0|$，其中，$r_{12} = -r_{22} = -3.4 \times 10^{-12}\,\text{m/V}$。

设图 10.11 使用铌酸锂晶体的光轴沿着 $\boldsymbol{z}$ 方向，入射激光场的振幅为 $\sqrt{2}E_0$，偏振沿 $\boldsymbol{x}_1$ 方向，$\boldsymbol{x}_1$ 与 $\boldsymbol{x}$ 方向的夹角为 45°，在电光晶体的入射面上设其数学表示式可写成

$$\boldsymbol{E}_1(t) = \sqrt{2}E_0 \boldsymbol{x}_1 \cos\omega t = E_0(\boldsymbol{x}\cos\omega t + \boldsymbol{y}\cos\omega t)$$

通过双折射晶体后，略去其公共相位变化部分，则电场写成

$$\boldsymbol{E}_2(t) = E_0[\boldsymbol{x}\cos(\omega t + \Delta\varphi) + \boldsymbol{y}\cos(\omega t - \Delta\varphi)]$$

式中

$$\Delta\varphi = \frac{2\pi}{\lambda}\frac{1}{2} n_0^3 r_{22} |E_0| L \tag{10.24}$$

光束经反射镜反射后再次通过电光晶体，激光的 $\boldsymbol{y}$ 偏振分量相对于 $\boldsymbol{x}$ 偏振再经历一个相位延迟：

$$\boldsymbol{E}_3(t) = E_0[\boldsymbol{x}\cos(\omega t + 2\Delta\varphi) + \boldsymbol{y}\cos(\omega t - 2\Delta\varphi)] \tag{10.25}$$

图 10.12 所示装置的作用是用来开关光路，希望在外加直流电压的作用下光束被完全阻断。为此设 $4\Delta\varphi = \pi$，代入式(10.24)可得其对应的晶体外加直流电压为

$$V_{1/2} = |E_0| d = \frac{\lambda}{4 n_0^3 r_{22}} \frac{d}{L} \tag{10.26}$$

称为电光开关的半波电压，当外加电压等于半波电压时，式(10.25)可以简化为

$$\boldsymbol{E}_3(t) = E_0[-\boldsymbol{x}\sin\omega t + \boldsymbol{y}\sin\omega t] = \sqrt{2}E_0 \boldsymbol{y}_1 \sin\omega t \tag{10.27}$$

由于 $\boldsymbol{E}_3(t)$ 的偏振方向垂直于偏振器的偏振方向，因此激光束被阻断，激光器处于低 Q 状态。当外加电压被撤销时，不同偏振之间的附加相位差也恢复为 0，电光开关处于通光状态，激光器处于高 Q 状态，激光脉冲在此条件下迅速建立并输出，由于晶体的非线性效应从本质上讲是外加电场改变了核外电子的电子云分布状态，而电子云的时间响应是一个极快过程，所以电光开关属于快速开关，其开关时间很大程度上由外部电路的时间响应所限制，一般可做到 10～20ns，满足快速 Q 开关的要求。一台电光 Q 开关激光器的结构示意图如图 10.12 所示。

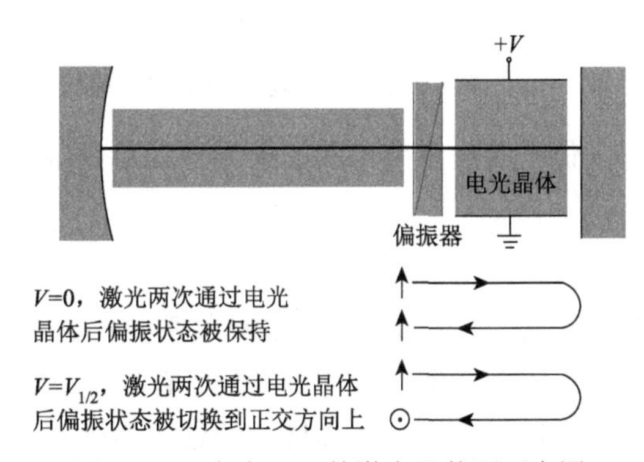

图 10.12　电光 Q 开关激光器装置示意图

由于泡克耳斯系数 r 一般很小，因此满足式(10.26)的电压很高。

例 10.3　图 10.11 中使用铌酸锂晶体作为电光开关元件，该晶体的厚度 $d = 5\text{mm}$，长度 $L = 15\text{mm}$，寻常光折射率 $n_0 = 2.286$，如果使 $\lambda = 1.06\mu\text{m}$ 的 $\boldsymbol{x}$ 偏振和 $\boldsymbol{y}$ 偏振通过晶体的相位差为 $\pi/2$，求所需电压。

解　利用 $r_{22} = 3.4 \times 10^{-12}\,\text{m/V}$，根据式(10.26)可计算得

$$V_{1/2}=\frac{\lambda}{4n_0^3 r_{22}}\frac{d}{L}=1631\text{V}$$

因此，电光开关工作于高电压状态，使用时需要注意安全。

4. 被动 Q 开关

在前面介绍的 Q 开关技术中使用的都是主动 Q 开关的方法，其中 Q 开关的状态是由外界主动控制的。例如，用电压控制泡克耳斯盒，使光通过时被阻断，在晶体中施加声场控制光束的偏折等。另一类 Q 开关激光器是使激光器的 Q 值自行进行高低转换，而不依赖于外部控制，这种 Q 开关方式称为被动 Q 开关。

被动 Q 开关的实现可以通过在光腔内放置一饱和吸收介质来实现，饱和吸收介质的特点是随着光强的增加吸收系数下降。如图 10.13 所示，在没有激光场作用的条件下吸收介质的绝大多数原子处于低能级状态，吸收系数为 $\alpha=\sigma n_1$，在激光场的作用下，原子被激发到上能级，下能级的原子数减小为 n_1'，光波的吸收系数减小为 $\alpha=\sigma\left(n_1'-n_2\right)=\sigma\left(2n_1'-n_1\right)$。当 $n_1'=n_1/2$ 时，介质的上下能级粒子数相等，单位时间内受激吸收的光子数与受激辐射的光子数相等，介质的净吸收系数等于 0。

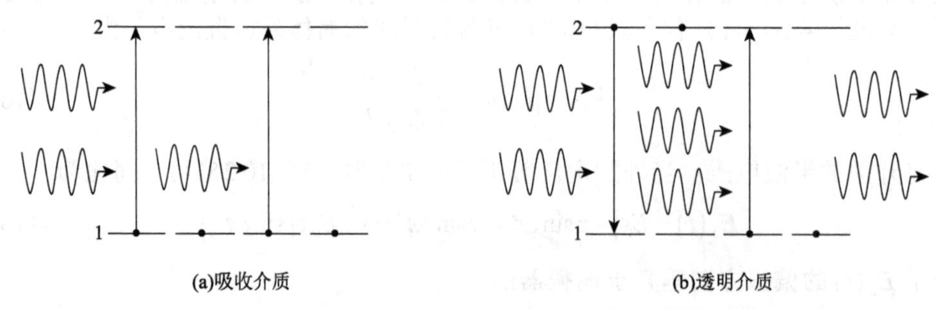

图 10.13 激光场作用下的下能级的粒子数减少，使得介质的吸收系数下降

仿照增益系数饱和的推导过程可以证明介质的吸收系数与激光光强的关系：

$$\alpha=\frac{\alpha_0}{1+\left(I/I_s\right)} \tag{10.28}$$

式中，$\alpha_0=\sigma n_1$ 为小信号的吸收系数；$I_s=h\nu/\sigma\tau$ 为饱和光强(注意式(10.28)与增益饱和表示式完全相似，实际上吸收是增益的逆过程)。在实际中总是选择饱和光强较小的吸收介质，这样在激光光强增加的过程中使得吸收介质的吸收系数快速下降，激光器的 Q 值的迅速增加，实现快速 Q 开关；另一方面可以控制吸收介质中光吸收粒子的浓度达到控制 α_0 的目的，防止较弱的激光光强触发 Q 开关翻转，使得粒子数反转能够充分积累，实现高能量激光脉冲输出。

如果将饱和吸收介质置于激光谐振腔中，可以实现被动 Q 开关激光器，如图 10.14 所示。当粒子数反转处于较低水平时，激光器的粒子数反转小于临界粒子数反转，激光振荡不能产生，随着泵浦的持续，粒子数反转增加，当粒子数反转增加到或者超过临界粒子数反转时，激光场开始建立，在激光场的作用下，饱和吸收介质的吸收系数减小，临界粒子数反转减小，这使得激光净增益迅速增加，导致激光光强更迅速地增加，增强的激光场使吸收系数进一步减小，在激光器中形成一个正反馈过程，激光器输出一个很强的光脉冲，在这个过程中激光场的建立诱导了 Q 值快速增大是激光器运转的自发 Q 开关过程，不需要外部控制，因此称为被动 Q 开关激光器。

被动 Q 开关激光器装置简单，不需要外部控制，使用方便，但由于 Q 开关过程是完全自发过程，脉冲的重复频率受泵浦速率等因素的影响，具有一定的随机性。

至此讨论了 Q 开关激光脉冲产生的原理和一些典型实现方法，一般 Q 开关激光器输出脉冲的宽度在 ns 量级，更窄的激光脉冲目前通常使用锁模激光器技术实现。

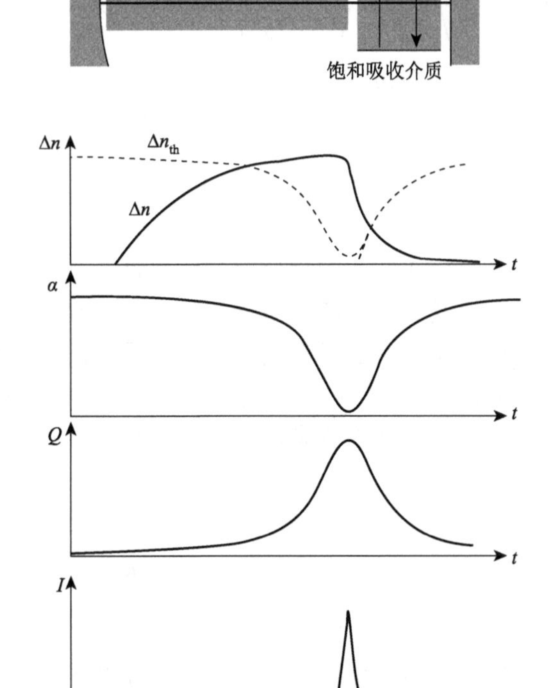

图 11.14　将饱和吸收介质置于激光谐振腔中实现被动 Q 开关激光器

10.4　激光器锁模的原理

根据 10.1 节的讨论，Q 开关激光器的脉冲宽度为 τ_R 的量级，减小 τ_R 受激光器最大增益的限制，τ_R 太小激光振荡不能产生，一般 Q 开关激光器的激光脉冲宽度在几到几十纳秒。在 Q 开关激光器中，光脉冲是由激光不振荡—振荡—不振荡的激光器状态快速转换而产生的，在锁模激光器中同时存在许多连续运转的模式，多个连续运转的模式可以变成激光脉冲？看起来有些不可思议，下面初步分析脉冲的产生过程。

假设激光器中有 $\mathscr{N}$ 个连续波模式振荡，电场偏振方向相同，则由电场的可加性激光器中的总电场强度可表示为

$$E(t)=\sum_{s=1}^{\mathcal{S}}E_s\mathrm{e}^{-\mathrm{i}[\omega_s t+\varphi_s(t)]} \tag{10.29}$$

式中，E_s、ω_s、$\varphi_s(t)$分别表示第s个模式的电场振幅、频率和相位。光波的光强正比于电场强度的模平方：

$$|E(t)|^2=\sum_{s=1}^{\mathcal{S}}|E_s|^2+\sum_{s=1}^{\mathcal{S}}\sum_{s'=1,s'\neq s}^{\mathcal{S}}E_sE_{s'}\mathrm{e}^{-\mathrm{i}(\omega_s-\omega_{s'})t}\mathrm{e}^{-\mathrm{i}[\varphi_s(t)-\varphi_{s'}(t)]} \tag{10.30}$$

实际观测到的激光光强正比于式(10.30)的时间平均，比例常数为$\frac{1}{2}\varepsilon_0 c$：

$$I=\frac{1}{2}\varepsilon_0 c\left\langle\sum_{s=1}^{\mathcal{S}}|E_s|^2\right\rangle+\frac{1}{2}\varepsilon_0 c\left\langle\sum_{s=1}^{\mathcal{S}}\sum_{s'=1,s'\neq s}^{\mathcal{S}}E_sE_{s'}\mathrm{e}^{-\mathrm{i}(\omega_s-\omega_{s'})t}\mathrm{e}^{-\mathrm{i}[\varphi_s(t)-\varphi_{s'}(t)]}\right\rangle \tag{10.31}$$

一般来讲各个激光模式相互独立，它们之间没有固定的相位差，$\varphi_s(t)-\varphi_{s'}(t)$完全随机，式(10.31)第二项(又称为相干项)的统计平均等于零，于是得到：

$$I=\frac{1}{2}\varepsilon_0 c\sum_{s=1}^{\mathcal{S}}|E_s|^2=\sum_{s=1}^{\mathcal{S}}I_s \tag{10.32}$$

因此通常来讲，由于激光模式之间的相位差的随机性，光波模式相干项的统计平均为零，激光总光强等于每个模式光强之和，激光器输出连续功率，没有脉冲现象。但当不同模式之间的相位不随机变化时，情况就完全不一样了，例如，在$t=0$时刻，所有模式的相位全部等于零，并且由于某种外部或者内部作用，所有模式的初相位都保持不变，这种激光器工作状态为一种常见的锁模状态，在锁模条件下式(10.29)写成

$$E(t)=\sum_{s=1}^{\mathcal{S}}E_s\mathrm{e}^{-\mathrm{i}\omega_s t} \tag{10.33}$$

由于ω_s为第s个模式角频率，因此它们可用第一个模式的角频率ω_1表示为

$$\omega_s=\omega_1+(s-1)\Delta\omega_{\mathrm{L}} \tag{10.34}$$

式中，$\Delta\omega_{\mathrm{L}}=\pi c/L$为相邻模式的角频率间隔，$L$表示激光器腔长。作为初步讨论假设每个模式的电场振幅相等，均为E_0，则式(10.33)可写成

$$E(t)=E_0\mathrm{e}^{-\mathrm{i}\omega_1 t}\sum_{s=0}^{\mathcal{S}-1}\mathrm{e}^{-\mathrm{i}s\Delta\omega_{\mathrm{L}}t}=E_0\mathrm{e}^{-\mathrm{i}\omega_1 t}\frac{1-\mathrm{e}^{-\mathrm{i}\mathcal{S}\Delta\omega_{\mathrm{L}}t}}{1-\mathrm{e}^{-\mathrm{i}\Delta\omega_{\mathrm{L}}t}} \tag{10.35}$$

激光光强：

$$\begin{aligned}I(t)&=\frac{1}{2}\varepsilon_0 c\left\langle\left|E(t)^2\right|\right\rangle\\&=\frac{1}{2}\varepsilon_0 c|E_0|^2\left(\frac{1-\mathrm{e}^{\mathrm{i}\mathcal{S}\Delta\omega_{\mathrm{L}}t}}{1-\mathrm{e}^{\mathrm{i}\Delta\omega_{\mathrm{L}}t}}\right)\left(\frac{1-\mathrm{e}^{-\mathrm{i}\mathcal{S}\Delta\omega_{\mathrm{L}}t}}{1-\mathrm{e}^{-\mathrm{i}\Delta\omega_{\mathrm{L}}t}}\right)\\&=\frac{1}{2}\varepsilon_0 c|E_0|^2\frac{\sin^2(\mathcal{S}\Delta\omega_{\mathrm{L}}t/2)}{\sin^2(\Delta\omega_{\mathrm{L}}t/2)}\end{aligned} \tag{10.36}$$

由式(10.36)可以得出，当 $\Delta\omega_L \cdot t = m2\pi$ 时，$m=(0,1,2,\cdots)$，即 $t = m\dfrac{2\pi}{\Delta\omega_L} = m\dfrac{1}{\Delta\nu_L}$，$I(t)$ 取极大值(用高等数学求极限的洛必达法则可得)，$I_{max} = \dfrac{1}{2}\varepsilon_0 c \mathscr{S}^2 |E_0|^2$，因此激光器输出一个极大光强序列，称为激光脉冲序列，激光脉冲的最大光强为非锁模激光器光强的 $\mathscr{S}$ 倍，相邻脉冲的时间间隔 $t_{pulse} = \dfrac{1}{\Delta\nu_L}$，因为激光器模式频率间隔 $\Delta\nu_L = \dfrac{c}{2L}$，所以：

$$t_{pulse} = \frac{2L}{c} \tag{10.37}$$

当 $\mathscr{S}\Delta\omega_L \cdot t = (\mathscr{S}m+1)2\pi$ 时，即 $t = m\dfrac{1}{\Delta\nu_L} + \dfrac{1}{\mathscr{S}\Delta\nu_L}$，$I(t)=0$，可见激光脉冲经历 $\tau_{pulse} = \dfrac{1}{\mathscr{S}\Delta\nu_L} = \dfrac{t_{pulse}}{\mathscr{S}}$ 时间后，光强从极大值降为零，定义：

$$\tau_{pulse} = \frac{t_{pulse}}{\mathscr{S}} = \frac{2L}{\mathscr{S}c} \tag{10.38}$$

为激光脉冲时间宽度(简称为脉冲宽度)，锁模激光器的脉冲宽度等于脉冲时间间隔除以模式数目。

将式(10.36)表示的函数绘图于图 10.15 中，由图可见，在 $\Delta\omega_L \cdot t$ 为 2π 的整数倍时，光强取主极大值，相邻主极大的时间间隔为 $2\pi/\Delta\omega_L$，光强从主极大再经过 $2\pi/(\mathscr{S}\Delta\omega_L)$ 时间间隔后，光强变为零，两个主极大之间出现一些光强的次极大，但次极大的光强远小于主极大，忽略次极大，即可得到如下结论：如果激光器不同模式的相位相互关联，则称激光器处于锁模状态，如果锁模激光器在某一时刻相邻模式的相位差相等(为某一常数，总可以选择时间零点使这一常数等于零)，并且在以后的时间里各个模式保持其相对相位不变，则激光能量以脉冲形式输出，脉冲时间间隔和脉冲宽度分别由式(10.37)和式(10.38)表示。

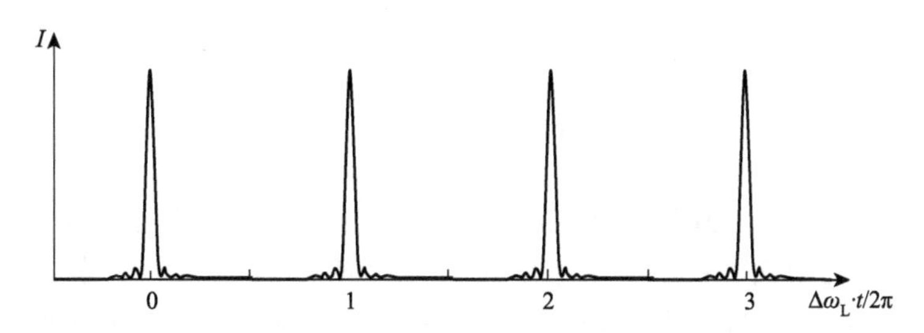

图 10.15　当 $\mathscr{S}=20$ 时式(10.36)所表示的光强随时间变化图

由式(10.36)计算得到激光器在锁模状态下输出激光脉冲的峰值光强：

$$I_{max} = \frac{1}{2}\varepsilon_0 c \mathscr{S}^2 |E_0|^2 \tag{10.39}$$

因此锁模激光器的峰值输出功率为

$$\mathscr{P}_{max} = \frac{1}{2}\varepsilon_0 c \mathscr{S}^2 |E_0|^2 \cdot A = \mathscr{S}\overline{\mathscr{P}} \tag{10.40}$$

式中，A表示激光光束的截面积；$\overline{\mathscr{P}}=\frac{1}{2}\varepsilon_0 c\mathscr{S}|E_0|^2\cdot A=I\cdot A$表示非锁模激光器的输出激光平均功率。上式说明锁模激光器的峰值输出功率等于非锁模激光器输出功率的$\mathscr{S}$倍。

将激光脉冲近似成输出功率为$\mathscr{P}_{\max}$，脉冲宽度为τ_{pulse}的方形脉冲，如图 10.16 所示。

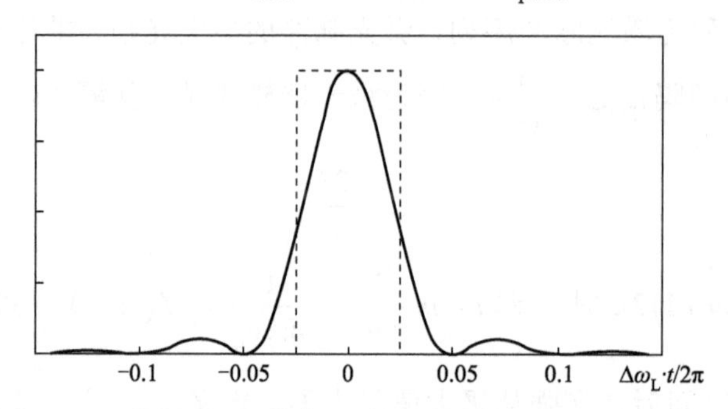

图 10.16 将图 10.15 的每一个脉冲近似看作一个方形脉冲

方形脉冲的高度等于锁模激光器的峰值输出功率；方脉冲的总时间宽度 $\tau_{\text{pulse}}=2L/\mathscr{S}c$

则脉冲能量可表示为

$$E_{\text{pulse}}=\mathscr{P}_{\max}\tau_{\text{pulse}}=\overline{\mathscr{P}}\cdot 2L/c \tag{10.41}$$

式(10.41)的物理含义是锁模激光器每个脉冲的能量等于非锁模激光器在$2L/c$时间间隔内输出的总能量，因为两个脉冲之间的时间间隔是$2L/c$，因此在锁模过程中能量没有产生，也没有消失，锁模的结果是能量在时间空间上进行了重新分配，原来分布在$t_{\text{pulse}}=2L/c$时间间隔的输出能量现在压缩到$\tau_{\text{pulse}}=2L/(\mathscr{S}c)$的时间间隔内输出，输出时间压缩了$\mathscr{S}$倍，在脉冲宽度$\tau_{\text{pulse}}$时间范围内，激光输出功率增加了$\mathscr{S}$倍，在两个脉冲之间的时间里激光器没有功率输出。

在前面的讨论中假设激光器中不同模式的电场振幅相同，这种假设只是为了数学上的方便，实际上用这种简化的数学模型得到的结论具有一般性。

在锁模状态下，激光器中的总电场可用每个模式的电场表示成

$$E(t)=\sum_{s=1}^{\mathscr{S}}E_s\mathrm{e}^{-\mathrm{i}\omega_s t}$$

上式中每一个s值代表一个激光器模式，而每一个模式与一个特定的激光频率对应，不同的频率代表不同的模式，由于不考虑模式的频率宽度，因此每一个模式在频率空间可用$E_s\delta(\omega-\omega_s)$表示，其中，$\delta(\omega-\omega_s)$是中心在$\omega_s$的$\delta$函数。在频率空间中作图来表示激光器中的模式分布如图 10.17 所示。

电场强度按频率的分布可以用数学函数形式表示为

$$\mathscr{E}(\omega)=\mathscr{E}_0(\omega)\sum_{s=-\infty}^{\infty}\delta(\omega-\omega_0-s\Delta\omega_{\text{L}}) \tag{10.42}$$

式中，$\mathscr{E}_0(\omega)$表示电场强度按频率分布的线型函数，如图 10.17 中虚线所示，它是ω的连续函数，而激光频率的分立特点则体现在δ函数中，上式表示激光器只允许$\omega=\omega_0+s\Delta\omega_{\text{L}}$的分立激光频率存在，而该频率的电场振幅则由$\mathscr{E}_0(\omega)$确定。

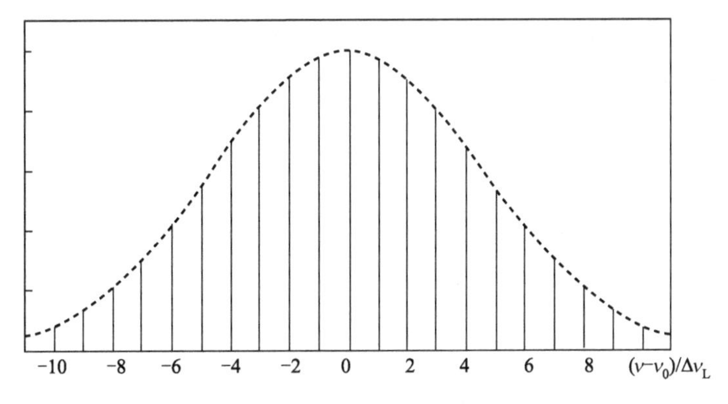

图 10.17　多模激光器不同模式电场强度的频率分布

对频域函数(10.42)做傅里叶逆变换即可得到该函数的时域表示式，也就是激光器中电场强度的时间变化函数。注意到表示式中右端为两个频率函数的乘积，其傅里叶逆变换可表示为每个函数傅里叶逆变换的卷积形式。设 $\mathscr{E}_0(\omega)$ 的傅里叶逆变换函数为 $E_0(t)$，即

$$E_0(t)=\int_{-\infty}^{\infty}\mathscr{E}_0(\omega)\mathrm{e}^{-\mathrm{i}\omega t}\frac{\mathrm{d}\omega}{2\pi} \tag{10.43}$$

δ 函数的傅里叶逆变换可以写成

$$\int_{-\infty}^{\infty}\delta(\omega-\omega_0-s\Delta\omega_{\mathrm{L}})\mathrm{e}^{-\mathrm{i}\omega t}\frac{\mathrm{d}\omega}{2\pi}=\frac{1}{2\pi}\mathrm{e}^{-\mathrm{i}(\omega_0+s\Delta\omega_{\mathrm{L}})t}$$

因此式(10.42)的傅里叶逆变换为

$$E(t)=\frac{1}{2\pi}\int_{-\infty}^{\infty}E_0(\tau)\sum_{s=-\infty}^{\infty}\mathrm{e}^{-\mathrm{i}(\omega_0+s\Delta\omega_{\mathrm{L}})(t-\tau)}\mathrm{d}\tau \tag{10.44}$$

将数学公式(附录 D)：

$$\sum_{s=-\infty}^{\infty}\mathrm{e}^{-\mathrm{i}s\Delta\omega_{\mathrm{L}}t}=\frac{2\pi}{\Delta\omega_{\mathrm{L}}}\sum_{m=-\infty}^{\infty}\delta\left(t-m\frac{2\pi}{\Delta\omega_{\mathrm{L}}}\right) \tag{10.45}$$

代入式(10.44)可得

$$\begin{aligned}E(t)&=\frac{2\pi}{\Delta\omega_{\mathrm{L}}}\mathrm{e}^{-\mathrm{i}\omega_0 t}\int_{-\infty}^{\infty}E_0(\tau)\sum_{m=-\infty}^{\infty}\delta\left(t-\tau-m\frac{2\pi}{\Delta\omega_{\mathrm{L}}}\right)\mathrm{d}\tau\\&=\frac{2\pi}{\Delta\omega_{\mathrm{L}}}\mathrm{e}^{-\mathrm{i}\omega_0 t}\sum_{m=-\infty}^{\infty}E_0\left(t-m\frac{2\pi}{\Delta\omega_{\mathrm{L}}}\right)\end{aligned} \tag{10.46}$$

式(10.46)表示时间空间中的一个脉冲序列，相邻脉冲的时间间隔为

$$t_{\text{pulse}}=\frac{2\pi}{\Delta\omega_{\mathrm{L}}}=\frac{2L}{c}$$

每一个脉冲的形状都是由式(10.43)表示的图 10.17 不同模式幅度包络曲线 $\mathscr{E}_0(\omega)$ 的傅里叶逆变换，由于对于傅里叶变换和反变换脉冲的时间测不准量与频率测不准量满足：

$$\Delta t\cdot\Delta\nu\approx 1$$

式中，$\Delta\nu$ 为 $\mathscr{E}_0(\omega)$ 的频率宽度；Δt 为 $E_0(t)$ 的时间宽度，也就是激光的脉冲宽度，$\Delta t = \tau_{\text{pulse}}$。因此，脉冲的时间宽度为

$$\tau_{\text{pulse}} \approx \frac{1}{\Delta\nu} = \frac{1}{\mathscr{S}\Delta\nu_{\text{L}}} \tag{10.47}$$

式中，$\mathscr{S}$ 为激光器振荡模式数目；$\Delta\nu$ 为激光的总频率宽度；$\Delta\nu_{\text{L}}$ 为相邻模式的频率间隔：

$$\mathscr{S} = \frac{\delta\nu}{\Delta\nu_{\text{L}}}$$

式(10.47)表示，锁模激光器的输出脉冲宽度等于激光总频率宽度的倒数。

10.5　激光器锁模的方法

一般来讲，多模振荡存在于非均匀加宽介质激光器中，不同模式与不同的增益原子发生相互作用，它们之间没有相互作用而完全独立，模式之间相对相位完全随机，所以激光器处于非锁模状态,即使在某一时刻激光器相邻模式之间的相位差完全一致(极小概率出现)，由于环境温度、振动等因素的影响，每个模式的相位发生独立随机漂移，锁模状态也不能维持。为了实现和维持激光器稳定的锁模状态，必须引入一种机制使不同的模式相互影响，相互联系，不同的激光模式不再相互独立，使模式之间产生耦合。根据产生模式耦合的方法，通常把激光器锁模分为主动锁模与被动锁模。

1. 主动锁模

一种实现锁模控制的方法是在激光器中引入周期性的光损耗调制，如图 10.18 所示。

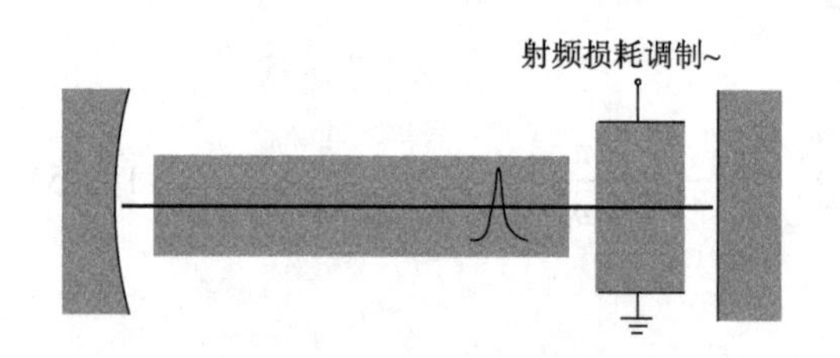

图 10.18　主动锁模激光器装置原理图

激光谐振腔损耗随时间的周期变化导致临界增益系数的周期变化，设其变化形式为

$$g_{\text{th}}(t) = g_{\text{th}0}(1 - \varepsilon\cos\Omega t) \tag{10.48}$$

式中，Ω 为损耗调制的频率(角频率)；ε 为调制幅度，为了讨论方便，假设 $\varepsilon \ll 1$。

根据式(7.19)可得激光器中第 s 个模式的光强：

$$\begin{aligned} I_s &= I_{\mathrm{g}}\left(\frac{g_{s0}}{g_{\text{th}}} - 1\right) \\ &\approx I_{\mathrm{g}}\left(\frac{g_{s0}}{g_{\text{th}0}} - 1 + \frac{g_{s0}}{g_{\text{th}0}}\varepsilon\cos\Omega t\right) \\ &= I_{s0}(1 + \varepsilon'\cos\Omega t) \end{aligned}$$

式中，I_{s0} 表示 $\varepsilon=0$ 时激光器中第 s 个模式的光强；$\varepsilon'=\dfrac{I_s}{I_{s0}}\dfrac{g_{s0}}{g_{\text{th}0}}\varepsilon$；$g_{s0}$ 表示激光器第 s 个模式的小信号增益系数。激光器中第 s 个模式的电场振幅可以写成

$$
\begin{aligned}
E_s(t)&=E_{s0}\sqrt{1+\varepsilon'\cos\Omega t}\cos\left(\omega_s t+\varphi_j\right)\\
&\approx E_{s0}\left(1+\frac{1}{2}\varepsilon'\cos\Omega t\right)\cos\left(\omega_s t+\varphi_s\right)\\
&=E_{s0}\cos\left(\omega_s t+\varphi_s\right)+\frac{1}{4}E_0\varepsilon'\cos\left[\left(\omega_s+\Omega\right)t+\varphi_s\right]+\frac{1}{4}E_0\varepsilon'\cos\left[\left(\omega_s-\Omega\right)t+\varphi_s\right]
\end{aligned}
\tag{10.49}
$$

式中，ω_s 为激光模式 s 的光频率。由式(10.49)看到由于每个模式的电场振幅被调制，原来单一的频率被分解成三个频率，在原振荡频率的两边对称地出现了边频，其频率分别为 $\omega_s\pm\Omega$，如图 10.19 所示。

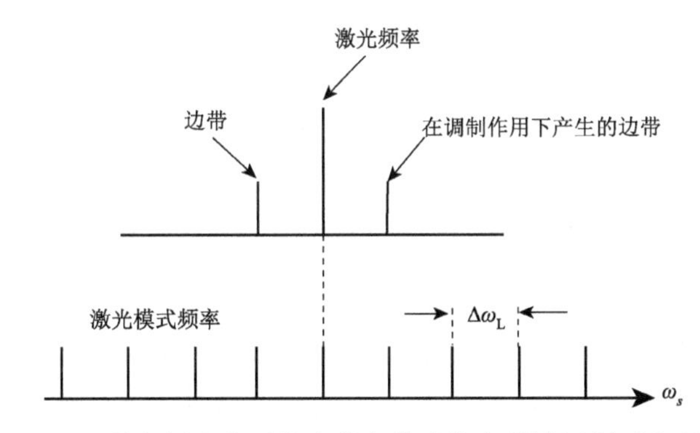

图 10.19　激光频率的两边在某个模式的光强被调制后出现边带

试想如果调制频率刚好等于激光器相邻模式的频率间隔，则每个模式被调制产生的边频与其相邻模式的频率重合，式(10.49)写成

$$
E_s(t)=E_{s0}\cos\left(\omega_s t+\varphi_s\right)+\frac{1}{4}E_{s0}\varepsilon'\cos\left(\omega_{s+1}t+\varphi_s\right)+\frac{1}{4}E_{s0}\varepsilon'\cos\left(\omega_{s-1}t+\varphi_s\right)
$$

一个模式的能量被部分地耦合到相邻的模式，如果通过这种耦合使得每个模式的光波都能够相干加强，则有利于激光振荡，例如，对于所有的模式 $\varphi_s=0$，就能够使得这种相邻模式之间的耦合相互加强。由于激光振荡的竞争效应，这种相干加强的相位关系就会抑制随机相位或者其他可能形式的相位关系，并且维持这种相位关系不变，这样就实现了激光器锁模。

讨论与思考

在日常生活中我们注意观察飞行的大雁，它们排列成整齐的队伍，并且同步扇动翅膀，以实现最小的飞行能量损耗，这实际上也是一种锁模现象。

激光器锁模的过程也可以在时间域上来理解。锁模激光器输出脉冲的时间间隔为 $t_{\text{pulse}}=2L/c$，这就是说在激光器中只有一个光脉冲，它在激光器谐振腔中往返传播，每

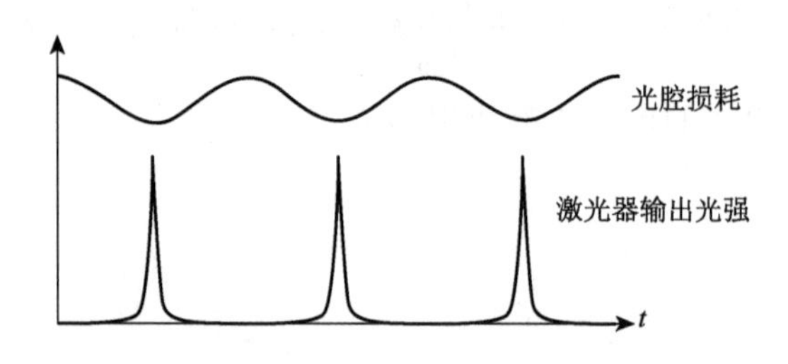

图 10.20　在锁模激光器中激光腔的损耗发生周期性变化

当这个脉冲入射到激光器的输出镜时，激光器输出一个脉冲，这个脉冲的时间宽度是 $\tau_{\text{pulse}} = t_{\text{pulse}}/\mathscr{S}$，脉冲的空间宽度为 $2L/\mathscr{S}$，其中，$\mathscr{S}$ 表示锁模激光器中振荡的模式数目。由于激光损耗调制的周期也是 $2L/c$，则激光脉冲每一个往返后总是在损耗调制器的同一个损耗值通过调制器，试想如果一个光脉冲总是在损耗极小值时通过调制器(图 10.20)，那么这个光脉冲在与所有其他可能的模式相位关系竞争中必然占据优势，从而抑制其他情况的出现。锁模其实就是一种选择过程，激光器中每个模式的初相位在 0 ~ 2π 内等概率取值，所有模式的相位取值为 $[\varphi_s]=[\varphi_1,\varphi_2,\varphi_3,\cdots,\varphi_{\mathscr{S}}]$，在 $[\varphi_s]$ 所有可能的组合方式中，有一种方式在激光振荡中感受最小的损耗，那么这种组合被选择，这就是锁模，用达尔文进化论的观点来理解，也叫作“适者生存”。对于 $L=0.5\text{m}$ 的激光谐振腔，模式频率间隔 $\Delta\nu_{\text{L}} = c/2L = 300\text{MHz}$，因此为了获得激光器的锁模运转，需要一个高稳定的微波射频源，使得锁模激光器变得复杂并且昂贵，所以人们更多地使用被动锁模技术获得超短脉冲。

2. 被动锁模

在主动锁模中，激光器在外部控制下实现损耗调制，而在被动锁模激光器中这种损耗调制是由锁模激光器自身产生，不需要外部调制，这种激光器被动锁模可用与被动 Q 开关激光器类似的方法实现。

将一饱和吸收介质置入激光器中，由于在锁模条件下激光谐振腔中只存在一个空间长度为 $2L/\mathscr{S}$ 的光脉冲在腔内往返传播，所以饱和吸收介质的吸收系数被此光脉冲周期性地调制，如图 10.21 所示。

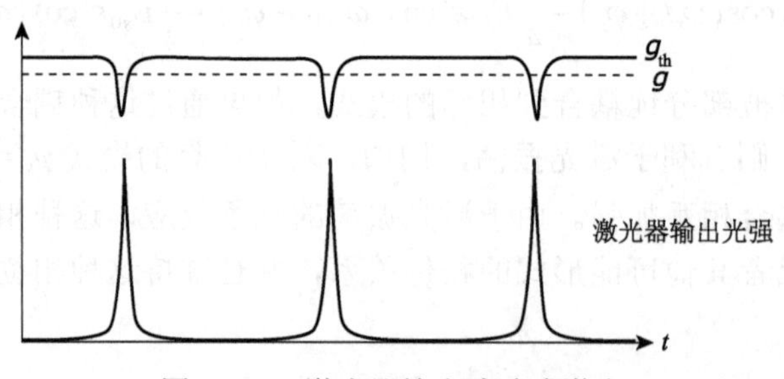

图 10.21　激光器输出脉冲式激光

被动锁模与被动 Q 开关的差异在于在锁模激光器中激光增益系数总是略低于临界增益系数，这样任何一个模式都不能单独振荡，而只有在所有模式的相位一致的条件下，产生一个高强度短脉冲，这个高强度脉冲使饱和吸收介质的吸收系数减小，从而降低临界增益系数，因此这种相位一致的多模振荡可以存在，这就是被动锁模激光器的工作过程，在这里模式之间相位的协调一致，为它们的共同存在创造了条件。

从图 10.21 可以看到，在脉冲通过吸收介质的时间内，临界增益系数减小至小于激光增益系数，$g_{\text{th}} < g$，保证激光振荡的存在，而在光脉冲通过吸收介质之后，临界增益系数迅速恢复，从而抑制在光脉冲通过以后产生其他的形式的激光振荡，由于锁模脉冲宽度在 ps 量级，所以也要求饱和吸收介质具有同样的响应速度，一般用染料溶液或半导体材料实现这种快速响应。由于被动锁模激光器装置简单，成本低，因此目前商业锁模激光器多为被动锁模激光器。

3. 克尔透镜效应锁模

理论上讲锁模激光脉冲的宽度为激光器发光频率宽度的倒数，但是当脉冲宽度的理论值小于 1ps 时，激光器输出脉冲的实际宽度受饱和吸收介质恢复时间限制，也就是饱和吸收介质上能级粒子的弛豫时间限制，实际脉冲最小宽度被限制在皮秒量级，因此要得到更短的锁模脉冲，人们必须寻求光学响应更快的损耗调制机制。光学克尔效应是介质在强光的作用下材料的折射率发生变化的一种效应，这种折射率变化的时间响应可快至飞秒量级，因此用光学克尔效应实现锁模可以得到更短的锁模脉冲。

用光学克尔效应实现锁模的方法如图 10.22 所示，在激光谐振腔中放置一个光栏，当激光光强较低时，它阻挡一部分激光能量使激光器的临界增益系数变大，当激光光强较强时引起介质的折射率增加使得介质具有一定的聚焦作用，这时的激光束可以完全通过光栏使得临界增益系数变小。有一些激光增益介质(如掺钛蓝宝石)具有克尔效应，它们的折射率是激光光强的线性函数，可以表示成

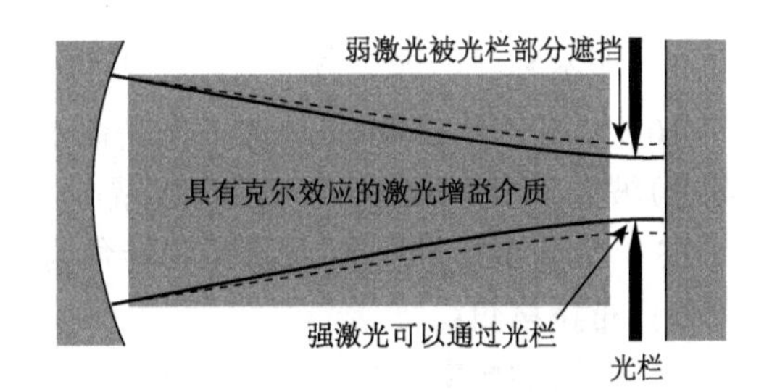

图 10.22 光学克尔效应实现锁模方法

$$n = n_0 + n_2 I \tag{10.50}$$

式中，I 表示激光光强；n_2 表示克尔非线性系数。由于光强在横截面内为高斯函数分布形式，在强激光的作用下，增益介质在垂直于光轴方向的截面内折射率分布不再均匀，形成一个折射率透镜，对激光场具有聚焦作用。在腔内放置一光栏，选择光栏的直径使得只有强激光束能够完全通过光栏(由于此时介质的聚焦作用)，而弱激光束被部分地阻挡，其作用效果与饱和吸收相当，但克尔效应的响应时间要快得多。用这种方法实现的钛宝石锁模激光器(其发光波长范围特别宽，从 700nm 到 1100nm 的范围内均可发射激光)，脉冲宽度可达到 5fs。

习 题

10.1 已知一个 Nd：YAG 激光器的发射波长 $\lambda = 1064\text{nm}$，激光器工作于 Q 开关工作状态，输出脉冲的能量为 100mJ，脉冲宽度为 5ns，激光束直径 $d = 4\text{mm}$，Nd^{3+} 辐射截面 $\sigma = 2.8\times10^{-19}\text{cm}^2$。

(1) 计算激光器输出的峰值功率；

(2) 计算每个脉冲的光子数；

(3) 如果激光器的激光输出镜的反射率为70%，计算峰值光强的受激辐射速率，并将此受激辐射速率与自发辐射速率比较(已知激光上能级寿命0.28ms)。

10.2　已知一个激光谐振腔的反射镜反射率分别为0.98和0.90，镜面之间的距离为25cm，激光介质的折射率等于1，激光器的激发度等于6，计算：

(1) 光子寿命；

(2) 激光从杂散光的初始光强增长到其10^6倍所需要的时间(假设没有发生增益饱和)。

10.3　Q开关激光器的输出激光脉冲的宽度与光腔的光子寿命τ_R同数量级，但是一般比τ_R大两到三倍，已知一台5m长的光纤激光器工作激光波长$\lambda = 1.0\mu m$，光纤纤芯的折射率为1.5，反射镜的反射率分别为0.98和0.95，光纤损耗为2dB/km。

(1) 通过计算τ_R估算激光器输出脉冲的脉冲宽度；

(2) 如果光纤的长度减小为1.5m，估算激光器输出脉冲的宽度；

(3) 为了得到更窄的激光脉冲，可以通过改变激光器的什么参数实现？

10.4　已知红宝石激光器中Cr^{3+}激光上能级的寿命为$\tau_2 = 3ms$。

(1) 红宝石Q开关激光器的最佳脉冲重复频率是多少？

(2) 如果脉冲的能量等于$E_{pulse} = 100mJ$，计算激光器的平均输出功率。

10.5　用一台$LiNbO_3$晶体声光调制器作为Q开关激光器的开关元件，激光器的工作(真空)波长为$\lambda = 1030nm$，$LiNbO_3$晶体中的声速和光折射率分别为$u = 7.4 \times 10^3 m/s$和$n = 2.3$，如果低Q状态要求激光偏转角为$1°$，计算：

(1) 布拉格角；

(2) 声波的频率；

(3) 满足厚光栅条件对于晶体厚度的要求。

10.6　钛宝石激光器是辐射激光频率带宽最大的激光器之一，目前人们已经实现的激光辐射覆盖700~1100nm的波长范围，锁模的钛宝石激光器是获得超短脉冲的首选。现有一台锁模的钛宝石激光器平均输出功率3W，激光器腔长90cm，假设在波长范围720~870nm各个模式等强度振荡，计算：

(1) 计算激光器内的模式数目；

(2) 计算激光器输出脉冲的时间宽度；

(3) 计算每个脉冲的能量和峰值功率。

10.7　一台主动锁模激光器，光腔的光程长度$nL = 25cm$，已知增益介质加宽为高斯线型，辐射中心波长$\lambda = 650nm$，非均匀加宽谱线半高宽度为15nm。

(1) 计算锁模调制的调制频率；

(2) 如果激发度等于2，计算激光器中振荡的模式数目和输出脉冲宽度；

(3) 如果激发度等于5，重复计算(2)。

10.8　如果一台激光器腔内损耗介质的调制频率等于两倍激光器的纵模频率间隔，或者等于二分之一纵模频率间隔，激光器能实现锁模吗？请用时域和频域两种观点说明你的结论。

10.9　已知一台掺铒光纤激光器的光纤长度$L = 200m$，纤芯折射率$n = 1.5$，辐射中心波长(真空波长)$\lambda = 1550nm$，激光器工作于被动锁模状态，输出脉冲能量为16nJ，脉冲宽度1.3ps，计算：

(1) 计算脉冲的重复时间；

(2) 计算激光器中振荡的模式数目；

(3) 计算激光器发射波长范围；

(4) 计算脉冲峰值功率；

(5) 计算激光器输出平均功率。

10.10　一台氩离子激光器的腔长为 $L=1.2\text{m}$，激光在光腔中的传输损耗为 $\alpha=1.2\times10^{-3}\text{m}^{-1}$，腔镜的反射率分别为 0.999 和 0.990，增益介质多普勒加宽的高斯线型频率线宽为3.5GHz，在激光器放电电流 25A 的条件下用高分辨光谱仪测量得到激光器中有 36 个模式振荡，不锁模时激光器的连续输出功率 4.0W，计算：

(1) 临界增益系数；

(2) 相邻模式的频率间隔；

(3) 锁模条件下的脉冲宽度；

(4) 为了实现锁模，激光器损耗的调制频率是多少？

(5) 脉冲的能量和峰值功率；

(6) 激光器的激发度是多少？

10.11　在第 10.10 题中的激光器放电电流增加到 50A，假设离子激发速率正比于放电电流，计算：

(1) 新的输出脉冲宽度；

(2) 激光器振荡模式数目；

(3) 脉冲峰值功率。

第 11 章　典型激光器简介

在前面的章节中讨论了激光器的基本原理，在本章中把该原理用于分析和讨论实际中应用较广泛的一些激光器。从增益介质特征上来区分不同类别的激光器，可分类成原子激光器、分子激光器、离子激光器、准分子激光器，另外还有目前应用广泛的稀土元素激光器，以及发展迅速的半导体激光器等，本章的介绍并不力求全面和深入，只想使读者对不同类型激光器件有一个初步的了解，半导体激光器的讨论将留在第 12 章中介绍。

11.1　原子激光器

He-Ne 激光器是最常用的原子激光器，另外还有金属原子激光器，如铜蒸汽原子激光器、汞蒸汽原子激光器等。原子激光器的特征是原子的外层电子在不同原子能级间的跃迁为激光器提供激光振荡增益，激光增益原子在激光器中处于气体状态，因此原子之间的相互作用很微弱而可以忽略，如果只考虑单同位素原子，则每个原子的自发辐射谱线宽度都相同，该线宽一般较小，例如，He-Ne 激光器中的原子辐射，在考虑了原子碰撞加宽后，其原子自发辐射线宽约为100MHz，而在温度 T=500K 的条件下，估算其辐射的多普勒线宽约为1700MHz，因此 He-Ne 激光器的辐射线宽以多普勒加宽为主，多数气体原子激光器的辐射加宽特征与之类似，属于非均匀加宽。

图 11.1 给出了一种商业 He-Ne 激光器结构示意图，其中心部分是一个气体放电毛细管，毛细管的两端分别安装阴极和阳极，两个电极之间的放电电流通过毛细管，使毛细管中的氖原子激发到激光上能级，为激光振荡提供增益。阳极由与激光器玻璃外壳相连的圆筒状金属(一种与玻璃热膨胀系数相匹配的合金)构成，金属圆筒的另一端用于安装激光全反镜，在金属的中间部位有一个凹槽，利用凹槽的柔性可以对激光全反镜的安装角度进行微调。He-Ne 激光器的阴极一般由纯铝材料制成，为了减小阴极的电子发射密度，阴极面积较大，如图 11.1 所示。在激光器的阴极一端安装一个与阳极端同样的金属圆筒，铝阴极连接到金属圆筒的一端以便与外界电源进行电气连接，圆筒的另一端用于安装激光输出镜，激光器的玻璃外壳将氦氖气体与外界大气隔离，防止工作气体的泄漏。

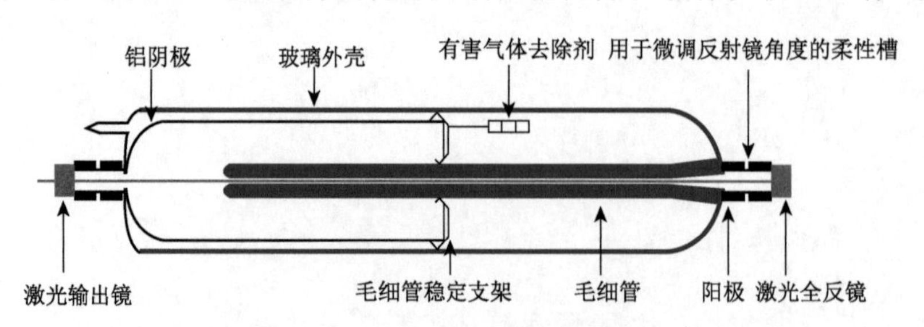

图 11.1　He-Ne 激光器结构示意图

He-Ne 激光器可以发射多种波长的激光，如 3.39μm、1.15μm、632.8nm、543.4nm等，其中最常用的波长为 632.8nm，He-Ne 激光器不同谱线所对应的原子跃迁能级和原子激发过程如图 11.2 所示。

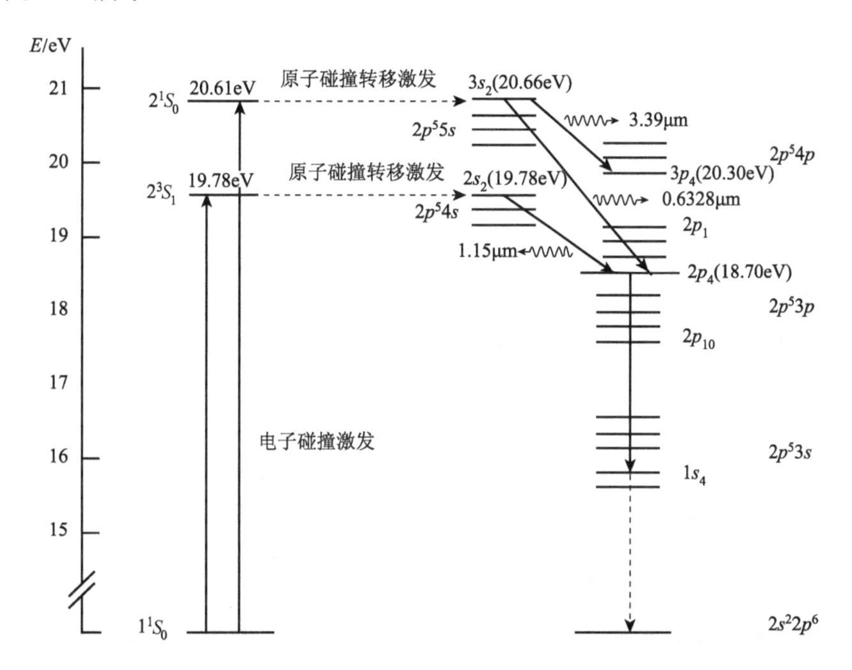

图 11.2　Ne 原子的激发过程示意图

电子碰撞将 He 原子激发到高能级，激发态 He 原子通过共振转移将能量传递给 Ne 原子使得 Ne 原子被激发

在气体放电过程中电子和原子之间发生碰撞，He 原子吸收电子动能从基态被激发到 2^3S_1 态或 2^1S_0 态。这两个原子态的能级与基态的能量差分别约为 19.78eV 和 20.61eV 。Ne 原子的 $3s$ 、$2s$ 能级与 Ne 原子基态能量差分别与 He 原子的 2^1S_0 、2^3S_1 能级与其基态能量差接近，因此，He 激发态原子与 Ne 基态原子碰撞时将能量转移给 Ne 原子，使 Ne 原子激发到 $3s$ 和 $2s$ 能级，由于对应能级与基态的能量差近似相等使得这种碰撞能量转移效率很高，也称为共振转移。这样就导致了 Ne 原子 $3s$ 和 $2s$ 能级粒子数积累，Ne 原子的 $3s$ 和 $2s$ 能级都包含一些子能级，$\lambda = 632.8\text{nm}$ 的激光跃迁发生于激光上能级 $3s_2$ 和激光下能级 $2p_4$ 之间，$2p_4$ 能级的寿命很短，它以强烈的自发辐射跃迁到 $1s_4$ 亚稳态，$2p_4$ 能级的粒子数可近似看作零，因此在一定的泵浦条件下可实现激光能级的粒子数反转，并且从 He-Ne 激光器的泵浦过程和能级结构可以看到 He-Ne 激光器为典型的四能级激光系统。

由于 Ne 原子 $1s_4$ 能级为亚稳态，其能级寿命较长，在电子碰撞作用下 $1s_4$ 能级的原子可以重新回到 $2p_4$ 能级，不利于粒子数反转的实现，在实际过程中 Ne 的 $1s_4$ 原子与放电毛细管的管壁碰撞可使 Ne $1s_4$ 能级原子通过无辐射跃迁过程回到原子基态，这是 He-Ne 激光器中减少 $1s_4$ 激发态原子数目的主要途径，因此 He-Ne 激光器的放电管直径不宜太大，实践中发现激光器充气气压与放电管直径的乘积在如下范围取值，可以实现激光器的最大增益

$$p_{\mathrm{T}} \cdot \phi = 450 \sim 500\mathrm{Pa} \cdot \mathrm{mm} \tag{11.1}$$

式中，p_{T}表示激光器中的氦氖混合气体压强；ϕ表示气体放电管的直径。氦氖气体的分压比例在如下的范围内取值时：

$$p_{\mathrm{He}} : p_{\mathrm{Ne}} = 7:1 \sim 5:1 \tag{11.2}$$

可以得到最佳激光功率输出。

讨论与思考

读者看到式(11.2)可能有疑问，既然激光增益由氖原子提供，那么激光器中充以更多的氖气体是不是更加有利于提高激光增益，这个问题我们综合分析如下：如果激光器中氦气体的比例过高，也就是氖原子密度减小，必然会限制粒子数反转的增加，不利于提高激光增益；如果激光器中氖气体的比例过高，也就是氦原子密度减小，氖原子密度增加，气体放电过程中电子碰撞氖原子的概率增加，但是电子碰撞氖原子使得氖原子被激发到下能级的概率大于激发到上能级的概率，所以不利于激光器中粒子数反转的形成，综合以上两种因素的作用结果可知，氦氖气体比例过高和过低都不利于提高激光增益，那么必然存在一个最佳氦氖混合比例，实验给出最佳混合比例式(11.2)。

He-Ne 激光器属于低增益激光器，其小信号单程最佳增益值近似由下式给出：

$$G = 1 + 3 \times 10^{-4} \frac{l}{\phi} \tag{11.3}$$

式中，l表示放电管长度；ϕ表示放电毛细管直径。对于$l = 200\mathrm{mm}$，$\phi = 1.5\mathrm{mm}$，式(11.3)给出$G = 4\%$。典型 He-Ne 激光输出镜的反射率为97%～98%，激光全反射镜的反射率多在99.6%～99.9%。

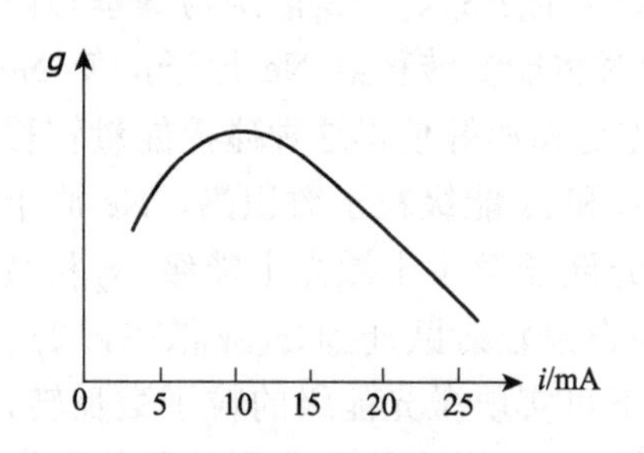

图 11.3　He-Ne 激光器的小信号增益系数随着放电电流的变化

图11.3表示出了He-Ne激光器的小信号增益系数随着放电电流的变化，在放电电流较小时激光增益系数随着放电电流的增大而增加，在电流较大时激光增益系数反而减小，因此存在一个最佳电流。在He-Ne激光器中用增加放电电流提高激光上能级粒子泵浦速率的同时也增加了激光下能级粒子的泵浦速率，因为电流增加到一定值之后，激光下能级$2p$粒子数增加率比激光上能级$3s$的粒子数的增加率还要大，因此当放电电流超过最佳值以后粒子数反转随放电电流的增加反而减小。从式(11.3)可知，提高 He-Ne 激光器增益可通过提高l/ϕ实现，由于激光光斑尺寸的限制，ϕ不能太小，增加l势必增加放电电压，电压增加到一定值后也会遇到技术困难，因此 He-Ne 激光器本质上是一种低功率激光器，并且其总能量转换效率很低，仅为 0.01%～0.1%，而一台同样波长的半导体激光器其总能量转换效率大于 20%，且在低电压工作。

尽管存在上述缺点，He-Ne 激光器仍是目前广泛使用的激光器。首先是它的光束质量好，其 M^2 因子等于或接近于 1。还有 He-Ne 激光器的相干性好，如前所述，一台不加稳频措施的多模 He-Ne 激光器其频率线宽约为1500MHz，因此其相干时间为 0.7ns，相干长度约为 20cm，对于稳频的单模激光器，一台普通商用稳频 He-Ne 激光器频率稳定度为 $\Delta\nu/\nu=10^{-8}$，则 $\Delta\nu=5\times10^{6}\text{Hz}$，$\tau_c=0.2\mu\text{s}$，相干长度 $L_c=60\text{m}$，这使 He-Ne 激光器成为全息、相干计量等应用领域的理想光源。

He-Ne 激光器的激光跃迁还可以发生在其他能级之间而发射不同的激光波长，如图 11.2 所示，例如，在 $3s_2\to3p_4$ 的能级跃迁中发射 3.39μm 激光波长，在 $2s_2\to2p_4$ 的能级跃迁中发射 1.15μm 激光波长，$3s_2$ 能级的原子可以跃迁到 $2p$ 的其他能级，例如，在 $3s_2\to2p_6$ 的能级跃迁中发射 612nm 的橙色激光，在 $3s_2\to2p_8$ 的能级跃迁中发射 594nm 的黄色激光，在 $3s_2\to2p_{10}$ 的能级跃迁中发射 543nm 的绿色激光，以上激光辐射均已经在实际的激光器中实现，事实上世界第一台 He-Ne 激光器的发射波长即为1.15μm。为了得到 $\lambda=632.8\text{nm}$ 的激光波长，必须对 3.39μm 和 1.15μm 的激光振荡进行抑制，这两条谱线的跃迁分别减少 $3s_2$ 能级粒子数和增加 $2p_4$ 能级粒子数，而且根据式(5.33)，激光增益与波长平方成正比，这些都不利于 $\lambda=632.8\text{nm}$ 的激光振荡。为了获得 $\lambda=632.8\text{nm}$ 的激光振荡，可以制作在 632.8nm 波长处高反射，而 3.39μm 和 1.15μm 处高透射的反射镜来实现对后两者的抑制。而要实现 $\lambda=543\text{nm}$ 的激光振荡必须还要同时抑制 632.8nm、612nm、594nm 等波长的激光振荡，因此 $\lambda=543\text{nm}$ 的激光振荡比起 $\lambda=632.8\text{nm}$ 更加具有挑战性。我国 1989 年就有了 He-Ne 激光器 $\lambda=543\text{nm}$ 激光辐射的报道，1992 年研制出全内腔 543nm He-Ne 激光器。

11.2　分子激光器

原子由原子核和核外电子组成，核外电子的受激辐射跃迁是原子激光器的特征。一个分子由多个原子组成，组成分子的原子之间的相对振动，分子转动以及电子的能级跃迁都可能对受激辐射有贡献，在本节中介绍最广泛使用的分子激光器之一，二氧化碳激光器，它有两个中心发射波长10.6μm 和 9.6μm，如果不采取特别的措施，二氧化碳激光器一般工作在10.6μm。光跃迁发生在分子振动能级之间，没有电子跃迁的参与，因此它是典型的分子激光器。

CO_2 分子中的三个原子呈直线排列，两个氧原子对称地分布在碳原子的两边。CO_2 分子有三种振动模式，或称为三种简正振动，假设每一种振动的频率为 ω_s $(s=1,2,3)$，由于每一个简谐振动模式的能量均可表示成 $\hbar\omega_s\left(n_s+\dfrac{1}{2}\right)$ 的形式，所以分子振动能量表示式为

$$E(n_1,n_2,n_3)=\sum_{s=1}^{3}\hbar\omega_s\left(n_s+\frac{1}{2}\right) \tag{11.4}$$

式中，n_s 为第 s 个振动模式的能量量子数，$n_s=0$ 表示该模式振动基态。

1. 对称拉伸振动

如图 11.4 所示，CO_2 分子中的碳原子保持不动，两个氧原子沿着三个原子的连线同

时接近或远离碳原子振动，用$(n_1,0,0)$来表示这种振动，它的含义是分子对称拉伸振动模式的能量量子数为n_1，而其他两个振动模式的能量量子数为 0，即分子处于纯对称振动模式。振动频率$\nu_1=\omega_1/2\pi=41.6\text{THz}$。

2. 变形振动

如图 11.5 所示，三个原子在垂直于原子连线的方向上振动，并且碳原子的振动方向与两个氧原子相反，用$(0,n_2,0)$表示这种振动模式，如前所述，它表示第二个振动模式的能量量子数为n_2，其他两个模式的能量量子数为 0，这种振动模式的频率为$\nu_2=\omega_2/2\pi=20.0\text{THz}$。

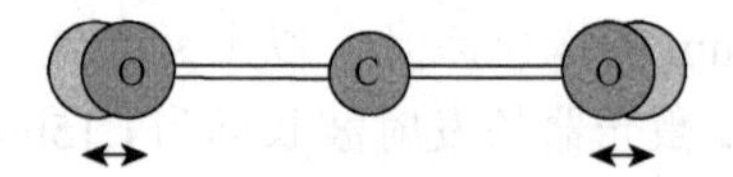

图 11.4　氧原子在碳原子的两侧对称地拉伸振动

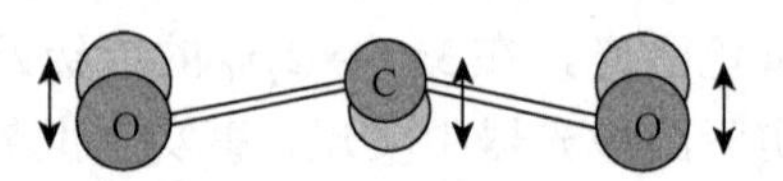

图 11.5　CO_2分子中的三个原子在垂直于原子连线的方向上振动

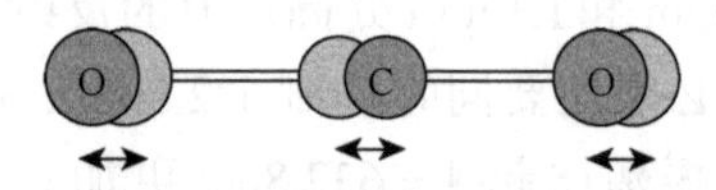

图 11.6　三个原子沿原子连线振动，碳原子的振动方向与两个氧原子振动方向相反

3. 反对称振动

如图 11.6 所示，三个原子沿原子连线振动，其中碳原子的振动方向与两个氧原子振动方向相反，用$(0,0,n_3)$表示这种振动模式，其中，n_3为模式振动的能量量子数，模式振动频率为$\nu_3=\omega_3/2\pi=70.4\text{THz}$。

由图 11.7 可以看到CO_2分子可以从高能量振动状态$(0,0,1)$向低能量振动状态$(1,0,0)$或$(0,2,0)$跃迁，按式(11.4)计算，其发射波长分别为10.4μm和9.8μm，而实际上由于分子同时具有转动，每个振动能级分裂成许多转动子能级，这些能级的频率间隔在0.3THz到0.03THz，这就使得CO_2分子的振动跃迁在一个较大的波长范围都有辐射，峰值辐射在10.6μm附近。由于激光器的模式竞争作用，CO_2激光器实际输出为10.6μm附近1~10个波长，输出波长的数目依赖于激光器的具体工作条件。

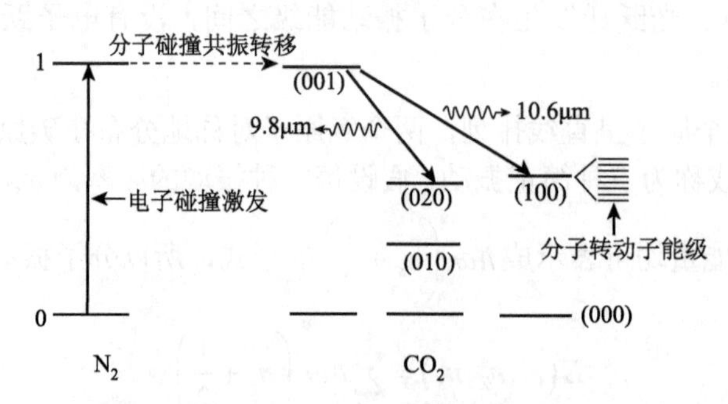

图 11.7　CO_2分子振动能级跃迁示意图

由于分子转动，每个振动能级又分裂成一些转动子能级。由于N_2分子的振动能级与CO_2分子的激发态振动能级的能量值近似一致，因此加入N_2分子可以增加CO_2分子的激发速率

例如，在CO_2气体中加入适量的 He 气，由于 He 原子质量较小，因此热导率较高，

加入 He 气后能使CO_2分子得到有效冷却，使每个振动能级的分子由原来的转动能级上较大范围内分布向低转动能级集中，有效地压缩增益线宽，从而使CO_2激光器输出波长减少到1~2个波长。

He 气的冷却作用还可以提高CO_2激光器的增益，已知CO_2分子的$(1,0,0)$、$(0,2,0)$振动能级和$(0,1,0)$振动能级的能级差只有 20THz，在$T \approx 1000\text{K}$的条件下，热运动的能量kT与 20THz 的能级差相当，$(0,1,0)$能级的粒子将会在热激发的作用下跃迁到$(0,2,0)$和$(1,0,0)$态。系统中加入 He 气体后，由于 He 气的冷却作用，$(0,1,0)$态不能通过热激发跃迁到$(1,0,0)$、$(0,2,0)$振动能级上，因此有效地减小激光下能级的粒子数目，提高粒子数反转。在 He 气体适当比例的条件下，CO_2激光器的输出功率可以增加 5 倍以上。

在CO_2气体中加入适量N_2气也可以使激光器的输出功率显著增加。如图 11.7 所示，N_2分子有一个单振动模式，它和基态的能级间隔约为 70THz，并且该跃迁具有较大的电子碰撞截面，由于 N_2 的这个分子振动能级与CO_2分子的$(0,0,1)$振动能级非常接近，N_2分子与基态的CO_2分子发生碰撞，将能量转移给CO_2分子，使CO_2分子激发到$(0,0,1)$态，由于 N_2 激发态具有较长的寿命，在其寿命期内几乎总是能够与CO_2分子发生碰撞而实现能量转移激发CO_2分子，因此通过加入适量的 N_2 可以实现CO_2分子更有效的激发，提高激光器的粒子数反转水平从而提高激光器增益。

CO_2激光器中加N_2和 He 的最佳比例与气体放电管直径有关，下面给出一些实验数据；对直径$\phi = 14\text{mm}$的放电管，最佳充气压为$p_{CO_2} = 260\text{Pa}$，$p_{N_2} = 400\text{Pa}$，$p_{He} = 2000\text{Pa}$；对直径$\phi = 20\text{mm}$的放电管，最佳充气压为$p_{CO_2} = 130\text{Pa}$，$p_{N_2} = 340\text{Pa}$，$p_{He} = 1600\text{Pa}$；当放电管直径小到$\phi = 7\text{mm}$时，CO_2气体的分压超过N_2气分压。

CO_2激光器的重要特征是它的电能到光能的能量转换效率很高，最高可达30%，CO_2分子在电子碰撞或共振能量转移过程中被直接激发到激光上能级，激光下能级的能级高度约为 40THz，激光频率约为 30THz，这样，激光发射的量子效率高达 40%，这是激光器高效运转的前提。典型的中等功率CO_2激光器结构如图 11.8 所示。

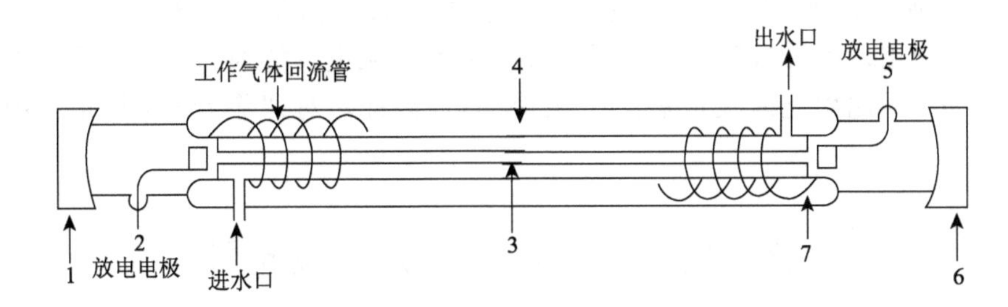

图 11.8　典型CO_2激光器结构示意图

图中 1 为输出耦合镜，反射镜多用基底材料上镀制介质反射膜实现，基底材料可以使用硅、锗或砷化镓等半导体材料，这些材料在远红外波段具有较低的吸收系数，因此透过能力较强。6 为全反镜，常用基底材料上镀制金膜实现。2 和 5 为气体放电电极，3 为包围放电管的水冷套，在气体放电中产生的热量由流动的水带走，避免激光器过热而损坏。4 为气室，它与放电管是连通的，目的是使激光器中储存更多的工作气体。7 为回流管，它连接放电管与气室，在电极 2 附近有一个同样的回流管，它们使在放电的过程中放电管中的气体与气室中气体形成对流，使得放电管中的 CO_2 气体不断与气室中的气体进行交换，并且减小由于放电引起的放电管两端的气体压强差。

CO_2 激光器可以通过提高工作气体压强或增加放电管长度的途径来增大激光器的输出功率，但这也同时增加了激光器的放电电压，例如，在气体压强13000Pa 时，CO_2 激光器放电管上每米长度上的压降可达8000V，因此当气体压强和放电管长度增加到一定值后，进一步增加长度以获得更大的激光功率输出将会遇到高耐压方面的技术问题。早期人们曾用分段放电的方法解决，但是现在更多使用的一种泵浦方案是横向放电激励，如图 11.9 所示。

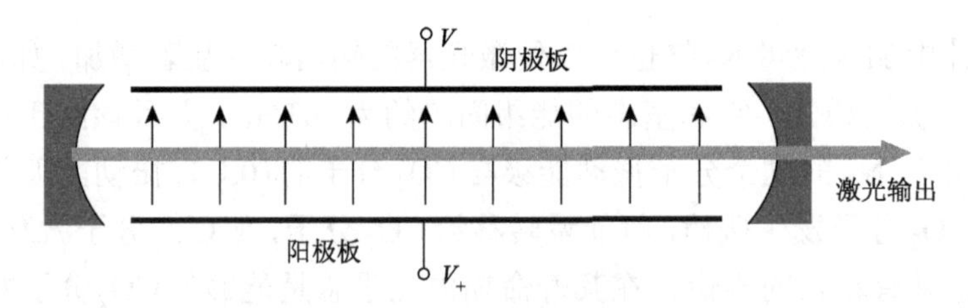

图 11.9 横向激励 CO_2 激光器示意图

在这种激光器结构中，气体放电电压依赖于电极的横向距离，与放电管长度无关，这样放电管的长度不再受系统耐压条件的限制，另外由于电极的横向距离（一般为厘米量级）较小，所以可以增加工作气体压强，也不会导致过高的工作电压。对于这种横向放电，CO_2 激光器气压增大到约13000Pa 是可行的，连续运转的横向激励 CO_2 激光器每米增益长度可产生几千瓦的激光输出功率，气压大于13000Pa 的 CO_2 激光器气体放电不能稳定进行，因此这种激光器都工作于脉冲模式。脉冲模式工作的 CO_2 激光器工作压强可达到一个大气压，通常称之为 TEA（transverse excitation atmospheric）激光器。

首个 CO_2 激光器于 1964 年研制成功，此后由于其高电光转换效率和高的输出功率，在机械制造和材料加工方面有广泛的应用，例如激光切割、打孔、焊接以及材料表面处理等，由于生物组织对波长10μm 附近激光的强烈吸收，因此 CO_2 激光器在激光手术方面也有成功的应用，而 CO_2 脉冲激光器在外科手术领域更有特别的优势，用脉冲激光切除特定的生物组织比用连续激光需要更少的能量，因此，对切除组织附近正常细胞的损伤会更小。

11.3 离子激光器和准分子激光器

离子激光器是以气态离子为增益介质，激光跃迁产生于不同的离子能级之间，离子激光器的发光范围从可见光到紫外光，激光功率从几十毫瓦到上百瓦，其中最广泛应用的离子激光器是氩离子激光器，因此在本节将以氩离子激光器为例进行讨论。

氩离子激光器是以惰性气体氩气为工作介质，氩原子的最外层有 8 个电子，其电子组态是 $3s^2 3p^6$（它表示在第 3 电子层的 s 轨道上有 2 个电子，p 轨道上有 6 个电子），氩离子能级结构示意图如图 11.10 所示。在激光器气体放电的电子轰击作用下，氩原子的一个外层电子逸出，使氩原子被电离成离子 Ar^+，这时氩离子的外层电子组态变成 $3s^2 3p^5$（由于 $3s^2$ 不参与跃迁，所以进一步简单写成 $3p^5$），处于基态的氩离子继续受电子轰击作用而使最外层中一个电子激发到更高的能级，可以是 $3d, 4s, 4p, 5s$ 等，因此激发态的电子组态 $3p^4 3d, 3p^4 4s, 3p^4 4p, 3p^4 5s$ 等，而常用的激光跃迁发生在 $3p^4 4p$ 与 $3p^4 4s$ 之间，这两个电子组态分别表示有 4 个电子处于 $3p$ 轨道 1 个电子处于 $4p$ 轨道和 4 个电子处于 $3p$ 轨道 1 个电子处于 $4s$ 轨道，处于 $3p$ 轨道上的 4 个电子可以具有不同的磁量子数和不同的自旋量子数，该电子层上电子的不同组态与第四层上电子态发生耦合作用(对氩离子可按 L-S 耦合和讨论)，$3p^4 4p$ 和 $3p^4 4s$ 电子组态发生能级分裂，使得 Ar^+ 电子从 $4p$ 激发态到 $4s$ 激发态的跃迁可以发射多种波长，氩离子激光器最主要的两个发射波长分别为 514.5nm 和 488.0nm，可以用棱镜对波长进行选择使激光器输出需要的波长，如第 10 章所述。对于某些需要大功率输出的应用，这时可以使用宽带反射镜，使尽可能多的波长满足激光振荡条件而同时从激光器中输出。

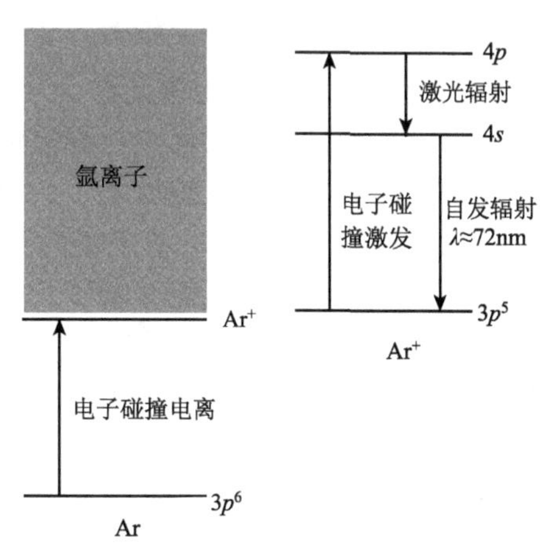

图 11.10　氩离子能级结构示意图

基态的氩离子与电子碰撞激发到 $3p^4 4p$ 和 $3p^4 4s$ 的概率基本相同，但是它们的能级寿命有较大差异，$3p^4 4p$ 和 $3p^4 4s$ 的能级寿命分别近似为 9×10^{-9}s 和 2×10^{-9}s，因此在 $3p^4 4p$ 更容易产生粒子数积累而形成粒子数反转，再者基态氩离子与电子碰撞激发到 $3p^4 4p$ 以上的能级状态会跃迁到 $3p^4 4p$，增加 $3p^4 4p$ 的有效泵浦速率，也有利于粒子数反转的形成。与 He-Ne 激光器不同，氩离子激光器可以通过增加放电电流得到较大的输出功率。在激光器放电过程中首先氩原子在电子轰击作用下电离成离子，然后受到电子的再次碰撞使氩离子从离子基态跃迁到激发态，氩离子激发是一个两步过程，每一个过程发生的概率都与电流密度成正比，因此氩的激光上能级离子的有效泵浦速率与放电电流密度的平方成正比。氩离子激光器的阈值电流密度在数百安培/cm^2 的量级。一个输出激光功率为 5W 的氩离子激光器，它的工作电压和电流分别为 400V，30A，其功率效率只有 0.04%，绝大部分输入功率都变成了热，因此为了防止激光器的损坏，冷却是非常重要的，典型的氩离子激光器结构如图 11.11 所示。

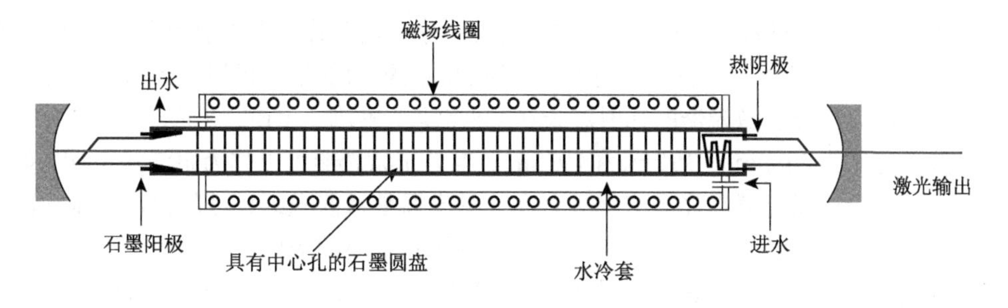

图 11.11　典型氩离子激光器结构示意图

激光器的核心是放电毛细管，由于氩离子激光器工作电流密度高(约为$10^3A/cm^2$量级)，放电毛细管必须采用耐高温，导热性能好的材料。高纯致密石墨和钨是目前广泛使用的放电毛细管材料，其优点是导热性能和耐高温性能好，易于加工。缺点是石墨和钨都是电的良导体，为了维持放电，放电管采用分段结构，每段长度有一定限制，段与段之间用石英环隔开，这些石墨或钨的圆盘连接在外部陶瓷管上，陶瓷管的外部是水冷套，激光器产生的热量通过圆盘和陶瓷管传递到水冷套中的水中，然后由水流带走。激光器上绕有螺线管，它产生的磁场将电子和离子运动约束在轴线附近，不但可以增加放电管的电流密度，而且可以减小离子对管壁的轰击，增加激光器的寿命。

讨论与思考

对于上述激光器结构设计，读者可能有如下疑问。(1)钨和石墨都是良导体，为什么气体放电电流必须通过毛细管而不是通过导体盘？以钨盘为例，这是因为钨盘之间有一个小的空气间隙，这个空气间隙是不导电的，因此电流不能通过钨盘。(2)为什么毛细管中的气体能够导电，而钨盘之间的气体不能导电？这是因为在毛细管中带电粒子在电场的作用下能够长距离加速移动以获得足够的动能与其他中性粒子发生碰撞，使得中性粒子发生电离产生新的带电粒子，这种过程的重复进行就在毛细管区域产生大量带有正负电荷的带电粒子，气体处于等离子体状态，电流能够通过毛细管；相反，由于钨盘之间的间距很小，带电粒子不能在钨盘之间加速到能够碰撞电离出新的带电粒子和产生等离子体，所以电流不能通过钨盘。

影响激光器寿命的另一个因素是激光器气体消耗，强烈的放电轰击可以把氩原子打进放电管管壁而消失，从而使激光器内工作气体压强减小，因此，氩离子激光器一般配有贮气和充气装置。

小功率的氩离子激光器输出功率从0.1W到1W，大功率氩离子激光器输出功率可达100W，由于其两个波长514.5nm和488nm都可被染料激光和钛宝石激光器有效地吸收，氩离子激光器在科研中最重要的应用之一是用其泵浦染料激光器和钛宝石激光器。另外氩离子激光器在眼科诊疗、舞台布景、指纹探测、彩色全息、光谱研究等领域有重要的作用。

至此，本书介绍了原子激光器、分子激光器和离子激光器，另外还有一种增益介质称为准分子。已知惰性气体原子不能与其他原子结合形成分子，但是这并不绝对，它们可以和其他元素的原子短暂地结合形成准分子，如KrF、XeF、ArF等。这种结合吸收能量，使得准分子的能量大于分离原子的能量，这种分子很不稳定，它们的寿命在几纳秒到几十纳秒的范围，因此称作准分子。当准分子分解时它们以光辐射的形式释放能量，可以作为激光增益介质实现准分子激光器。准分子激光器的辐射波长在紫外波段，例如，KrF、XeF、ArF准分子激光器的辐射波长分别为248nm、351nm和193nm。准分子激光器可以作为泵浦源泵浦，如染料激光器等，用准分子激光器在光敏光纤上刻写光纤光栅是目前光纤领域的常用技术，准分子激光器也在激光光刻、激光材料加工和激光手术领域有重要的应用。但是由于准分子激光器使用高腐蚀气体如氟气、氯气等，使得准分子激光器的使用必须有与之配套的安全措施。

作为总结，将前述一些激光器的主要参数列表如表11.1所示。

表 11.1　激光器的主要参数

激光器	气体压强 /mbar	辐射波长 /nm	峰值辐射截面 $/10^{-18}m^2$	增益粒子浓度 $/10^{20}m^{-3}$	辐射线宽 /GHz	激发态寿命 /ns
He-Ne	He3.2，Ne 0.6	632.8	30	120	1.5	~100
CO_2	CO_2 1，N_2 1,He 8	10600	0.018	240	0.06	$\sim 6\times10^5$
氩离子	Ar 0.1	514.5	25	24	3.5	6
KrF	Kr 90，F 5，He 1800	248	0.05	~1	3000	10

11.4　固体激光器

1960 年世界上研制成功的第一台激光器是红宝石固体激光器，之后固体激光器发展十分迅速，固体激光器的特点是增益粒子浓度高、结构紧凑、可靠性高且有较好的功率效率，因此在工业生产和科研中有广泛的应用，如激光加工、激光测距、激光雷达等领域。

对于一般固体激光器而言，其固体工作介质包括基质材料和掺杂离子(也称激活离子)。在激光器中为激光提供增益的是激发态的掺杂离子，而基质材料主要为掺杂离子提供存在的环境。但由于掺杂离子与其周围基质材料粒子的相互作用，掺杂离子的发光光谱也会发生变化，这种变化的大小依赖于掺杂离子的性质和基质材料的性质。掺杂离子多数可归于两类，一类是过渡金属离子，另一类是稀土金属离子。

1. 红宝石激光器

激光增益介质常用的过渡金属离子之一是铬离子 Cr^{3+}，Cr 原子序数为 24，共有 4 个电子层，最外两个电子层的电子组态为 $3s^2 3p^6 3d^5 4s$，金属 Cr 原子失去 3 个电子后的电子组态为 $3s^2 3p^6 3d^3$。红宝石激光参与激光跃迁作用的是 $3d$ 轨道上的三个电子，这三个电子是 Cr^{3+} 的最外层电子，它受周围其他质中粒子的影响很大，因此 Cr^{3+} 的光谱特性与孤立 Cr^{3+} 光谱特性有很大不同。

当把 Cr^{3+} 掺入 Al_2O_3 晶体时，Cr^{3+} 部分地取代晶体中的 Al^{3+}，Cr^{3+} 的掺杂浓度一般约为 $1.6\times10^{19}cm^{-3}$ (较 He-Ne 激光器的增益原子浓度 $1.2\times10^{16}cm^{-3}$ 高三个数量级)，这种 Cr^{3+} 掺杂的 Al_2O_3 晶体呈红色，称为红宝石晶体，以红宝石晶体为增益介质的激光器称为红宝石激光器。Cr^{3+} 在红宝石中参与激光作用的能级分裂如图 11.12 所示。图中的基态能级是 $^4A_2$，它可以吸收 410nm 或 550nm 附近的光波分别跃迁到 $^4T_1$ 和 $^4T_2$ 能级(在此不讨论各能级符号的具体含义，把它们仅仅理解为能级的记号)。由于电子在 $^4T_1$ 和 $^4T_2$ 能级与晶体晶格的振动模式有强烈的相互作用，而使这些能级产生显著的能级分裂，因此它们的吸收线变成一个吸收带，带宽均为 100nm 左右，

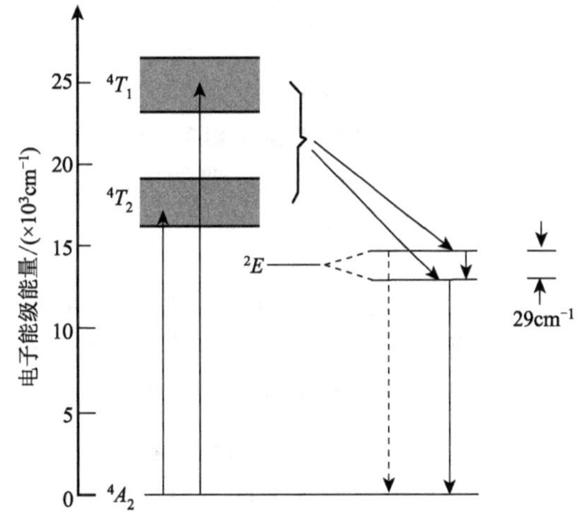

图 11.12　红宝石激光器中 Cr^{3+} 的能级图

这使得红宝石吸收光谱的范围大大增加，有利于光泵浦能量的充分利用。Cr^{3+} $^4T_1$和$^4T_2$能级的寿命很短，约在10ns的数量级，它们以无辐射跃迁的方式快速地跃迁到^2E能级。

电子的^2E能级与晶体晶格之间的相互作用较小，因此，晶格振动对^2E能级几乎不产生影响，其能级寿命较长，可达3ms，称为亚稳态。Cr^{3+}的^2E能级实际上由两个子能级组成，它们向基态$^4A_2$跃迁的辐射波长分别为692.9nm和694.3nm，辐射线宽约为0.5nm。事实上，694.3nm在与692.9nm波长的竞争中总是占据优势，因为^2E两个子能级中下能级的粒子数总是高于上能级的粒子数，这是由于电子在这两个能级之间的弛豫时间很短，大约为1ns，所以这两个能级之间总是处于热平衡状态，室温下上能级和下能级粒子数的比例约为0.87；另外由于受激辐射截面与波长的平方成正比，正是这两个原因694.3nm总是得到更大的增益系数，从而抑制692.9nm波长的激光振荡。

$^4A_2$是Cr^{3+}基态，因此，红宝石激光器是典型的三能级系统。要实现粒子数反转，必须将50%以上的Cr^{3+}激发到激光上能级^2E，相对于四能级系统，红宝石激光器对泵浦速率的要求要高很多，历史上第一台激光器正是用红宝石作为增益介质，从泵浦的角度讲，这是一种非常难以实现的激光器，然而红宝石激光器也有对实现激光振荡有利的方面，泵浦能级的吸收带较宽使得泵浦过程中可见光波段的大部分光能量被有效吸收，另一个有利条件是^2E能级的长寿命，由式(7.20)可知，临界泵浦速率与能级寿命成反比，^2E能级的长寿命有利于降低对泵浦速率要求。

红宝石材料的物理性能随温度变化较大，在低温条件下激光上能级向下能级辐射跃迁的量子效率接近于1，而在室温下约为0.7，另外在低温下红宝石的导热率也增加很多，实验证明红宝石激光器在77K下的泵浦功率阈值比室温下低两个量级，因此红宝石激光器可在低温下获得连续输出。

在室温下为了获得高的泵浦速率(因而足够大的粒子数反转)，通常使用脉冲泵浦源。根据第8章的讨论，激光输出将具有弛豫振荡的性质，在弛豫振荡的过程中激光器输出多个脉冲，为了得到更高的脉冲能量和峰值功率，可以使用Q开关技术，得到可控的脉冲输出，典型的红宝石Q开关激光器输出激光脉冲能量0.1J，脉冲持续时间10ns，相应于脉冲功率10MW。

世界上第一台激光器是红宝石激光器，因此它具有划时代的历史意义。随着激光技术的不断进步，红宝石激光器的应用正在被新型高效的激光器取代。

2. 钕离子激光器

在红宝石激光器发明后不久，1964年贝尔实现室研制成功钕离子(Nd^{3+})激光器，与红宝石激光器不同，钕离子是一个四能级系统，因此钕离子激光器具有较低的阈值泵浦功率和较高的功率效率。与红宝石激光器相似，钕离子也要掺杂到基质材料中形成激光增益介质，常用的掺杂钕离子基质材料有钇铝石榴石晶体(又称为YAG)和玻璃基质。

以钇铝石榴石单晶为基质材料，掺入适量的三价钕离子便构成了掺钕钇铝石榴石晶体(Nd∶YAG)。钇铝石榴石的化学式：$Y_3Al_5O_{12}$是由Y_2O_3和Al_2O_3以3∶5的摩尔比例，按照一定的空间排列形式生成的一种晶体，当掺入Nd_2O_3后，则原来晶体点阵上Y^{3+}被Nd^{3+}部分取代(钕离子的掺杂密度约为$1.38\times10^{20}\,cm^{-3}$时取代的比例约为1%)，形成淡紫色的晶体，这就是钕离子激光器的增益介质。

在元素周期表中第 58 号元素到第 70 号元素为稀土元素，钕的原子序数是 60，其最外层电子结构为 $4f^4 5s^2 5p^6 6s^2$，是稀土元素之一。3 价的钕离子失去 3 个电子，剩余的电子占据 5 个电子层，外层电子结构为 $4f^3 5s^2 5p^6$，其中，$4f$ 壳层处于未填满状态，$4f$ 壳层的 3 个电子可以处于不同的运动状态，对应于各种电子状态形成一系列的电子能级，如图 11.13 所示。参与激光跃迁的为 $4f$ 电子，其主量子数为 $n=4$，角量子数 $l=3$，由于 $5s$ 与 $5p$ 电子的轨道半径大于 $4f$ 电子，因此 $5s$ 与 $5p$ 电子对 $4f$ 电子就好像一个电磁屏蔽层一样屏蔽周围的其他离子或电子对 $4f$ 电子能级的影响，钕离子激光器的吸收和发射谱线都相对固定并且线宽较窄。稀土元素的光吸收和发射跃迁都发生在 $4f$ 电子上，这也是稀土元素的共同光谱特征。

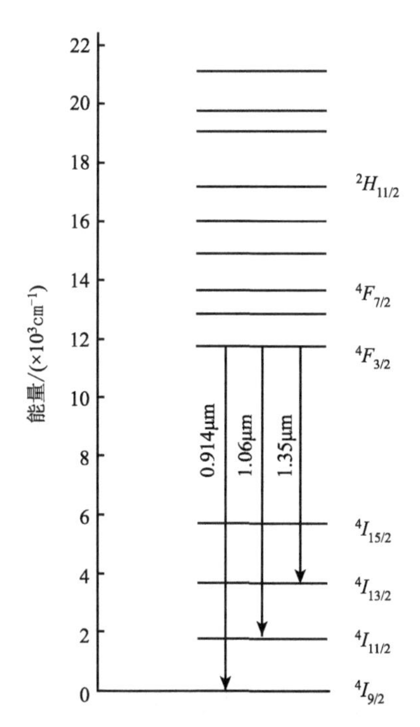

图 11.13　钇铝石榴石晶体中钕离子的能级结构图

三个 $4f$ 电子的不同运动轨道耦合使能级分裂，如图 11.13 所示。在 $^4F_{3/2}$ 之上的能级由于能级间隔较小，它们将通过热弛豫过程逐级向下跃迁，最后到达 $^4F_{3/2}$ 能级，而该能级与之下的能级间隔较大，非辐射跃迁概率较小，因而具有较长的能级寿命，不论泵浦到 $^4F_{3/2}$ 之上哪个能级的电子最后都通过热弛豫过程终止在 $^4F_{3/2}$ 能级上，所以它是理想的激光上能级。

钕离子激光器最主要的激光跃迁发生在 $^4F_{3/2}$ 与 $^4I_{11/2}$ 之间，由于 $^4I_{11/2}$ 不是基态能级，它与基态的能量差为 3×10^{-20} J，比室温热运动能量 $kT=4\times10^{-21}$ J 大很多，因此钕离子激光器是一个较理想的四能级系统。由前面的讨论，在四能级系统中获得粒子数反转要容易得多，所以钕离子激光器对泵浦速率的要求比红宝石激光器要低得多，这是钕离子激光器相对于红宝石激光器的优势之一。另外掺杂在钇铝石榴石中（YAG）的 Nd^{3+}，在 $\lambda=1.064\mu m$ 的峰值辐射截面 $\sigma=28\times10^{-20}cm^2$，比红宝石激光器 Cr^{3+} 的峰值辐射截面 $\sigma=2.5\times10^{-20}cm^2$ 大一个多数量级，钕离子在钇铝石榴石的掺杂浓度可达 $1.38\times10^{20}cm^{-3}$，比红宝石激光器中铬离子掺杂浓度 $1.58\times10^{19}cm^{-3}$ 大将近一个数量级，这些因素都使钕离子激光器的增益系数有效地提高，钕离子激光器在斜率效率和临界泵浦功率方面都具有明显的优势。

掺钕钇铝石榴石晶体的吸收光谱如图 11.14 所示，它的主要吸收光谱带的波长分别为 585nm、750nm 和 808nm，不同的吸收波长使电子跃迁到不同的离子能级，这些能级的电子都将以很快的速率弛豫到 $^4F_{3/2}$ 能级，该能级的寿命较长，约为 200μs，使得该能级上粒子数能够有效地聚积。

$^4F_{3/2}$ 能级向下跃迁主要有三条谱线，它们对应的跃迁分别是 $^4F_{3/2}\rightarrow{}^4I_{9/2}$、

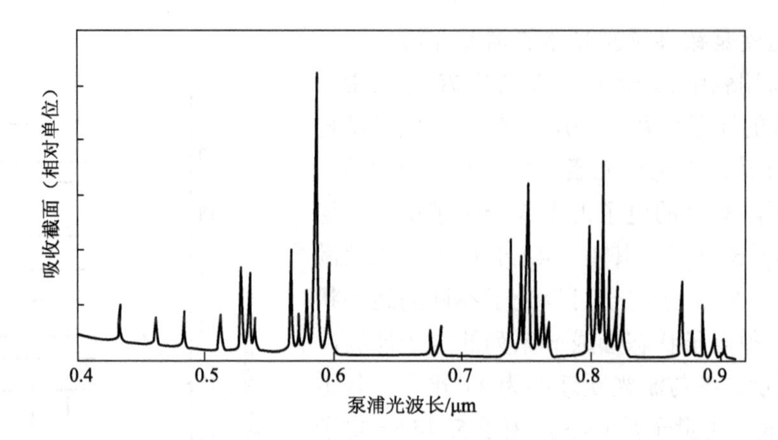

图 11.14　Nd∶YAG 的吸收光谱图

$^4F_{3/2} \rightarrow {}^4I_{11/2}$ 和 $^4F_{3/2} \rightarrow {}^4I_{13/2}$，其跃迁辐射截面比例为 0.25∶0.6∶0.14，发射波长分别为 0.91μm、1.064μm、1.35μm。由于激光增益与辐射截面成正比，因此在 Nd∶YAG 激光器中 1.064μm 的激光波长得到最大的增益，在谱线竞争的作用下，0.91μm 和 1.35μm 的激光波长被抑制，在 Nd∶YAG 激光器中没有波长选择措施的条件下总是得到 1.064μm 的波长输出。

钕离子激光器的泵浦形式常见有两种，一种为惰性气体放电灯泵浦，另一种为半导体激光器泵浦。

对于惰性气体放电灯泵浦，可采用是激光棒与放电灯平行放置的方案，如图 11.15(a) 所示，激光棒从侧面接收泵浦光，所以称为侧向泵浦。为了提高泵浦光的利用效率，通常将放电灯与激光棒分别置于椭圆柱泵浦腔的两个焦点位置上。由椭圆的几何性质知道，从椭圆的一个焦点上发出的光线将汇聚到另一焦点上，因此，从气体放电灯中发出的光线将通过椭圆柱腔面反射汇聚到激光增益介质上，用来激发激光增益离子。

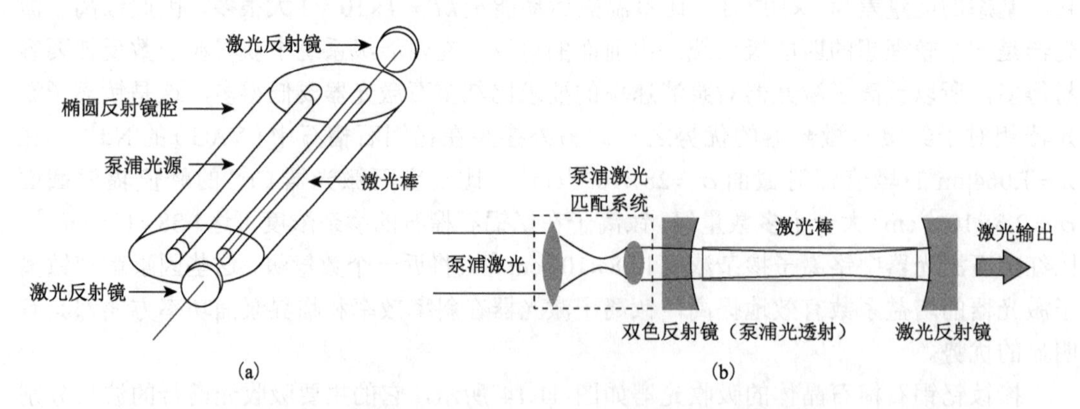

图 11.15　椭圆柱泵浦腔与激光二极管泵浦方案示意图

与红宝石激光器不同，钕离子的吸收谱线宽度较窄，因此只有泵浦灯发射光谱的一小部分被钕离子吸收使基态离子激发，惰性气体灯泵浦的钕离子激光器总功率效率只有约 3%。

对于激光二极管泵浦，泵浦光采用端面输入方式，如图 11.15(b)所示，称为端面泵浦。与惰性气体放电灯不同，二极管激光器输出单一波长，例如，可以使用 AlGaAs 半导体激光器输出 808nm 波长激光，钕离子在该波长位置有一个吸收峰，Nd^{3+} 吸收该波长光子后从基态跃迁到 $^4F_{5/2}$ 态，然后 $^4F_{5/2}$ (能级寿命 10^{-9} s)能级的电子快速跃迁到 $^4F_{3/2}$ 能级。$^4F_{3/2}$ 的能级寿命 2×10^{-4} s，因此电子在 $^4F_{3/2}$ 能级上积累，实现粒子数反转。在惰性气体灯泵浦方案中，气体灯发射光谱的很大一部分落在钕离子吸收峰之外，不能被钕离子吸收而对激发钕离子做贡献。激光二极管则不同，它的全部能量辐射都落在钕离子的吸收带内，因此半导体激光器泵浦 Nd∶YAG 的总功率效率(输出光功率比输入电功率)可达 30%。

讨论与思考

读者可能会想：用一束已有的激光泵浦产生另一束激光是否具有实际意义？随着科学技术的不断发展，将有越来越多的新型高效低成本激光器问世，但是针对某些具体应用，这些激光器往往并不能满足要求，例如光束质量、频率特性等，这时候我们就需要将一束激光转换成另一束激光以满足具体应用的需求。这种用已有的激光作泵浦产生另一束新的激光为这种激光转换的应用需求提供了一个有效的解决方案。

对于周围用空气包围的激光棒，激光从端面入射到激光棒内将在激光棒的侧表面经历内全反射而不会泄漏到棒外损失能量，不需要外加一个泵浦光反射腔，使整个装置简单、紧凑。

由于钕离子激光器的高效率、高可靠性、高输出功率、既可连续输出又可脉冲输出等特点，Nd∶YAG 激光器被广泛用于机械加工、激光手术、激光测量等。倍频的 Nd∶YAG 激光器输出波长 532nm 也正在取代氩离子激光器在某些短波长领域的应用。钇铝石榴石是钕离子激光器最常用基质材料，也可以将 Nd^{3+} 掺入其他的基质材料中，如玻璃。光纤 Nd^{3+} 激光器就是将 Nd^{3+} 掺入光纤玻璃中的典型一例。

由于稀土元素的电子层结构特点，人们发展了多种稀土元素激光器，在此不作一一介绍，仅将它们的一些特性参数与其他一些典型固体激光器掺杂离子的特性参数列表如表 11.2 所示。

表 11.2 一些典型固体激光器掺杂离子的特性参数

激光器	增益离子	基质材料	折射率	辐射波长 /nm	峰值辐射截面 /$10^{-24}m^2$	离子浓度 /$10^{26}m^{-3}$	辐射线宽 /THz	激发态寿命 /ms
红宝石	Cr^{3+}	Al_2O_3	1.76	694	2.5	0.16	0.33	3
Nd∶YAG	Nd^{3+}	$Y_3Al_5O_{12}$	1.82	1064	28	1.38	0.12	0.23
钕玻璃	Nd^{3+}	磷玻璃	1.53	1054	4	3.2	5	0.29
掺铒光纤	Er^{3+}	石英玻璃	1.46	1530～1570	0.6	0.1	5	10
掺镱光纤	Yb^{3+}	石英玻璃	1.46	980～1100	2.5	0.1	5	0.8
钛宝石	Ti^{3+}	Al_2O_3	1.76	660～1180	34	0.33	40	0.0038

3. 钛宝石激光器

在这里介绍另一类常用的固体激光器，过渡金属激光器。以 Ti^{3+} 为例，钛原子序数为 22，其外层电子组态是$3s^2 3p^6 3d^2 4s^2$，当钛原子失去三个电子后，Ti^{3+}的电子组态变成$3s^2 3p^6 3d^1$，其中，$3d$电子(主量子数$n=3$，角量子数$l=2$)是参与激光跃迁的电子，与稀土元素不同，该电子处于电子分布的最外层，不受其他电子的屏蔽作用，直接参与和晶体晶格的相互作用，因此跃迁电子的每一个电子能级分裂成许多子能级，每一个子能级对应晶格的一种振动状态，相邻振动能级的间隔很小，因此每个电子能级的子能级排列紧密。在泵浦过程中，电子可以从基态能级激发到电子激发态^2E的任意一个子能级(图 11.16)，所以它的吸收光谱范围较宽，从 450nm 到 580nm 的光波都可以有效地激发Ti^{3+}，被激发到^2E任意子能级的电子都通过热弛豫过程，逐级跃迁到^2E能级的底部子能级上，该能级作为激光上级，粒子在激光上能级聚积，实现粒子数反转。^2E能级的电子可以跃迁到^2T电子能级的任一个子能级而发射光子。与稀土元素的窄线宽辐射不同，钛宝石激光可以在很宽的频谱范围内辐射光子，它的发光波长范围为660~1180nm，人们正是利用钛宝石的这种性质实现宽带可调谐激光器。由第 8 章的讨论知道，锁模激光器的输出脉冲时间宽度反比于激光器的发光频率线宽，因此宽谱激光器有利于获得超短激光脉冲，实际上用锁模钛宝石激光器，人们已获得 5.5fs 的超短脉冲，商业生产的钛宝石锁模激光器也可输出 35fs 的短脉冲。钛宝石激光器可以用惰性气体放电灯或氩离子激光器(488nm 和 514nm 谱线)泵浦，但现在多使用倍频的 Nd∶YAG 激光器作泵浦源，这使得钛宝石激光器系统更加紧凑，工作更加可靠，运行成本也相应降低。

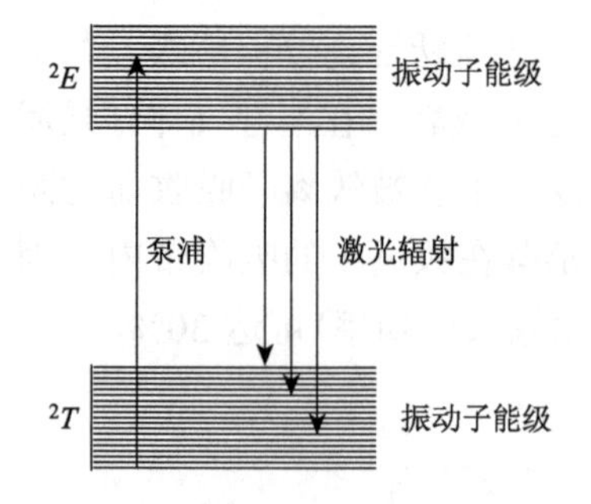

图 11.16　钛宝石中钛离子的能级图

在变波长应用领域的另一种可调谐激光器是染料激光器，与钛宝石激光器相比染料激光器的输出波长主要在可见光范围内，但由于其装置复杂，难以实现商品化，染料激光器在可见光范围内的可调谐应用也正在被倍频的钛宝石激光器取代，因此不再对染料激光器进行讨论。

11.5　光纤激光器

光纤是一种圆柱形的光波导，它利用内全反射将光波约束在纤芯中传播，通信用$\lambda = 1550\text{nm}$单模光纤的芯径通常为$8.3\mu\text{m}$，与包层的折射率差的相对值$(n_1 - n_2)/n_1 = 0.0036$，光纤的数值孔径$\text{NA} = \sqrt{n_1^2 - n_2^2} = 0.13$，光纤中光场的分布仍然为高斯形式，光纤中高斯光束的光斑半径$w \approx 4.9\mu\text{m}$。

激光在自由空间传输时，光束的发散角反比于高斯光束光腰半径，要想维持在一定传输距离上基本不变的光斑尺寸，需要较大的光腰半径(如第 3 章讨论)。光在光纤中传播被纤芯和包层界面上的全反射约束，光纤中的光波可以传播任意长的距离而保持较小的光斑尺寸不变，同样的激光功率可以在光传播的路径上获得更大的激光光强，有利于提高受激辐射的速率和降低泵浦功率阈值。

为了在光纤中得到激光增益，可以在纤芯中掺入稀土元素离子，掺杂不同的稀土元素可以获得不同的波长振荡，光纤激光器中常用掺杂元素有 Er^{3+} 、 Pr^{3+} 、 Nd^{3+} 、 Yb^{3+} ，它们的增益波长分别在 1.55μm 、1.35μm 、1.06μm 、1.0μm 。

目前稀土元素激光器的泵浦都采用光泵浦方式，早期的光纤激光器采用气体放光灯泵浦，随着半导体激光器的迅速发展，现在的光纤激光器，多数都用半导体激光器作为泵浦光源实现泵浦。图 11.17 中列出了三种典型光纤激光器的示意图。

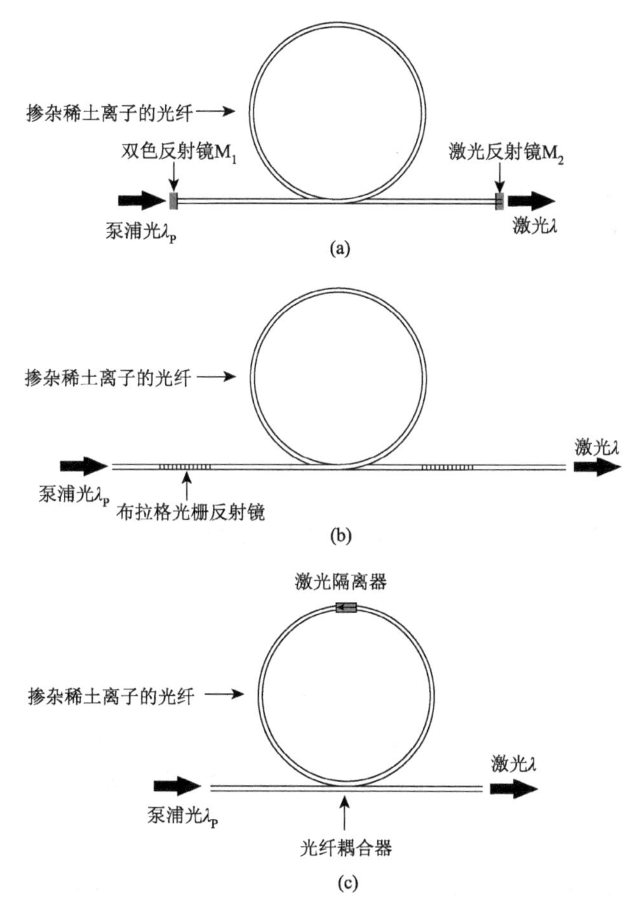

图 11.17　几种光纤激光器示意图

在图 11.17(a) 中的光纤激光器在两个光纤端口放置两个反射镜 M_1 和 M_2，其中 M_1 为双色反射镜，它对泵浦光波长完全透射，对激光波长完全反射。另一反射镜 M_2 对泵浦光完全反射，对激光部分透射，这样在输入足够强泵浦光的作用下，光纤中的掺杂增益离子受到激发并实现粒子数反转，激光在光纤中传播得到放大，在两个反射镜的反射作用下，激光在光纤中往返传播放大实现激光振荡，并在 M_2 镜输出。由于这种激光器简单灵活，常见于实验室应用中。商业用光纤激光器，则用光纤布拉格光栅反射镜代替图 11.17(a) 中的分立元件反射镜，由于装置中没有活动元件，使激光器装置更加紧凑可靠，如图 11.17(b) 所示。

光纤布拉格光栅的示意图如图 11.18 所示，它的纤芯折射率沿光纤方向呈周期性的变化：

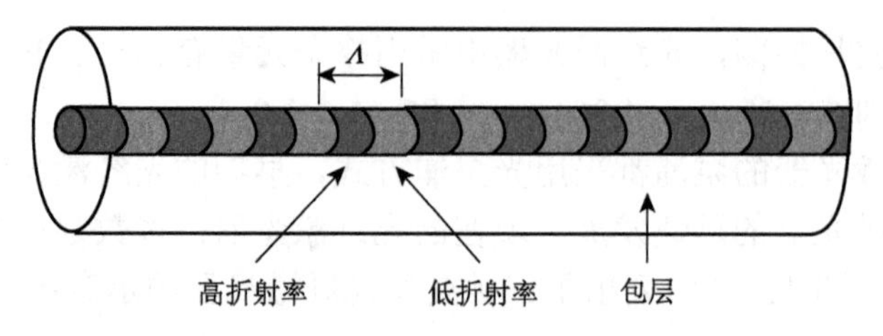

图 11.18　光纤布拉格光栅的示意图

$$n(x)=\bar{n}+\delta n\cos\left(\frac{2\pi x}{\Lambda}\right) \tag{11.5}$$

式中，$\bar{n}$ 为平均折射率；Λ 为折射率变化的周期；δn 为折射率变化的振幅。当激光波长满足 $\lambda=2\bar{n}\Lambda$ 时，布拉格光栅对激光光强反射率取极大值，定义此时的激光波长为光纤光栅的布拉格波长 λ_B：

$$\lambda_B=2\bar{n}\Lambda \tag{11.6}$$

在布拉格波长处光栅反射率表示为(附录 E)

$$R=\tanh^2\left(\frac{\pi\delta n}{\lambda_B}L\right) \tag{11.7}$$

式中，L 为布拉格光栅的长度；λ_B 也称为布拉格波长。在 $\frac{\pi\delta n}{\lambda_B}L\gg1$ 的条件下，其反射带宽为

$$\frac{\delta\lambda}{\lambda_B}=\frac{\delta n}{2n} \tag{11.8}$$

例 11.1　已知一光纤光栅的折射率变化振幅 $\delta n=1\times10^{-4}$，纤芯的平均折射率 $\bar{n}=1.5$，光栅长度 $L=15\text{mm}$，布拉格波长 $\lambda_B=1.55\mu\text{m}$，求光栅的反射率及反射带宽。

解　反射率：

$$R=\tanh^2\left(\frac{\pi\delta n}{\lambda_B}L\right)=\tanh^2\left(\frac{3.14\times10^{-4}}{1.55\times10^{-3}}\times15\right)=0.991$$

由于 $\frac{\pi\delta n}{\lambda_B}L=3>1$，因此反射带宽可以近似认为

$$\Delta\lambda=\lambda_B\frac{\delta n}{2n}=5\times10^{-5}\mu\text{m}$$

由此可见，光纤布拉格反射镜的反射带宽很窄，光纤激光器利用布拉格反射镜的这种性质进行激光器选频。

图 11.17(c)中的光纤激光器不用反射镜，而是将光纤首尾相接使光在环路中不断往返形成环形谐振腔，为了实现激光器行波振荡，在环路中使用光二极管抑制某一方向上激光的振荡，环形腔激光器泵浦光的耦合可以用光纤定向耦合器来实现，并且通过该定向耦合器的设计使泵浦光的耦合效率接近100%，而同时保证激光的耦合效率取一个适当的值，如5%，这样既可以保证泵浦能量的充分利用，又能使环路实现激光的低损耗振荡。

光纤激光器另一个重要的固有优势在于其较大的面积体积比，使得它在散热方面具有特别的优势。一个半径为 a、长度为 L 的圆柱形长棒，其面积体积比为 $2\pi aL/\left(\pi a^2 L\right)=2/a$，由于光纤的纤芯半径很小，因此即使对于输出功率几瓦量级的光纤激光器，光纤的升温也不影响激光器的正常工作，与之相比，同样功率的普通固体激光器升温可以引起激光介质棒变形，甚至损坏，是限制固体激光器输出功率的主要因素之一。而光纤激光器在散热方面的优势也使光纤激光器结构紧凑，激光运转效率和可靠性都明显提高。在下面部分内容中，详细讨论四能级和准三能级系统光纤激光器的阈值泵浦功率和斜率效率。

1. 四能级系统光纤激光器

在第 5 章中曾经讨论四能级系统激光器的阈值增益和斜率效率，在光纤中情况有所不同，因为一般来讲光纤激光器所用光纤的长度较长，泵浦光从光纤一端输入，在传播过程中泵浦光被不断吸收，和第 6 章讨论的光纤放大器一样，在光纤长度方向上不同位置泵浦光强度不同，进而得到不同的粒子数反转，因此为了得到光纤激光器的泵浦阈值，必须把这种粒子数反转随位置变化的因素考虑进来。

如果光纤纤芯中掺杂稀土离子密度为 n_0，掺杂离子的泵浦光吸收截面为 $\sigma_{\rm p}$，则泵浦光吸收系数 $\alpha_{\rm p}=n_0\sigma_{\rm p}$。假设从光纤端口进入光纤的泵浦光强 $I_{\rm p0}$，频率为 $\nu_{\rm p}$，光纤长度为 L，在 $\alpha_{\rm p}L\gg 1$ 的条件下由式(6.39)可知，小信号激光在无损耗光纤中传播一个单程光强由 I_1 变成 I_2，

$$\ln\frac{I_2}{I_1}=\ln G=\frac{I_{p0}\sigma_2\tau_2}{h\nu_{\rm p}} \tag{11.9}$$

式中，τ_2 和 σ_2 分别表示增益粒子上的能级寿命和激光受激辐射截面。将式(11.9)用于讨论光纤激光器的临界增益，设光纤两端反射镜的反射率分别为 R_1 和 R_2，光纤对激光的吸收系数为 α，光纤长度为 L，光强为 I_1 的弱光信号在光纤中传播一个往返后光强变为 I_2，则有

$$I_2=I_1R_1R_2{\rm e}^{-2\alpha L}G^2 \tag{11.10}$$

在激光增益 G 等于临界增益 $G_{\rm th}$ 的条件下，激光在光纤中传播一个往返，光强保持不变，即 $I_2=I_1$，上式可改写成

$$\ln\left(R_1R_2\right)-2\alpha L+2\ln G_{\rm th}=0$$

即

$$\ln G_{\rm th}=\alpha L+\frac{1}{2}\ln\left(\frac{1}{R_1R_2}\right) \tag{11.11}$$

由式(11.11)可知，激光器的临界增益由光纤的吸收损耗系数、光纤长度和反射镜反射率确定，重新写下光子寿命表示式(7.14)：

$$\tau_{\rm R}=\left(c\alpha+\frac{c}{2L}\ln\frac{1}{R_1R_2}\right)^{-1}$$

由于光纤的折射率为 n，上式中的 c 应由 c/n 代替，结合式(11.11)可以得到用光纤激光器的临界增益表示的光腔光子寿命表示式：

$$\tau_R = \frac{nL}{c\ln G_{th}} \tag{11.12}$$

由于输入泵浦功率 $\mathcal{P} = I_{p0} \cdot A_c$，其中，$A_c$ 为光纤纤芯面积，当输入功率为临界泵浦功率 $\mathcal{P}_{th}$ 时，光纤的激光增益亦为临界增益 G_{th}，由式(11.9)可得

$$\mathcal{P}_{pth} = \frac{h\nu_p}{\sigma_2\tau_2} A_c \ln G_{th} \tag{11.13}$$

式中，$\ln G_{th}$ 是描述光纤谐振腔损耗的参量。由于光纤的吸收和散射损耗很小，因此只要 R_1 和 R_2 足够大，式(11.13)中 $\ln G_{th}$ 则较小，光纤的纤芯面积也很小，所以光纤激光器的阈值泵浦功率与同种介质的普通激光器相比要低很多，这又是光纤激光器的优势之一。

重新写出粒子数反转与光强关系的时间微分方程，注意到对于光纤激光器泵浦速率 $\mathcal{R}$ 和粒子数反转 Δn 均为位置 z 的函数，因此，式(7.15)表示成

$$\begin{cases} \dfrac{\mathrm{d}\Delta n(z)}{\mathrm{d}t} = \mathcal{R}(z) - \Delta n(z)\left[\dfrac{\sigma I}{h\nu_1} + \dfrac{1}{\tau_2}\right] \\ \dfrac{\mathrm{d}I}{\mathrm{d}t} = \dfrac{c}{n}\sigma\Delta n(z) I - \dfrac{I}{\tau_R} \end{cases} \tag{11.14}$$

设光纤纤芯的面积为 A_c，则 $\Delta N = \int_0^L \Delta n \cdot A_c \mathrm{d}z$ 表示激光器内总粒子数反转，式(11.14)对全光纤长度积分并乘以 A_c，可以得到 I 和 ΔN 的运动方程：

$$\begin{cases} \dfrac{\mathrm{d}\Delta N}{\mathrm{d}t} = \mathcal{R}_T - \Delta N\left[\dfrac{\sigma I}{h\nu_1} + \dfrac{1}{\tau_2}\right] \\ \dfrac{\mathrm{d}I}{\mathrm{d}t} = \dfrac{c\sigma}{nA_cL}\Delta N \cdot I - \dfrac{I}{\tau_R} \end{cases} \tag{11.15}$$

式中

$$\mathcal{R}_T = \int_0^L \mathcal{R}(z) \cdot A_c \mathrm{d}z \tag{11.16}$$

表示激光器总泵浦速率。

对于稳态振荡的激光器，激光器内的功率和粒子数反转不再随时间发生变化，由式(11.15)求解可得稳态粒子数反转和稳态光强：

$$\begin{cases} \Delta N^{(s)} = \Delta N_{th} = \dfrac{nA_cL}{c\sigma\tau_R} \\ I^{(s)} = \dfrac{h\nu_1}{\sigma\tau_2}\left(\dfrac{\mathcal{R}_T}{(\mathcal{R}_{th})_T} - 1\right) \end{cases} \tag{11.17}$$

式中，$\Delta N_{th} = \dfrac{nA_cL}{c\sigma\tau_R}$ 表示临界总粒子数反转，

$$(\mathcal{R}_{th})_T = \frac{nA_cL}{c\sigma\tau_R\tau_2} \tag{11.18}$$

表示临界泵浦总速率。

将式(11.17)与式(7.19)比较可以看出，只要用平均粒子数反转密度$\overline{\Delta n}=\dfrac{\Delta N}{A_c L}$和平均泵浦速率$\mathcal{R}_T/(A_c L)$代替式(7.19)中的$\Delta n$和$\mathcal{R}$，则两个表示式完全一致。

将式(6.35)和式(6.34)代入式(11.16)，在$\alpha_p L \gg 1$的条件下可得

$$\mathcal{R}_T=\frac{n_0\sigma_p}{h\nu_p}A_c\int_0^L I_p(z)\mathrm{d}z=\frac{\mathcal{P}_p}{h\nu_p} \tag{11.19}$$

式中，$\mathcal{P}_p$表示输入泵浦功率；$h\nu_p$表示泵浦光子能量。式(11.19)的物理意义是总泵浦速率等于单位时间内输入的泵浦光子数。根据式(11.13)和式(11.12)，相应的临界泵浦速率可以写成

$$(\mathcal{R}_{th})_T=\frac{\mathcal{P}_{th}}{h\nu_p}=\frac{nA_c L}{c\sigma\tau_R\tau_2} \tag{11.20}$$

设激光器输出镜的透射率为T，利用式(11.17)第二式、式(11.19)和式(11.20)可得激光器的输出功率：

$$\begin{aligned}\mathcal{P}_0&=\frac{1}{2}T\frac{h\nu_1}{\sigma\tau_2}\frac{1}{\mathcal{P}_{th}}(\mathcal{P}_p-\mathcal{P}_{th})A_c\\&=\frac{1}{2}T\frac{c\tau_R}{nL}\frac{h\nu_1}{h\nu_p}(\mathcal{P}_p-\mathcal{P}_{th})\\&=\frac{T}{2\ln G_{th}}\frac{h\nu_1}{h\nu_p}(\mathcal{P}_p-\mathcal{P}_{th})\\&=\eta_s(\mathcal{P}_p-\mathcal{P}_{th})\end{aligned} \tag{11.21}$$

激光器的斜率效率：

$$\eta_s=\frac{T}{2\ln G_{th}}\frac{h\nu_1}{h\nu_p} \tag{11.22}$$

式中，$\dfrac{h\nu}{h\nu_p}$为一个泵浦光子转化成一个激光光子的量子效率；$\dfrac{T}{\ln G_{th}}$为输出损耗占激光在光腔中往返总损耗的百分比。

例 11.2　已知一台钕离子光纤激光器的光纤长度$L=50\text{cm}$，纤芯直径$\phi=40\mu\text{m}$，反射镜反射率$R_1=1,\ R_2=0.9$，激光上能级$^4F_{3/2}$的荧光寿命$\tau_2=500\mu\text{s}$，激光波长$\lambda=1.06\mu\text{m}$，当用$\lambda_p=514.5\text{nm}$的氩离子激光器泵浦时，测量得到阈值泵浦功率为$\mathcal{P}_{th}=35\text{mW}$，斜率效率为$\eta_s=0.2$，计算：

(1)光纤的损耗系数；

(2)钕离子的受激辐射截面。

解　(1)由斜率效率表示式(11.22)得

$$\ln G_{th}=\frac{T}{\eta_s}\frac{h\nu}{h\nu_p}=\frac{T\lambda_p}{\eta_s\lambda}=0.243$$

因此

$$2\alpha L=2\ln G_{th}-\ln\frac{1}{R_1R_2}=0.138$$

$$\alpha = 0.138\text{m}^{-1} = 598\text{dB/km}$$

(2) 由表示式(11.13)可得

$$\sigma = \frac{A_c h\nu_p \ln G_{th}}{\tau_2 \mathcal{P}_{th}} = 3.4\times10^{-20}\text{cm}^2$$

2. 准三能级系统激光器的吸收和辐射截面

在各种掺杂的光纤激光器中，有几种重要的掺杂元素属于三能级系统，如发射波长1.5μm的铒离子，1.9μm的铥离子和1.0μm的镱离子。由于这些离子的每个能级又由许多子能级组成，因此它们不是理想的三能级系统，如铒离子的$^4I_{15/2}$和$^4I_{13/2}$能级，它们又是由一些子能级组成，如图11.19所示。在这些子能级中，每个子能级上的粒子数可以不同，即使同一个频率的吸收和辐射也可以发生在不同的子能级之间，因此当把激光上能级和下能级作为一个整体来考虑时，同一频率光波的吸收截面和辐射截面可以不同，分别将其标记为σ_a和σ_e，下面首先推导这两个参量之间的关系，称为麦卡博(Mc Cumber)关系。

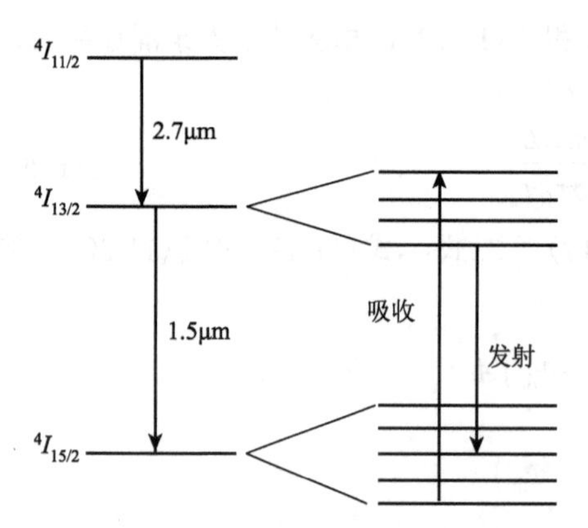

图 11.19　铒离子参与激光作用的能级图

假设频率$\nu \sim \nu + d\nu$范围内的黑体辐射场引起的受激辐射速率和受激吸收速率分别为dW_{21}和dW_{12}，激光上下能级的总粒子数分别为n_2和n_1，在热平衡条件下，每个微元频率间隔$d\nu$内的辐射均应处于平衡状态，因此有

$$n_2 dW_{21} + n_2 A_{21} d\nu = n_1 dW_{12} \tag{11.23}$$

式中，$dW_{21} = \frac{\sigma_e}{h\nu}dI$为受激辐射速率；$dW_{12} = \frac{\sigma_a}{h\nu}dI$为受激吸收速率；$A_{21}$为频率$\nu$附近的自发辐射速率；$dI$表示频率间隔$\nu \sim \nu + d\nu$内的黑体辐射光强，$dI = c\rho_\nu(\nu)d\nu$，$\rho_\nu(\nu)$为光波场能量的谱密度。将$dW_{21}$、$dW_{12}$和$dI$的表示式代入式(11.23)可得

$$n_2\sigma_e c\rho_\nu(\nu) + n_2 A_{21} h\nu = n_1\sigma_a c\rho_\nu(\nu)$$

即

$$\rho_\nu(\nu) = \frac{A_{21}h\nu/\sigma_e c}{(n_1\sigma_a/n_2\sigma_e)-1} \tag{11.24}$$

对于黑体平衡辐射，光波场能量密度的表示式：

$$\rho_\nu(\nu) = \frac{8\pi\nu^2}{c^3}\frac{h\nu}{e^{(h\nu/kT)}-1}$$

式(11.24)与上式比较可得

$$\frac{n_1\sigma_a}{n_2\sigma_e} = e^{\frac{h\nu}{kT}} \tag{11.25}$$

在热平衡条件下，上下能级的粒子数服从玻尔兹曼分布，$n_1/n_2 = \mathrm{e}^{(E_2-E_1)/kT}$，对于上下能级有分裂的情形，上下能级各自的能量是不确定的，但是平衡态条件下 n_1/n_2 是确定的，定义零线能级差为

$$\frac{n_1}{n_2} = \mathrm{e}^{\frac{\Delta E_z}{kT}} \tag{11.26}$$

式中，ΔE_z 称为零线能级差。平衡条件下，上下能级粒子数的比值用 ΔE_z 表示仍然为玻尔兹曼分布的形式。用零线频率 ν_z 表示零线能级差为 $\Delta E_z = h\nu_z$。将式(11.26)代入式(11.25)，并将表示式用 ν_z 表示：

$$\frac{\sigma_{\mathrm{a}}}{\sigma_{\mathrm{e}}} = \mathrm{e}^{\frac{h(\nu-\nu_z)}{kT}} \tag{11.27}$$

这就是激光上下能级由许多子能级组成时的吸收截面与辐射截面的比例关系，称为麦卡博关系。由此关系看到当光波的频率大于零线频率时，$\sigma_{\mathrm{a}} > \sigma_{\mathrm{e}}$；反之，$\sigma_{\mathrm{a}} < \sigma_{\mathrm{e}}$。原因分析如下：在上能级(或下能级)的各个子能级间的能量间隔很小，所以子能级间的跃迁速率很高，它的弛豫时间为纳秒量级，而激光上下能级粒子的弛豫时间在微秒甚至毫秒的量级，所以在上下能级的粒子寿命时间内，各能级的子能级间总是处于热平衡状态，满足玻尔兹曼分布，原子处于子能级的低能级概率大于处于高能级的概率，因此，粒子吸收高能量光子的概率大于吸收低能量光子的概率。同理，粒子发射低能量光子的概率大于发射高能量光子的概率。

图 11.20 表示铒离子在1.5μm波长附近吸收和辐射截面随波长的变化，在短波长处吸收截面变大，辐射截面在长波长方向变大，与式(11.27)表示的变化趋势一致。

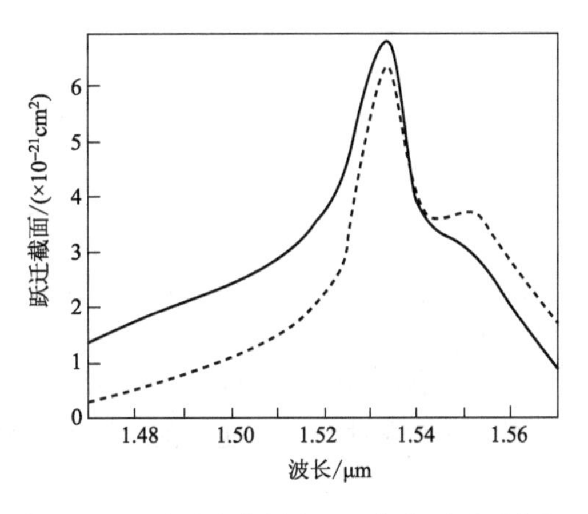

图 11.20　玻璃中的铒离子吸收截面(实线)和辐射截面(虚线)随波长的变化

3. 准三能级系统的临界泵浦功率

前面的讨论中看到四能级系统的临界粒子数反转，它由激光器谐振腔的损耗决定，因为激光下能级粒子数为零，激光增益介质原则上讲对激光没有吸收。而对于三能级系统，激光下能级为增益粒子的基态能级，为了克服增益粒子对激光能量的吸收，在泵浦作用下要使总粒子数的50%以上都激发到激光上能级，这对泵浦功率的要求远大于克服激光器谐振腔损耗对泵浦功率的要求，因此对三能系统主要讨论克服增益粒子的吸收对泵浦功率的要求，也称为透明泵浦功率。

对于稀土元素三能级粒子，它们实际都不是严格的三能级系统，因此分别用激光辐射截面 σ_{e} 和激光吸收截面 σ_{a} 来表示粒子的发射和吸收特性，激光增益系数表示为

$$g(\lambda) = n_2\sigma_{\mathrm{e}} - n_1\sigma_{\mathrm{a}} \tag{11.28}$$

介质对激光透明则要求 $g(\lambda) = 0$，即

$$\frac{n_2}{n_1}=\frac{\sigma_a(\lambda)}{\sigma_e(\lambda)} \tag{11.29}$$

对于 Yb^{3+}，σ_a 与 σ_e 随 λ 的变化如图 11.21 所示。

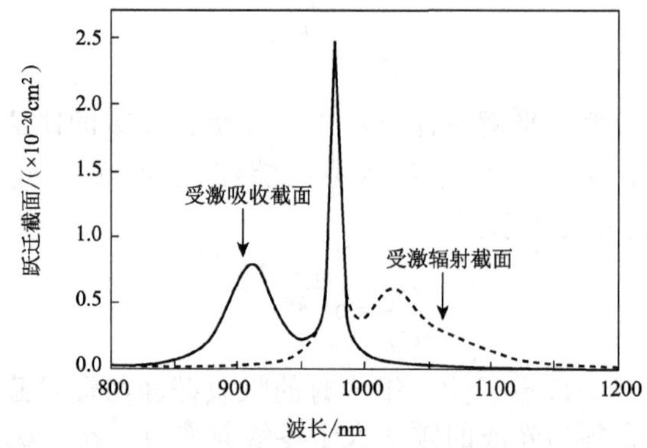

图 11.21　玻璃中的镱离子吸收和辐射截面随波长的变化

由图 11.21 看到，对于 $\lambda>975\text{nm}$，$\sigma_e(\lambda)>\sigma_a(\lambda)$，由式(11.29)可知，介质透明对上能级粒子的要求 $n_2<n_1$，比严格的三能级系统对上能级粒子数的要求要放宽一些，这是粒子准三能级结构的结果。

对于准三能级系统，写出在没有激光作用条件下的粒子数变化方程：

$$\frac{\mathrm{d}n_2}{\mathrm{d}t}=n_1W_a-n_2W_e-\frac{n_2}{\tau_2} \tag{11.30}$$

式中

$$W_a=\frac{I_p\sigma_a(\lambda_p)}{h\nu_p} \tag{11.31}$$

$$W_e=\frac{I_p\sigma_e(\lambda_p)}{h\nu_p}$$

分别表示泵浦光产生的受激吸收速率和受激辐射速率，式(11.30)中等号右边第三项则表示自发辐射。

对于稳态，$\mathrm{d}n_2/\mathrm{d}t=0$，上下能级的粒子数不再发生变化，利用关系式 $n_1+n_2=n_0$，就可得到平衡条件下上下能级的粒子数分别为

$$\begin{cases} n_2=n_0\dfrac{W_a}{W_a+W_e+(1/\tau_2)} \\ n_1=n_0\dfrac{W_e+(1/\tau_2)}{W_a+W_e+(1/\tau_2)} \end{cases}$$

将式(11.31)代入上式，并且记 $\sigma_a(\lambda_p)=\sigma_{pa}$，$\sigma_e(\lambda_p)=\sigma_{pe}$ 可得

$$\begin{cases} n_2=n_0\dfrac{I_p}{I_{ps}+I_p+I_p(\sigma_{pe}/\sigma_{pa})} \\ n_1=n_0\dfrac{I_{ps}+I_p(\sigma_{pe}/\sigma_{pa})}{I_{ps}+I_p+I_p(\sigma_{pe}/\sigma_{pa})} \end{cases} \tag{11.32}$$

式中，$I_{p饱}=h\nu_p/(\sigma_{pa}\tau_2)$，为泵浦光的饱和吸收光强。

由式(11.32)可知，当 I_p 较小时，$n_2=0$，$n_1=n_0$，此时波长为 λ 的激光在介质中传播的增益系数 $g(\lambda)=-n_0\sigma_a(\lambda)$，它表示对于任何激光波长，增益都是负值，介质吸收激光场的能量。将激光的受激吸收截面和受激辐射截面分别表示记为 $\sigma_{sa}=\sigma_a(\lambda)$，$\sigma_{se}=\sigma_e(\lambda)$，注意它们是激光波长的函数。当 I_p 增加时，n_2 增加，n_1 减小，当满足 $n_2/n_1=\sigma_{sa}/\sigma_{se}$ 时，

$$g(\lambda)=n_2\sigma_{se}-n_1\sigma_{sa}=0 \tag{11.33}$$

介质对激光透明，将式(11.32)代入式(11.33)可解得透明泵浦光强 I_{pth}：

$$I_{pth}=I_{p饱}\left[\frac{\sigma_{sa}/\sigma_{se}}{1-(\sigma_{pe}\sigma_{sa}/\sigma_{pa}\sigma_{se})}\right] \tag{11.34}$$

将麦卡博关系式(11.27)代入式(11.34)可得

$$I_{pth}=I_{p饱}\left[\frac{\sigma_{sa}/\sigma_{se}}{1-e^{-(h\nu_p-h\nu)/kT}}\right] \tag{11.35}$$

这就是准三能级增益的透明泵浦光强。由于相对于介质透明，克服激光谐振腔损耗的泵浦需求对多数激光器而言可以忽略，所以式(11.35)的透明泵浦光强又称为临界泵浦光强。

从式(11.35)看到，当 $\nu_p<\nu$ 时，$I_{pth}<0$，由于光强不能取负值，这表示任意泵浦光强介质都不能对激光透明，当然也不可能对激光提供增益，要得到激光增益，激光频率必须满足 $\nu_p>\nu$，这也是热力学基本原理的要求，因为泵浦光向激光转化的过程中，激光的亮度(辐射度)可以大于泵浦光的亮度，而没有能量损耗的转换是不可能的。

利用图 11.21 的数据，使用泵浦波长 $\lambda_p=915\text{nm}$，可知 $\sigma_{pa}/\sigma_{pe}\approx40$，利用式(11.32)和式(11.33)，可计算不同泵浦光强条件下的增益谱曲线，如图 11.22 所示。

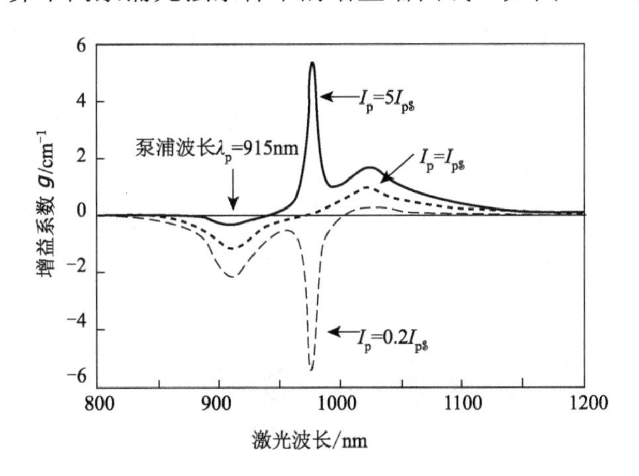

图 11.22　不同泵浦光强条件下玻璃中掺杂镱离子激光增益随激光波长的变化

随着泵浦光强的增大，零增益点向短波方向移动，这使得激光器发光波长范围增加，同时峰值增益波长也发生明显的改变，在某些应用场合，可以通过改变泵浦光强实现对激光波长的控制。

例 11.3　一掺镱光纤激光器的纤芯半径 $r=2.3\mu\text{m}$，泵浦波长 $\lambda_p=915\text{nm}$，泵浦光吸

收截面 $\sigma_{pa}=0.75\times10^{-20}\text{cm}^2$，激光波长 $\lambda=1025\text{nm}$，激光发射和吸收截面 $\sigma_{se}=0.64\times10^{-20}\text{cm}^2$ 和 $\sigma_{sa}=0.054\times10^{-20}\text{cm}^2$，已知激光上能级粒子寿命 $\tau_2=0.84\text{ms}$，求透明泵浦功率。

解　设激光器工作在室温，$T=293\text{K}$，则由式(11.35)：

$$I_{pth}=I_{ps}\left[\frac{\sigma_{sa}/\sigma_{se}}{1-e^{-(h\nu_p-h\nu)/kT}}\right]=2.9\times10^7\,\text{W}\cdot\text{m}^{-2}$$

光纤纤芯面积：

$$A_c=\pi r^2=1.66\times10^{-11}\text{m}^2$$

$$\mathcal{P}_{pth}=I_{pth}A_c=0.48\text{mW}$$

一般光纤激光器的临界泵浦功率都在这个量级上，这种低临界泵浦功率是由于光纤芯面积很小的特点导致的结果。

4. 大功率单模光纤激光器

从式(11.21)看到，光纤激光器的输出功率随着泵浦功率线性增加，因此，只要增大泵浦功率，可以得到所需要的任意激光功率输出。但实际上，对于典型的纤芯泵浦单模光纤激光器，激光器接收到的最大泵浦功率为

$$\mathcal{P}_{pmax}=B\cdot G$$

式中，B 为泵浦光源的辐射度；G 为泵浦光源与光纤接收系统的集光率。已知光源辐射度的增加是受到限制的，单模光纤只接收一个横模，因此根据式(1.38)其集光率为 $\mathcal{G}_0=\lambda_{vac}^2$，从而单模光纤系统的集光率也是限定的，这就限制了单模光纤激光器能够接收的最大泵浦功率和其功率输出，纤芯泵浦的单模光纤激光器输出功率被限制在100mW左右。

解决上述矛盾的通用方法是使用双包层光纤，如图 11.23 所示。光纤的最内层是掺杂稀土离子的光纤纤芯，其折射率为 n_c，在纤芯外边紧贴纤芯的是第一包层，折射率为 n_1，再外面是第二包层，折射率为 n_2，三种折射率满足 $n_c>n_1>n_2$，由于纤芯与第一包层界面上的内全反射使激光被限制纤芯中传播形成纤芯波导，并且设计纤芯面积使其满足单模条件。因为增益离子掺杂在纤芯中，所以振荡激光在纤芯中产生并且被限制在纤芯中。对于不满足全内反射的光辐射，由于它们在纤芯中传播路径很短，而不能被增益离子有效放大，这一部分辐射作为杂散光逸出光纤。

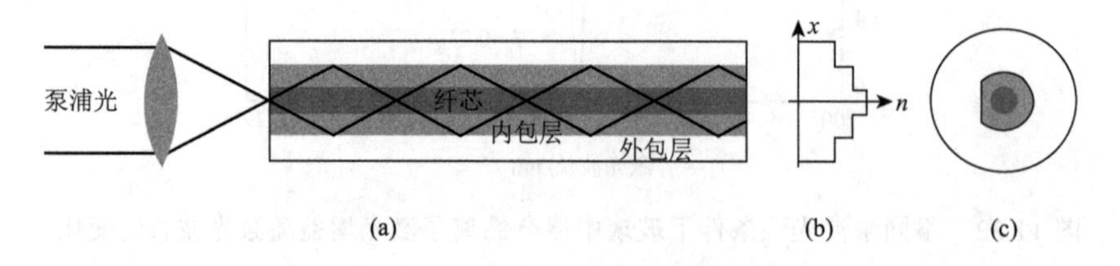

图 11.23　双包层光纤示意图

再来考查包层 1，因为 $n_1>n_2$，所以光波可以在包层 1 和包层 2 的介面上发生全内反射，包层 1 也可以将光场约束在 n_1 介质中传播，形成光波导，因此可以将泵浦光输入包层 1 中，由于包层中没有掺杂增益离子，泵浦光在包层 1 中不被吸收，光线在 n_1 与 n_2

的界面上多次被反射穿过纤芯被增益离子吸收，实现对掺杂离子的泵浦。

激光被限制在纤芯中传播，包层 1 的尺寸对振荡激光束没有影响，因此包层 1 的尺寸可以做得较大(如 200μm 直径)而不影响激光器的单模特性，这样就增加了泵浦光的集光率，使得在同等泵浦光源辐射度的条件下，输入光纤的泵浦光功率可以大大增加，有效地解决了由于光源辐射度受限而使光纤激光器的泵浦功率受限制的矛盾。为了避免泵浦光在包层 1 中绕纤芯螺旋传播，通常将包层 1 的截面设计成 D 形(图 11.23)或长方形，这样可有效地保证泵浦光线全部多次通过纤芯而被吸收。

由于光纤损耗、自发辐射、量子转换效率等因素的影响，激光器的输出功率总是小于输入泵浦光的功率，问题是为什么会用一种输入激光产生另一种输出激光呢？这是因为关注的不只是激光的功率，还要考虑激光的其他特性。

例如，可以用一束时间相干性较低的激光去泵浦另一激光器产生高时间相干性的激光束(频率带宽较窄，或称为高光谱分辨激光)，也可以用一连续激光器来泵浦另一激光器(如锁模激光器)来获得超短脉冲激光(也称高时间分辨激光)。对于现在讨论的包层泵浦光纤激光器，由于激光束的截面积(近似等于纤芯截面积)可以远小于泵浦激光的截面积，因此，输出激光的亮度可以远大于输入激光的亮度，这样激光泵浦的光纤激光器又是一个亮度转换器，本质上讲，这种转换改变了激光的空间相干性。

随着市场需求的增加，近年来光纤激光器发展迅速，例如，Yb^{3+} 掺杂的单模光纤激光器的连续输出功率可达百瓦量级($M^2<1.1$)，而 $M^2\sim3$ 的掺 Yb^{3+} 光纤激光器的连续输出功率已达千瓦，光纤激光器在许多工艺应用领域正在替代传统固体激光器。

习　　题

11.1　一台长为 1m 的 He-Ne 激光器，气体温度 $T=400\text{K}$，若工作波长 $\lambda=3.39\mu\text{m}$ 时的单程小信号增益为 30dB，假设该激光器在 $3s_2$ 和 $2p_4$ 能级间获得此反转粒子数密度，试求相应跃迁波长的单程小信号增益($\lambda=3.39\mu\text{m}$ 的自发辐射系数 $A_{21}=2.87\times10^6\text{s}^{-1}$，$3s_2\rightarrow2p_4$ 的自发辐射系数 $A_{21}=6.56\times10^6\text{s}^{-1}$)。

11.2　实验测量得到一台横向激励连续二氧化碳激光器的斜率效率为 η_s，阈值泵浦功率为 $\mathcal{P}_{th}$，输出镜透射率为 T，毛细管截面积为 A，求饱和光强 I_s(激光器内混合气体的压强为 $1.3\times10^4\text{Pa}$)。

11.3　(1) Nd：YAG 激光器增益介质的折射率 $n=1.82$，为了散热的需要，介质棒浸在流动的水中，水的折射率 $n_w=1.33$，计算介质内部自发辐射的多少部分将被材料的内全反射限制在增益介质内部传播；

(2) 泵浦光从介质棒的端面入射，为了使泵浦光被完全限制在介质棒内部传播，泵浦光的入射方向与光轴的最大夹角是多少？

11.4　已知一台镨离子掺杂的光纤激光器的掺杂镨离子密度为 $3\times10^{19}\text{cm}^{-3}$，泵浦光波长 $\lambda_p=1015\text{nm}$，吸收截面 $\sigma_{ab}=4\times10^{-22}\text{cm}^2$，辐射激光波长 $\lambda=1310\text{nm}$，辐射截面 $\sigma_{em}=4\times10^{-21}\text{cm}^2$，激光器为四能级系统，激光上能级的寿命为 $\tau_2=110\mu\text{s}$。激光器光纤长度 $L=3\text{m}$，纤芯直径 $d=40\mu\text{m}$，折射率 $n=1.5$，激光吸收系数 $\alpha=10\text{dB/km}$，反射镜

的反射率分别为 $R_1 = 0.99$ 和 $R_2 = 0.97$ 。

(1)计算光腔的光子寿命；

(2)通过计算说明泵浦光能量绝大部分被吸收；

(3)计算临界泵浦功率；

(4)计算斜率效率；

(5)已知泵浦功率为250mW，计算激光器的输出功率。

11.5　在11.4题中光纤长度减少为 $L' = 30\text{cm}$ 。

(1)计算泵浦光被吸收的百分比；

(2)计算临界泵浦功率；

(3)计算斜率效率；

(4)观察(2)和(3)的结果受光纤长度的影响，并对之做出相应的物理解释。

11.6　红宝石激光器中激光棒的长度为6cm，直径 $d = 6\text{mm}$ ，在一个强泵浦脉冲的作用下几乎所有的 Cr^{3+} 都被激发到激光上能级，然后立即执行 Q 开关操作使激光器发出一个脉冲，已知 Cr^{3+} 的掺杂浓度 $n_0 = 1.6\times10^{19}\,\text{cm}^{-3}$ 。

(1)计算最大可能的脉冲能量；

(2)如果脉冲的时间宽度等于10ns，计算脉冲的峰值功率。

11.7　用麦卡博关系证明，对于准三能级激光增益介质，激光波长不可能小于泵浦波长。

第 12 章　半导体激光器

半导体激光器利用半导体材料作为光增益介质，是目前应用最广泛的一类激光器。相对于气体激光器和固体激光器而言，半导体激光器可以使用电流对其直接泵浦，因而具有更高的效率；另外半导体激光器还有体积小、重量轻、价格低廉、可靠性高、使用寿命长、波长范围宽、可直接调制和可片上集成等特点。这些特点是与半导体材料独特的能带性质密不可分的，因此本章首先介绍半导体材料的能带结构。

12.1　半导体材料的性质

1. 半导体材料的能带

在第 11 章所讲述的原子激光器和分子激光器中，用于辐射发光的材料均可作为孤立的原子分子处理，其发光的能级也可视为孤立能级。而在半导体材料中，从实空间观察，原子周期性排列且相互靠近，此时的原子不能再看作孤立的原子；如果从能量空间观察，此时所对应的孤立原子模型中的分离能级将展宽变成能带。

为了便于理解，首先考虑两个相同的原子。当两个原子距离很远时，可以认为这两个原子相互独立，它们有相同的能级结构。只考虑其中的两个能级(图 12.1)，当这两个原子彼此靠近时，它们的电子波函数开始相互耦合，也就是说这两个原子开始互相影响。从数学上看，两个耦合波函数的解就是能级分裂。它的物理图像就是原子间的相互作用或者说是微扰使得原子中本来孤立分布的能级一分为二。当 N 个原子相互接近时，这种分裂会变得越来越多，从而形成上下各 N 个能级，而能级之间的间距极小，完全可以认为是连续分布，从而形成能带，如图 12.1 所示。

为简单起见，考虑原子在一维空间周期性排列后，其能量—波矢色散关系。图 12.2 为半导体典型的波矢空间电子的能量—波矢色散关系图。在绝对零度时，电子能够填满的最高能带称为价带，价带上面的能带称为导带。导带和价带之间没有电子可能存在的区域称为禁带。

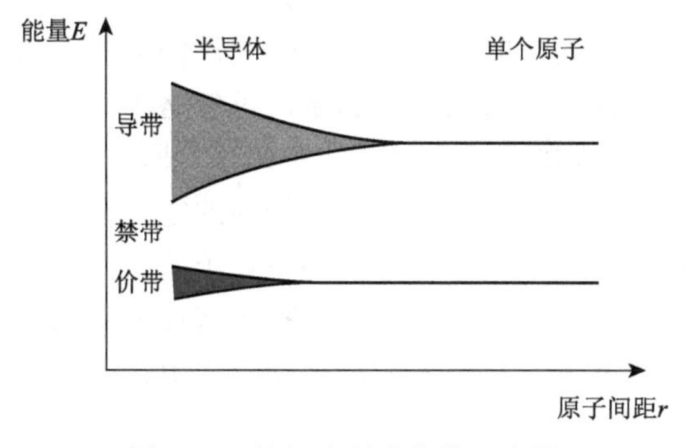

图 12.1　能级分裂成能带示意图

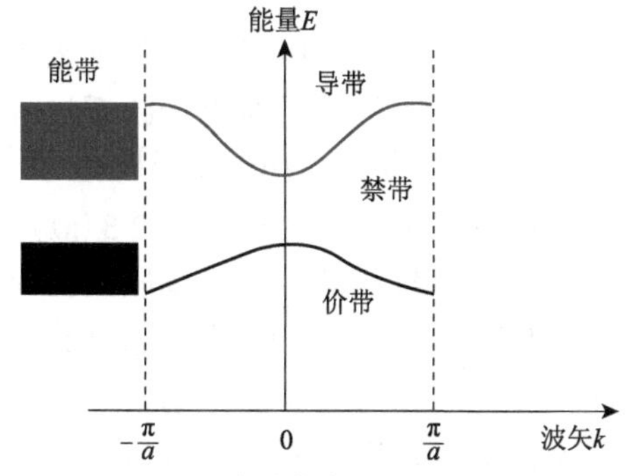

图 12.2　一维结构第一布里渊区中的能量—波矢色散关系图

2. 半导体材料中电子的跃迁与光的吸收和发射

理想本征半导体材料(半导体材料没有被掺杂)在绝对零度，价带完全被电子占满。假如有一个能量为 $h\nu_1$ 的光子入射到这种半导体中，如果光子的能量大于禁带宽度 E_g，即 $h\nu_1 > E_g$，那么半导体材料中处在价带的电子可以吸收一个光子，跃迁到导带，从而在价带留下一个空穴，形成一个电子—空穴对；而如果入射到这种半导体中的光子能量为 $h\nu_2$，且 $h\nu_2 < E_g$，那么处在价带的电子无法吸收这个光子，因此这种材料对频率为 ν_2 的光子来讲是透明的。当处在导带底中的电子向下跃迁，和价带顶的空穴复合时，复合产生的能量能够以光子的形式释放。由于复合的电子与空穴分别位于导带底和价带顶，因此复合时释放的光子能量在 E_g 附近。处在导带中的电子既会自发向下跃迁和空穴复合，并将复合所产生的能量以光子的形式释放出来，产生自发辐射；也会受外部入射光子的扰动而复合，释放一个和入射光子完全一致的新光子，产生受激辐射。当导带中存在大量的电子，同时价带中存在大量的空穴时，在光波的作用下，导带中的电子和价带中的空穴的复合将会加速，这种在光波的作用下导致的电子空穴复合过程，等价于第 5 章中讨论的受激辐射过程。在这个过程中光波光强得到放大，半导体的作用等价于前面讨论的增益介质。

半导体激光器中光的发射就是将半导体增益介质置于光学谐振腔中，多数半导体激光器利用电流注入泵浦，电源向半导体导带中注入电子，向价带中注入空穴。光波在半导体增益介质中传播时所对应的增益系数随着注入电流的增加而增加，当受激辐射产生的激光增益大于临界增益时，激光器发射激光。

3. 用于发光的半导体材料

在半导体导带底的电子和价带顶的空穴复合产生光子的过程中，需要同时满足能量和动量守恒。能量守恒的条件即 $E_i = E_f + h\nu$，其中，E_i 和 E_f 分别是电子跃迁过程中初始时刻的能量和结束时刻的能量；$h\nu$ 是光子的能量。动量守恒的条件即 $\boldsymbol{p}_i = \boldsymbol{p}_f + \boldsymbol{p}_p$，其中，$\boldsymbol{p}_i$ 和 $\boldsymbol{p}_f$ 分别是电子跃迁过程中初始时刻的动量和结束时刻的动量；$\boldsymbol{p}_p$ 是光子的动量。对于电子和光子，其动量都可以写成 $\boldsymbol{p} = \hbar\boldsymbol{k}$ 的形式。对半导体中的电子来讲，$|\boldsymbol{k}| \sim \dfrac{\pi}{a_0}$，其中，$a_0$ 是晶体的晶格常数，大小在埃的量级；而对光子来讲，$|\boldsymbol{k}| = \dfrac{2\pi}{\lambda}$，$\lambda$ 一般在几千到几万埃。由此可知，电子的波矢远大于光子的波矢，即其动量远大于光子的动量。因此可以认为，光子的动量对电子跃迁过程中动量改变的影响微乎其微，可忽略不计。半导体材料中，像 GaAs、InP 这些Ⅲ-Ⅴ族化合物，其导带底和价带顶处在波矢同一位置，被称为直接带隙半导体材料(图 12.3(a))，这种材料导带底的电子和价带顶的空穴在复合过程中动量守恒自然满足；而像硅、锗等材料，其导带底和价带顶并不处于波矢同一位置，被称为间接带隙半导体材料(图 12.3(b))，这种材料导带底的电子和价带顶的空穴复合发光仅靠光子参与无法满足动量守恒，还需要声子的参与才能满足动量守恒，因此其发光效率低而难以用作光增益材料。

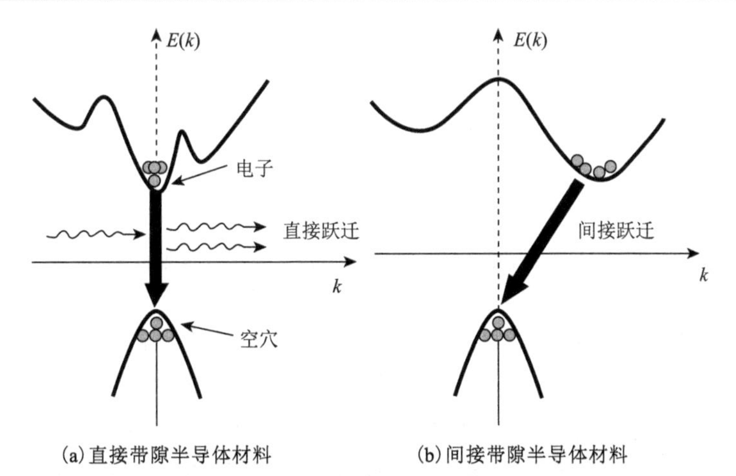

(a) 直接带隙半导体材料　　(b) 间接带隙半导体材料

图 12.3　直接带隙半导体和间接带隙半导体中的电子跃迁发光过程

半导体激光器常用的直接带隙半导体材料以Ⅲ-Ⅴ族化合物为主，图 12.4 给出了这些材料的发光范围。对于以 GaAs 为衬底的 $Al_xGa_{1-x}As$ 和 $In_xGa_{1-x}As$ 材料，通过控制成分比例 x，其发光波长可以分别在 0.7～0.9μm 和 0.9～1.6μm 的范围内调节；而以 InP 为衬底的 $In_{1-x}Ga_xAs_yP_{1-y}$ 材料发光波长可以在 1.3～1.6μm 的范围内调节，这种材料的发光波长覆盖了通信波段。在可见光范围内，$In_xGa_{1-x}N$ 的发光波长在 0.35～0.55μm，是用来制作蓝绿光激光器的材料，而 $In_x(Ga_yAl_{1-y})_{1-x}P$ 的发光波长在 0.63～0.68μm，可用来制作红光激光器；另外Ⅱ-Ⅴ族化合物 CdS、CdSe，ZnS、ZnSe 等材料的发光范围也在可见光范围内。在中红外波段，可以使用与 Sb 基相关的材料，例如，$In_{1-x}Ga_xAs_ySb_{1-y}$ 的发光波长可在 1.7～4.4μm 调节。

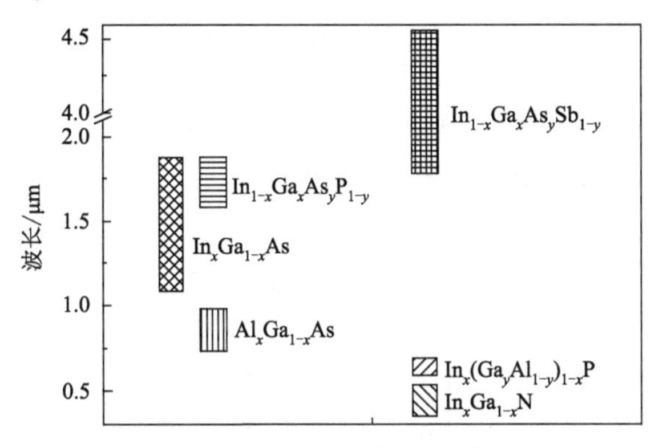

图 12.4　半导体激光器材料的发光波长

4. 电子和空穴的能量与等效质量

根据图 12.2 所示的半导体中电子的能带变化曲线，电子在导带底附近的能量值随着波矢的变化可以用抛物线近似表示成

$$E_c(k) = E_{c0} + \frac{(\hbar|\boldsymbol{k}|)^2}{2m_n} \tag{12.1}$$

式中，E_{c0} 表示导带底的能量值；由于 $\hbar k$ 表示电子动量，m_n 则表示电子的某种质量属性，称为导带电子的等效质量。同理可以用价带空穴的等效质量 m_p 将价带顶 E_{v0} 附近的能量

随 k 的变化表示成

$$E_v(k)=E_{v0}-\frac{(\hbar|\boldsymbol{k}|)^2}{2m_p} \tag{12.2}$$

5. 体材料的能态密度

当材料的尺寸远大于电子的德布罗意波长时，材料体现出来的量子限制效应很微小，这种情况下可将其当成体材料处理。下面参考本书 1.2 节中研究光场模式态密度的思路来分析体材料中电子的能态密度。对于有限的晶体结构，假设其形状为长方体，长宽高为 L_x、L_y 和 L_z，电子的波函数在边界为零，则电子的波矢可以取以下值：$k_x=m_x(\pi/L_x)$，$k_y=m_y(\pi/L_y)$，$k_z=m_z(\pi/L_z)$，其中，m_x、m_y、m_z 均为正整数，于是（m_x、m_y、m_z）对应一个能态。在 $\boldsymbol{k}$ 空间中，每个模式的体积为 $V_k=\pi^3/L_xL_yL_z=\pi^3/V_p$，其中，$V_p=L_xL_yL_z$。那么在 $\boldsymbol{k}$ 空间中对应于半径为 $|\boldsymbol{k}|$，厚度为 $\mathrm{d}|\boldsymbol{k}|$ 的球壳，并且由于 $k_x,k_y,k_z>0$，只考虑第一象限，其体积为 $4\pi|\boldsymbol{k}|^2\mathrm{d}|\boldsymbol{k}|/8$，在此球壳内存在的模式数目为 $4\pi|\boldsymbol{k}|^2\mathrm{d}|\boldsymbol{k}|/8V_k$。此时还应该考虑电子自旋，则上式变为 $\pi|\boldsymbol{k}|^2\mathrm{d}|\boldsymbol{k}|/V_k$。那么在单位体积内模式数目为 $(|\boldsymbol{k}|^2/\pi^2)\mathrm{d}|\boldsymbol{k}|$。利用式(12.1)可得 $\mathrm{d}E_c=(\hbar|\boldsymbol{k}|/m_n)\mathrm{d}|\boldsymbol{k}|$，代入上式，得到在导带底部的态密度表示式：

$$\rho_c(E)\mathrm{d}E=\frac{1}{2\pi^2\hbar^3}(2m_n)^{3/2}\sqrt{E-E_c}\,\mathrm{d}E \tag{12.3}$$

同理，价带顶部的态密度表示式为

$$\rho_v(E)\mathrm{d}E=\frac{1}{2\pi^2\hbar^3}(2m_p)^{3/2}\sqrt{E_v-E}\,\mathrm{d}E \tag{12.4}$$

图 12.5 给出了半导体材料中导带和价带中的态密度随能量的变化。可以看到，体材料中电子的态密度与能量的 1/2 次方成正比。

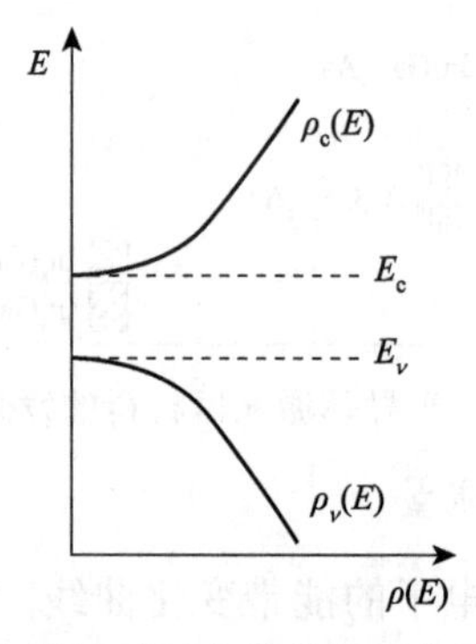

图 12.5　半导体材料中导带和价带中的态密度

6. 半导体材料的掺杂

前面所讲的半导体没有掺杂，称为本征半导体。如果在半导体材料中掺入杂质，则可以改变半导体材料的能带结构和导电能力。如图 12.6(a)所示，Ⅳ族元素半导体最外层有 4 个电子，如果掺入Ⅴ族元素来取代Ⅳ族元素半导体中的一个原子，那么这个原子的四个外层电子与周围硅原子形成共价键，还有一个多出来的电子。这个多出来的电子只需要极小的能量就会脱离束缚，形成可以在半导体内自由运动的电子。我们称这些掺入的Ⅴ族元素杂质为施主杂质，而掺入Ⅴ族元素杂质后具有自由电子的半导体称为 n 型半导体。如图 12.6(b)所示，如果掺入Ⅲ族元素来取代Ⅳ族元素中的一个原子，那么在这个原子周围将会缺少一个价电子与周围的原子形成稳定的共价键，这种缺失一个电子的共价键称为空穴。这时只需要极小的能量，其他Ⅳ族元素周围的电子就会脱离束缚，移动到这个空穴，从而在电子原来的位置形成新的空穴。电子只需要极小的能量就可以在这个半导体内自由运动，它等效于空穴的反向运动，因为空穴所带电荷与电子正好相反，因此等效的电流方向也与电子运动方向相反。我们称这些掺入的Ⅲ价元素杂质为受主杂质，称掺入Ⅲ价元素杂质后具有自由空穴的半导体为 p 型半导体。

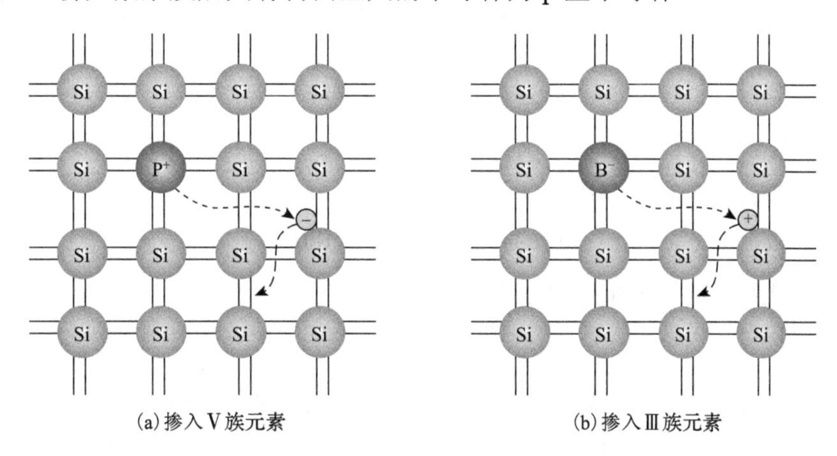

图 12.6　Ⅳ族元素半导体材料中掺杂Ⅴ族元素和Ⅲ族元素后实空间示意图

图 12.7 给出了本征半导体掺杂后能带结构的变化。掺杂后的半导体的禁带中出现了相对应的杂质能级。对于 n 型半导体，一般而言杂质能级离导带底的距离很小，那么在室温下电子可以吸收能量，轻易地从杂质能级跃迁到导带中，到达导带后，电子将变成可以自由移动的电子；对于 p 型半导体而言，杂质能级离价带顶的距离很小，那么在室温下电子可以吸收能量，轻易地从价带跃迁到杂质能级中，从而在价带留下自由移动的空穴。这也就是半导体材料掺杂后导电能力上升的原因。

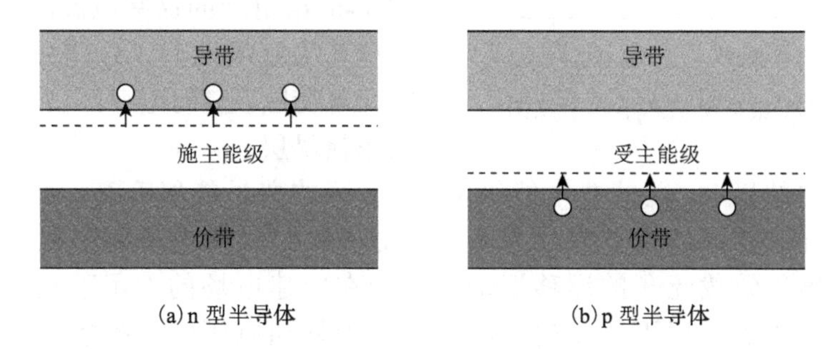

图 12.7　Ⅳ族元素中掺杂Ⅴ族和Ⅲ族元素后能量空间的示意图

7. 电子和空穴的统计分布

统计物理学指出：当系统处在热平衡状态时，电子在半导体能带中服从费米-狄拉克(Fermi-Dirac)分布，一个电子占据能量为 E 的电子态的概率为

$$f(E)=\frac{1}{1+\exp\left(\frac{E-E_{\mathrm{F}}}{k_{\mathrm{B}}T}\right)} \tag{12.5}$$

式中，$f(E)$ 是热平衡状态下的电子的分布函数；k_{B} 是玻尔兹曼常量；T 是绝对温度；E_{F} 是费米能级，它并不是半导体材料的实际能级，而是描述电子能量分布所用的一个假想能级。

现在已经知道载流子的态密度和分布函数，那么在热平衡条件下，体材料导带内能量为 E 处，$\mathrm{d}E$ 能量范围内的电子浓度等于此能量范围内电子态密度乘以这个电子态被电子占据的概率：

$$\mathrm{d}n(E)=\rho_{\mathrm{c}}(E)f(E)\mathrm{d}E \tag{12.6}$$

价带中能量为 E 处，$\mathrm{d}E$ 能量范围内的空穴浓度等于此能量范围内电子态密度乘以这个电子态不被电子占据的概率：

$$\mathrm{d}p(E)=\rho_{v}(E)[1-f(E)]\mathrm{d}E \tag{12.7}$$

通过积分可以得到导带与价带中电子和空穴的浓度。

8. p-n 结

如果将 n 型半导体和 p 型半导体结合在一起，那么在结合面将会形成 p-n 结。如图 12.8 所示，左面是 n 型半导体，在 n 型半导体中，电子是多数载流子，空穴是少数载流子；右面是 p 型半导体，在 p 型半导体中，空穴是多数载流子，电子是少数载流子。

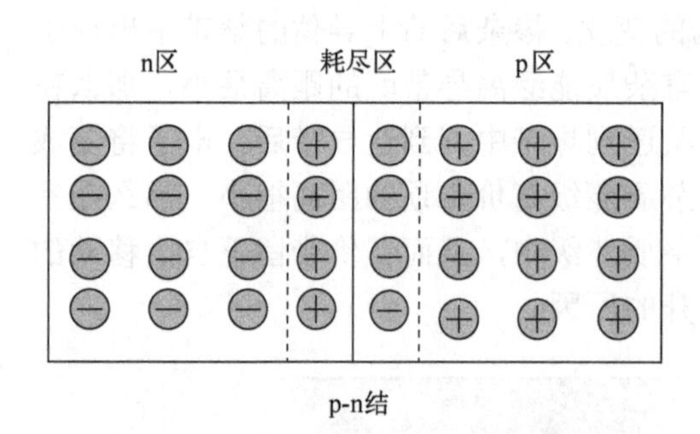

图 12.8　p-n 结在热平衡状态下的示意图

在 n 型半导体和 p 型半导体的接触区域，由于浓度原因，n 区的电子会向右扩散，从而在电子离开后留下不可移动的正电荷中心，形成一个正电荷区；p 区的空穴由于浓度原因会向左扩散，空穴离开后留下不可移动的负电荷中心，从而形成一个负电荷区。在 p-n 结附近的这些电离的施主和受主所带电荷为空间电荷，这些所在区域被称为空间电荷区，空间电荷区由于缺乏载流子，叫作耗尽层。

这种扩散的结果，n 区的费米能级降低，p 区的费米能级升高，如图 12.9 所示。p-n 结界面上由于多数载流子扩散运动将会形成内部空间电场区，电场方向从左至右。该内建电场导致载流子的漂移运动；电子在内建电场的作用下从右向左漂移，而空穴在内建电场的作用下从左向右漂移。在无外加电压时，扩散运动和漂移运动处于平衡状态，而能带也会发生倾斜。在平衡状态下，p-n 结有一个统一的费米能级。此时，p 区和 n 区的相同能级上的电子态被电子占据的概率相同，达到了动态

平衡。扩散和漂移形成了方向相反的电流，在平衡状态下，这两种电流相等，从而使总电流为 0。

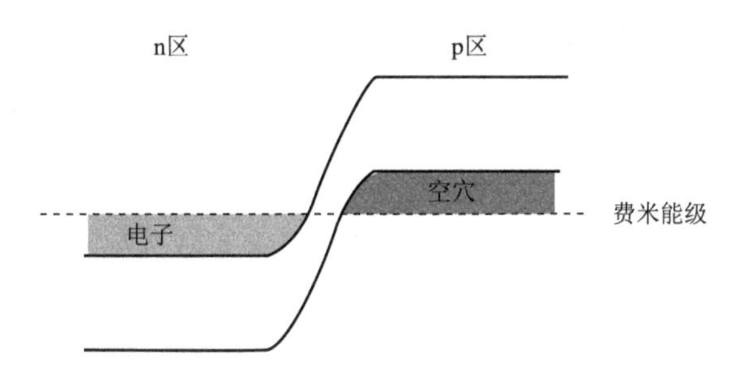

图 12.9　p-n 结形成后的能带图

12.2　半导体激光器的谐振腔

谐振腔是激光器的重要组成部分，它将光波限制在有限的空间区域中，使得光场能量在这个空间区域中往返传播。如果在谐振腔中存在激光增益并且增益大于损耗，增益介质中受激辐射占据主导地位，激光器将产生并发射激光。

1. F-P 谐振腔

在第 11 章讨论的光纤激光器中，光纤的芯径折射率通常要比包层折射率高，因此可以利用全内反射将光约束在光纤纤芯传播。相对于光纤材料而言，半导体材料的折射率要高许多(例如，对于波长 980nm 的光，GaAs 的折射率约为 3.5)，因此半导体材料不仅可以用折射率导引机制约束光场，而且可以将光场在横向范围限制在更小的空间区域中。

图 12.10 给出了利用折射率导引的半导体 F-P 谐振腔示意图。半导体激光器的有源层为高折射率增益介质，周围包覆低折射率介质。由于折射率导引作用，光场在横向上可以被约束在高折射率的增益介质内，在谐振腔的两端使用反射镜，这样可以实现激光场在谐振腔中往返传播。

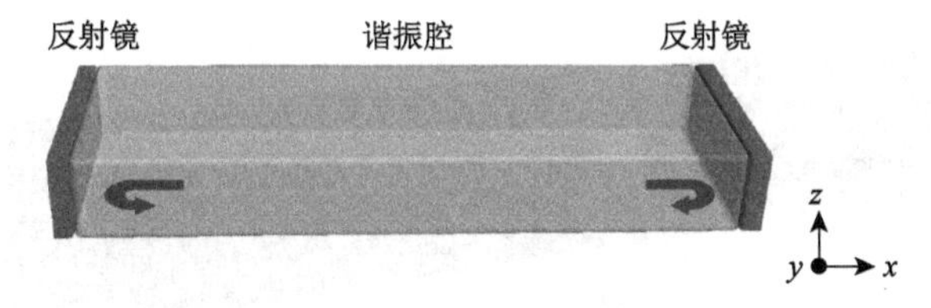

图 12.10　半导体 F-P 谐振腔示意图

第 3 章讨论了一般球面镜构成的 F-P 激光谐振腔。由于球面镜的汇聚作用，激光器中的光场在横向上被限制在一个有限的区域内，其自再现模式为高斯光束。半导体 F-P 谐振腔中利用折射率导引，它对光的限制机制与第 3 章中介绍的情况有很大不同。

为了便于理解图 12.10 中半导体激光器谐振腔内的模式，考虑如图 12.11 所示的简化模型：一维对称平面介质波导，中间介质层的折射率为 n_1，两侧为对称的介质层，折射率为n_2，波导在 x 和 y 平面无限大。如果限制光在中间层传播，那么必须有$n_1 > n_2$。假设图 12.11 中折射率的侧向分布不随传播方向 x 变化，此时光场的模式分布在传播方向与垂直于传播方向相互独立，即电场的模式可以写为$\boldsymbol{E}(x,y,z)=\boldsymbol{E}(y,z)\cdot \boldsymbol{E}(x)$；并且如果场沿 y 方向为均匀模式，这种情况下存在 TE 模式和 TM 模式。对于 TE 模式，电场的表示式可以写为$\boldsymbol{E}(x,y,z,t)=\hat{e}_y u(z)\mathrm{e}^{\mathrm{i}(\beta x-\omega t)}$，代入麦克斯韦方程可以得到波动方程：

$$\nabla^2 u+(n^2k_0^2-\beta^2)u=0 \tag{12.8}$$

式中，k_0是光在自由空间的传播常数，$k_0=2\pi/\lambda_0$；n为材料的折射率。在中间层高折射率区域，式(12.8)解的形式可分为对称模式解$u(z)=A\cos k_z z$和反对称模式解$u(z)=B\sin k_z z$，而在上下两层低折射率区域，其解的形式为$u(z)=C\mathrm{e}^{-\gamma z}$。利用麦克斯韦方程，入射和透射波矢在交界面连续，将折射率代入可得：$k_z^2=k_0^2n_1^2-\beta^2$和$\gamma^2=\beta^2-k_0^2n_2^2$。从这里可以看出，在图 12.11 结构中传播的模式，在低折射率区域为消逝场。其中最基本的模式分布如图 12.11 所示。对于 TM 模式，也可以利用上述方法求解。

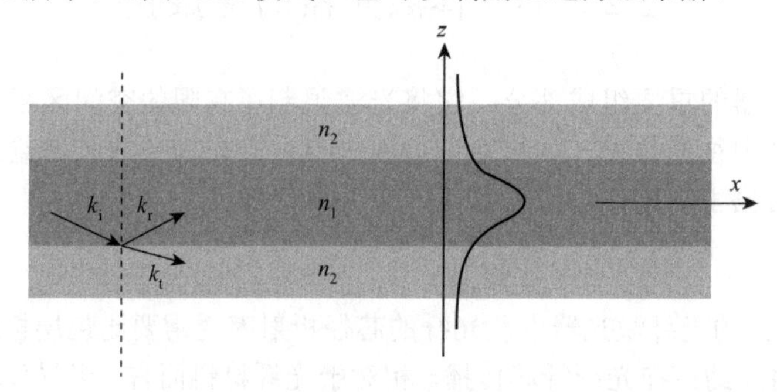

图 12.11 半导体 F-P 谐振腔简化模型示意图

图 12.10 给出的结构为有限结构。即图 12.11 中的结构，在 y 方向为有限结构，并且由于沿 x 方向两端面有反射镜，因此其本征场在 y 与 z 方向高折射率区域为驻波场，低折射区域均为消逝场；在 x 方向上反射镜内的模式为驻波场。图 12.12 给出了图 12.10 结构中对应谐振模式中的一个模式的电场能量密度分布。从图 12.12 中可以看出，与气体激光器不同，光在半导体激光器的 F-P 谐振腔内传播时被很好地约束在高折射率区域。

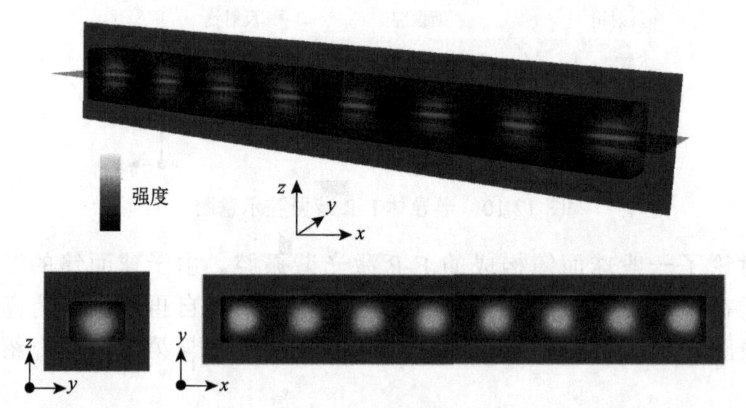

图 12.12 图 12.10 结构对应谐振模式的电场能量密度分布以及在 y-z 截面与 x-y 截面内的分布图

深灰色区域表示放置于低折射率介质中的高折射率长方体谐振腔结构

在图 12.10 与图 12.12 中，沿传播方向对光波进行约束的是两端面的反射镜。反射镜可以利用晶体的自然解理面形成。如果依靠自然解理面形成反射镜面，它的反射率很低。例如，折射率为 3.6 的晶体在解理面/空气界面的反射率约为 0.32，这种谐振腔对光波的约束很弱，因此利用这种谐振腔实现受激辐射需要很高的阈值。接下来介绍利用光栅结构形成高反射镜面。

2. 分布布拉格反射式激光器

有多种方法可以替代自然解理面形成镜面。一种方法就是利用分布式布拉格(DBR)反射镜来代替这种自然解理面形成谐振腔的反射镜。DBR 反射镜是一种折射率周期性弱调制变化的光栅，如图 12.13 所示。对于布拉格波长 λ_B，光栅的周期 a 满足 $\lambda_B = 2n_{eff}a$，其中，n_{eff} 是等效折射率。可以唯象地认为波长为 λ_B 的光波沿光栅传输时会被多次反射，最终结果是波长在布拉格波长 λ_B 的光波被极高地反射；而不在布拉格波长处的光波可以穿透光栅，对应光波的损耗很大。利用这种结构得到的反射率可以高达 99%以上，远远优于依靠自然解理面形成的镜面。

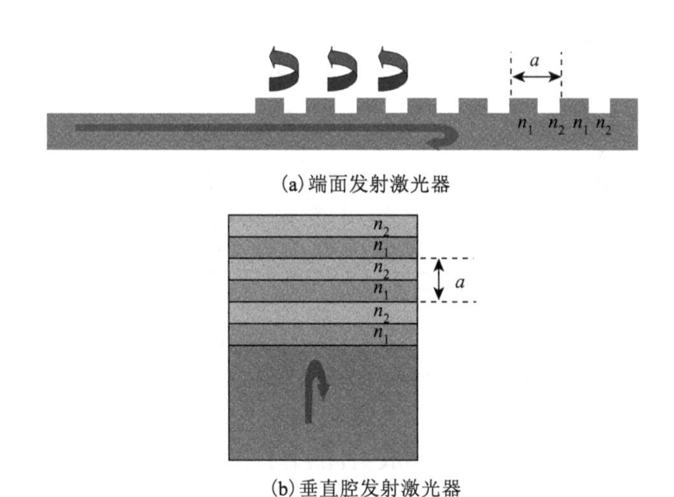

(a) 端面发射激光器

(b) 垂直腔发射激光器

图 12.13　DBR 镜面示意图

3. 分布反馈式激光器

另外一种激光器就是分布反馈式(DFB)激光器。DFB 激光器也是利用光栅结构实现对光波的反射。但与 DBR 激光器不同，DFB 激光器中的光栅本身在有源区内；而 DBR 激光器中的光栅不在有源区内。图 12.14 给出了标准的 DFB 激光器结构示意图，以及具有 1/4 波长相移的 DFB 激光器的结构示意图。

图 12.15 给出了图 12.14 中的两种结构对应的纵模模式。从图中可以看到这两种结构所产生的纵模模式截然不同。对于具有均匀光栅的 DFB 激光器(图 12.14(a))，可以认为对应布拉格波长 λ_B 的光波在这种结构中是无法传播的，因此这种结构并不支持对应波长为 λ_B 的光波模式存在。而随着光波波长偏离 λ_B，在 λ_B 的两侧的光波，逐渐可以在图 12.14(a)所示的结构中传播，但光栅仍能够起到一定的反射作用，此范围内光波的能量传播速度较低，光与增益介质的相互作用较强，因此可以出现相对应的激射模式；如

果光波波长远离 λ_B，则光栅对光波无法起到反射作用，也就没有相应的激射模式。因此，观察图 12.15(a)，可以看到在布拉格波长处不存在对应的模式，在 λ_B 两侧有两个相对应的激射模式，即边模。

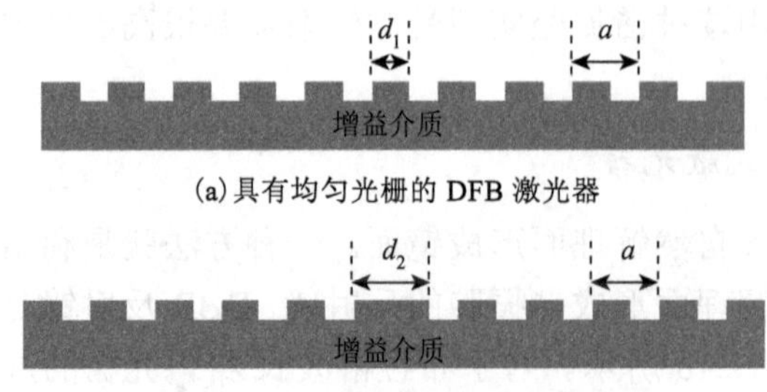

图 12.14　DFB 激光器的结构示意图

另外对于 1/4 波长相移的 DFB 激光器，可以认为 1/4 波长相移 DFB 激光器中，1/4 相移位置是个谐振腔，两端均为对应于波长 $\lambda_B \sim 2nd_2$ 高反的镜面，因此波长在 $\lambda_B \sim 2nd_2$ 处的光波在腔内将被两端的镜面多次反射，形成品质因子很高的谐振腔，场的能量被约束在这个缺陷态位置，缺陷态所对应的波长就是布拉格波长，如图 12.15(b) 所示。

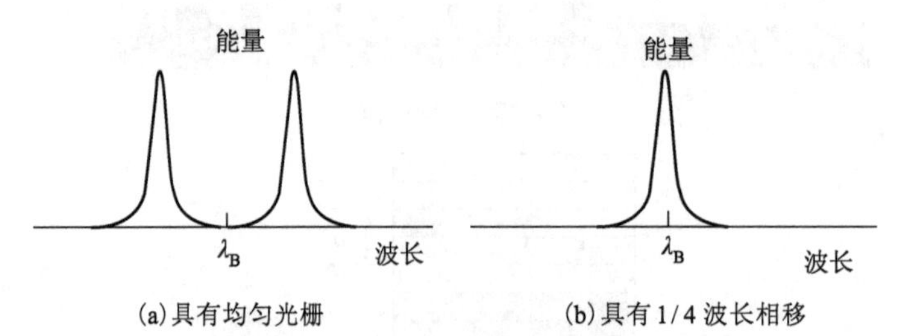

图 12.15　具有均匀光栅的 DFB 激光器与具有 1/4 波长相移的 DFB 激光器激射模式分布图

12.3　半导体激光器的工作原理

1. 分布反转

半导体材料的发光过程属于非热平衡过程。在此条件下电子的分布不再遵从费米-狄拉克分布。如果从能量空间考虑如图 12.16 所示的非热平衡过程，用电泵浦或者光泵浦该半导体材料时，半导体材料价带中的电子吸收能量跃迁到导带某个能量高于导带底能量值的电子态，之后，该电子迅速与晶格发生碰撞，将能量传递给晶格，以晶格振动的形式将能量释放出来，同时电子跃迁到较低能量的电子态。此过程从能带图上看，就是电子从导带较高能量的位置滑落到导带底的过程，是带内跃迁；同理对于空穴，在其产生之后也会以同样的方式向价带顶移动。在上述过程中，导带中的电子也会向下跃迁和价带中的空穴复合，以光子的形式将能量释放出来，是带间跃迁。一般情况下，在这两个过程中，电子或空穴在带内跃迁的寿命在皮秒量级，而在带间跃迁的寿命在纳秒量级。也就是讲，电子或空穴与晶格碰撞产生能量交换的概率远大于电子和空穴复合的概率。所以在电子或空穴的复合寿命期内，它们有足够的时间从非热平衡状态过渡到带内准热平衡分布。由此可以近似地认为，导带中的电子和价带中的空穴在带间处在非热平衡状态，而相对于电子和空穴在带间的复合，电子和空穴又各自在导带和价带内处在短暂的热平衡状态，这种状态可称为准热平衡状态。

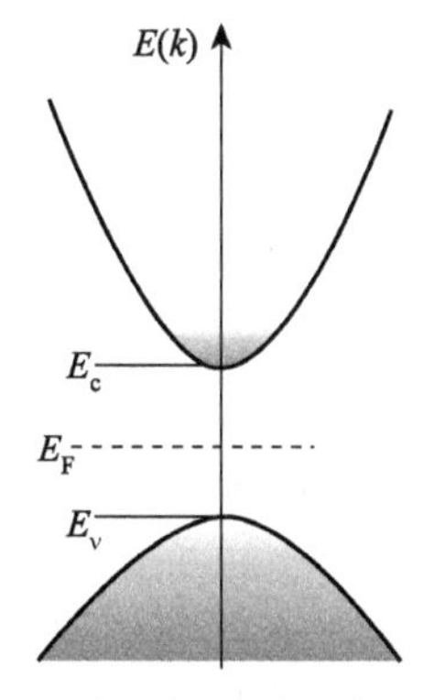

(a) 载流子在热平衡状态下的分布

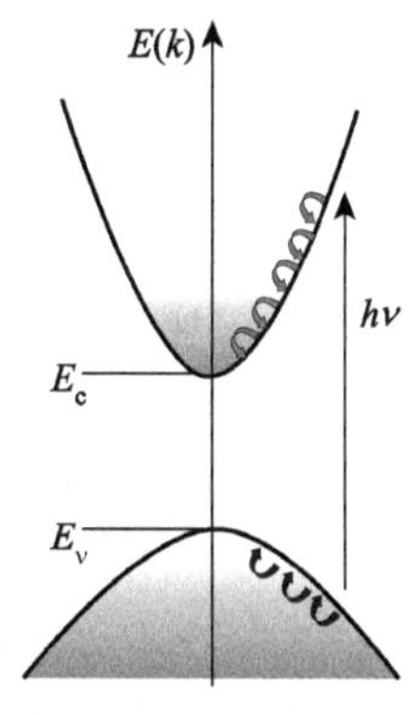

(b) 电子空穴损失能量到达导带底部或价带顶部

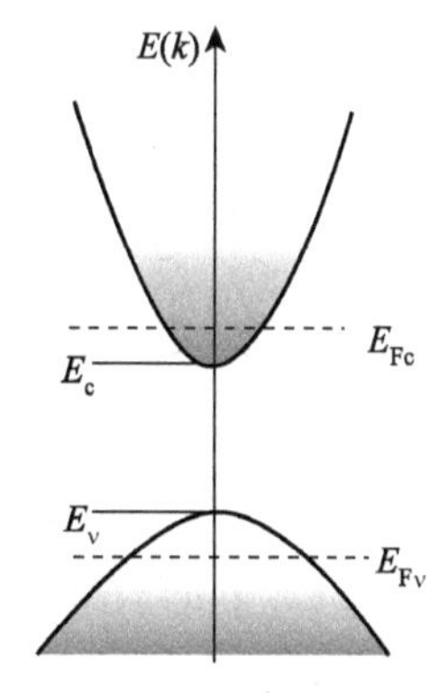

(c) 准费米能级在导带和价带中的位置

图 12.16　非热平衡过程

在热平衡状态下，导带中的电子和价带中的空穴有一个统一的费米能级 E_{F}。在准热平衡状态下，可以认为在电子和空穴结合之前，它们都已经迅速地达到准热平衡状态，导带中的电子或者价带中的电子在导带内和价带内各自服从费米-狄拉克分布。因此可以对导带中的电子定义一个准费米能级 E_{Fc}，对价带中的电子定义一个准费米能级 E_{Fv}，用准费米能级 E_{Fc} 与 E_{Fv} 分别表示导带中一个能量为 E_2 的电子态和价带中一个能量为 E_1 的电子态被电子占据的概率：

$$f_{\mathrm{c}}(E_2)=\frac{1}{1+\mathrm{e}^{(E_2-E_{\mathrm{Fc}})/k_{\mathrm{B}}T}} \tag{12.9}$$

$$f_{\mathrm{v}}(E_1)=\frac{1}{1+\mathrm{e}^{(E_1-E_{\mathrm{Fv}})/k_{\mathrm{B}}T}} \tag{12.10}$$

接下来考虑电子和空穴的复合速率。因为这种复合需要电子和空穴同时存在，所以有理由认为受激辐射跃迁(在外界光波场扰动的作用下电子和空穴的复合)的速率为正比于导带中能量为 E_2 的电子态被电子占据的概率 $f_{\mathrm{c}}(E_2)$，也正比于价带中一个电子态被空穴占据的概率 $1-f_{\mathrm{v}}(E_1)$，因而受激辐射跃迁的速率可以写成 $W_{21}=W_{\mathrm{r}}f_{\mathrm{c}}(E_2)[1-f_{\mathrm{v}}(E_1)]$，其中，$W_{\mathrm{r}}$ 表示所有能态对参与跃迁时所对应的速率；同理，受激吸收跃迁的速率可以写成 $W_{12}=W_{\mathrm{r}}f_{\mathrm{v}}(E_1)[1-f_{\mathrm{c}}(E_2)]$。因此净受激辐射跃迁速率为

$$W_{\mathrm{st}}=W_{21}-W_{12}=W_{\mathrm{r}}[f_{\mathrm{c}}(E_2)-f_{\mathrm{v}}(E_1)] \tag{12.11}$$

对于受激辐射放大，即 $W_{\mathrm{st}}>0$，意味着 $f_{\mathrm{c}}(E_2)>f_{\mathrm{v}}(E_1)$，即

$$\Delta E_{\mathrm{F}}-E_{21}>0 \tag{12.12}$$

式中，$\Delta E_{\mathrm{F}}=E_{\mathrm{Fc}}-E_{\mathrm{Fv}}$，表示导带与价带准费米能级的能量差；$E_{21}=E_2-E_1$，表示能量分别为 E_2 和 E_1 的两个电子态的能量差。式(12.12)即为半导体激光器受激辐射跃迁速率大于受激吸收跃迁速率的必要条件，类同于前几章所讲的粒子数反转。然而，与粒子数

反转不同，式(12.12)要求满足准费米能级之差大于受激辐射的光子能量。由于E_{21}的最小值对应于半导体材料的带隙，因此式(12.12)的物理含义可以理解为半导体材料如果要实现增益，要求导带与价带准费米能级之差大于半导体材料的禁带宽度。

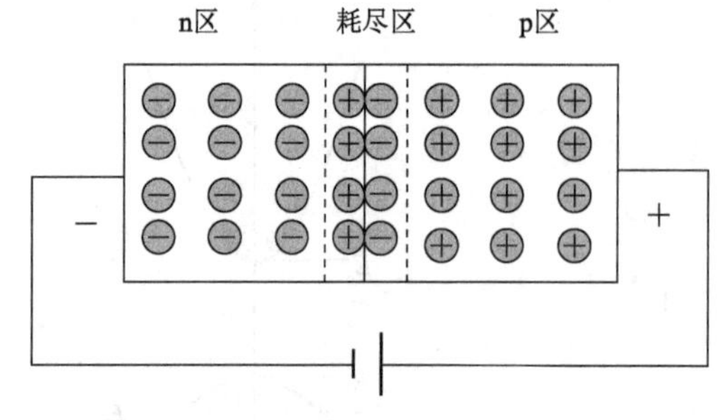

图 12.17　p-n 结在正向偏压下的示意图

2. p-n 结激光器的工作原理

如图 12.17 所示，当 p-n 结外加正向电压时，p-n 结的内建电场被削弱，扩散运动加强。由于势垒降低，扩散运动加强，p-n 结原来的平衡状态被破坏，其结果表现为 n 区和 p 区的载流子将通过结区注入对方，从而出现非平衡载流子。

如图 12.18 所示，在 p-n 结两端加正向电压，则电源向 n 区注入电子，向 p 区注入空穴，由于结区原有的平衡被打破，电子将通过结区向 p 区扩散，同理空穴向 n 区扩散，因此在结区电子和空穴共同存在，当导带的电子分布与价带的空穴分布满足式(12.12)的要求时，受激跃迁速率W_{st}大于 0，表示光波在半导体中传播得到受激辐射放大，如前所述，如果将半导体光增益介质放置于激光谐振腔中，光子增益能够大于损耗，便可以产生激光。

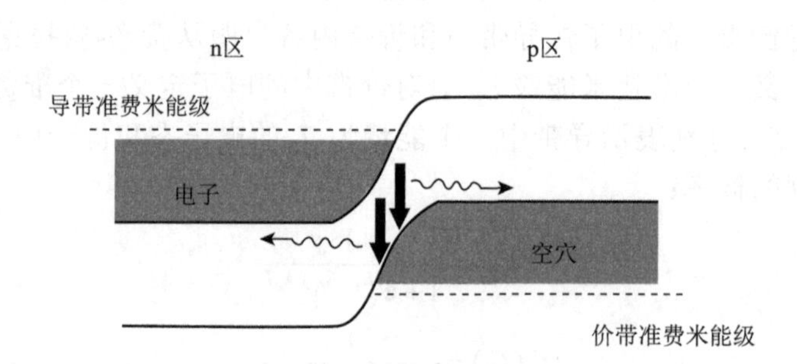

图 12.18　p-n 结加正向偏压后在能量空间的示意图

最早出现的半导体激光器的原理图如图 12.19 所示。这种激光器是同质结(p 区和 n 区为同一种材料)激光器，靠自然解理面形成 F-P 腔。但是这种激光器只能实现脉冲输出，而且阈值电流很高，阈值电流密度约为$1.0\times10^5\ A/cm^2$。这主要因为此结构缺乏对电流、载流子和光波的限制。在这种结构中，注入的电流没有受到限制；注入的电子要向 p 区扩散一段距离，空穴要向 n 区扩散一段距离，载流子的扩散长度大约在 2～5μm，因而同质结激光器中载流子没有被限制在结区，从而减小了载流子的浓度，而增益系数与载流子浓度成正比，因此载流子的扩散不利于介质增益系数的提高；因为 n 型 GaAs 和 p 型 GaAs 是同一种

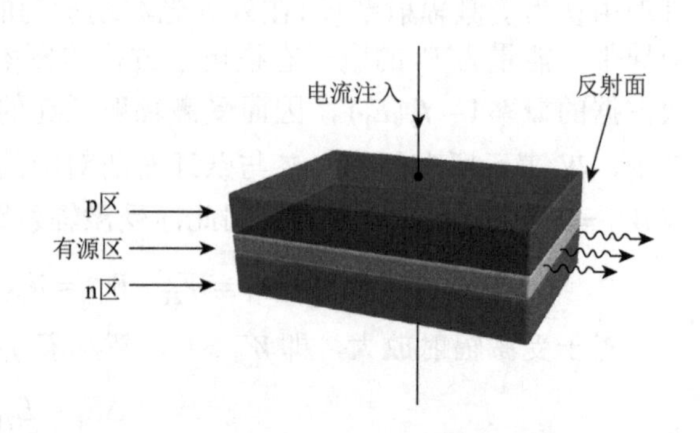

图 12.19　p-n 结激光器示意图

材料，它们有相同的折射率，所以这种结构对光波来讲也几乎没有限制，从而减小了光场的强度。这些原因都使阈值电流增大。

从能量空间来看，由于在 p-n 结附近具有大量的非平衡载流子，结区不再具有统一的费米能级。但是在电子和空穴复合的时间内，电子在导带、空穴在价带将会分别达到暂时的平衡，这时便可以利用导带和价带的准费米能级来描述电子在导带以及空穴在价带的分布情况。图 12.20 给出了体材料的 *E-k* 关系、能态密度、分布函数以及非平衡载流子浓度分布的情况。从图中可以观察到在导带底或者价带顶其电子态密度等于 0，但是在这两个能量位置电子与空穴的分布概率分别取最大值。其非平衡载流子浓度最高的地方不是在导带底和价带顶。

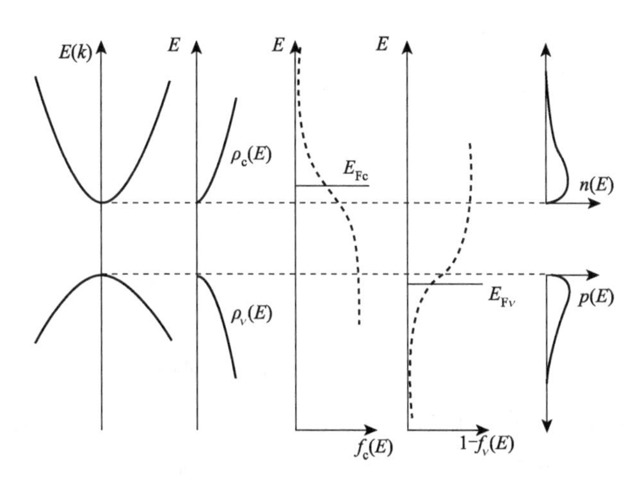

图 12.20 体材料在分布反转情况下的 *E-k* 关系、能态密度、分布函数以及载流子浓度分布

对于前面各章中讨论的激光器，激光增益与粒子数反转成正比；对于半导体材料，它的增益与载流子密度之间的关系还是温度的函数，在给定温度下，n_{tr} 附近，半导体材料的最大增益系数可以用线性函数近似表示：

$$g_{\max}(n_c) = g_0 \ln\frac{n_c}{n_{tr}} \approx \alpha(n_c - n_{tr}) \tag{12.13}$$

式中，g_0 为常数；n_c 是注入载流子的浓度；n_{tr} 为透明载流子密度；在 $n_c = n_{tr}$ 时，增益为 0。从式(12.13)可以看出，如果要提高半导体激光器的增益系数，需要提高相应的载流子密度。异质结结构和量子阱结构都可以有效地提高载流子密度，降低半导体激光器的阈值电流。

3. 异质结激光器

异质结激光器的出现，使得半导体激光器能够有效地限制载流子的空间扩散，降低阈值电流并提高发光效率。p-n 结两侧为两种不同的材料，称为异质结。如果激光器由两个异质结构成则称为双异质结激光器。

图 12.21(a)是双异质结激光器的结构示意图。对于异质结激光器，需要两种材料的晶格常数接近，这样可以避免在结合的界面处引入晶格缺陷，从而避免缺陷引起的非辐射复合；另外有源区用禁带宽度较小的半导体材料，有源区两侧用禁带宽度较大的材料，

如图 12.21(b)所示。当 n 区注入的电子通过结区向 p 区扩散时，遇到 p 区势垒的作用，阻止电子继续扩散，同理 p 区注入的空穴在通过结区向 n 区扩散时也遇到 n 区势垒的作用，因而进一步的扩散被抑制，因此结区两侧的势垒将载流子阻止在有源区的范围内。而当双异质结激光器有源区的厚度相对于载流子扩散长度(2～5) μm 小得多时，这种结构可以将载流子有效地限制在有源区，防止载流子的扩散。

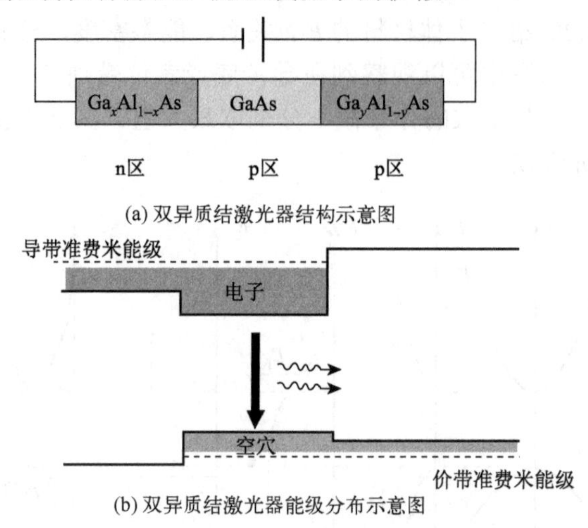

(a) 双异质结激光器结构示意图

(b) 双异质结激光器能级分布示意图

图 12.21　双异质结激光器示意图

另外，多数半导体材料的折射率随着禁带宽度的增加而降低，因此结区材料的折射率也高于两侧，这样可以起到限制光波的作用。上述机制均可有效地降低阈值电流，因此直到双异质结激光器的出现才使得半导体激光器室温连续激射得以实现。

4. 量子阱激光器的工作原理

要在能量空间改变半导体载流子的浓度分布，可以通过改变半导体材料的能带结构来实现。接下来介绍半导体量子阱材料的能带结构。

目前随着材料生长工艺的不断进步，材料可以生长的厚度越来越薄。利用 MBE 技术可以生长出单原子层厚度的材料。当材料的厚度小于电子的德布罗意波长时，将会产生量子限制效应。如果这种材料的带隙小于周围材料的带隙，利用量子力学的知识，可以知道电子会被限制在一个势阱里。如果考虑如图 12.22 所示的一个一维方势阱，阱宽为 a；势阱高度为 V_0，那么由薛定谔方程，可以知道阱外的波函数 ψ 满足：

$$\frac{\mathrm{d}^2}{\mathrm{d}z^2}\psi-\frac{2m}{\hbar^2}(V_0-E)\psi=0 \tag{12.14}$$

考虑边界条件，在无穷远处 $\psi\to 0$，方程的解的形式为 $A\mathrm{e}^{-\gamma z}$。

而在阱内的波函数满足：

$$\frac{\mathrm{d}^2}{\mathrm{d}z^2}\psi+\frac{2mE}{\hbar^2}\psi=0 \tag{12.15}$$

电子的本征态对应分离的能量 E_{n}，波函数则是 $B\cos kz$ 或 $C\sin kz$ 的形式。

图 12.22 给出了 3 个束缚态和波函数的示意图，图中的波函数相互正交。

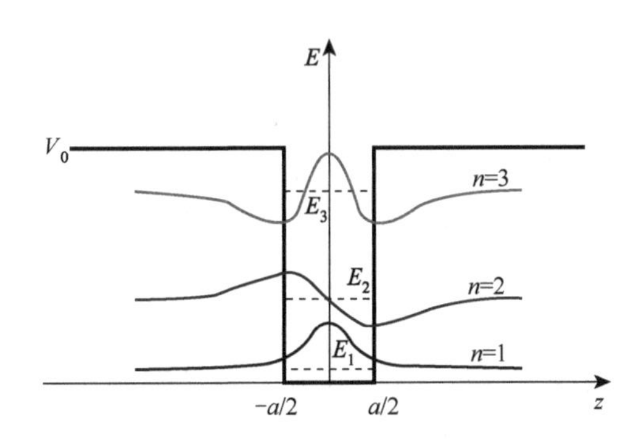

图 12.22　一维势阱的能级与波函数

5. 量子阱材料中的态密度

电子在量子阱的势阱平面内是可以二维自由运动的，而在垂直于势阱平面的方向则被约束。量子阱材料中的态密度的计算方法与体材料类似。假设其长宽高为 L_x、L_y 和 L_z，电子在量子阱 x-y 平面内可自由运动；另外在 $\boldsymbol{k}_x$，$\boldsymbol{k}_y$ 平面内，$k_x = m_x(\pi/L_x)$；$k_y = m_y(\pi/L_y)$，这里 m_x，m_y 均为整数。如果利用 $\boldsymbol{k}_{//}$ 表示 $\boldsymbol{k}_x$、$\boldsymbol{k}_y$ 平面内的波矢，那么 $E(|\boldsymbol{k}_{//}|) = (\hbar|\boldsymbol{k}_{//}|)^2/2m^*$。参考体材料对能态密度的推导，可以知道在 $\boldsymbol{k}_x$、$\boldsymbol{k}_y$ 平面内，每个模式在 $\boldsymbol{k}_{//}$ 空间内的面积为 $S_k = \pi^2/S$，其中 $S = L_xL_y$。在 $\boldsymbol{k}$ 空间中对应于半径为 $|\boldsymbol{k}|$，宽度为 $\mathrm{d}|\boldsymbol{k}|$ 的圆环，且由于 $k_x, k_y > 0$，只考虑第一象限，其对应的模式数为 $2\pi|\boldsymbol{k}_{//}|\mathrm{d}|\boldsymbol{k}_{//}|/4S_k$。考虑电子自旋，模式数目还应乘以 2，即 $\pi|\boldsymbol{k}_{//}|\mathrm{d}|\boldsymbol{k}_{//}|/S_k$。单位体积 $\mathrm{d}|\boldsymbol{k}|$ 间隔内电子态密度 $\rho(|\boldsymbol{k}_{//}|)\mathrm{d}|\boldsymbol{k}_{//}| = (1/\pi L_z)|\boldsymbol{k}_{//}|\mathrm{d}|\boldsymbol{k}_{//}|$。利用 $\mathrm{d}E = (\hbar^2/m^*)|\boldsymbol{k}_{//}|\mathrm{d}|\boldsymbol{k}_{//}|$，可以得到 $\rho(E)\mathrm{d}E = (m^*/\pi\hbar^2L_z)\mathrm{d}E$。因此，$\rho(E) = m^*/\pi\hbar^2L_z$。该式表明，量子阱中电子的态密度与能量无关。如果考虑各个子带，则量子阱中电子的态密度为各子带态密度之和。如果引入阶跃函数 $\delta(E)$（当 $E<0$ 时 $\delta=0$，当 $E>0$ 时 $\delta=1$），那么在能量 E 处的电子态密度为

$$\rho(E) = m^*/\pi\hbar^2L_z\sum_{E_\mathrm{n}}\delta(E-E_\mathrm{n}) \tag{12.16}$$

图 12.23 给出了量子阱材料的态密度随能量的变化。

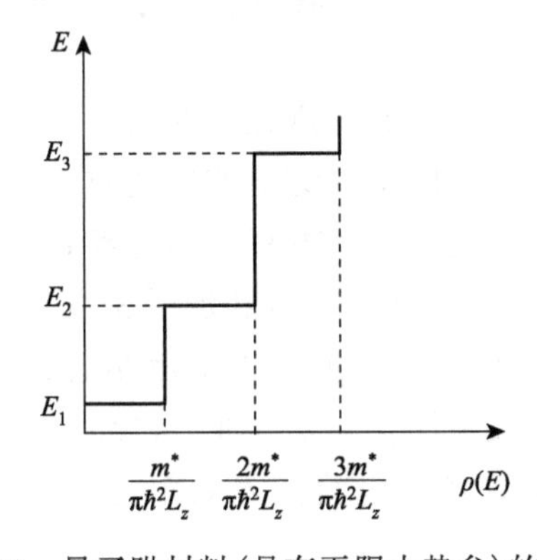

图 12.23　量子阱材料(具有无限大势垒)的态密度

6. 体材料和量子阱材料载流子密度分布的比较

图 12.24 给出了量子阱材料在分布反转的情况下载流子浓度的分布情况。结合图 12.20，可以观察到，对于体材料来讲，由于其能态密度 $\rho(E)$ 为抛物线型，在导带底或者价带顶其电子态密度等于 0，但是在这两个能量位置电子与空穴的分布概率分别取最大值。由于载流子浓度函数等于载流子态密度与费米-狄拉克分布函数的乘积，因此体材料的载流子倾向分布于更宽的能量范围，其非平衡载流子浓度最高的地方不是在导带底和价带顶；而对于量子阱材料，由于载流子态密度是常数，因此载流子分布更集中于低能量位置，即载流子浓度最高的地方分别位于导带底和价带顶。因此对于量子阱增益材料来讲，$\rho(E)\cdot[f_c(E_2)-f_v(E_1)]$ 的最大值出现在带边位置，可以实现更高的增益，发光效率更高。因而半导体量子阱激光器的出现大幅度地提高了半导体激光器的各种性能。

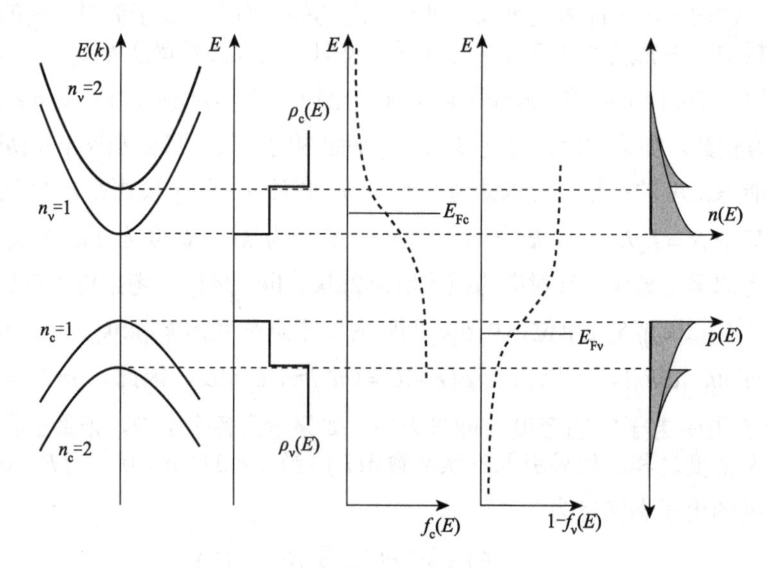

图 12.24 量子阱材料在分布反转情况下的 E-k 关系、能态密度、分布函数以及载流子浓度的情况

12.4 半导体激光器的速率方程

12.1～12.3 节的讲述表明，在半导体激光器的发光过程中，外部电流注入或者光泵浦有源区产生非平衡载流子，有源区中的这些非平衡载流子，即电子和空穴复合产生光子。接下来建立载流子和光子运动的速率方程来描述半导体激光器的发光过程。

首先考虑载流子的产生。这里用 n_c 表示载流子密度，即有源区单位体积内的载流子数目为 n_c。如果有源区的体积为 V_a，那么 $V_a n_c$ 就是总的载流子数。n_c 随时间的变化与载流子的产生和消耗有关。载流子由电流 j 注入产生，j/e 即为单位时间内注入电荷的数目（e 表示电子电量）。如果考虑电流注入效率为 η_i，那么载流子数的增加速率为 $\eta_i j/e$。

接下来考虑载流子的消耗。载流子的消耗主要由三部分构成，一部分为载流子用于自发辐射复合项，单位体积内的速率为 W_{sp}；另外一部分为载流子用于净受激辐射复合项，单位体积内速率为 W_{st}，其中，$W_{st}=W_{21}-W_{12}$；另外载流子也可能以其他的形式复合，例如，复合并将能量传递给其他电子或转换成分子热振动，这一部分属于非辐射复合项，单位体积内速率为 W_{nr}。由此可以写出载流子数目随时间变化的速率方程：

$$V_a\frac{dn_c}{dt}=\frac{\eta_i j}{e}-(W_{sp}+W_{st}+W_{nr})V_a \tag{12.17}$$

光子的产生由两部分构成，一部分是受激辐射，一部分是自发辐射。首先考虑受激辐射。假设光沿 x 方向传播，利用式(7.3)，且不考虑损耗，可以得到 $I=I_0 e^{g\cdot x}$，其中，I 是光强；g 是材料的增益系数。光子密度随着传播距离服从同样的变化规律 $N=N_0 e^{g\cdot x}$。不考虑损耗，则可以得到受激辐射速率：

$$W_{st}=\frac{dN}{dt}=\frac{dN}{dx}\cdot\frac{dx}{dt}=u_g\cdot g\cdot N \tag{12.18}$$

式中，N 是光子数密度；u_g 是光波群速度；g 为材料的增益系数，$g=(1/N)\cdot(dN/dx)$，即不考虑损耗，受激辐射的光子数目沿传播方向指数增长。

接下来考虑自发辐射项。对于自发辐射项，可以假设自发辐射各模式相互独立，不受外界影响，那么进入受激辐射模式的概率就是总模式数目的倒数。如果进入受激辐射模式的系数为 β_{sp}，那么考虑 β_{sp} 的表示式。利用式(1.11)，光波模式谱密度为 β_v，那么在 $\Delta\nu_{sp}$ 频率范围，在光腔体积 V_p 内的模式数目为

$$\beta_\nu(\nu)\Delta\nu_{sp}V_p=\frac{8\pi}{c^3}n^2 n_g \nu^2\Delta\nu_{sp}V_p \tag{12.19}$$

式中，n 是材料的折射率；n_g 是材料的群折射率，即光以群速度 u_g 传播时所对应的折射率，$n_g=c/u_g$。考虑光波在均匀材料中传播，则 $u_g=d\omega/dk$，因此 $n_g=c/u_g=c\cdot(1/(d\omega/dk))=c\cdot(d(n\omega/c)/d\omega)=n+\omega(dn/d\omega)=n-\lambda(dn/d\lambda)$。

对于自发辐射项，可以假设各模式相互独立，不受外界影响，那么进入受激辐射模式的概率就是总模式数目的倒数，即自发发射因子 β_{sp} 为

$$\beta_{sp}=\frac{c^3}{8\pi V_p n^2 n_g \nu^2\Delta\nu_{sp}} \tag{12.20}$$

β_{sp} 在传统激光腔中的数值约为 10^{-5}；在腔的体积减小时，由于模式数目减少，β_{sp} 会变大；在单模半导体激光器中，β_{sp} 可以接近于 1。β_{sp} 增加，意味着自发辐射模式进入受激辐射模式的比率提高。因此对于半导体微腔激光器来讲，通过提高 β_{sp} 可以显著地降低激光器的阈值。

如果没有注入电流，则半导体激光器有源区内的载流子数目存在一个自然衰减过程。考虑这个过程中所对应的载流子寿命为 τ，则 $W_{sp}+W_{nr}=n_c/\tau$；另外将 $W_{st}=u_g\cdot g\cdot N$ 代入式(12.17)，可以得到载流子数的速率方程 $V_a\frac{dn_c}{dt}=\eta_i j/e-V_a\left(n_c/\tau+u_g gN\right)$；对光子

而言，光子数增加的速率为 $V_a u_g g N + V_a \beta_{sp} W_{sp}$；如果激光器中光子自然消耗对应的寿命为 τ_R，激光谐振腔所对应的光场模式体积为 V_p，则光子数消耗的速率为 $V_p N / \tau_R$，因此光子数速率方程可以写作 $V_p(\mathrm{d}N/\mathrm{d}t) = V_a(u_g g N + \beta_{sp} W_{sp}) - V_p(N/\tau_R)$。由此可以得出载流子密度和光子密度的速率方程：

$$
\begin{cases}
\dfrac{\mathrm{d}n_c}{\mathrm{d}t} = \dfrac{\eta_i j}{eV_a} - \dfrac{n_c}{\tau} - v_g g N \\
\dfrac{\mathrm{d}N}{\mathrm{d}t} = \Gamma u_g g N + \Gamma \beta_{sp} W_{sp} - \dfrac{N}{\tau_R}
\end{cases}
\tag{12.21}
$$

式中，$\Gamma = V_a / V_p$，称为限制因子。激光器中光子寿命 τ_R 由两部分组成。谐振腔的镜面损耗对应式(2.21)所描述的谐振腔的光子寿命 τ_m，光在传播过程中的内部损耗对应光子寿命 τ_i，$1/\tau_R = 1/\tau_m + 1/\tau_i$；如果传播损耗为 α_i，镜面损耗为 α_m，则 $\alpha_m = (1/L)\ln(1/r_1 r_2)$，光子寿命 τ_R 也满足 $1/\tau_R = v_g(\alpha_m + \alpha_i)$。

1. 半导体激光器稳态解和稳态输出功率

在稳态，载流子密度和光子密度均不随时间发生变化，此时

$$
\begin{cases}
\dfrac{\mathrm{d}n_c}{\mathrm{d}t} = 0 \\
\dfrac{\mathrm{d}N}{\mathrm{d}t} = 0
\end{cases}
\tag{12.22}
$$

下面分三种情况来研究出射功率。

(1) 在注入电流小于阈值电流处，根据第 7 章的讨论，可以认为没有激光出射，由式(12.17)、式(12.21)可得

$$
\begin{cases}
0 = \dfrac{\eta_i j}{eV_a} - (W_{sp} + W_{nr}) \\
0 = \Gamma \beta_{sp} W_{sp} - \dfrac{N}{\tau_R} = \Gamma \beta_{sp} W_{sp} - N\left(\dfrac{1}{\tau_m} + \dfrac{1}{\tau_i}\right)
\end{cases}
\tag{12.23}
$$

在小于阈值的稳态，激光器的输出全部是自发辐射。自发辐射项 $\Gamma \beta_{sp} W_{sp}$，是光子产生的动力源；其消耗有两部分，分别为镜面透射 α_m 和内部损耗 α_i。而从镜面透射的光子数密度速率为 $[\alpha_m / (\alpha_m + \alpha_i)]\Gamma \beta_{sp} W_{sp}$，出射功率即 $[\alpha_m / (\alpha_m + \alpha_i)]\Gamma \beta_{sp} W_{sp} V_p h\nu$，而 $W_{sp} = \eta_r \eta_i j / eV$，其中，$\eta_r = W_{sp} / (W_{sp} + W_{nr})$ 为辐射效率。因此在单位时间内从镜面出射的功率为

$$
P_0(j < j_{th}) = \eta_r \eta_i \left(\frac{\alpha_m}{\langle \alpha_i \rangle + \alpha_m}\right) \frac{h\nu}{e} \beta_{sp} j
\tag{12.24}
$$

(2) 在注入电流等于阈值电流 j_{th} 处，可以认为激光刚要出射，但是还没有出射，此时由式(12.24)可得

$$P_0(j=j_{\text{th}})=\eta_{\text{r}}\eta_{\text{i}}\left(\frac{\alpha_{\text{m}}}{<\alpha_{\text{i}}>+\alpha_{\text{m}}}\right)\frac{h\nu}{e}\beta_{\text{sp}}j_{\text{th}} \tag{12.25}$$

(3) 在大于阈值处，可以认为 $\beta_{\text{sp}}W_{\text{sp}}$ 相对 W_{st} 很小，激光的出射功率只考虑 W_{st}，则从镜面透射的光子数密度速率为 $[\alpha_{\text{m}}/(\alpha_{\text{m}}+\alpha_{\text{i}})]\Gamma W_{\text{st}}$，功率为 $[\alpha_{\text{m}}/(\alpha_{\text{m}}+\alpha_{\text{i}})]\Gamma W_{\text{st}}V_{\text{p}}h\nu$，而 $W_{\text{st}}=\eta_{\text{i}}(j-j_{\text{th}})/qV_{\text{a}}$,因而在单位时间内从镜面出射的功率为

$$P_0(j>j_{\text{th}})=\eta_{\text{i}}\left(\frac{\alpha_{\text{m}}}{<\alpha_{\text{i}}>+\alpha_{\text{m}}}\right)\frac{h\nu}{e}(j-j_{\text{th}}) \tag{12.26}$$

图 12.25 给出了半导体激光器输出功率和电流的关系。从图中可以看出，当电流小于阈值电流的时候，输出功率的成分为自发辐射，当电流高于阈值电流的时候，输出功率与电流的曲线变陡，此时功率输出以受激辐射为主，高于阈值之上的电流全部用来产生受激辐射。如果令 $\eta_{\text{d}}=\eta_{\text{i}}[\alpha_{\text{m}}/(<\alpha_{\text{i}}>+\alpha_{\text{m}})]$，则 $P_0(j>j_{\text{th}})=\eta_{\text{d}}(h\nu/e)(j-j_{\text{th}})$。从图 12.25 中可以看出，$\eta_{\text{d}}(h\nu/e)$ 即高于阈值时输出功率和注入电流的关系曲线的斜率。因此在高于阈值之上，η_{d} 又可以表示为 $\eta_{\text{d}}=(\text{d}P/h\nu)/(\text{d}j/e)$。从式中可以看出 η_{d} 表示注入载流子对应输出光子的效率，因此 η_{d} 被称为微分量子效率。η_{d} 越高，表示注入电流产生受激辐射的效率越高。

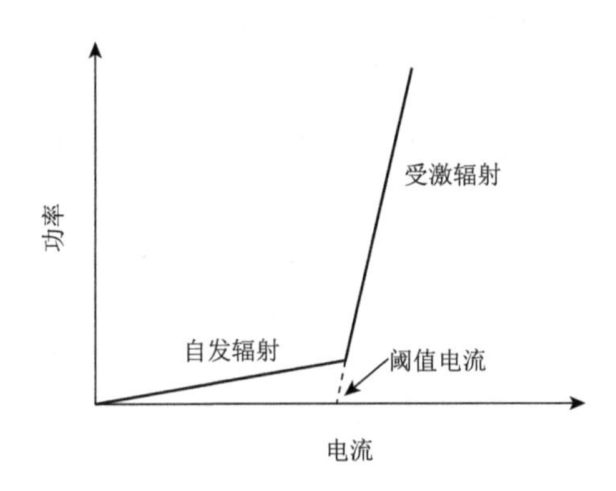

图 12.25　半导体激光器输出功率和注入电流的关系示意图

2. 半导体激光器的动态特性

半导体激光器中，激光的产生过程其实就是载流子和光子相互作用的过程，光子由载流子复合产生，而载流子可以由电流注入产生。因此如果想要对激光信号进行调制，可以通过调制载流子浓度的方式来实现，而对载流子浓度的调制可以通过调制注入电流来实现。因此通过简单地调制注入半导体激光器的电流，可以实现调制激光输出。

图 12.26 中表示激光的输出功率的变化随注入电流的变化而变化。图中只考虑了理想情况，即假设激光输出能够瞬时响应注入电流的变化。然而，在激光器的实际运行过程中，载流子密度对电流的调制响应和光子密度对载流子密度的调制响应都不是瞬时的，存在响应时间。如果电流的调制速度非常快，以至于载流子密度和光子密度无法及时响应，那么将无法实现激光器输出信号的调制。因此，接下来有必要分析半导体激光器的

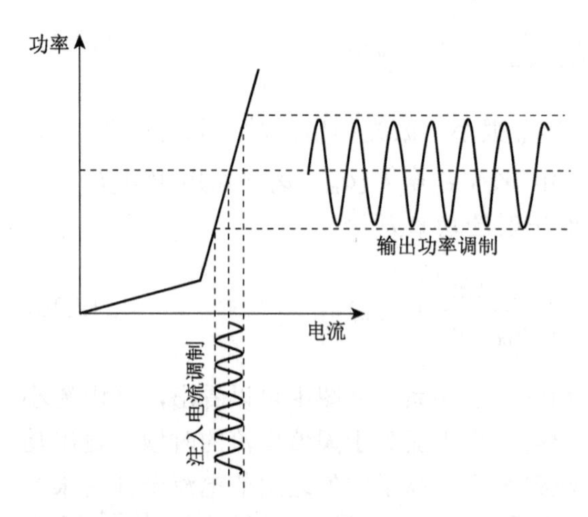

图 12.26 通过调制半导体激光器的注入电流进而调制激光的输出功率

频率响应以及动态特性。

激光输出功率对频率的响应需要在频域进行分析，而激光输出信号的动态特性需要在时域分析。下面首先从半导体激光器的频率响应开始分析。

考虑小信号情况，即在半导体激光器正常运行的情况下，激光器工作于阈值之上，式(12.21)中光子的自发辐射项 $\beta_{sp}W_{sp}$ 远小于受激辐射项 $u_g gN$，因此可将 $\beta_{sp}W_{sp}$ 项忽略。此时增益系数 g 可以用多项式展开成载流子密度的函数。由于是小信号情况，由式(12.13)只取第一项，$g(n_c)=\alpha(n_c-n_{tr})$。代入式(12.21)，载流子密度和光子密度的速率方程变为

$$\begin{cases}\dfrac{\mathrm{d}n_c}{\mathrm{d}t}=\dfrac{\eta_i j}{eV_a}-\dfrac{n_c}{\tau}-u_g\alpha(n_c-n_{tr})N\\[2ex]\dfrac{\mathrm{d}N}{\mathrm{d}t}=\Gamma u_g\alpha(n_c-n_{tr})N-\dfrac{N}{\tau_R}\end{cases}\tag{12.27}$$

另外，在稳态电流 j_0 下，如果外加一个微小的调制电流 $j_1(t)$，那么载流子密度将在稳态载流子密度 n_{c0} 之上叠加一个微小的载流子密度调制项 $n_{c1}(t)$。同时光子密度也将在稳态光子密度 N_0 之上叠加一个微小的光子密度调制项 $N_1(t)$。

$$\begin{cases}j(t)=j_0+j_1(t)\\n_c(t)=n_{c0}+n_{c1}(t)\\N(t)=N_0+N_1(t)\end{cases}\tag{12.28}$$

将式(12.28)代入速率式(12.27)，有

$$\begin{cases}\dfrac{\mathrm{d}n_{c1}(t)}{\mathrm{d}t}=\dfrac{\eta_i j_1(t)}{eV_a}-\dfrac{n_{c1}(t)}{\tau}-\dfrac{N_1(t)}{\Gamma\tau_R}-u_g\alpha n_{c1}(t)N_0\\[2ex]\dfrac{\mathrm{d}N_1(t)}{\mathrm{d}t}=\Gamma u_g\alpha n_{c1}(t)N_0\end{cases}\tag{12.29}$$

对于单频电流调制，假设载流子密度与光子密度均以同样的调制频率变化，则有

$$\begin{cases}j_1(t)=j_1(\omega)\mathrm{e}^{-\mathrm{i}\omega t}\\n_{c1}(t)=n_{c1}(\omega)\mathrm{e}^{-\mathrm{i}\omega t}\\N_1(t)=N_1(\omega)\mathrm{e}^{-\mathrm{i}\omega t}\end{cases}\tag{12.30}$$

代入式(12.29)可得

$$\begin{cases} \mathrm{i}\omega n_{\mathrm{c1}}(\omega) = \dfrac{\eta_{\mathrm{i}} j_1(\omega)}{qV_{\mathrm{a}}} - \dfrac{n_{\mathrm{c1}}(\omega)}{\tau} - \dfrac{N_1(\omega)}{\varGamma\tau_{\mathrm{R}}} - u_{\mathrm{g}}\alpha n_{\mathrm{c1}}(\omega)N_0 \\ \mathrm{i}\omega N_1(\omega) = \varGamma u_{\mathrm{g}}\alpha n_{\mathrm{c1}}(\omega)N_0 \end{cases} \tag{12.31}$$

我们所感兴趣的是激光器输出光功率对调制电流的响应。如果小信号输出功率为 $P = P_0 + P_1$，那么频率响应可以通过 $P_1(\omega)/j_1(\omega)$ 来表示。而 $P_1 = u_{\mathrm{g}}\alpha_{\mathrm{m}}N_1 h\nu V_{\mathrm{p}}$，通过式(12.26)可得

$$\frac{P_1(\omega)}{I_1(\omega)} = \frac{\eta_{\mathrm{i}} h\nu}{e}\frac{u_{\mathrm{g}}\alpha_{\mathrm{m}}(u_{\mathrm{g}}\alpha N_0)}{u_{\mathrm{g}}\alpha N_0/\tau_{\mathrm{R}} - \omega^2 + \mathrm{i}\omega(u_{\mathrm{g}}\alpha N_0 + 1/\tau)} \tag{12.32}$$

如果 $\eta_{\mathrm{i}}=0.9$，$h\nu = 0.80\ \mathrm{eV}$，$u_{\mathrm{g}} = 8.0\times10^{9}\mathrm{cm/s}$，$\alpha_{\mathrm{m}} = 80\mathrm{cm}^{-1}$，$\alpha = 5.0\times10^{16}\mathrm{cm}^2$，$\tau_{\mathrm{R}} = 3.0\times10^{-12}\mathrm{s}$，$\tau = 3.0\times10^{-9}\mathrm{s}$，$V_{\mathrm{p}} = 2.0\times10^{-10}\mathrm{cm}^3$，输出光功率相对注入电流在频域上的响应曲线如图 12.27 所示。

从图 12.27 中可以观察到，在低频范围内，激光器输出功率对调制电流响应平坦；而在高频区，响应曲线下降很快，这说明激光器已经无法正常调制；增加输出功率，可以相应地提高响应频率。

对于谐振腔来说，谐振腔的光子寿命 τ_{R} 与品质因子的关系可以写作 $\dfrac{1}{\tau_{\mathrm{R}}} = \dfrac{\omega}{Q}$，如果谐振腔的品质因子发生变化，则可以影响到光子寿命 τ_{R}。如果信号的输出功率不变，其他参数与图 12.27 相同，而谐振腔的品质因子发生变化，那么其响应曲线如图 12.28 所示。从图中可以看出，品质因子越高，响应频率越低。这是因为，品质因子越高，光子寿命越长，意味着光子达到平衡所需的时间越长，对信号的响应就越慢。如果希望半导体激光器能够响应很高的调制频率，那么品质因子不能太高；但是品质因子是与腔的损耗相关联的，品质因子降低，则说明腔的损耗增加，半导体激光器的阈值电流就会增加。所以在设计激光器的时候，这些因素需要综合考虑。

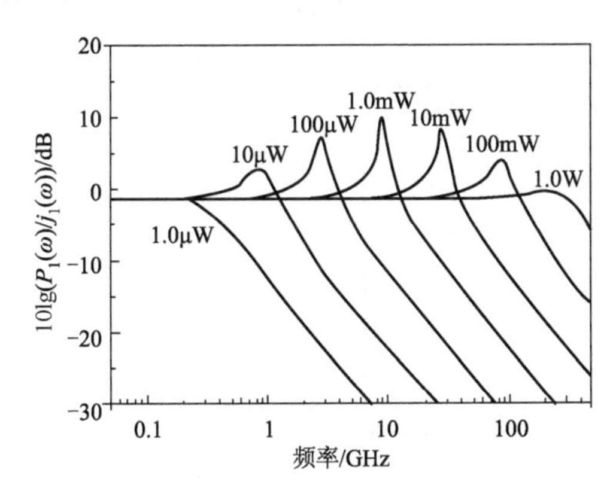

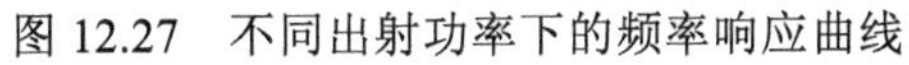

图 12.27　不同出射功率下的频率响应曲线

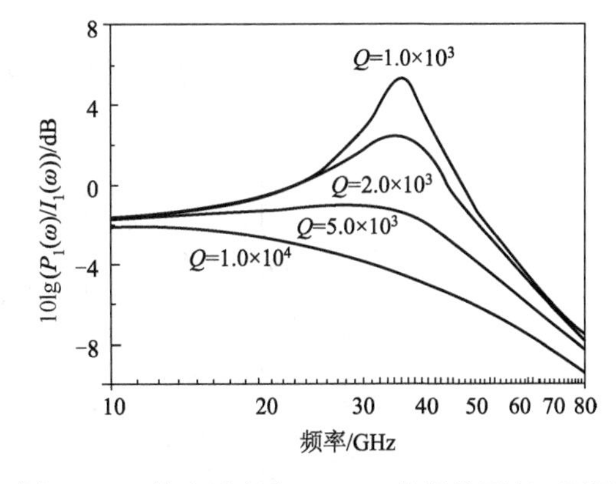

图 12.28　输出功率为 10 mW 并保持不变，不同品质因子的频率响应曲线

在时域，可以利用数值分析的方法来分析信号在外部电流的调制下随时间的变化。由于激光器的速率方程是微分方程，如果要分析输出光信号的时域特性，只需要将此微

分方程变为差分方程即可。即将 $\mathrm{d}t$ 改变为 Δt，给定初始值后依次迭代进行数值求解。利用式(12.21)表示的速率方程，使用以下参数：$g_0 = 1500\mathrm{cm}^{-1}$；$n_{\mathrm{tr}} = 1.8\times10^{18}\mathrm{cm}^{-3}$；$V_{\mathrm{a}} = 3\times10^{-12}\mathrm{cm}^3$；$V_{\mathrm{p}} = 1.0\times10^{-10}\mathrm{cm}^3$；$\eta_{\mathrm{i}} = 0.8$；$R_{\mathrm{sp'}} = 1.02\times10^{23}\mathrm{cm}^{-3}/\mathrm{s}$；$I_{\mathrm{th}} = 1.3\times10^{-3}\mathrm{A}$；$u_{\mathrm{g}} = 7.0\times10^{9}\mathrm{cm/s}$。假如稳态时工作电流为 $j = 2.0\times10^{-3}\mathrm{A}$，电流上升到 $j = 2.1\times10^{-3}\mathrm{A}$；将这些参数带入速率方程，并利用数值方法求解，可以得到载流子密度和光子密度随时间变化的关系。

图 12.29 给出了载流子密度和光子密度随时间的变化。可以这样分析，当系统有一个瞬时增加的电流小信号时，那么载流子密度会开始增加，但不能像电流一样发生瞬时变化；当载流子密度的微扰项 $n_{\mathrm{c1}}(t)$ 随时间增加时，则激光器内增益增加，光子密度的微扰项 $N_1(t)$ 随之增加；受激辐射的增强，会增加载流子的消耗，因此随着 $N_1(t)$ 的增加，$n_{\mathrm{c1}}(t)$ 会到达峰值并开始减小；但光子密度增加滞后于载流子密度的增加，因为当 $n_{\mathrm{c1}}(t)$ 增加至峰值并开始减小时，由于此时 $n_{\mathrm{c1}}(t)$ 仍然大于零，在式(12.29)中，$\mathrm{d}N_1(t)/\mathrm{d}t = \Gamma u_{\mathrm{g}}\alpha n_{\mathrm{c1}}(t)N_0$，因此，$n_{\mathrm{c1}}(t) > 0$，$\Gamma u_{\mathrm{g}}\alpha n_{\mathrm{c1}}(t)N_0$ 也仍然大于零，故而 $N_1(t)$ 仍然在增加；当载流子密度的微扰项 $n_{\mathrm{c1}}(t)$ 减少为负时，载流子提供的增益减小，则光子密度的微扰项 $N_1(t)$ 接近峰值并开始从峰值处减少；受激辐射的减弱，会减小载流子的消耗；同理，$N_1(t)$ 的减小滞后于 $n_{\mathrm{c1}}(t)$，当 $n_{\mathrm{c1}}(t)$ 到达底部并开始增加时，$n_{\mathrm{c1}}(t) < 0$，$N_1(t)$ 还会继续减小；当载流子密度的微扰项 $n_{\mathrm{c1}}(t)$ 增加为正时，载流子提供的增益增加，则光子密度的微扰项 $N_1(t)$ 接近底部并开始从底部增加；如此往复，载流子密度变化大约领先光子密度变化 $\pi/2$ 相位；系统在变化过程中处于阻尼振荡状态，振荡的幅度不断减小，并最终趋于平衡态。这种对瞬时电流变化的响应过程也称作激光器的弛豫振荡。由于弛豫振荡的存在，使得激光器输出光强对电流变化的响应需要一个有限的时间，这个时间决定了半导体激光器对高频电流调制的响应速度。

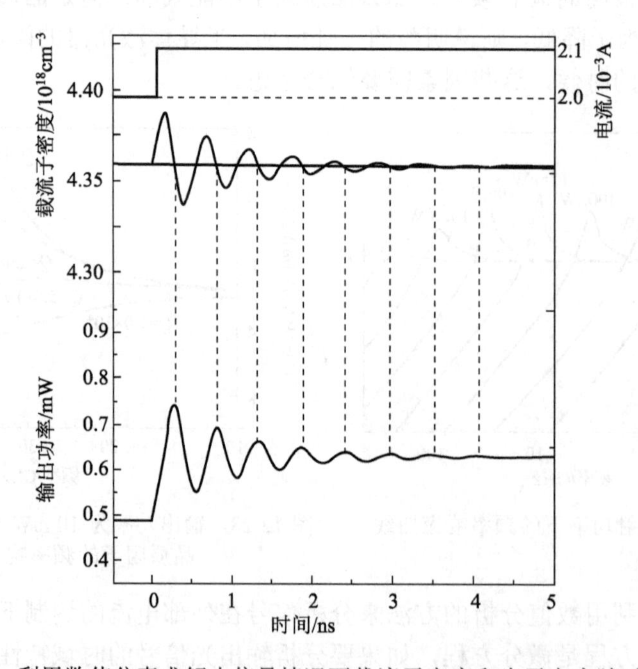

图 12.29　利用数值仿真求解小信号情况下载流子密度和光子密度随时间的变化

习　　题

12.1　简要说明半导体激光器和原子分子激光器及固体激光器的差别。

12.2　考虑一台 F-P 腔激光器，其长度为 100μm，折射率为 3.6，依靠解理面反射，发射波长为 1.55μm，光子的群速度为真空光速的 1/4，计算端面的反射率及光腔光子的寿命；如果传播损耗为 5cm^{-1}，光限制因子为 0.5，计算半导体材料的增益要达到多少才能有激光输出？如果考虑在激光器两端加高反射率反射镜，一端反射率为 100%，那么另一端反射率要到多少才能使得增益达到 20cm^{-1}？

12.3　测量 F-P 激光器的透射能量谱如图题 12.3 所示，其输出功率最大值为 $P_{\max}$，最小值为 $P_{\min}$，假设两端反射率均为 R，腔长为 L，内部损耗为 α_{i}，Γg 为单位长度模式增益。

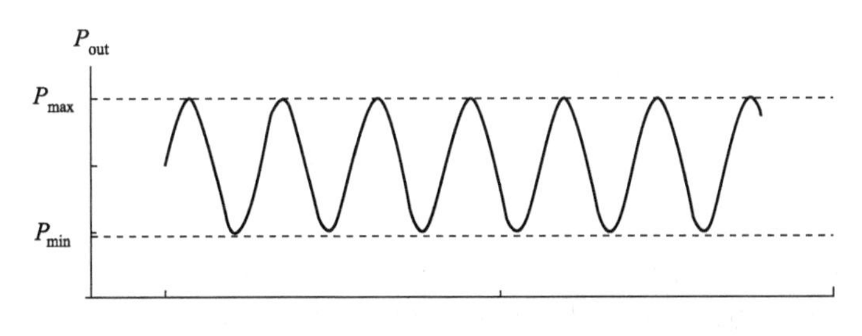

图题 12.3

(1) 请证明激光器的净吸收与透射功率最大($P_{\max}$)和最小($P_{\min}$)值的关系表达式：

$$\alpha_{\text{i}} - \Gamma g = \frac{1}{L}\ln\left(\frac{\sqrt{P_{\max}}+\sqrt{P_{\min}}}{\sqrt{P_{\max}}-\sqrt{P_{\min}}}\right) + \frac{1}{L}\ln(R)。$$

(2) 假设 L=500 μm，R=0.32，$\alpha_{\text{i}}=30\text{cm}^{-1}$，$\dfrac{P_{\min}}{P_{\max}}=0.40$，根据图确定 Γg 的大小。

12.4　如果 $W_{\text{r}} = A\cdot\rho(E_{21})$，其中，$A$ 是常数，$f_{\text{c}}(E_2)$ 在 E_2 接近导带底的位置约为 0.7，而 $f_{\text{v}}(E_1)$ 在 E_1 接近价带顶的位置约为 0.3，按照图 12.20 和图 12.24 定性地画出 W_{st} 随光频率的变化。

第 13 章　激光器的半经典理论

从第 5 章开始，在引入受激辐射过程的基础上，用完全经典的方法讨论了激光与增益介质的相互作用，得到激光在介质中传播的增益系数，推导了激光器稳态振荡的激光光强等。本章初步引入激光器的半经典理论，并且基于半经典理论的推演得出经典理论的一些结果。实际上，激光器半经典理论的意义远大于重复经典理论的结论，它是解决多模振荡激光器中激光光强变化、频率变化以及不同模式之间耦合问题的有力工具。

13.1　密 度 矩 阵

激光器的半经典理论处理激光器运转问题的基本思想是，用麦克斯韦方程描述电磁场的运动，用量子力学的运动方程描述原子状态的变化，即经典电磁场与量子化的原子构成的激光器理论体系，称为半经典理论。接下来首先引入原子的密度矩阵描述原子所处的量子状态，并且推导出密度矩阵运动方程。

对于一个简单的单电子原子系统，核外电子的能量本征态可以由主量子数 n，角量子数 l 和磁量子数 m 描述，并且记为 $|nlm\rangle$，它们构成电子态的正交完备基矢，电子的任意状态可以用这一组基矢展开：

$$|\psi\rangle = \sum_{nlm} c_{nlm} |nlm\rangle \tag{13.1}$$

对于激光场与原子相互作用的情况，激光场具有单一频率，它只和原子的两个特定能级发生相互作用，因此将原子简化成二能级系统，其能量本征态分别用 a 和 b 来标记，原子中电子的量子力学状态可以表示成：

$$|\psi\rangle = c_a |a\rangle + c_b |b\rangle \tag{13.2}$$

根据量子力学的薛定谔方程：

$$\mathrm{i}\hbar \frac{\partial}{\partial t} |\psi\rangle = \hat{H} |\psi\rangle \tag{13.3}$$

电子状态的时间变化由体系的哈密顿算符 $\hat{H}$ 表示，将体系的哈密顿算符表示为孤立原子的哈密顿算符 $\hat{H}_0$ 与由于外界电场的作用所引起的附加能量算符 $\hat{V}$ 之和：

$$\hat{H} = \hat{H}_0 + \hat{V} \tag{13.4}$$

由于 $|a\rangle$ 和 $|b\rangle$ 是未受外界扰动的原子哈密顿算符 $\hat{H}_0$ 的本征态，因此：

$$\hat{H}_0 |a\rangle = E_a |a\rangle, \quad \hat{H}_0 |b\rangle = E_b |b\rangle \tag{13.5}$$

式中，E_a 和 E_b 分别表示 $|a\rangle$ 和 $|b\rangle$ 量子态的能量本征值。将表示原子状态的态矢（式(13.2)）代入薛定谔方程（式(13.3)）可得

$$
\begin{aligned}
\mathrm{i}\hbar\frac{\partial}{\partial t}|\psi\rangle &= \mathrm{i}\hbar(\dot{c}_a|a\rangle+\dot{c}_b|b\rangle) \\
&= (\hat{H}_0+\hat{V})(c_a|a\rangle+c_b|b\rangle) \\
&= c_aE_a|a\rangle+c_bE_b|b\rangle+c_a\hat{V}|a\rangle+c_b\hat{V}|b\rangle
\end{aligned} \tag{13.6}
$$

式(13.6)等号两边分别同乘$\langle a|$和$\langle b|$得

$$
\begin{cases}
\dot{c}_a = -\mathrm{i}\omega_a c_a - \mathrm{i}\hbar^{-1}V_{ab}c_b \\
\dot{c}_b = -\mathrm{i}\omega_b c_b - \mathrm{i}\hbar^{-1}V_{ba}c_a
\end{cases} \tag{13.7}
$$

式中，$\omega_a = E_a/\hbar$；$\omega_b = E_b/\hbar$，

$$
\begin{aligned}
V_{ab} &= \langle a|\hat{V}|b\rangle \\
V_{ba} &= \langle b|\hat{V}|a\rangle = \hat{V}_{ab}^{*}
\end{aligned} \tag{13.8}
$$

并且利用了正交归一条件$\langle a|a\rangle=\langle b|b\rangle=1$，$\langle a|b\rangle=\langle b|a\rangle=0$，另外：

$$
\langle a|\hat{V}|a\rangle=\langle b|\hat{V}|b\rangle=0 \tag{13.9}
$$

这一点将在下文讨论(式(13.15))。

定义二能级原子系统的密度矩阵：

$$
\begin{cases}
\rho_{aa} = c_a c_a^{*}(\text{原子处于上能级的概率}) \\
\rho_{ab} = c_a c_b^{*} \\
\rho_{ba} = c_b c_a^{*} = \rho_{ab}^{*} \\
\rho_{bb} = c_b c_b^{*}(\text{原子处于下能级的概率})
\end{cases} \tag{13.10}
$$

用矩阵记号记为

$$
\rho = \begin{pmatrix} \rho_{aa} & \rho_{ab} \\ \rho_{ba} & \rho_{bb} \end{pmatrix} \tag{13.11}
$$

任意力学量算符的平均值可表示为

$$
\begin{aligned}
\langle\psi|\hat{Q}|\psi\rangle &= \left(\langle a|c_a^{*}+\langle b|c_b^{*}\right)\hat{Q}\left(c_a|a\rangle+c_b|b\rangle\right) \\
&= \rho_{aa}Q_{aa}+\rho_{ab}Q_{ba}+\rho_{ba}Q_{ab}+\rho_{bb}Q_{bb} \\
&= Tr(\rho Q)
\end{aligned} \tag{13.12}
$$

式中，$Q_{aa}=\langle a|\hat{Q}|a\rangle$；$Q_{ab}=\langle a|\hat{Q}|b\rangle$；余者类推。

因此，只要能够求解得到原子的密度矩阵，就可以由式(13.12)得到任意力学量的宏观测量值。为了求解密度矩阵，需要写出原子受外电场作用时的附加能量算符$\hat{V}$。一个中性原子在外电场中的附加能量可以写成该原子的电偶极矩与电场强度矢量的点乘：

$$
\hat{V} = -\boldsymbol{p}\cdot\boldsymbol{E} = -e\boldsymbol{r}\cdot\boldsymbol{E} \tag{13.13}
$$

式中，$\boldsymbol{p}$表示原子的电偶极矩；$\boldsymbol{r}$表示电子在原子坐标系上的位置矢量；e为电子电荷。假设激光器中光波为线偏振，并且不同模式的偏振方向相同，由于场的这种性质，暂时不考虑激光器中复杂的偏振问题，而将激光场看作标量场处理。取原子的z方向在电场偏振方向上，激光器光轴沿x方向，这样式(13.13)写成

$$\hat{V} = -er\cos\theta E(x,t) = -ezE(x,t) \tag{13.14}$$

式中，θ 为原子偶极矩矢量方向与电场偏振方向的夹角。因此：

$$\begin{aligned}\langle a|\hat{V}|a\rangle &= \int \psi^*_{nlm}(\boldsymbol{r})[-er\cos\theta E(x,t)]\psi_{nlm}(\boldsymbol{r})\mathrm{d}^3\boldsymbol{r} \\ &= -E(x,t)e\int \psi^*_{nlm}(\boldsymbol{r})r\cos\theta\psi_{nlm}(\boldsymbol{r})\mathrm{d}^3\boldsymbol{r} \\ &= 0\end{aligned} \tag{13.15}$$

式(13.15)中第二步利用了光波中电场的变化尺度远远大于原子尺度的事实(即光波长远大于原子直径)，第三步利用了原子的能量本征态不具有电偶极矩的性质，这也是式(13.9)成立的依据。同理：

$$\langle b|\hat{V}|b\rangle = 0 \tag{13.16}$$

为了写出密度矩阵的运动方程，对密度矩阵(式(13.10))求时间微分，并且利用式(13.7)：

$$\begin{aligned}\dot{\rho}_{aa} &= \dot{c}_a c_a^* + c_a\dot{c}_a^* \\ &= (-\mathrm{i}\omega_a c_a - \mathrm{i}\hbar^{-1}V_{ab}c_b)c_a^* + c_a(\mathrm{i}\omega_a c_a^* + \mathrm{i}\hbar^{-1}V_{ba}c_b^*) \\ &= -\mathrm{i}\hbar^{-1}V_{ab}\rho_{ba} + c.c.\end{aligned} \tag{13.17}$$

$$\begin{aligned}\dot{\rho}_{ab} &= \dot{c}_a c_b^* + c_a\dot{c}_b^* \\ &= (-\mathrm{i}\omega_a c_a - \frac{\mathrm{i}}{\hbar}V_{ab}c_b)c_b^* + c_a(\mathrm{i}\omega_b c_b^* + \frac{\mathrm{i}}{\hbar}V_{ab}c_a^*) \\ &= -\mathrm{i}\omega_{ab}\rho_{ab} + \frac{\mathrm{i}}{\hbar}V_{ab}(\rho_{aa} - \rho_{bb})\end{aligned} \tag{13.18}$$

$$\dot{\rho}_{bb} = \mathrm{i}\hbar^{-1}V_{ab}\rho_{ba} + c.c. \tag{13.19}$$

式中

$$\begin{cases} V_{ab} = \langle a|-e\boldsymbol{r}\cdot\boldsymbol{E}|b\rangle = -E(x,t)\langle a|ez|b\rangle \\ \omega_{ab} = \omega_a - \omega_b \end{cases} \tag{13.20}$$

上面讨论的是一个理想的二能级原子，对于真实的原子而言，激发态的原子要通过各种途径跃迁到激光能级之外的其他能级。而且对于一个四能级系统，激光下能级原子到基态的跃迁，是抽空下能级的主要机制。因此唯象地引入上下能粒子的衰减常数 γ_a 和 γ_b，并把式(13.7)改写为

$$\begin{cases} \dot{c}_a = -\left(\mathrm{i}\omega_a + \dfrac{1}{2}\gamma_a\right)c_a - \mathrm{i}\hbar^{-1}V_{ab}c_b \\ \dot{c}_b = -\left(\mathrm{i}\omega_b + \dfrac{1}{2}\gamma_b\right)c_b - \mathrm{i}\hbar^{-1}V_{ba}c_a \end{cases} \tag{13.21}$$

由式(13.21)可重新推导考虑衰减情况下的密度矩阵运动方程：

$$\dot{\rho}_{aa} = -\gamma_a\rho_{aa} - \left(\mathrm{i}\hbar^{-1}V_{ab}\rho_{ba} + c.c.\right) \tag{13.22}$$

$$\dot{\rho}_{bb} = -\gamma_b\rho_{bb} + \left(\mathrm{i}\hbar^{-1}V_{ab}\rho_{aa} + c.c.\right) \tag{13.23}$$

$$\dot{\rho}_{ab} = -(\mathrm{i}\omega_{ab} + \gamma_{ab})\rho_{ab} + \mathrm{i}\hbar^{-1}V_{ab}(\rho_{aa} - \rho_{bb}) \tag{13.24}$$

式中，$\gamma_{ab}=\frac{1}{2}(\gamma_a+\gamma_b)$。

在式(13.22)和式(13.23)中γ_a和γ_b描述了c_a和c_b的模量衰减，而ρ_{aa}和ρ_{bb}也是反映c_a和c_b模量大小的矩阵元。但ρ_{ab}不同，它不仅包含c_a和c_b模量的乘积，而且还包含c_a和c_b的相位差，由于ρ_{ab}中相位因子的随机变化，而导致ρ_{ab}系综平均的衰减，并假设衰减因子为γ_{ph}，则式(13.24)修改成

$$\begin{aligned}\dot{\rho}_{ab}&=-(\mathrm{i}\omega_{ab}+\gamma_{ab}+\gamma_{ph})\rho_{ab}+\mathrm{i}\hbar^{-1}\mathcal{V}_{ab}^{*}(\rho_{aa}-\rho_{bb})\\&=-(\mathrm{i}\omega_{ab}+\gamma_{\mathrm{T}})\rho_{ab}+\mathrm{i}\hbar^{-1}\mathcal{V}_{ab}^{*}(\rho_{aa}-\rho_{bb})\end{aligned}\tag{13.25}$$

式中，$\gamma_{\mathrm{T}}=\gamma_{ab}+\gamma_{ph}$表示$\rho_{ab}$的总衰减速率。

式(13.22)、式(13.23)和式(13.25)构成了原子密度矩阵的运动方程。在给定初始条件的情况下求解密度矩阵运动方程，就可以得到任意时刻的密度矩阵元。由式(13.12)可以计算原子的电偶极矩：

$$\begin{aligned}\langle\psi|e\hat{z}|\psi\rangle&=Tr(\rho ez)\\&=\wp(\rho_{ab}+\rho_{ba})\end{aligned}\tag{13.26}$$

式中，$\wp$称为原子偶极矩常数

$$\wp=e\langle a|z|b\rangle=e\langle b|z|a\rangle\tag{13.27}$$

式(13.26)利用了式(13.15)的推导过程得到的$e\langle a|z|a\rangle=e\langle b|z|b\rangle=0$的结果。利用式(13.27)的记号，式(13.20)又可以写成

$$\mathcal{V}_{ab}=-\wp E(x,t)\tag{13.28}$$

13.2　集居数矩阵

在 13.1 节讨论了原子的密度矩阵，激光器增益介质由大量的增益原子组成，介质的宏观电极化强度由每个原子的电偶极矩矢量相加得到，由于所讨论的激光器具有固定的电场偏振方向，因此只讨论该方向上的电极化强度。设在以前的某时间间隔$t_0\sim t_0+\mathrm{d}t_0$，位置$x$附近单位体积内有$\lambda_\alpha\mathrm{d}t_0$个原子被激发到$\alpha$态$(\alpha=a,b)$，忽略原子间的相互作用，则这些原子状态的变化由相同的密度矩阵运动方程支配，它们在t时刻的密度矩阵元相同，其t时刻的非对角元ρ_{ab}用$\rho_{ab}(\alpha,x,t_0,t)$表示(其他矩阵元类推)，因此它们在$t$时刻的电偶极矩也相同，对介质电极化强度的贡献可根据式(13.26)写成

$$\mathrm{d}\mathcal{P}(x,t)=\lambda_\alpha\wp[\rho_{ab}(\alpha,x,t_0,t)+\rho_{ba}(\alpha,x,t_0,t)]\mathrm{d}t_0\tag{13.29}$$

对所有在t时刻之前被激发的原子求积分，可写出介质电极化强度表示式：

$$\mathcal{P}(x,t)=\wp\sum_\alpha\int_{-\infty}^{t}\mathrm{d}t_0\lambda_\alpha(x,t_0)\rho_{ab}(\alpha,x,t_0,t)+c.c.\tag{13.30}$$

定义介质的集居数矩阵：

$$\rho_{ij}=\sum_\alpha\int_{-\infty}^{t}\mathrm{d}t_0\lambda_\alpha(x,t_0)\rho_{ij}(\alpha,x,t_0,t)\tag{13.31}$$

式中，$i=a,b$；$j=a,b$。(注意式(13.31)等号左侧的ρ_{ij}表示集居数矩阵，等号右侧的

$\rho_{ij}(\alpha,x,t_0,t)$ 表示一个原子在 t_0 被激发到 α 态，该原子在 t 时刻的密度矩阵，为了符号的简化二者都使用了 ρ_{ij}，但其含义不同）。利用式(13.31)，介质电极化强度表示式(13.30)简写成

$$\mathcal{P}(x,t)=\wp(\rho_{ab}+\rho_{ba}) \tag{13.32}$$

式中，ρ_{ab} 和 ρ_{ba} 表示由式(13.31)定义的集居数矩阵元。从式(13.32)可见用集居数矩阵来代替单个原子的密度矩阵可以使电极化强度的表示式更加简单明了。接下来推导出集居数矩阵运动方程，令式(13.31)中 $i=j=a$，并且将其对时间求微分可得

$$\dot{\rho}_{aa}=\sum_{\alpha}\lambda_{\alpha}(x,t_0)\rho_{aa}(\alpha,x,t,t)+\sum_{\alpha}\int_{-\infty}^{t}\mathrm{d}t_0\lambda_{\alpha}(x,t_0)\dot{\rho}_{aa}(\alpha,x,t_0,t) \tag{13.33}$$

式中，第一项包含 $\rho_{aa}(a,x,t,t)$ 和 $\rho_{aa}(b,x,t,t)$。其中，$\rho_{aa}(b,x,t,t)$ 表示原子被激发到 b 能级，而立即讨论该原子处于上能级 a 的概率，因此等于 0；同理 $\rho_{aa}(a,x,t,t)$ 表示原子被激到 a 能级后立即计算原子处于 a 能级的概率，因此等于 1。将式(13.22)代入式(13.33)，并且利用集居数矩阵定义式(13.31)可得

$$\dot{\rho}_{aa}=\lambda_a-\gamma_a\rho_{aa}-(\mathrm{i}\hbar^{-1}V_{ab}\rho_{ba}+c.c.) \tag{13.34}$$

注意区分式(13.22)和式(13.34)，为了记号上的简洁使用相同的符号 ρ_{aa}，但是式 (13.22)是密度矩阵元运动方程，而式(13.34)表示集居数矩阵元运动方程。同理可得集居数矩阵元 ρ_{bb} 和 ρ_{ab} 的运动方程：

$$\dot{\rho}_{bb}=\lambda_b-\gamma_b\rho_{bb}+(\mathrm{i}\hbar^{-1}V_{ab}\rho_{ba}+c.c.) \tag{13.35}$$

$$\dot{\rho}_{ab}=-(\mathrm{i}\omega_{ab}+\gamma_{\mathrm{T}})\rho_{ab}+\mathrm{i}\hbar^{-1}V_{ab}(\rho_{aa}-\rho_{bb}) \tag{13.36}$$

式(13.34)～式(13.36)构成了集居数矩阵的运动方程组，其中，ρ_{aa} 和 ρ_{bb} 分别表示单位体积内上、下能级的粒子数密度，由式(13.32)可知，ρ_{ab} 和 ρ_{ba} 反映介质电极化强度的大小。

13.3 电磁场方程

13.1 节和 13.2 节中引入了原子的密度矩阵和集居数矩阵用以描述原子和原子集团的运动。在激光器的半经典理论中光波场看作经典电磁场，它的运动可用麦克斯韦方程描述，假设介质中无静电荷，麦克斯韦方程可写成

$$\begin{cases}\nabla\cdot\boldsymbol{D}=0\\ \nabla\cdot\boldsymbol{B}=0\\ \nabla\times\boldsymbol{E}=-\dfrac{\partial\boldsymbol{B}}{\partial t}\\ \nabla\times\boldsymbol{H}=\boldsymbol{J}+\dfrac{\partial\boldsymbol{D}}{\partial t}\end{cases} \tag{13.37}$$

式中

$$\boldsymbol{D}=\varepsilon_0\boldsymbol{E}+\boldsymbol{\mathcal{P}},\quad \boldsymbol{B}=\mu_0\boldsymbol{H},\quad \boldsymbol{J}=\sigma\boldsymbol{E} \tag{13.38}$$

式(13.37)中第一式利用了介质中无净电荷的条件，光波的能量损耗在式(13.37)和式 (13.38)中用电流密度 $\boldsymbol{J}$ 来描述。将式(13.37)第三式两边取旋度，再利用第四式和

式 (13.38) 可得

$$\nabla\times\nabla\times\boldsymbol{E}+\mu_0\sigma\frac{\partial\boldsymbol{E}}{\partial t}+\mu_0\varepsilon_0\frac{\partial^2\boldsymbol{E}}{\partial t^2}=-\mu_0\frac{\partial^2\boldsymbol{\mathcal{P}}}{\partial t^2}\tag{13.39}$$

由矢量分析可知：

$$\nabla\times\nabla\times\boldsymbol{E}=-\nabla^2\boldsymbol{E}+\nabla(\nabla\cdot\boldsymbol{E})=-\nabla^2\boldsymbol{E}+\frac{1}{\varepsilon_0}\nabla(\nabla\cdot\boldsymbol{D}-\nabla\cdot\boldsymbol{\mathcal{P}})$$

由于$\boldsymbol{\mathcal{P}}$在垂直于轴向上是慢变量，而在轴向的偏振分量为零，可得$\nabla\cdot\boldsymbol{\mathcal{P}}\approx 0$，因此$\nabla\times\nabla\times\boldsymbol{E}=-\nabla^2\boldsymbol{E}=-(\partial^2\cdot\boldsymbol{E})/\partial x^2$，其中，$x$为沿光轴方向的坐标，代入式(13.39)得

$$-\frac{\partial^2\boldsymbol{E}}{\partial x^2}+\mu_0\sigma\frac{\partial\boldsymbol{E}}{\partial t}+\mu_0\varepsilon_0\frac{\partial^2\cdot\boldsymbol{E}}{\partial t^2}=-\mu_0\frac{\partial^2\boldsymbol{\mathcal{P}}}{\partial t^2}\tag{13.40}$$

式(13.40)即为在激光介质中光波的电场运动方程。在激光器中存在的光波场还要受到光腔谐振条件的限制，它必须满足：

$$\Omega_s=\frac{s\pi c}{L}=K_s c\tag{13.41}$$

式中，L表示光腔的长度；c表示光速；s是一自然数，称为纵模级数；$K_s=s\pi/L$表示第s级模式上光波波矢。光腔中存在的光波场为驻波，第s个光波场的空间分布形式可以写成

$$U_s(x)=\sin K_s x\tag{13.42}$$

假设激光为线偏振光，可以将光腔中的电场写成标量形式，并且光波的总电场等于各个谐振模式电场分量的叠加：

$$E(x,t)=\frac{1}{2}\sum_s E_s(t)\mathrm{e}^{-\mathrm{i}(\omega_s t+\varphi_s)}U_s(x)+c.c.\tag{13.43}$$

由于在式(13.43)中电场的时间快变项分离到因子$\mathrm{e}^{-\mathrm{i}\omega_s t}$中，因此$E_s(t)$和$\phi_s(t)$都是时间慢变函数。

在各向同性介质中，电极化强度与电场同方向，并且也可以按谐振腔的不同模式进行分解，于是将极化强度展开成

$$\mathscr{P}(x,t)=\frac{1}{2}\sum_s\mathscr{P}_s(t)\mathrm{e}^{-\mathrm{i}(\omega_s t+\varphi_s)}U_s(x)+c.c.\tag{13.44}$$

式中，$\mathscr{P}_s(t)$是电极化强度在第s个谐振腔模式上的分量，它同样是一慢变量。对于所讨论的激光场与原子发生共振相互作用，$\mathscr{P}_s(t)$一般情况下为一复数，它表示$\mathcal{P}(x,t)$第s个频率分量$\mathscr{P}_s(t)$相对于$E(x,t)$第s个频率分量$E_s(t)$的振幅响应和相位延迟。

将式(13.43)、式(13.44)代入式(13.40)，利用$U_s(x)$的正交性：

$$\int_0^L U_s(x)U_{s'}(x)\mathrm{d}x=0,\quad (s'\neq s)\tag{13.45}$$

可得

$$\begin{aligned}&K_s^2E_s+\mu_0\sigma\left[\dot{E}_s-\mathrm{i}(\omega_s+\dot{\varphi}_s)E_s\right]\\&+\mu_0\varepsilon_0\left\{\ddot{E}_s-\mathrm{i}\ddot{\varphi}_sE_s-\mathrm{i}(\omega_s+\dot{\varphi}_s)\dot{E}_s-\mathrm{i}(\omega_s+\dot{\varphi}_s)\left[\dot{E}_s-\mathrm{i}(\omega_s+\dot{\varphi}_s)E_s\right]\right\}\\=&\ \mu_0(\omega_s+\dot{\varphi}_s)^2\mathscr{P}_s+\dot{\mathscr{P}}_s\text{项和}\ddot{\mathscr{P}}_s\text{项}\end{aligned}$$

由于$E_s(t)$和$\phi_s(t)$与光频比较均为时间慢变量，因此它们的一阶导数为一阶小量，在上式中忽略它们的二阶导数。并且同时假设介质稀薄，其损耗和电极化强度均为小量，因此进一步忽略$\dot{\mathscr{P}}_s$、$\ddot{\mathscr{P}}_s$、$\dot{E}_s\dot{\phi}_s$、$\sigma\dot{E}_s$等所有二阶小量，最后整理得

$$\Omega_s^2 E_s - \mathrm{i}\left(\frac{\sigma}{\varepsilon_0}\right)\omega_s E_s - 2\mathrm{i}\omega_s\dot{E}_s - (\omega_s + \dot{\varphi}_s)^2 E_s = \omega_s^2\varepsilon_0^{-1}\mathscr{P}_s \tag{13.46}$$

在式(13.46)中令实部与虚部相等，并且定义谐振腔品质因子：

$$Q_s = \varepsilon_0\frac{\omega_s}{\sigma} \tag{13.47}$$

利用近似关系：

$$\Omega_s^2 - \left(\omega_s + \dot{\varphi}_s\right)^2 = 2\omega_s\left(\Omega_s - \omega_s - \dot{\varphi}_s\right) \tag{13.48}$$

可得光波的电场强度和频率的运动方程：

$$\dot{E}_s + \frac{1}{2}\frac{\omega_s}{Q_s}E_s = -\frac{1}{2}\frac{\omega_s}{\varepsilon_0}\mathrm{Im}\left(\mathscr{P}_s\right) \tag{13.49}$$

$$\omega_s + \dot{\varphi}_s = \Omega_s - \frac{1}{2}\frac{\omega_s}{\varepsilon_0}E_s^{-1}\mathrm{Re}\left(\mathscr{P}_s\right) \tag{13.50}$$

从式(13.49)和式(13.50)可以看到，$\mathscr{P}_s$的虚部影响激光增益，实部影响激光频率。如果$\mathscr{P}_s = 0$，则式(13.49)可变形成$2E_s\dot{E}_s = -\frac{\omega_s}{Q_s}E_s^2$，即

$$\dot{I}_s = \frac{\omega_s}{Q_s}I_s \tag{13.51}$$

将式(2.33)光腔Q因子的表示式代入上式可得

$$\dot{I}_s = I_s / \tau_{\mathrm{R}} \tag{13.52}$$

与式(7.13)中$\Delta n = 0$的结果一致。在$\mathscr{P}_s = 0$的条件下从式(13.50)得到$\omega_s + \dot{\varphi}_s = \Omega_s$，它表明增益介质的电极化强度等于 0 时，光波频率等于谐振腔的谐振频率。

13.4　激光器的单模运转和速率方程解

从式(13.49)看到，光波场强度的时间变化直接依赖于介质的电极化强度$\mathscr{P}_s$。单模运转激光器中只存在一个模式，因此式(13.43)和式(13.44)写成

$$E(x,t) = \frac{1}{2}E_s(t)\mathrm{e}^{-\mathrm{i}(\omega_s t + \varphi_s)}U_s(x) + c.c. \tag{13.53}$$

$$\mathscr{P}(x,t) = \frac{1}{2}\mathscr{P}_s(t)\mathrm{e}^{-\mathrm{i}(\omega_s t + \varphi_s)}U_s(x) + c.c. \tag{13.54}$$

将式(13.32)代入式(13.54)，等号两边同乘以$U_s(x)$，沿着激光器长度方向积分可得

$$C\frac{1}{2}\left[\mathscr{P}_s(t)\mathrm{e}^{-\mathrm{i}(\omega_s t+\varphi_s)}+\mathscr{P}_s^*(t)\mathrm{e}^{\mathrm{i}(\omega_s t+\varphi_s)}\right]=\wp\int_0^L(\rho_{ab}+\rho_{ba})U_s(x)\mathrm{d}x \tag{13.55}$$

式中，C 为归一化常数。式(13.55)两边同乘 $\mathrm{e}^{\mathrm{i}(\omega_s t+\varphi_s)}$，由式(13.36)可知 ρ_{ba} 的时间变化因子为 $\mathrm{e}^{\mathrm{i}\omega_{ab}t}$，考虑到 $\mathscr{P}_s(t)$ 为时间慢变量，而 $\mathrm{e}^{\mathrm{i}(\omega_s t+\varphi_s)}\int_0^L\rho_{ba}U_s(x)\mathrm{d}x$ 为时间快变量，忽略式 (13.55)中的时间快变项可得

$$\mathscr{P}_s(t)=2\mathrm{e}^{\mathrm{i}(\omega_s t+\varphi_s)}\cdot\frac{1}{C}\int_0^L\mathrm{d}xU_s(x)\wp\rho_{ab}(x,t) \tag{13.56}$$

这样只要求得 ρ_{ab}，就可以计算 $\mathscr{P}_s(t)$，进而求解激光器中的电场。

将式(13.53)代入式(13.28)可得

$$V_{ab}=-\frac{1}{2}\wp E_s(t)\mathrm{e}^{-\mathrm{i}(\omega_s t+\varphi_s)}U_s(x)+c.c. \tag{13.57}$$

将式(13.57)代入集居数矩阵非对角元 ρ_{ab} 的运动方程(13.36)可得

$$\dot{\rho}_{ab}=-(\mathrm{i}\omega_{ab}+\gamma_{\mathrm{T}})\rho_{ab}-\frac{1}{2}\mathrm{i}\frac{\wp}{\hbar}E_s(t)\left[\mathrm{e}^{-\mathrm{i}(\omega_s t+\varphi_s)}+\mathrm{e}^{\mathrm{i}(\omega_s t+\varphi_s)}\right]U_s(x)(\rho_{aa}-\rho_{bb})$$

上式可变形为

$$\frac{\mathrm{d}}{\mathrm{d}t}[\rho_{ab}\mathrm{e}^{(\mathrm{i}\omega_{ab}+\gamma_{\mathrm{T}})t}]=-\frac{1}{2}\mathrm{i}\frac{\wp}{\hbar}E_s(t)\left[\mathrm{e}^{(\mathrm{i}\omega_{ab}+\gamma_{\mathrm{T}}-\mathrm{i}\omega_s)t-\mathrm{i}\varphi_s}+\mathrm{e}^{(\mathrm{i}\omega_{ab}+\gamma_{\mathrm{T}}+\mathrm{i}\omega_s)t+\mathrm{i}\varphi_s}\right]U_s(x)(\rho_{aa}-\rho_{bb})$$

对上式积分，注意到 $\mathrm{e}^{\mathrm{i}(\omega_{ab}+\omega_s)t}$ 为时间快变因子，它对积分的贡献可以忽略，这种近似称为旋转波近似，利用了上述近似后得

$$\rho_{ab}=-\frac{1}{2}\mathrm{i}\frac{\wp}{\hbar}\mathrm{e}^{-\mathrm{i}(\omega_s t+\varphi_s)}U_s(x)\int_{-\infty}^{t}\mathrm{e}^{-(\mathrm{i}\omega_{ab}-\mathrm{i}\omega_s+\gamma_{\mathrm{T}})(t-t')}E_s(t')(\rho_{aa}-\rho_{bb})\mathrm{d}t'$$

式中，γ_{T} 为集居数矩阵非对角元的衰减时间常数。电场 $E_s(t')$ 为一时间慢量，在 ρ_{ab} 的寿命期内看作常数，同样 $\rho_{aa}-\rho_{bb}$ 代表粒子数反转，它也是一个时间慢变量。考虑了这些近似之后，将上式积分写出，即

$$\rho_{ab}(x,t)=-\frac{1}{2}\mathrm{i}\frac{\wp}{\hbar}E_s\mathrm{e}^{-\mathrm{i}(\omega_s t+\varphi_s)}U_s(x)\left[\frac{\rho_{aa}-\rho_{bb}}{\mathrm{i}(\omega_{ab}-\omega_s)+\gamma_{\mathrm{T}}}\right] \tag{13.58}$$

将式(13.58)代入式(13.34)和式(13.35)，并利用 $\rho_{ba}=\rho_{ab}^*$，可得

$$\dot{\rho}_{aa}=\lambda_a-\gamma_a\rho_{aa}-\mathscr{R}(\rho_{aa}-\rho_{bb}) \tag{13.59}$$

$$\dot{\rho}_{bb}=\lambda_b-\gamma_b\rho_{bb}+\mathscr{R}(\rho_{aa}-\rho_{bb}) \tag{13.60}$$

式(13.59)和式(13.60)表示激光上、下能级粒子数随着时间的变化速率，因此这两个方程又称为速率方程，它们是粒子数反转 $\rho_{aa}-\rho_{bb}$ 是时间慢变量近似的结果，这种近似称为速率方程近似。式中，$\mathscr{R}$ 称为速率常数，并且：

$$
\begin{aligned}
\mathscr{R} &= \frac{1}{2}\left(\frac{\wp}{\hbar}\right)^2 E_s^2 \left|U_s(x)\right|^2 \gamma_{\mathrm{T}}\left[(\omega_{ab}-\omega_s)^2+\gamma_{\mathrm{T}}^2\right]^{-1} \\
&= \frac{1}{2}\left(\frac{\wp E_s}{\hbar}\right)^2 \left|U_s(x)\right|^2 \gamma_{\mathrm{T}}^{-1} L(\omega_{ab}-\omega_s)
\end{aligned} \tag{13.61}
$$

式中，$L(\omega_{ab}-\omega_s)$ 为无量纲洛伦兹线型函数：

$$
L(\omega_{ab}-\omega_s)=\frac{\gamma_{\mathrm{T}}^2}{\gamma_{\mathrm{T}}^2+(\omega_{ab}-\omega_s)^2} \tag{13.62}
$$

式(13.59)中 $\dot{\rho}_{aa}$ 表示单位时间内上能级粒子数的变化，λ_a 表示单位时间内激发到 a 能级的粒子数，$\gamma_a\rho_{aa}$ 表示单位时间衰减的粒子数，$\mathscr{R}(\rho_{aa}-\rho_{bb})$ 表示由于受激辐射单位时间内粒子数反转的减少。在稳态条件下，$\dot{\rho}_{aa}=\dot{\rho}_{bb}=0$，由式(13.59)和式(13.60)可解得粒子数反转：

$$
\rho_{aa}-\rho_{bb}=\frac{\Delta n_0(x)}{1+\left(\mathscr{R}/\mathscr{R}_s\right)} \tag{13.63}
$$

式中，饱和常数：

$$
\mathscr{R}_s=\frac{\gamma_a\gamma_b}{\gamma_a+\gamma_b} \tag{13.64}
$$

小信号粒子数反转：

$$
\Delta n_0(x)=\frac{\lambda_a}{\gamma_a}-\frac{\lambda_b}{\gamma_b} \tag{13.65}
$$

从式(13.63)可以看到，由于激光场的存在，因此粒子数反转下降，这就是粒子数反转的饱和效应，其中，$\mathscr{R}$ 正比于激光光强，式(13.63)与式(6.8)所表示的粒子数反转随激光光强的变化规律是一致的，但是在式(6.8)中讨论的是行波场放大，而对于直腔激光器 $\left|U_s\right|^2=\sin^2 K_s x$，激光器中的光波场以驻波的形式存在，不同空间点的激光光强不一样，粒子数反转的饱和强度也不同，这导致式(13.63)所表示的粒子数反转依赖于空间坐标，在某些空间位置粒子数反转被更多地消耗，称为粒子数反转的空间烧孔。将式(13.63)代回到式(13.58)得

$$
\rho_{ab}(x,t)=-\frac{1}{2}\mathrm{i}\frac{\wp}{\hbar}E_s\mathrm{e}^{-\mathrm{i}(\omega_s t+\varphi_s)}U_s(x)\left[\frac{1}{\mathrm{i}(\omega_{ab}-\omega_s)+\gamma_{\mathrm{T}}}\right]\left[\frac{\Delta n_0(x)}{1+\left(\mathscr{R}/\mathscr{R}_s\right)}\right] \tag{13.66}
$$

代入式(13.56)可得介质的电极化强度：

$$
\mathscr{P}_s(t)=-\frac{\wp^2}{\hbar}E_s\frac{(\omega_{ab}-\omega_s)+\mathrm{i}\gamma_{\mathrm{T}}}{(\omega_{ab}-\omega_s)^2+\gamma_{\mathrm{T}}^2}\cdot\frac{1}{C}\int_0^L \mathrm{d}x\frac{\left|U_s(x)\right|^2\Delta n_0(x)}{1+\left[\mathscr{R}(x)/\mathscr{R}_s\right]} \tag{13.67}
$$

将式(13.67)代入式(13.49)和式(13.50)，即可求解单模条件下的电场强度和电场频率方程，所得结果称为速率方程解。为了说明问题起见，对式(13.67)中的积分函数按 $\left|E_s\right|^2$ 的幂次展开取到 $\left|E_s\right|^2$ 项，也就是作了弱光的假设。式(13.67)化简成

$$\mathscr{P}_s(t) = -\frac{\wp^2}{\hbar}E_s\frac{(\omega_{ab}-\omega_s)+\mathrm{i}\gamma_{\mathrm{T}}}{(\omega_{ab}-\omega_s)^2+\gamma_{\mathrm{T}}^2}\cdot\frac{1}{C}\int_0^L \mathrm{d}x|U_s(x)|^2\Delta n_0(x)\left[1-\frac{\mathscr{R}(x)}{\mathscr{R}_s}\right] \tag{13.68}$$

利用三角函数关系：

$$|U_s(x)|^2 = \sin^2 K_s x = \frac{1}{2}(1-\cos 2K_s x)$$

$$|U_s(x)|^4 = \frac{3}{8}-\frac{1}{2}\cos 2K_s x+\frac{1}{8}\cos 4K_s x$$

考虑到小信号粒子数反转 $\Delta n_0(x)$ 在光波场的一个周期内变化可以忽略，对式(13.68)积分得

$$\mathscr{P}_s(t)\approx\mathscr{P}_s^{(1)}(t)+\mathscr{P}_s^{(3)}(t) = -\wp^2\hbar^{-1}E_s\overline{\Delta n_0}\left[\frac{(\omega_{ab}-\omega_s)+\mathrm{i}\gamma_{\mathrm{T}}}{(\omega_{ab}-\omega_s)^2+\gamma_{\mathrm{T}}^2}\right]\left[1-\frac{3}{2}\frac{\gamma_{ab}\gamma_{\mathrm{T}}I_s}{(\omega_{ab}-\omega_s)^2+\gamma_{\mathrm{T}}^2}\right] \tag{13.69}$$

式中，$\gamma_{ab}=(\gamma_a+\gamma_b)/2$，无量纲光强 I_s 定义为

$$I_s = \frac{1}{2}\frac{\wp^2}{\hbar^2\gamma_a\gamma_b}E_s^2 \tag{13.70}$$

平均粒子数反转 $\overline{\Delta n_0}$ 定义为

$$\overline{\Delta n_0} = \frac{1}{L}\int_0^L \mathrm{d}x\Delta n_0(x) \tag{13.71}$$

将 $\mathscr{P}_s$ 的近似结果代入式(13.49)和式(13.50)可得

$$\dot{E}_s = E_s(\alpha_s-\beta_s I_s) \tag{13.72}$$

$$\omega_s+\dot{\phi}_s = \Omega_s+\sigma_s-\rho_s I_s \tag{13.73}$$

式中各项参数如表 13.1 所示。

表 13.1　式(13.72)和式(13.73)中各系数的表示式和物理意义

参数	物理意义
$\alpha_s = L(\omega_{ab}-\omega_s)F_1-\omega/(2Q_s)$	线性净增益系数
$\beta_s = L^2(\omega_{ab}-\omega_s)F_3$	饱和系数
$\sigma_s = [(\omega_{ab}-\omega_s)/\gamma_{\mathrm{T}}]L(\omega_{ab}-\omega_s)F_1$	频率牵引系数
$\rho_s = [(\omega_{ab}-\omega_s)/\gamma_{\mathrm{T}}]L^2(\omega_{ab}-\omega_s)F_3$	频率推斥系数
$L(\omega_{ab}-\omega_s) = \gamma_{\mathrm{T}}^2[(\omega_{ab}-\omega_s)^2+\gamma_{\mathrm{T}}^2]^{-1}$	洛伦兹函数
$F_1 = \omega_s\wp^2(\varepsilon_o\hbar\gamma_{\mathrm{T}})^{-1}\overline{\Delta n_0}/2$	常数表示式
$F_3 = F_1 3\gamma_{ab}/(2\gamma_{\mathrm{T}})$	常数表示式

对式(13.72)两边同乘以 $E_s\wp^2/(\hbar^2\gamma_a\gamma_b)$，可以得到关于光强的运动方程：

$$\dot{I}_s = 2I_s(\alpha_s-\beta_s I_s) \tag{13.74}$$

令 $\dot{I}_s=0$，则可求得稳态光强：

$$I_s = \frac{\alpha_s}{\beta_s} = \frac{2}{3}\frac{L(\omega_{ab}-\omega_s) - \dfrac{1}{2}\dfrac{\omega_s}{Q_s F_1}}{(\gamma_{ab}/\gamma_{\mathrm{T}})L^2(\omega_{ab}-\omega_s)} \tag{13.75}$$

定义临界粒子数反转$\overline{\Delta n_{\mathrm{th}}}$，使中心频率小信号激光的线性增益$\alpha_s = 0$，即

$$\frac{\wp^2 \overline{\Delta n_{\mathrm{th}}}}{\varepsilon_o \hbar \gamma_{\mathrm{T}}} = \frac{1}{Q_s} \tag{13.76}$$

定义相对激发度：

$$\eta = \frac{\overline{\Delta n_0}}{\overline{\Delta n_{\mathrm{th}}}} \tag{13.77}$$

将式(13.76)和式(13.77)代入式(13.75)可得用相对激发度表示的光强表示式：

$$I_s = \frac{2}{3}\frac{L(\omega_{ab}-\omega_s) - (1/\eta)}{(\gamma_{ab}/\gamma_{\mathrm{T}})L^2(\omega_{ab}-\omega_s)} \tag{13.78}$$

不同激发度条件下激光器输出光强和频率的关系绘于图 13.1 中。

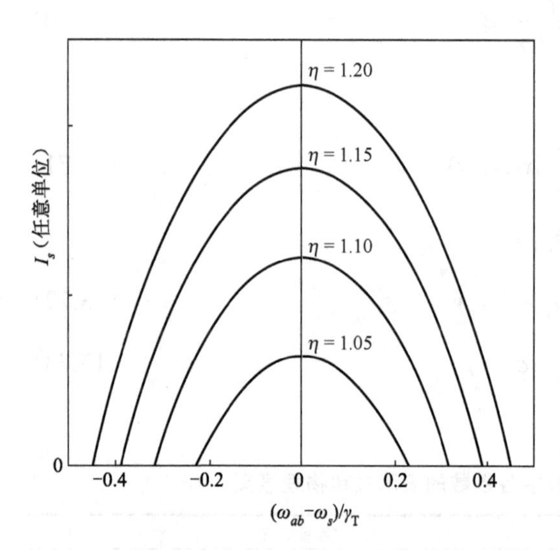

图 13.1　相对激发度$\eta=1.05$、1.10、1.15、1.20时激光光强随着激光频率的变化

式(13.73)中$\omega_s + \dot{\phi}_s$表示激光的振荡频率，它等于谐振腔的谐振频率Ω_s与两个频率修正项σ_s和$-\rho_s I_s$之和，分别称为频率牵引项和频率推斥项，由于频率推斥项与激光光强成正比，对于弱光激光器，它比频率牵引项小一个数量级，因此对频率修正起主要作用的是σ_s项。将σ_s随激光频率的变化曲线作图，如图 13.2 所示。从图 13.2 中可以看到，当$\omega_s < \omega_{ab}$时，$\sigma_s > 0$，使得激光频率相对于谐振腔谐振频率向原子中心频率移动；当$\omega_s > \omega_{ab}$时，$\sigma_s < 0$，同样使得激光频率相对于谐振腔谐振频率向原子中心频率移动；σ_s引起的频率修正总是使得激光频率更加靠近原子的中心频率，这也是σ_s称为频率牵引项的理由。对于 He-Ne 激光器，σ_s取值的大小约在$\pm 10^6$ Hz的范围内。

按照求解常微分方程的方法将式(13.74)变形成

$$\frac{\mathrm{d}(I_s \mathrm{e}^{-2\alpha_s t})}{(I_s \mathrm{e}^{-2\alpha_s t})^2} = -2\beta_s \mathrm{e}^{2\alpha_s t} \tag{13.79}$$

对式(13.79)两边作积分得

$$\left.\frac{1}{I_s \mathrm{e}^{-2\alpha_s t}}\right|_{I_s=I_0,t=0}^{I_s=I_s(t)} = \left.\frac{\beta_s}{\alpha_s}\mathrm{e}^{2\alpha_s t}\right|_0^t$$

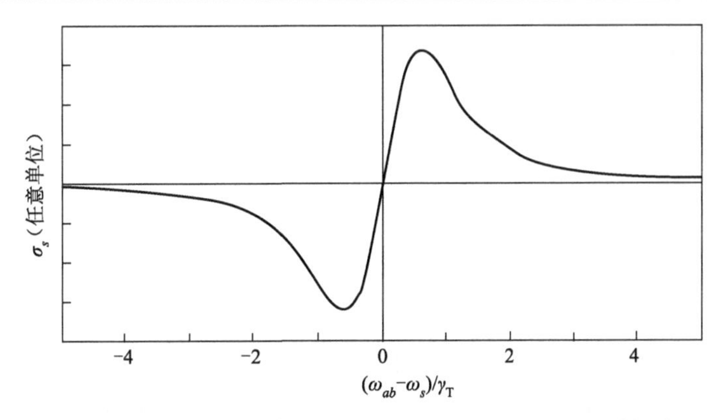

图 13.2　激光振荡的频率修正项 σ_s 与激光频率的关系曲线

经运算得激光光强度随时间的变化 $I_s(t)$：

$$I_s(t)=\frac{\alpha_s I_0 \mathrm{e}^{2\alpha_s t}}{\alpha_s-\beta_s I_0+\beta_s I_o \mathrm{e}^{2\alpha_s t}} \tag{13.80}$$

光强随时间的变化绘于图 13.3 中，图中横轴以 $(2\alpha_s)^{-1}$ 为时间单位，一般认为在开机 $(10/2\alpha_s)$ 时间后，激光光强基本达到稳定。

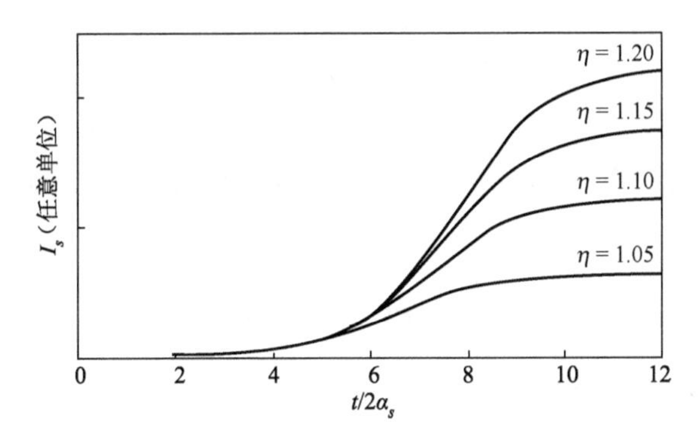

图 13.3　相对激发度 η=1.05、1.10、1.15、1.20 时激光器开机过程中光强随时间的变化

例 13.1　He-Ne 激光器单程净增益为 0.01，光腔长度 L=0.5m，计算激光光强从建立到稳定所需时间。

解　由式(13.74)可写出非饱和增益系数表示式：

$$\alpha_s=\frac{1}{I}\frac{\mathrm{d}I}{\mathrm{d}t}=\frac{1}{I}\frac{\mathrm{d}I}{\mathrm{d}z}\frac{\mathrm{d}z}{\mathrm{d}t}=\frac{1}{I_o}\frac{I_1-I_o}{L}\cdot c\approx 3\times 10^6\,\mathrm{s}^{-1}$$

激光场建立所需时间为 $5/\alpha_s \approx 1.7\times 10^{-6}\mathrm{s}$。

13.5　激光器的多模运转

在 13.4 节中求解了单模场条件下集居数矩阵的运动方程，其中一个重要的假设是粒子数反转 $\rho_{aa}-\rho_{bb}$ 是时间慢变量。这个假设对于多模场则不一定成立，因为不同模式电场的叠加可产生频率为两模式频率差的拍频振荡电场，进而导致 $\rho_{aa}-\rho_{bb}$ 以差拍频率变化。因此在本节将不再认为 $\rho_{aa}-\rho_{bb}$ 是一个时间慢变项，速率方程近似也不再成立。接下来用微扰近似法求解集居数矩阵运动方程。

多模电场的表示式可写成

$$E(x,t)=\frac{1}{2}\sum_s E_s(t)\mathrm{e}^{-\mathrm{i}[\omega_s t+\varphi_s(t)]}U_s(x)+c.c. \tag{13.81}$$

在旋转波近似条件下激光场和原子的相互作用哈密顿量 $\mathscr{V}_{ab}=-\wp E(x,t)$ 可写成

$$\mathscr{V}_{ab}(x,t)=-\frac{1}{2}\wp\sum_s E_s(t)\mathrm{e}^{-\mathrm{i}[\omega_s t+\varphi_s(t)]}U_s(x) \tag{13.82}$$

微扰近似法的基本思想是将电场 $E_s(t)$ 看作小量，依照幂级数展开中按小量幂次逐次逼近的思想，先求解无光场作用时集居数矩阵方程的零阶近似解，将零阶近似代入集居数矩阵运动方程组求解关于电场强度的一阶近似结果，余者类推。将 $E_s(t)$ 作为小量处理，是因为原子中的核外电子同时受到原子核施加的电场和激光场的共同作用，而激光场的强度与原子核电场相比是一个小量，它的存在仅仅对电子的波函数产生一个小的修正，因此这种小量近似在实际情况中是合理的。在式(13.34)～式(13.36)中令 $\mathscr{V}_{ab}=0$，可得

$$\begin{aligned}\dot{\rho}_{aa}&=\lambda_a-\gamma_a\rho_{aa}\\ \dot{\rho}_{bb}&=\lambda_b-\gamma_b\rho_{bb}\\ \dot{\rho}_{ab}&=-(\mathrm{i}\omega_{ab}+\gamma_{\mathrm{T}})\rho_{ab}\end{aligned}$$

由于不考虑激光场的作用，以上微分方程具有稳态解，也就是式(13.34)～式(13.36)的零阶近似解：

$$\rho_{aa}^{(0)}=\frac{\lambda_a}{\gamma_a},\quad \rho_{bb}^{(0)}=\frac{\lambda_b}{\gamma_b},\quad \rho_{ab}^{(0)}=0 \tag{13.83}$$

零阶近似条件下粒子数反转的表示式：

$$\Delta n_0=\rho_{aa}^{(0)}-\rho_{bb}^{(0)}=\frac{\lambda_a}{\gamma_a}-\frac{\lambda_b}{\gamma_b} \tag{13.84}$$

将式(13.83)和式(13.84)代入到式(13.34)～式(13.36)中求解集居数矩阵的一阶近似解。由于 $\rho_{ab}^{(0)}=0$，因此由式(13.34)和式(13.35)可得出 $\rho_{aa}^{(1)}=\rho_{bb}^{(1)}=0$，同理可推知 $\rho_{ab}^{(0)}=\rho_{ab}^{(2)}=\rho_{ab}^{(4)}=\cdots=0$，$\rho_{aa}^{(1)}=\rho_{bb}^{(1)}=\rho_{aa}^{(3)}=\rho_{bb}^{(3)}=\cdots=0$，$\rho_{ab}$ 只有关于电场 $E_s(t)$ 的奇数阶近似，ρ_{aa} 和 ρ_{bb} 只有关于电场 $E_s(t)$ 的偶数阶近似。将式(13.84)代入式(13.36)，并利用式(13.82)对方程积分可得

$$\begin{aligned}\rho_{ab}^{(1)}&=\mathrm{i}\hbar^{-1}\int_{-\infty}^{t}\mathrm{d}t'\mathrm{e}^{-(\mathrm{i}\omega_{ab}+\gamma_{\mathrm{T}})(t-t')}\mathscr{V}_{ab}(t')\left[\rho_{aa}^{(0)}-\rho_{bb}^{(0)}\right]\\ &=-\frac{1}{2}\mathrm{i}\frac{\wp}{\hbar}\Delta n_0\sum_\sigma E_\sigma(t)\mathrm{e}^{-\mathrm{i}(\omega_\sigma t+\varphi_\sigma)}U_\sigma(x)\times\int_{-\infty}^{t}\mathrm{d}t'\mathrm{e}^{-[\mathrm{i}(\omega_{ab}-\omega_\sigma)+\gamma_{\mathrm{T}}](t-t')}\\ &=-\frac{1}{2}\mathrm{i}\frac{\wp}{\hbar}\Delta n_0\sum_\sigma E_\sigma(t)\mathrm{e}^{-\mathrm{i}(\omega_\sigma t+\varphi_\sigma)}U_\sigma(x)D_{\mathrm{T}}(\omega_{ab}-\omega_\sigma)\end{aligned} \tag{13.85}$$

式中

$$D_x(\Delta\omega)=\frac{1}{\gamma_x+\mathrm{i}\Delta\omega},\quad x=a,b,T \tag{13.86}$$

在式(13.85)的积分中，利用了 E_σ、ϕ_σ 和 Δn_0 时间慢变量的条件，并假设它们在 γ_T^{-1} 时间间隔内的变化可以忽略，这些量可以提到积分号外。将式(13.85)代入式(13.34)可得

$$\begin{aligned}\dot{\rho}_{aa}&=\dot{\rho}_{aa}^{(0)}+\dot{\rho}_{aa}^{(2)}\\&=\lambda_a-\gamma_a\rho_{aa}-\left[\frac{1}{4}\left(\frac{\wp}{\hbar}\right)^2\Delta n_0\sum_\rho\sum_\sigma E_\rho E_\sigma\times\mathrm{e}^{\mathrm{i}\left[(\omega_\rho-\omega_\sigma t+\varphi_\rho-\varphi_\sigma)\right]}D_\mathrm{T}(\omega_{ab}-\omega_\sigma)U_\rho^*U_\sigma+c.c.\right]\end{aligned}$$

将上式变形得

$$\frac{\mathrm{d}(\rho_{aa}e^{\gamma_a t})}{\mathrm{d}t}=\lambda_a\mathrm{e}^{\gamma_a t}-\left[\frac{1}{4}\left(\frac{\wp}{\hbar}\right)^2\Delta n_0\sum_\rho\sum_\sigma E_\rho E_\sigma\times\mathrm{e}^{\mathrm{i}\left[(\omega_\rho-\omega_\sigma t+\varphi_\rho-\varphi_\sigma)\right]}D_\mathrm{T}(\omega_{ab}-\omega_\sigma)U_\rho^*U_\sigma+c.c.\right]\mathrm{e}^{\gamma_a t}$$

对上式两边积分，其中第一项积分对应于零阶近似解 $\rho_{aa}^{(0)}$，则二阶近似解 $\rho_{aa}^{(2)}$ 可写成

$$\rho_{aa}^{(2)}=-\left[\frac{1}{4}\left(\frac{\wp}{\hbar}\right)^2\Delta n_0\sum_\rho\sum_\sigma E_\rho E_\sigma U_\rho^*U_\sigma\mathrm{e}^{\mathrm{i}[(\omega_\rho-\omega_\sigma)t+\varphi_\rho-\varphi_\sigma]}\times D_a(\omega_\rho-\omega_\sigma)D_\mathrm{T}(\omega_{ab}-\omega_\sigma)+c.c.\right] \tag{13.87}$$

在此同样假设 E_ρ，E_σ，$\phi_\rho\cdots$时间慢变量在 γ_a^{-1} 时间间隔内的变化可以忽略。将式(13.87)中的复共轭项写出：

$$\begin{aligned}\rho_{aa}^{(2)}&=-\frac{1}{4}\left(\frac{\wp}{\hbar}\right)^2\Delta n_0\left\{\sum_\rho\sum_\sigma E_\rho E_\sigma U_\rho^*U_\sigma\mathrm{e}^{\mathrm{i}\left[(\omega_\rho-\omega_\sigma)t+\varphi_\rho-\varphi_\sigma\right]}D_a(\omega_\rho-\omega_\sigma)D_\mathrm{T}(\omega_{ab}-\omega_\sigma)\right.\\&\qquad\left.+\sum_\rho\sum_\sigma E_\rho E_\sigma U_\rho U_\sigma^*\,\mathrm{e}^{\mathrm{i}\left[(\omega_\sigma-\omega_\rho)t+\varphi_\sigma-\varphi_\rho\right]}D_a(\omega_\sigma-\omega_\rho)D_\mathrm{T}(\omega_\sigma-\omega_{ab})\right\}\\&=-\frac{1}{4}\left(\frac{\wp}{\hbar}\right)^2\Delta n_0\left\{\sum_\rho\sum_\sigma E_\rho E_\sigma U_\rho^*U_\sigma\mathrm{e}^{\mathrm{i}\left[(\omega_\rho-\omega_\sigma)t+\varphi_\rho-\varphi_\sigma\right]}D_a(\omega_\rho-\omega_\sigma)D_\mathrm{T}(\omega_{ab}-\omega_\sigma)\right.\\&\qquad\left.+\sum_\sigma\sum_\rho E_\sigma E_\rho U_\sigma U_\rho^*\,\mathrm{e}^{\mathrm{i}\left[(\omega_\rho-\omega_\sigma)t+\varphi_\rho-\varphi_\sigma\right]}D_a(\omega_\rho-\omega_\sigma)D_\mathrm{T}(\omega_\rho-\omega_{ab})\right\}\\&=-\frac{1}{4}\left(\frac{\wp}{\hbar}\right)^2\Delta n_0\sum_\rho\sum_\sigma E_\rho E_\sigma U_\rho^*U_\sigma\mathrm{e}^{\mathrm{i}\left[(\omega_\rho-\omega_\sigma)t+\varphi_\rho-\varphi_\sigma\right]}D_a(\omega_\rho-\omega_\sigma)\\&\qquad\times\left[D_\mathrm{T}(\omega_{ab}-\omega_\sigma)+D_\mathrm{T}(\omega_\rho-\omega_{ab})\right]\end{aligned} \tag{13.88}$$

同理：

$$\begin{aligned}\rho_{bb}^{(2)}&=\frac{1}{4}\left(\frac{\wp}{\hbar}\right)^2\Delta n_0\sum_\rho\sum_\sigma E_\rho E_\sigma U_\rho^*U_\sigma\mathrm{e}^{\mathrm{i}\left[(\omega_\rho-\omega_\sigma)t+\varphi_\rho-\varphi_\sigma\right]}D_b(\omega_\rho-\omega_\sigma)\\&\qquad\times[D_\mathrm{T}(\omega_{ab}-\omega_\sigma)+D_\mathrm{T}(\omega_\rho-\omega_{ab})]\end{aligned} \tag{13.89}$$

由式(13.88)和式(13.89)可得粒子数反转的二阶近似结果：

$$\rho_{aa}^{(2)}-\rho_{bb}^{(2)}=-\frac{1}{4}\left(\frac{\wp}{\hbar}\right)^2\Delta n_0\sum_{\rho}\sum_{\sigma}E_\rho E_\sigma U_\rho^* U_\sigma \mathrm{e}^{\mathrm{i}\left[(\omega_\rho-\omega_\sigma)t+\varphi_\rho-\varphi_\sigma\right]}$$
$$\times[D_a(\omega_\rho-\omega_\sigma)+D_b(\omega_\rho-\omega_\sigma)][D_\mathrm{T}(\omega_{ab}-\omega_\sigma)+D_\mathrm{T}(\omega_\rho-\omega_{ab})] \tag{13.90}$$

由此看到对于激光器多模振荡，粒子数反转出现了 $\omega_\rho-\omega_\sigma$ 的拍频振荡项，粒子数反转的慢变近似对于多模情况不再成立。为了求解多模情况下介质的电极化强度，将式 (13.90) 代入式 (13.36) 并对 t 积分可得 ρ_{ab} 的三阶近似结果：

$$\rho_{ab}^{(3)}=\frac{1}{8}\mathrm{i}\left(\frac{\wp}{\hbar}\right)^3\Delta n_0\sum_{\mu}\sum_{\rho}\sum_{\sigma}E_\mu E_\rho E_\sigma U_\mu U_\rho^* U_\sigma$$
$$\times\mathrm{e}^{-\mathrm{i}\left[(\omega_\mu-\omega_\rho+\omega_\sigma)t+\phi_\mu-\varphi_\rho+\varphi_\sigma\right]}D_\mathrm{T}(\omega_{ab}-\omega_\mu+\omega_\rho-\omega_\sigma) \tag{13.91}$$
$$\times[D_a(\omega_\rho-\omega_\sigma)+D_b(\omega_\rho-\omega_\sigma)][D_\mathrm{T}(\omega_{ab}-\omega_\sigma)+D_\mathrm{T}(\omega_\rho-\omega_{ab})]$$

至此求解得到 ρ_{ab} 的一阶近似和三阶近似，对于弱光激光器三阶近似理论能够得到与实验符合较好的结果。

由式(13.32)，可求得介质的电极化强度：

$$\mathscr{P}(x,t)=\wp\left[\rho_{ab}^{(1)}+\rho_{ab}^{(3)}+\rho_{ba}^{(1)}+\rho_{ba}^{(3)}\right] \tag{13.92}$$

由式(13.44)和式(13.45)得

$$\mathscr{P}_s(t)=2\mathrm{e}^{\mathrm{i}(\omega_s t+\phi_s)}\cdot\frac{1}{C}\int_0^L \mathrm{d}x U_s^*(x)\wp\rho_{ab}(x,t)=\mathscr{P}_s^{(1)}(t)+\mathscr{P}_s^{(3)}(t) \tag{13.93}$$

$$\begin{aligned}\mathscr{P}_s^{(1)}(t)&=2\mathrm{e}^{\mathrm{i}(\omega_s t+\phi_s)}\cdot\frac{1}{C}\int_0^L \mathrm{d}x U_s^*(x)\wp\rho_{ab}^{(1)}(x,t)\\&=-\wp^2\hbar^{-1}\overline{\Delta n_0}E_s(t)\frac{(\omega_{ab}-\omega_s)+\mathrm{i}\gamma_\mathrm{T}}{(\omega_{ab}-\omega_s)^2+\gamma_\mathrm{T}^2}\end{aligned} \tag{13.94}$$

$\overline{\Delta n_0}$ 由式(13.71)给出，表示小信号粒子数反转的空间平均。在计算 $\mathscr{P}_s^{(3)}(t)$ 之前，先来讨论如下积分：

$$\int_0^L \mathrm{d}x\Delta n_0(x)U_s^*(x)U_\mu(x)U_\rho^*(x)U_\sigma(x)$$

对于直腔激光器，光腔中的本征模可写成 $U_s(x)=\sin K_s x$，于是上式积分中正弦函数的乘积可写成

$$\begin{aligned}&\sin K_s x\sin K_\mu x\sin K_\rho x\sin K_\sigma x\\=&\frac{1}{8}\{\cos[(K_s-K_\mu+K_\rho-K_\sigma)x]+\cos[(K_s-K_\mu-K_\rho+K_\sigma)x]\\&-\cos[(K_s-K_\mu+K_\rho+K_\sigma)x]-\cos[(K_s-K_\mu-K_\rho-K_\sigma)x]\\&-\cos[(K_s+K_\mu+K_\rho-K_\sigma)x]-\cos[(K_s+K_\mu-K_\rho+K_\sigma)x]\\&+\cos[(K_s+K_\mu-K_\rho-K_\sigma)x]+\cos[(K_s+K_\mu+K_\rho+K_\sigma)x]\}\end{aligned}$$

忽略如 $K_s-K_\mu+K_\rho+K_\sigma$ 这样的空间快变项，因为它们对全空间积分等于零，所以上式进一步简化成

$$\begin{aligned}&\sin K_s x\sin K_\mu x\sin K_\rho x\sin K_\sigma x\\&=\frac{1}{8}\{\cos[(K_s-K_\mu+K_\rho-K_\sigma)x]+\cos[(K_s-K_\mu-K_\rho+K_\sigma)x]\\&+\cos[(K_s+K_\mu-K_\rho-K_\sigma)x]\}\end{aligned}\tag{13.95}$$

注意到 ρ_{ab} 中包含时间因子 $\mathrm{e}^{-\mathrm{i}(\omega_s-\omega_\mu+\omega_\rho-\omega_\sigma)t}$，而在式(13.49)中的电场 $E_s(t)$ 是一时间慢变量，它的最大频率响应为光腔的光谱宽度 ω_s/Q，由于激光腔的模式频率宽度远小于纵模间隔，因此只保留 $\omega_s-\omega_\mu+\omega_\rho-\omega_\sigma\approx 0$ 的项，这就要求：

$$s-\mu+\rho-\sigma=0\tag{13.96}$$

将此关系代入式(13.95)，并且利用式(13.41)使该式进一步简化：

$$\sin K_s x\sin K_\mu x\sin K_\rho x\sin K_\sigma x=\frac{1}{8}\{1+\cos[2(K_\sigma-K_\rho)x]+\cos[2(K_\mu-K_\rho)x]\}\tag{13.97}$$

有了这些准备之后，下面计算 $\mathscr{P}_s^{(3)}(t)$：

$$\begin{aligned}\mathscr{P}_s^{(3)}(t)&=2\mathrm{e}^{\mathrm{i}(\omega_s t+\phi_s)}\cdot\frac{1}{C}\int_0^L\mathrm{d}xU_s^*(x)\wp\rho_{ab}^{(3)}(x,t)\\&=\frac{1}{16}\mathrm{i}\frac{\wp^4}{\hbar^3}\overline{\Delta n_0}\sum_\mu\sum_\rho\sum_\sigma E_\mu E_\rho E_\sigma\mathrm{e}^{\mathrm{i}\psi_{s\mu\rho\sigma}}\\&\times\left[1+\frac{1}{\overline{\Delta n_0}}(\Delta n_{2(\sigma-\rho)}+\Delta n_{2(\mu-\rho)})\right]D_\mathrm{T}(\omega_{ab}-\omega_\mu+\omega_\rho-\omega_\sigma)\\&\times[D_a(\omega_\rho-\omega_\sigma)+D_b(\omega_\rho-\omega_\sigma)][D_\mathrm{T}(\omega_{ab}-\omega_\sigma)+D_\mathrm{T}(\omega_\rho-\omega_{ab})]\end{aligned}\tag{13.98}$$

式中，将各模式之间的关联相位角 $\psi_{s\mu\rho\sigma}$ 定义为

$$\psi_{s\mu\rho\sigma}=(\omega_s-\omega_\mu+\omega_\rho-\omega_\sigma)t+\varphi_s-\varphi_\mu+\varphi_\rho-\varphi_\sigma\tag{13.99}$$

并且：

$$\Delta n_{2l}=\frac{1}{L}\int_0^L\mathrm{d}x\Delta n_0(x)\cos\left(\frac{2l\pi}{L}x\right)\tag{13.100}$$

将式(13.94)和式(13.98)代入式(13.93)可计算出 $\mathscr{P}_s(t)$，再代入电场方程(13.49)和频率方程(13.50)中，可得多模运转情况下第 s 个模式的电场幅度和频率的时间变化方程：

$$\dot{E}_s=\alpha_s E_s-\sum_\mu\sum_\rho\sum_\sigma E_\mu E_\rho E_\sigma\mathrm{Im}\left(\theta_{s\mu\rho\sigma}\mathrm{e}^{\mathrm{i}\psi_{s\mu\rho\sigma}}\right)\tag{13.101}$$

$$\omega_s+\dot{\phi}_s=\Omega_s+\sigma_s-\sum_\mu\sum_\rho\sum_\sigma E_\mu E_\rho E_\sigma E_s^{-1}\mathrm{Re}\left(\theta_{s\mu\rho\sigma}\mathrm{e}^{\mathrm{i}\psi_{s\mu\rho\sigma}}\right)\tag{13.102}$$

式中，耦合系数 $\theta_{s\mu\rho\sigma}$ 的下标满足式(13.96)，并且其表示式如下：

$$\begin{aligned}\theta_{s\mu\rho\sigma}&=\frac{1}{4}\mathrm{i}\left(\frac{\wp}{2\hbar}\right)^2F_1\gamma_\mathrm{T}\left[1+\frac{1}{\overline{\Delta n_0}}\left(\Delta n_{2(\rho-\sigma)}+\Delta n_{2(\rho-\mu)}\right)\right]\\&\times D_\mathrm{T}(\omega_{ab}-\omega_\mu+\omega_\rho-\omega_\sigma)[D_a(\omega_\rho-\omega_\sigma)+D_b(\omega_\rho-\omega_\sigma)]\\&\times[D_\mathrm{T}(\omega_{ab}-\omega_\sigma)+D_\mathrm{T}(\omega_\rho-\omega_{ab})]\end{aligned}\tag{13.103}$$

13.6　两模运转和模竞争问题

对于两模情况，两个模式的纵模级数分别标记为$s=s_0+1$和$s=s_0+2$，在不引起混淆的情况下将两个模式简记为$s=1$和$s=2$，根据式(13.96)，对于$s=1$，$s\mu\rho\sigma$只有三种组合形式满足条件(13.96)，它们分别是1111、1122和1221。将式(13.101)应用于两模的情况：

$$\dot{E}_1 = E_1\left[\alpha_1 - \mathrm{Im}(\theta_{1111})E_1^2 - \mathrm{Im}(\theta_{1122}+\theta_{1221})E_2^2\right] \tag{13.104}$$

同理：

$$\dot{E}_2 = E_2\left[\alpha_2 - \mathrm{Im}(\theta_{2222})E_2^2 - \mathrm{Im}(\theta_{2211}+\theta_{2112})E_1^2\right] \tag{13.105}$$

从单模问题的自饱和系数β的表示式可以看出，$\left(2\hbar^2\gamma_a\gamma_b/\wp^2\right)\mathrm{Im}\left(\theta_{1111}\right)=\beta_1, \left(2\hbar^2\gamma_a\gamma_b/\wp^2\right)\mathrm{Im}\left(\theta_{2222}\right)=\beta_2$，定义互饱和系数：

$$\theta_{ss'} = \left(2\hbar^2\gamma_a\gamma_b / \wp^2\right)\mathrm{Im}\left(\theta_{sss's'}+\theta_{ss's's}\right) \tag{13.106}$$

用自饱和系数、互饱和系数以及无量纲光强表示式(13.70)可将式(13.104)和式(13.105)表示成

$$\dot{E}_1 = E_1(\alpha_1 - \beta_1 I_1 - \theta_{12}I_2) \tag{13.107}$$

$$\dot{E}_2 = E_2(\alpha_2 - \beta_2 I_2 - \theta_{21}I_1) \tag{13.108}$$

对于两模运转，在式(13.106)中$\Delta n_{2(s-s')}=\Delta n_2$，$\Delta n_2$的取值可以大于零、小于零或等于零，如图13.4所示。

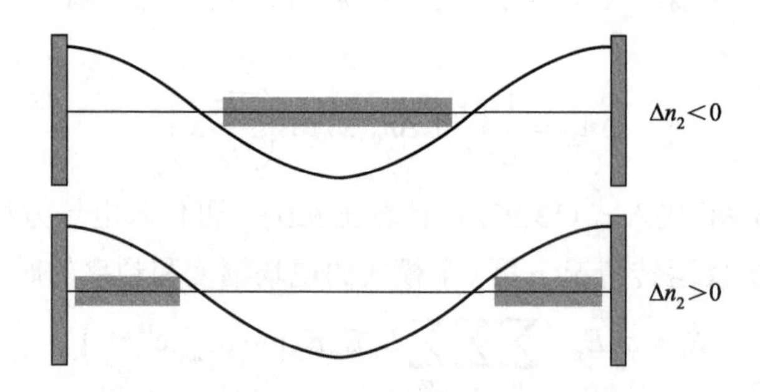

图 13.4　增益介质在激光器中的不同位置可以改变Δn_2的符号

同样的推导，可得到在两模运转条件下激光频率运动方程：

$$\omega_1 + \dot{\phi}_1 = \Omega_1 + \sigma_1 - \rho_1 I_1 - \tau_{12}I_2 \tag{13.109}$$

$$\omega_2 + \dot{\phi}_2 = \Omega_2 + \sigma_2 - \rho_2 I_2 - \tau_{21}I_1 \tag{13.110}$$

式中，σ_s和ρ_s的表示式见表13.1，$\tau_{ss'}$的定义式如下：

$$\tau_{ss'} = \left(2\hbar^2\gamma_a\gamma_b / \wp^2\right)\mathrm{Re}\left(\theta_{sss's'}+\theta_{ss's's}\right) \tag{13.111}$$

对于两个模式的电场运动方程(13.107)和方程(13.108)，将两方程的两边分别乘以$E_1\wp^2/\hbar^2\gamma_a\gamma_b$和$E_2\wp^2/\hbar^2\gamma_a\gamma_b$，可得到如下关于无量纲光强的运动方程：

$$\begin{cases}\dot{I}_1=2I_1(\alpha_1-\beta_1 I_1-\theta_{12}I_2)\\ \dot{I}_2=2I_2(\alpha_2-\beta_2 I_2-\theta_{21}I_1)\end{cases}\tag{13.112}$$

稳态解要求：

$$\dot{I}_1=\dot{I}_2=0$$

即

$$\begin{cases}I_1(\alpha_1-\beta_1 I_1-\theta_{12}I_2)=0\\ I_2(\alpha_2-\beta_2 I_2-\theta_{21}I_1)=0\end{cases}\tag{13.113}$$

该方程组为二元二次方程组，它的解是不唯一的，激光器实际工作于哪一组解，可以从它们的稳定性来判断，接下来针对每一组解计算其稳定性条件。

第一组解：

$$I_1^{(s)}=0,\quad I_2^{(s)}=\frac{\alpha_2}{\beta_2}\tag{13.114}$$

假设在此稳态解上有一微扰ε_1和ε_2，那么现在两个模式的强度分别是

$$\begin{cases}I_1=I_1^{(s)}+\varepsilon_1=\varepsilon_1\\ I_2=I_2^{(s)}+\varepsilon_2=\dfrac{\alpha_2}{\beta_2}+\varepsilon_2\end{cases}\tag{13.115}$$

将式(13.115)代入式(13.112)来分析ε_1和ε_2的变化。如果它们之一随时间增加，则解是不稳定的；否则，解是稳定的。

$$\begin{cases}\dot{\varepsilon}_1=2\varepsilon_1\left(\alpha_1-\theta_{12}\dfrac{\alpha_2}{\beta_2}\right)+O(\varepsilon^2)\\ \dot{\varepsilon}_2=-2\left(\dfrac{\alpha_2}{\beta_2}\right)(\beta_2\varepsilon_2+\theta_{21}\varepsilon_1)+O(\varepsilon^2)\end{cases}\tag{13.116}$$

式中，$O(\varepsilon^2)$表示关于ε的二阶小量。从式(13.116)可以得到结论，如果模 1 的有效增益α_1'：

$$\alpha_1'=\alpha_1-\theta_{12}\frac{\alpha_2}{\beta_2}\tag{13.117}$$

小于零，微扰ε_1和ε_2随着时间的推移而减小，解是稳定的，对于稳定解，如果$\alpha_1>0$，但$\alpha_1'<0$，称模 1 由于模 2 的存在而被抑制。如果$\alpha_1'>0$，解(13.115)是不稳定解，也就是说微扰ε_1会随着时间增长，最终导致模式 1 在激光器中建立起来。

用前面同样的分析方法，可研究第二组解$I_1^{(s)}=\alpha_1/\beta_1$，$I_2^{(s)}=0$的稳定性问题，在此从略。

第三组解是I_1和I_2均不为零，求解方程组(13.113)可得

$$\begin{cases} I_1^{(s)} = \dfrac{\alpha_1' / \beta_1}{1-\mathscr{C}} \\ I_2^{(s)} = \dfrac{\alpha_2' / \beta_2}{1-\mathscr{C}} \end{cases} \tag{13.118}$$

式中，α_2' 与 α_1' 的定义与式(13.117)类似，

$$\mathscr{C} = \frac{\theta_{12}\theta_{21}}{\beta_1\beta_2} \tag{13.119}$$

称为耦合强度系数。

为了求解式(13.118)的稳定性，以与式(13.115)相同的方式，在稳态解(13.118)上分别加一微扰 ε_1 和 ε_2，并代入式(13.112)可得到微扰的变化方程：

$$\begin{cases} \dot{\varepsilon}_1 = -2I_1^{(s)}(\beta_1\varepsilon_1 + \theta_{21}\varepsilon_2) \\ \dot{\varepsilon}_2 = -2I_2^{(s)}(\beta_2\varepsilon_2 + \theta_{21}\varepsilon_1) \end{cases} \tag{13.120}$$

将式(13.120)写成矩阵形式：

$$\frac{\mathrm{d}}{\mathrm{d}t}\begin{pmatrix} \varepsilon_1 \\ \varepsilon_2 \end{pmatrix} = \frac{-2}{1-\mathscr{C}}\begin{pmatrix} \alpha_1' & \alpha_1'(\theta_{12}/\beta_1) \\ \alpha_2'(\theta_{21}/\beta_2) & \alpha_2' \end{pmatrix}\begin{pmatrix} \varepsilon_1 \\ \varepsilon_2 \end{pmatrix} = \Theta\begin{pmatrix} \varepsilon_1 \\ \varepsilon_2 \end{pmatrix} \tag{13.121}$$

从数学上可以证明，二阶满秩方阵具有本征值和本征矢，并且全部本征矢构成完备基，任意矢量可用该基展开。设其本征矢为 $\begin{pmatrix} \varepsilon_1' \\ \varepsilon_2' \end{pmatrix}$，本征值为 λ，则

$$\Theta\begin{pmatrix} \varepsilon_1' \\ \varepsilon_2' \end{pmatrix} = \lambda\begin{pmatrix} \varepsilon_1' \\ \varepsilon_2' \end{pmatrix} \tag{13.122}$$

本征值方程可写为

$$|\Theta - \lambda\mathscr{I}| = 0 \tag{13.123}$$

式中，$\mathscr{I}$ 表示二阶单位矩阵。求解上式可得本征值：

$$\lambda_{1,2} = -\frac{\alpha_1' + \alpha_2'}{1-\mathcal{C}} \pm \sqrt{\left(\frac{\alpha_1' + \alpha_2'}{1-\mathcal{C}}\right)^2 - 4\frac{\alpha_1'\alpha_2'}{1-\mathcal{C}}} \tag{13.124}$$

为了讨论本征值 λ_1、λ_2 的取值符号，下面就 $\mathcal{C}$ 的取值大小分两种情况进行讨论。

(1) 如果 $\mathcal{C} < 1$，则式(13.118)是物理解的条件 $\alpha_1' > 0$ 和 $\alpha_2' > 0$，从数学上可以证明式 (13.124)表示的两个本征值 $\lambda_1 < 0$，$\lambda_2 < 0$，任意微扰可以写成 λ_1 和 λ_2 本征矢的叠加，两个本征矢都随时间的推移而单调减小，因此任意微扰组合都随时间减小，式(13.118)为稳定解。在 $\mathcal{C} < 1$ 的情况下，激光器中的两个模可以同时存在，模式之间的耦合称作弱耦合。

(2) 如果 $\mathcal{C} > 1$，则解(13.118)有意义要求 $\alpha_1' < 0$ 和 $\alpha_2' < 0$，由式(13.124)可判断 λ_1 和 λ_2 必有之一大于零，这时解是不稳定的，两个模式不能同时存在，模式之间的耦合称作强耦合。

在 $\theta_{ss'}$ 的表示式(13.106)中，饱和系数 $\theta_{ss'}$ 中的 $\Delta n_{2(s-s')}$ 可以通过增益介质在激光器中放置的位置控制，因此通过人为改变激光器的某些参数，可以改变 $\theta_{ss'}$ 的大小，从而控制模式之间的耦合系数，实现控制激光器振荡模式的目的。

13.7　三模运转和锁模

对于三模运转，在式(13.101)中对于三个模分别标记为 E_1, E_2, E_3，则对于关于 $\dot{E}_1$ 的方程，$s\mu\rho\sigma$ 满足条件(13.96)的各项可归纳为：$s\mu\rho\sigma = 1111, 1221, 1122, 1331, 1133, 1232$ (其中 $s=1$)，由此，模式 1 的电场强度运动方程可写为

$$\dot{E}_1 = E_1\left(\alpha_1 - \sum_{s=1}^{3}\theta_{1s}I_s\right) - \mathrm{Im}\left(\theta_{1232}\mathrm{e}^{-\mathrm{i}\psi}\right)E_2^2E_3 \tag{13.125}$$

式中

$$\psi = \psi_{2123} = (2\omega_2 - \omega_1 - \omega_3)t + 2\varphi_2 - \varphi_1 - \varphi_3 \tag{13.126}$$

同理可得另外两个模式的电场强度运动方程

$$\dot{E}_2 = E_2\left(\alpha_2 - \sum_{s=1}^{3}\theta_{2s}I_s\right) - \mathrm{Im}\left[\left(\theta_{2123} + \theta_{2321}\right)\mathrm{e}^{\mathrm{i}\psi}\right]E_1E_2E_3 \tag{13.127}$$

$$\dot{E}_3 = E_3\left(\alpha_3 - \sum_{s=1}^{3}\theta_{3s}I_s\right) - \mathrm{Im}\left(\theta_{3212}\mathrm{e}^{-\mathrm{i}\psi}\right)E_2^2E_1 \tag{13.128}$$

以及三个模式各自频率的运动方程：

$$\omega_1 + \dot{\varphi}_1 = \Omega_1 + \sigma_1 - \sum_{s=1}^{3}\tau_{1s}I_s - \mathrm{Re}(\theta_{1232}\mathrm{e}^{-\mathrm{i}\psi})E_2^2E_3 / E_1 \tag{13.129}$$

$$\omega_2 + \dot{\varphi}_2 = \Omega_2 + \sigma_2 - \sum_{s=1}^{3}\tau_{2s}I_s - \mathrm{Re}[(\theta_{2123} + \theta_{2321})\mathrm{e}^{\mathrm{i}\psi}]E_1E_3 \tag{13.130}$$

$$\omega_3 + \dot{\varphi}_3 = \Omega_3 + \sigma_3 - \sum_{s=1}^{3}\tau_{3s}I_s - \mathrm{Re}(\theta_{3212}\mathrm{e}^{-\mathrm{i}\psi})E_2^2E_1 / E_3 \tag{13.131}$$

将式(13.126)对时间求导数，并将式(13.129)～式(13.131)代入，可得

$$\dot{\psi} = d + l_s\sin\psi + l_c\cos\psi \tag{13.132}$$

式(13.132)中系数 d 称为无闭锁频率因子：

$$d = 2\sigma_2 - \sigma_1 - \sigma_3 - \sum_{s=1}^{3}(2\tau_{2s} - \tau_{1s} - \tau_{3s})E_s^2 \tag{13.133}$$

系数 l_s 和 l_c 称为闭锁因子：

$$l_s = \mathrm{Im}\left[2E_1E_3(\theta_{2123} + \theta_{2321}) + \left(\frac{\theta_{1232}E_3}{E_1} + \frac{\theta_{3212}E_1}{E_3}\right)E_2^2\right] \tag{13.134}$$

$$l_c = \mathrm{Re}\left[-2E_1E_3(\theta_{2123} + \theta_{2321}) + \left(\frac{\theta_{1232}E_3}{E_1} + \frac{\theta_{3212}E_1}{E_3}\right)E_2^2\right] \tag{13.135}$$

式(13.132)可以变形为

$$\dot{\psi} = d + l\sin(\psi - \psi_0) \tag{13.136}$$

式中

$$l = \sqrt{l_c^2 + l_s^2} \tag{13.137}$$

$$\psi_0 = -\tan^{-1}\left(\frac{l_c}{l_s}\right)$$

为了求解ψ的变化规律，作为良好的近似忽略d、l和ψ_0中E_s的变化而将其视为常数。下面分两种情况求解$\psi(t)$。

(1) $|d|>|l|$，从式(13.136)可知，$\dot{\psi}\neq 0$，但$\dot{\psi}$又不会为常数，ψ角随时间的变化有快有慢，它的变化周期为

$$T = \int_0^{2\pi}\frac{\mathrm{d}\psi}{\dot{\psi}} = \int_0^{2\pi}\frac{\mathrm{d}\psi}{d + l\sin\psi} = \frac{2\pi}{\sqrt{d^2 - l^2}}$$

因此ψ角的平均变化频率：

$$\overline{\Delta\nu} = 1/T = \sqrt{d^2 - l^2}/2\pi \tag{13.138}$$

(2) $|d|\leqslant|l|$，这种条件下，式(13.136)有稳态解，即满足$\dot{\psi}=0$的解：

$$\psi_1^{(s)} = \psi_0 - \sin^{-1}\left(\frac{d}{l}\right) \tag{13.139}$$

$$\psi_2^{(s)} = \psi_0 + \pi + \sin^{-1}\left(\frac{d}{l}\right)$$

对于式(13.139)中两个稳态解的稳定性问题，可以用 13.6 节中同样的方法进行讨论(习题 13.6)得出稳定性条件：

$$l\cos(\psi^{(s)} - \psi_0) < 0 \tag{13.140}$$

由此可以得出结论，式(13.139)中两个解只有其一是稳定解。

当$\omega_2 = \omega_{ab}$时，即第二个模式的频率等于原子中心频率时，$\sigma_2 = 0,\ \ \sigma_1 = -\sigma_3$，由式(13.133)知，$d\to 0$，$l_c \to 0$。利用纵模频率间隔表示式$\Delta\omega_{\mathrm{L}} = \Omega_3 - \Omega_2 = \Omega_2 - \Omega_1$，由式(13.132)可知这种条件下稳态解表示式简化成

$$\psi_1^{(s)} = -\sin^{-1}\left(\frac{d}{l}\right) \tag{13.141}$$

$$\psi_2^{(s)} = \pi + \sin^{-1}\left(\frac{d}{l}\right) \tag{13.142}$$

对于$l<0$，式(13.141)是稳定解，当模 2 的频率等于原子中心频率时，$d=0$，$\psi_1^{(s)}=0$，它要求$\omega_3 - \omega_2 = \omega_2 - \omega_1 \approx \Delta\omega_{\mathrm{L}}$，$\varphi_3 - \varphi_2 = \varphi_2 - \varphi_1$，三个模式之间的相位差不再随时间随机变化，它们具有确定的相位关系，激光器的这种工作状态称为锁模。选择时间起点，使$\varphi_2 - \varphi_1 = 0$，即$\varphi_1 = \varphi_2 = \varphi_3$。考虑沿空间$x$方向传播的行波场：

$$E(x,t) = \mathrm{e}^{\mathrm{i}(k_2 x - \omega_2 t - \varphi_1)}[E_1\mathrm{e}^{-\mathrm{i}(\Delta_k x - \Delta\omega_L t)} + E_2 + E_3\mathrm{e}^{\mathrm{i}(\Delta_k x - \Delta\omega_L t)}] \tag{13.143}$$

式中，$\Delta_k = \pi/L$。

对于空间某一点(以$x=0$点为例讨论)，在$t=0$时刻，三个模式电场叠加加强；而在$t=\pi/\Delta\omega_{\mathrm{L}}$时刻，第二个模式的光波场与第一、三模式的光波场相消；在$t=2\pi/\Delta\omega_{\mathrm{L}}$时刻，

三个模式电场叠加加强；依此类推，在 $t = m\cdot 2\pi/\Delta\omega_{\mathrm{L}}$ 时刻 $(m = 1,2,3,\cdots)$，激光器输出最大光强，在 $t = (2m+1)\cdot 2\pi/\Delta\omega_{\mathrm{L}}$ 时刻，激光器输出最小光强。在锁模条件下激光器不再输出恒定的光强，激光输出具有脉冲的形式，脉冲的时间间隔：

$$\tau = \frac{2\pi}{\Delta\omega_{\mathrm{L}}} = \frac{2L}{c} \tag{13.144}$$

因此相邻脉冲的空间间隔为 $2L$。

式(13.144)表明，在式(13.141)表示的锁模情况下，激光器中有一行波光脉冲，这个脉冲在光腔中往返传播。为简明起见，式(13.143)中假设 $E_1 = E_3 = E_2/2$，该式所表示的激光光强为

$$I = \left|E(x,t)\right|^2 = E_2{}^2\left[1+\cos(\Delta_k x - \Delta\omega_L\cdot t)\right]^2$$

在 $x=0$ 点，可以将振幅随时间的变化用曲线图示化，如图 13.5 所示。可以看到，激光以脉冲的形式输出，称为锁模脉冲。在第 10 章中可以看到，脉冲的占空比与模式数目成反比，本例中模式数目为 3，所以脉冲的占空比比较大。

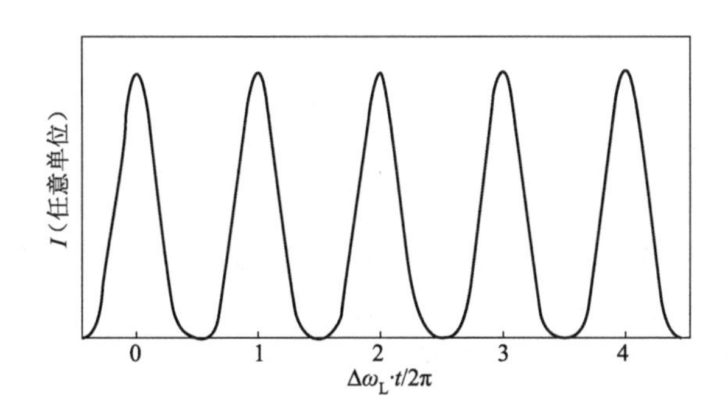

图 13.5　在三模锁模条件下激光器输出光强随着时间的变化

对于 $l>0$ 的情况，$\psi^{(s)} = \pi$ 是方程(13.136)的稳定解。类似对第一种情况的讨论，在某点的光波电场可表示为

$$E(t) = \left[E_1 \mathrm{e}^{-\mathrm{i}(\Delta\omega_{\mathrm{L}}\cdot t+\pi)} + E_2 + E_3\mathrm{e}^{\mathrm{i}\Delta\omega_{\mathrm{L}}\cdot t}\right]\mathrm{e}^{-\mathrm{i}\omega_2 t} \tag{13.145}$$

式(13.145)表示此时的电场由一个主频率 ν_2 的光波场叠加上两个边带构成，并且两个边带的相位差为 π。为了认识该电场的特征，研究如下调相波：

$$A(t) = A_0\mathrm{e}^{-\mathrm{i}(\Omega t + B\sin\omega t)}$$

设相位调制幅度 B 为一小量，将上式对 B 作一阶段展开有

$$A(t) = A_0\mathrm{e}^{-\mathrm{i}\Omega t}(1 - iB\sin\omega t) = A_0\mathrm{e}^{-\mathrm{i}\Omega t}\left[1 - \frac{B}{2}(\mathrm{e}^{\mathrm{i}\omega t} - \mathrm{e}^{-\mathrm{i}\omega t})\right] \tag{13.146}$$

对比式(13.145)和式(13.146)可以看出，在 $\psi^{(s)} = \pi$ 时，激光器中的光波近似为调相波，在 E_1/E_2 和 E_3/E_2 远小于 1 时，激光器中存在的光波场为较严格的调相波。

在本章中介绍了激光器的半经典理论，它是研究激光器中激光光强和频率变化的有力工具，由于本教程主要针对激光理论的初学者设计，半经典理论的引入使读者对于更

全面求解激光器问题的理论方法有一个初步的了解，在接下来的章节里会重新回到经典理论讨论气体激光器的激光振荡问题。

习　　题

13.1　利用式(13.21)，证明密度矩阵运动方程：

$$\dot{\rho}_{ba} = (\mathrm{i}\omega_{ab} - \gamma_{ab})\rho_{ba} - \frac{\mathrm{i}}{\hbar}V_{ab}^{*}(\rho_{aa} - \rho_{bb})$$

13.2　利用定义式(13.31)，推导集居数矩阵元 ρ_{bb} 和 ρ_{ab} 的运动方程(13.35)、方程(13.36)。

13.3　对于行波场激光模式的单模振荡，激光器中的电场可以写成

$$E(x,t) = E_s(t)\mathrm{e}^{\mathrm{i}(k_s x - \omega_s t - \varphi_s)}$$

其中，$E_s(t)$ 为时间慢变量。通过计算证明 $\mathscr{P}_s(t)$ 的表示式可以写成

$$\mathscr{P}_s(t) = -\mathrm{i}\frac{\wp^2\overline{\Delta n_0}}{\hbar\gamma_{\mathrm{T}}}E_s\left(1 - \mathrm{i}\frac{\omega_{ab} - \omega_s}{\gamma_{\mathrm{T}}}\right)\frac{\gamma_{\mathrm{T}}^2}{(\omega_{ab} - \omega_s)^2 + \gamma_{\mathrm{T}}^2 + 2I_s\gamma_{ab}\gamma_{\mathrm{T}}} \tag{13.147}$$

13.4　将式(13.147)代入到式(13.49)中，计算激光器中光强的稳态解，并将结果与式(7.19)的结果比较。

13.5　利用式(13.147)和式(13.50)写出激光器稳态条件下的频率表示式。

13.6　证明稳态解(13.139)的稳定性条件为式(13.140)，由此说明在此条件下式(13.139)的两个解中总有一个解是不稳定的。

参 考 文 献

蔡伯荣. 1981. 激光器件(修订本). 长沙: 湖南科学技术出版社.
陈钰清, 王静环. 1992. 激光原理. 杭州: 浙江大学出版社.
迟泽英, 陈文建. 2009. 纤维光学与光纤应用技术. 北京: 北京理工大学出版社.
褚圣麟. 1979. 原子物理学. 北京: 人民教育出版社.
郭硕鸿. 2008. 电动力学. 北京: 高等教育出版社.
季家镕. 2007. 高等光学教程——光学的基本电磁理论. 北京: 科学出版社.
江剑平, 2000. 半导体激光器. 北京: 电子工业出版社.
蓝信钜, 等. 2001. 激光技术. 北京: 科学出版社.
李适民, 黄维玲, 等. 2005. 激光器件原理与设计. 北京: 国防工业出版社.
马本堃, 高尚惠, 孙煜. 1980. 热力学与统计物理学. 北京: 高等教育出版社.
饶云江. 2006. 光纤技术. 北京: 科学出版社.
盛新志, 娄淑琴. 2010. 激光原理. 北京: 清华大学出版社.
王青圃, 张行愚, 刘泽金, 等. 2003. 激光原理. 济南: 山东大学出版社.
张克潜, 李德杰. 2001. 微波与光电子学中的电磁场理论. 北京: 电子工业出版社.
赵凯华, 罗蔚茵. 2005. 新概念物理教程——热学. 2 版. 北京: 高等教育出版社.
赵凯华, 罗蔚茵. 2008. 新概念物理教程——量子物理. 2 版. 北京: 高等教育出版社.
周炳琨, 高以智, 陈倜嵘, 等. 2009. 激光原理. 北京: 国防工业出版社.
BROOKER G. 2009. Modern classical optics. 北京: 科学出版社.
COLDREN L A, CORZINE S W. 1995. Diode lasers and photonic integrated circuits. New York: Wiley and Sons.
MANSURIPUR M. 2009. Classical optics and its applications. Cambridge: University of Cambridge.
QUIMBY R S. 2006. Photonics and lasers: an introduction. New York: Wiley-Interscience.
SARGENT M, SCULLY M O, LAMB W E. 1974. Laser physics. New Jersey: Addison-Wesley.
SVELTO O. 2010. Principles of lasers. 5th ed. Berlin: Springer.

附录 A　光波的模式密度

对于由两个平面镜组成的一维光学谐振腔，光线沿光轴传播，如图 A.1 所示。

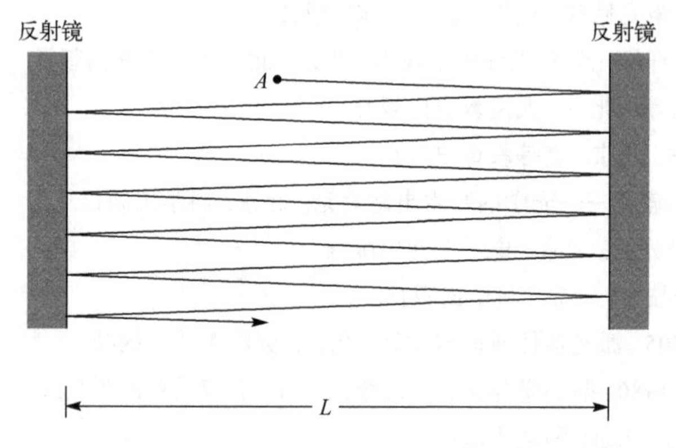

图 A.1　由两个平行平面镜组成的一维光学谐振腔

根据波叠加原理，当光波在谐振腔中传播一个往返的相位差等于 2π 的整数倍时，光波在谐振腔中相干加强，满足谐振条件，这种光波能够在谐振腔中存在。由于光波在谐振腔中传播一个往返的相位延迟是 $k_z(2L)$（假定光轴沿 z 方向），因此谐振条件的数学表示形式为

$$2k_zL = s\cdot 2\pi \tag{A.1}$$

式中，$s=1,2,3,\cdots$。或者：

$$k_z = s\cdot\pi/L \tag{A.2}$$

对于三维情况，如图 A.2 所示，光波被限制在边长为 L 的立方体空间中往返传播，谐振条件要求光波在每个方向一个往返都满足相位差 2π 整数倍的条件，即：

$$k_x = s_x\frac{\pi}{L},\ k_y = s_y\frac{\pi}{L},\ k_z = s_z\frac{\pi}{L} \tag{A.3}$$

式中，$s_x, s_y, s_z = 0,1,2,\cdots$。

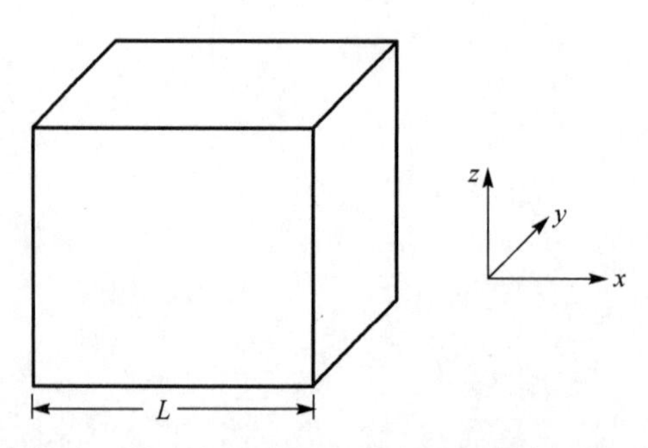

图 A.2　边长为 L 的立方体空间，将光波限制在该空间范围之内

上面看到只有特定的 $\boldsymbol{k}=\left(k_x,k_y,k_z\right)$，使电磁波解满足谐振条件，我们把每一组这样的 $\left(k_x,k_y,k_z\right)$ 对应的电磁场称为光波的一个模式，同一个模式内的光波是相干的，因为根据可预测性讨论，只要测量到某一时刻某一空间位置的光波信息，就可预知立方体内任意点、任意时刻该模式光波的信息。而属于不同模式的光波是不相干的，因此一个光波模式又称作一个相干态。

在 $\boldsymbol{k}$ 空间中，每个模式由一个点表示，$(\pi/L)^3$ 的体积内只存在一个模式，因此我们也可以说每个模式占据 $\boldsymbol{k}$ 空间的 $(\pi/L)^3$ 体积。

考虑 $\boldsymbol{k}$ 空间中的一个球壳，如图 A.3 所示，由于式(A.3)中 $k_x,k_y,k_z \geqslant 0$，因此我们只考虑球壳的第一象限部分，该球壳在 $\boldsymbol{k}$ 空间中的体积为

$$\mathrm{d}V_k = \frac{1}{2}\pi k^2 \mathrm{d}k \tag{A.4}$$

式中，$k=|\boldsymbol{k}|$。每个模式在 $\boldsymbol{k}$ 空间中占据的体积为 $(\pi/L)^3$，则上述球壳中的模式数目：

$$\mathrm{d}\mathscr{N} = \left[\frac{1}{2}\pi k^2 \mathrm{d}k \Big/ (\pi/L)^3\right] \times 2 \tag{A.5}$$

式中最后的因子 2 来自于这样的事实，对于每一个光波模式有两个独立的偏振状态，每一个偏振态属于不同的模式。由于 $k=2\pi\nu/c$，$\mathrm{d}k=2\pi\mathrm{d}\nu/c$，在此我们认为介质折射率 $n=1$。对于介质折射率 $n\neq 1$ 的情形，只要做代换 $c\to c/n$ 就可以了。将 k 和 $\mathrm{d}k$ 的表示式代入式(A.5)：

$$\mathrm{d}\mathscr{N} = \frac{8\pi\nu^2}{c^3} V \mathrm{d}\nu \tag{A.6}$$

式中，$V=L^3$ 表示光波场在坐标空间的体积。

定义光波模式的谱密度 $\beta_\nu(\nu)$ 为单位频率间隔、单位体积内的模式数目，则由式(A.6)可知：

$$\beta_\nu(\nu) \equiv \frac{1}{V}\frac{\mathrm{d}\mathscr{N}}{\mathrm{d}\nu} = \frac{8\pi\nu^2}{c^3} \tag{A.7}$$

上式为真空中光波场模式谱密度的表示式，对于均匀介质，上式中的 c 应该换成 c/n，式(A.7)在讨论均匀介质中的光波场模式密度时会经常用到。

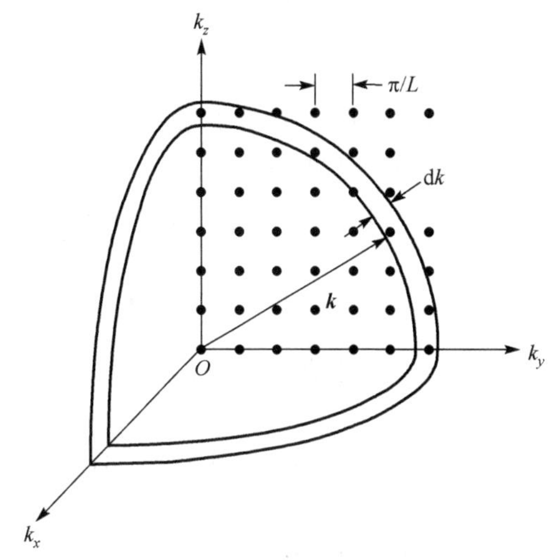

图 A.3 $\boldsymbol{k}$ 空间中的模式图，每个点代表一个模式

附录 B　薄透镜对光束的变换性质

如图 B.1 所示的薄透镜，其中左右两个表面的曲率半径分别为 r_1 和 r_2，规定透镜的凸面曲率半径为正，凹面曲率半径为负，则对于如图 B.1 所示的情况 $r_1>0$ 和 $r_2>0$，在垂直于光轴平面上某点 (u,w) 透镜的厚度可以由几何关系的推导得到。

我们将透镜分解成左球冠（曲率半径 r_1、球冠高度 h_{01}）和右球冠（曲率半径 r_2、球冠高度 h_{02}），如图 B.2 所示。

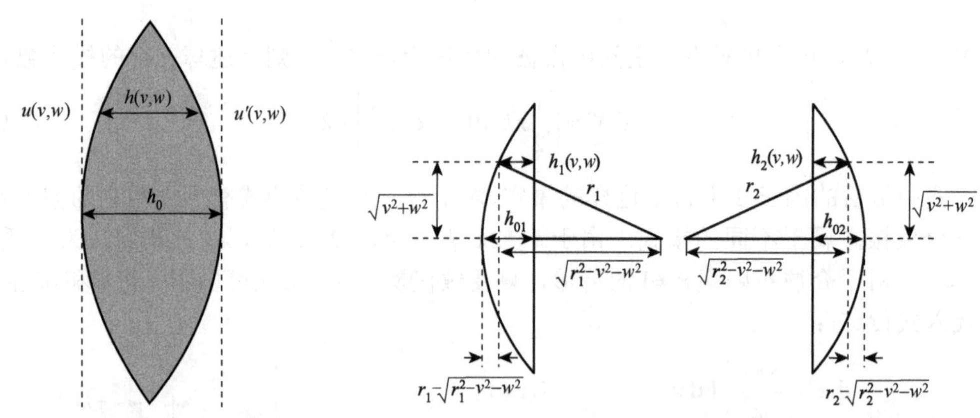

图 B.1　振幅为 $u(v,w)$ 的光波场通过透镜变换成 $u'(v,w)$ 的光波场

图 B.2　曲率半径分别为 r_1 和 r_2 的球冠几何厚度图

对于左球冠，球冠在 (v,w) 点的高度可表示为

$$h_1(v,w)=h_{01}-\left(r_1-\sqrt{r_1^2-v^2-w^2}\right) \tag{B.1}$$

对于近轴光线满足 $\sqrt{v^2+w^2}\ll r_1$，对上式取二阶近似，可得：

$$h_1(v,w)=h_{01}-r_1\left(1-\sqrt{1-\frac{v^2+w^2}{r_1^2}}\right)=h_{01}-\frac{v^2+w^2}{2r_1} \tag{B.2}$$

对于右球冠同理可得：

$$h_2(v,w)=h_{02}-\frac{v^2+w^2}{2r_2} \tag{B.3}$$

因此透镜上不同位置的透镜厚度函数可以写为：

$$h(v,w)=h_0-\frac{v^2+w^2}{2}\left(\frac{1}{r_1}+\frac{1}{r_2}\right) \tag{B.4}$$

式中，$h_0=h_{01}+h_{02}$。对于薄透镜，光波通过透镜前后表面其相位变化：

$$
\begin{aligned}
\varphi(v,w) &= knh(v,w) + k[h_0 - h(v,w)] \\
&= kn\left[h_0 - \frac{v^2+w^2}{2}\left(\frac{1}{r_1}+\frac{1}{r_2}\right)\right] + k\left[\frac{v^2+w^2}{2}\left(\frac{1}{r_1}+\frac{1}{r_2}\right)\right] \\
&= knh_0 - k(n-1)\left(\frac{1}{r_1}+\frac{1}{r_2}\right)\frac{v^2+w^2}{2}
\end{aligned}
\tag{B.5}
$$

由几何光学透镜焦距公式：

$$
\frac{1}{F} = (n-1)\left(\frac{1}{r_1}+\frac{1}{r_2}\right) \tag{B.6}
$$

式(B.5)简化为

$$
\varphi(v,w) = knh_0 - \frac{k}{2F}(v^2+w^2) \tag{B.7}
$$

假定光波场通过透镜没有能量损失，因此光波场的复振幅 $u(v,w)$ 的大小不变，只有相位发生变化，所以经过透镜后光波场的复振幅变成 $u'(v,w)$：

$$
u'(v,w) = t(v,w)\cdot u(v,w) \tag{B.8}
$$

式中

$$
t(v,w) = \mathrm{e}^{\mathrm{i}k\left[nh_0 - \frac{1}{2F}(v^2+w^2)\right]} \tag{B.9}
$$

称为薄透镜的传播函数。

如图 B.3 所示的光学系统，光场 $u_0(\xi,\eta)$ 从 P_1 面出发，经过长度为 z_1 的均匀介质空间传输(这里为空气介质)到达平面 P_2，P_2 为在透镜之前紧靠透镜的平面，光场通过透镜转换到达 P_3 面，又通过长度为 z_2 的均匀介质空间传输到达 P_4 面，在 P_4 面上的光场复振幅为 $u_i(x,y)$。

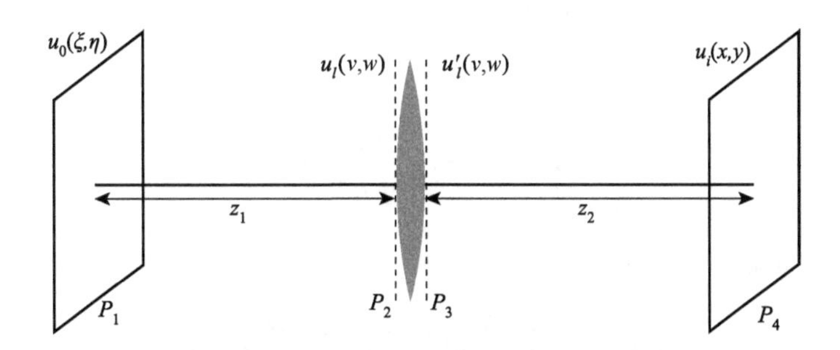

图 B.3　P_1 面上振幅为 $u_0(\xi,\eta)$ 的光波场经过透镜变换到 P_4 面上，其振幅变为 $u_i(x,y)$

光波场从 P_1 到 P_2 面的均匀空间传输可由基尔霍夫衍射积分计算 P_2 面上的光场振幅：

$$
u_2(v,w) = \frac{1}{\mathrm{i}\lambda}\iint u_1(\xi,\eta)\frac{\mathrm{e}^{\mathrm{i}k\rho}}{\rho}\left(\frac{1+\cos\theta}{2}\right)\mathrm{d}\xi\mathrm{d}\eta \tag{B.10}
$$

式中

$$
\rho = \sqrt{z_1^2 + (v-\xi)^2 + (w-\eta)^2}
$$

表示P_1面上(ξ,η)和P_2面上(v,w)两点间的距离；θ表示(ξ,η)和(v,w)两点的连线方向与光轴方向的夹角。在傍轴条件近似下，$\sqrt{(v-\xi)^2+(w-\eta)^2} \ll z_1$，将式(B.10)中的分母$\rho$用$z_1$代替，相位项中的$\rho$取二阶小量近似

$$\rho = z_1\left[1+\frac{(v-\xi)^2}{2z_1^2}+\frac{(w-\eta)^2}{2z_1^2}\right] \tag{B.11}$$

忽略倾斜因子，使$(1+\cos\theta)/2=1$，则式(B.10)简化为

$$u_2(v,w)=\frac{\mathrm{e}^{\mathrm{i}kz_1}}{\mathrm{i}\lambda z_1}\iint u_1(\xi,\eta)\mathrm{e}^{\mathrm{i}\frac{k}{2z_1}[(v-\xi)^2+(w-\eta)^2]}\mathrm{d}\xi\mathrm{d}\eta \tag{B.12}$$

从P_2面到P_3面，光波场经历一次透镜变换，根据式(B.9)

$$u_2'(v,w)=u_2(v,w)\mathrm{e}^{\mathrm{i}k\left[nh_0-\frac{1}{2F}(v^2+w^2)\right]} \tag{B.13}$$

从P_3面到P_4面，又是一段均匀介质传输，因此类似式(B.12)有

$$u_i(x,y)=\frac{\mathrm{e}^{\mathrm{i}kz_2}}{\mathrm{i}\lambda z_2}\iint u_2'(v,w)\mathrm{e}^{\mathrm{i}\frac{k}{2z_2}[(v-x)^2+(w-y)^2]}\mathrm{d}v\mathrm{d}w \tag{B.14}$$

将式(B.12)和式(B.13)代入式(B.14)，并忽略常数相位因子$\mathrm{e}^{\mathrm{i}k[z_1+z_2+h_0+(\pi/2)]}$，可以得到：

$$u_i(x,y)=\frac{1}{\lambda^2 z_1 z_2}\iint\iint u_1(\xi,\eta)\mathrm{e}^{\mathrm{i}\frac{k}{2z_1}[(v-\xi)^2+(w-\eta)^2]}\mathrm{e}^{-\mathrm{i}\frac{k}{2F}(v^2+w^2)}\mathrm{e}^{\mathrm{i}\frac{k}{2z_2}[(v-x)^2+(w-y)^2]}\mathrm{d}\xi\mathrm{d}\eta\mathrm{d}v\mathrm{d}w$$

对于$z_1=z_2=F$的情况，即P_1面和P_4面分别位于透镜的前后焦面上，则上式简化成：

$$\begin{aligned}u_i(x,y)&=\frac{1}{\lambda^2 z_1 z_2}\iint\iint u_1(\xi,\eta)\mathrm{e}^{\mathrm{i}\frac{k}{2F}(v^2+\xi^2+x^2-2v\xi-2xv+w^2+\eta^2+y^2-2w\eta-2wy)}\mathrm{d}\xi\mathrm{d}\eta\mathrm{d}v\mathrm{d}w\\&=\frac{1}{\lambda^2 z_1 z_2}\iint\iint u_1(\xi,\eta)\mathrm{e}^{\mathrm{i}\frac{k}{2F}[(v-\xi-x)^2-2\xi x]}\mathrm{e}^{\mathrm{i}\frac{k}{2F}[(w-\eta-y)^2-2\eta y]}\mathrm{d}\xi\mathrm{d}\eta\mathrm{d}v\mathrm{d}w\end{aligned} \tag{B.15}$$

利用积分公式

$$\int_{-\infty}^{\infty}\mathrm{e}^{\mathrm{i}\beta x^2}\mathrm{d}x=\sqrt{\frac{\pi}{\beta}}\mathrm{e}^{\mathrm{i}\pi/4}$$

将式(B.15)对u和w积分可得：

$$u_i(x,y)=\frac{\mathrm{i}}{\lambda F}\iint u_1(\xi,\eta)\mathrm{e}^{-\mathrm{i}\frac{k}{F}(\xi x+\eta y)}\mathrm{d}\xi\mathrm{d}\eta \tag{B.16}$$

式(B.16)表明在P_4面上的光波场即是P_1面上光波场对宗量kx/F和ky/F的傅里叶变换。

因此我们得到结论，光波场从透镜的前焦面通过透镜系统传播到透镜后焦面上，后焦面的光场为前焦面的光场的傅里叶变换，也就是式(3.1)的结论。

附录 C　方形球面镜谐振腔的谐振频率

根据式(3.58)：

$$\nu_{\mathrm{slm}} = \frac{c}{2L}\left[s + \frac{1}{\pi}(l+m+1)(\alpha_2 - \alpha_1)\right] \tag{C.1}$$

式中，$\tan\alpha_1 = z_1/f$，$\tan\alpha_2 = z_2/f$，则：

$$\tan\left(\alpha_2 - \alpha_1\right) = \frac{\left(z_2/f\right) - \left(z_1/f\right)}{1 + \left(z_2/f\right)\left(z_1/f\right)} = \frac{f\left(z_2 - z_1\right)}{f^2 + z_2 z_1} \tag{C.2}$$

$$\cos\left(\alpha_2 - \alpha_1\right) = \frac{1}{\sqrt{1 + \tan^2\left(\alpha_2 - \alpha_1\right)}} = \frac{\left|f^2 + z_2 z_1\right|}{\sqrt{\left(f^2 + z_2 z_1\right)^2 + f^2 L^2}} \tag{C.3}$$

将式(3.36)改写成如下形式：

$$\begin{cases} z_1 = -\dfrac{\dfrac{L}{r_1}\left(1 - \dfrac{L}{r_2}\right)}{\dfrac{1}{r_2}\left(1 - \dfrac{L}{r_1}\right) + \dfrac{1}{r_1}\left(1 - \dfrac{L}{r_2}\right)} \\ z_2 = \dfrac{\dfrac{L}{r_2}\left(1 - \dfrac{L}{r_1}\right)}{\dfrac{1}{r_2}\left(1 - \dfrac{L}{r_1}\right) + \dfrac{1}{r_1}\left(1 - \dfrac{L}{r_2}\right)} \\ f^2 = \dfrac{\left(1 - \dfrac{L}{r_1}\right)\left(1 - \dfrac{L}{r_2}\right)\left(\dfrac{L}{r_1} + \dfrac{L}{r_2} - \dfrac{L^2}{r_1 r_2}\right)}{\left[\dfrac{1}{r_2}\left(1 - \dfrac{L}{r_1}\right) + \dfrac{1}{r_1}\left(1 - \dfrac{L}{r_2}\right)\right]^2} \end{cases} \tag{C.4}$$

利用定义：

$$\begin{cases} g_1 = 1 - \dfrac{L}{r_1} \\ g_2 = 1 - \dfrac{L}{r_2} \end{cases} \tag{C.5}$$

式(C.4)改写成

$$\begin{cases} z_1 = -\dfrac{Lr_2g_2}{r_1g_1 + r_2g_2} \\ z_2 = \dfrac{Lr_1g_1}{r_1g_1 + r_2g_2} \\ f^2 = \dfrac{(r_1r_2)^2 g_1g_2(1-g_1g_2)}{(r_1g_1 + r_2g_2)^2} \end{cases} \tag{C.6}$$

由式(C.6)可知：

$$z_1z_2 = \frac{-r_1r_2L^2g_1g_2}{(r_1g_1 + r_2g_2)^2}$$

$$\begin{aligned} f^2 + z_1z_2 &= \frac{\left[(1-g_1g_2) - \dfrac{L^2}{r_1r_2}\right]g_1g_2(r_1r_2)^2}{(r_1g_1 + r_2g_2)^2} \\ &= \frac{(g_1 + g_2 - 2g_1g_2)g_1g_2(r_1r_2)^2}{(r_1g_1 + r_2g_2)^2}(f^2 + z_1z_2)^2 + f^2L^2 \\ &= \left[\frac{(g_1 + g_2 - 2g_1g_2)g_1g_2(r_1r_2)^2}{(r_1g_1 + r_2g_2)^2}\right]^2 + \frac{(r_1r_2)^2 g_1g_2(1-g_1g_2)(r_1g_1 + r_2g_2)^2 L^2}{(r_1g_1 + r_2g_2)^4} \\ &= \frac{(r_1r_2)^4(g_1g_2)\left[g_1g_2(g_1 + g_2 - 2g_1g_2)^2 + (1-g_1g_2)\left(g_1\dfrac{L}{r_2} + g_2\dfrac{L}{r_1}\right)^2\right]}{(r_1g_1 + r_2g_2)^4} \\ &= \frac{(r_1r_2)^4(g_1g_2)\left\{g_1g_2(g_1 + g_2 - 2g_1g_2)^2 + (1-g_1g_2)\left[(1-g_2)g_1 + (1-g_1)g_2\right]^2\right\}}{(r_1g_1 + r_2g_2)^4} \\ &= \frac{(r_1r_2)^4(g_1g_2)(g_1 + g_2 - 2g_1g_2)^2}{(r_1g_1 + r_2g_2)^4} \end{aligned}$$

代入式(C.3)可得

$$\begin{aligned} \cos(\alpha_2 - \alpha_1) &= \frac{\left|f^2 + z_2z_1\right|}{\sqrt{(f^2 + z_2z_1)^2 + f^2L^2}} \\ &= \frac{(g_1 + g_2 - 2g_1g_2)g_1g_2(r_1r_2)^2}{\sqrt{(r_1r_2)^4(g_1g_2)(g_1 + g_2 - 2g_1g_2)^2}} \\ &= \sqrt{g_1g_2} \end{aligned}$$

$$\alpha_2 - \alpha_1 = \cos^{-1}\left(\sqrt{g_1g_2}\right)$$

代入式(C.1)可得

$$\nu_{\text{slm}} = \frac{c}{2L}\left[s + \frac{1}{\pi}(l + m + 1)\cos\left(\sqrt{g_1g_2}\right)\right] \tag{C.7}$$

附录 D　第 10 章式(10.45)的推导

已知δ函数的傅里叶变换：

$$\tilde{\delta}(\omega)=\int_{-\infty}^{\infty}\delta(t)\mathrm{e}^{\mathrm{i}\omega t}\mathrm{d}t=1$$

则其傅里叶逆变换为

$$\begin{aligned}\delta(t)&=\int_{-\infty}^{\infty}\tilde{\delta}(\omega)\mathrm{e}^{-\mathrm{i}\omega t}\frac{\mathrm{d}\omega}{2\pi}\\&=\lim_{\Omega\to\infty}\int_{-\Omega}^{\Omega}\tilde{\delta}(\omega)\mathrm{e}^{-\mathrm{i}\omega t}\frac{\mathrm{d}\omega}{2\pi}\\&=\lim_{\Omega\to\infty}\frac{\mathrm{i}}{2\pi t}\left(\mathrm{e}^{-\mathrm{i}\Omega t}-\mathrm{e}^{\mathrm{i}\Omega t}\right)\\&=\lim_{\Omega\to\infty}\frac{1}{\pi}\frac{\sin\Omega t}{t}\end{aligned}$$

上式写成

$$\lim_{\Omega\to\infty}\frac{\sin\Omega t}{t}=\pi\delta(t)\tag{D.1}$$

式(10.45)中的求和e指数函数可以写成如下形式：

$$\begin{aligned}\sum_{s=-\infty}^{\infty}\mathrm{e}^{-\mathrm{i}s\Delta\omega_{\mathrm{L}}t}&=\lim_{\mathscr{S}\to\infty}\sum_{s=-\mathscr{S}}^{\mathscr{S}}\mathrm{e}^{-\mathrm{i}s\Delta\omega_{\mathrm{L}}t}\\&=\lim_{\mathscr{S}\to\infty}\frac{\sin\left[(2\mathscr{S}+1)\Delta\omega_{\mathrm{L}}t/2\right]}{\sin\left(\Delta\omega_{\mathrm{L}}t/2\right)}\end{aligned}\tag{D.2}$$

对于$\Delta\omega_{\mathrm{L}}t/2\to m\pi$，$m$为整数，令$x=\Delta\omega_{\mathrm{L}}t/2-m\pi$，则式(D.2)表示成

$$\begin{aligned}\sum_{s=-\infty}^{\infty}\mathrm{e}^{-\mathrm{i}s\Delta\omega_{\mathrm{L}}t}&=\lim_{\mathscr{S}\to\infty}\frac{\sin\left[(2\mathscr{S}+1)(x+m\pi)\right]}{\sin(x+m\pi)}\\&=\lim_{\mathscr{S}\to\infty}\frac{\sin\left[(2\mathscr{S}+1)x\right]}{\sin x}\end{aligned}$$

由于$\Delta\omega_{\mathrm{L}}t/2\to m\pi$，因此$x\to 0$，$\sin x\to x$上式写成

$$\sum_{s=-\infty}^{\infty}\mathrm{e}^{-\mathrm{i}s\Delta\omega_{\mathrm{L}}t}=\lim_{\mathscr{S}\to\infty}\frac{\sin\left[(2\mathscr{S}+1)x\right]}{x}$$

利用式(D.1)，

$$
\begin{aligned}
\lim_{\mathscr{S}\to\infty}\frac{\sin\left[(2\mathscr{S}+1)x\right]}{x} &= \pi\delta\left(x\right) \\
&= \pi\delta\left(\Delta\omega_{\mathrm{L}}t/2-m\pi\right) \\
&= \frac{2\pi}{\Delta\omega_{\mathrm{L}}}\delta\left(t-\frac{2m\pi}{\Delta\omega_{\mathrm{L}}}\right)
\end{aligned}
\tag{D.3}
$$

因此每一个 m 表示一个 δ 函数，由于 m 为任意整数，有

$$
\sum_{s=-\infty}^{\infty}\mathrm{e}^{-\mathrm{i}s\Delta\omega_{\mathrm{L}}t}=\frac{2\pi}{\Delta\omega_{\mathrm{L}}}\sum_{m=-\infty}^{\infty}\delta\left(t-m\frac{2\pi}{\Delta\omega_{\mathrm{L}}}\right)
\tag{D.4}
$$

附录 E　布拉格声光光栅的衍射效率与光纤光栅的反射率

1. 布拉格声光光栅的衍射效率

如图 E.1 所示，假设介质中存在入射光波、衍射光波和声波，它们的波矢分别为 $\boldsymbol{k}_{\mathrm{i}}$、$\boldsymbol{k}_{\mathrm{d}}$ 和 $\boldsymbol{K}$，为了简化数学推导，假设入射光波为 y 方向偏振的平面波，介质在 y,z 方向上为无限大，在 x 方向上长度为 L，则介质中光波场可以写成

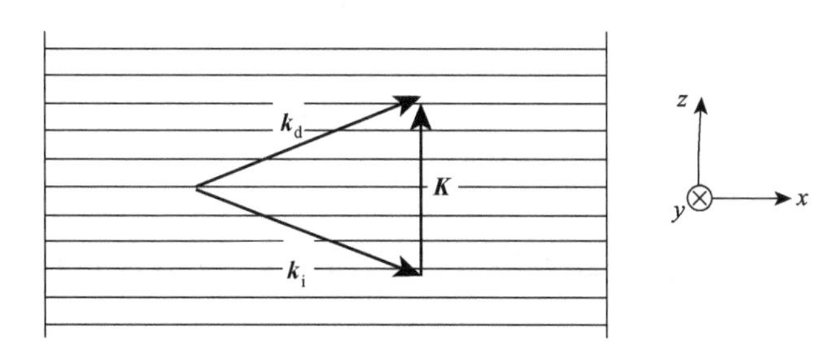

图 E.1　声光介质中的光波波矢

$$E(x,y,z)\hat{y}=E_{\mathrm{i}}(x)\mathrm{e}^{\mathrm{i}(k_{\mathrm{i}x}x+k_{\mathrm{i}z}z-\omega_{\mathrm{i}}t)}\hat{y}+E_{\mathrm{d}}(x)\mathrm{e}^{\mathrm{i}(k_{\mathrm{d}x}x+k_{\mathrm{d}z}z-\omega_{\mathrm{d}}t)}\hat{y} \tag{E.1}$$

式中，$E_{\mathrm{i}}(x)$ 和 $E_{\mathrm{d}}(x)$ 表示入射光波和衍射光波的振幅，它们是 x 的慢变函数；$k_{\mathrm{i}x}$ 和 $k_{\mathrm{i}z}$ 为入射光波矢在 x,z 方向上的分量；ω_{i} 表示入射光的频率；$k_{\mathrm{d}x}$、$k_{\mathrm{d}z}$、ω_{d} 则表示衍射光波的相应参量。

在声光介质中，由于声波沿着 z 方向传播，因此介质折射率也沿着 z 方向变化，并且可以写成如下形式：

$$n(z)=\bar{n}+\varepsilon_{\mathrm{n}}\sin(Kz-\Omega t) \tag{E.2}$$

式中，$\bar{n}$ 表示介质平均折射率；ε_{n} 表示折射率变化振幅。在声光介质中，$\varepsilon_{\mathrm{n}}\ll\bar{n}$，因此声光介质的相对介电常数可以写成

$$\varepsilon_{\mathrm{r}}=n^2(z)=\bar{n}^2+2\bar{n}\varepsilon_{\mathrm{n}}\sin(Kz-\Omega t) \tag{E.3}$$

将式 (E.1) 和式 (E.3) 代入到电磁场波动方程：

$$\nabla^2\boldsymbol{E}-\mu\varepsilon\frac{\partial^2\boldsymbol{E}}{\partial t^2}=0 \tag{E.4}$$

式中，$\varepsilon=\varepsilon_{\mathrm{r}}\varepsilon_0$；注意到光偏振方向不变，$\boldsymbol{E}$ 可以当作标量处理（在变折射率介质中，式 (E.4) 并不严格成立，但是折射率的变化尺度为声波波长量级，远大于光波的变化尺度，同时折射率变化幅度为一小量，所以式 (E.4) 仍然近似成立）。$E_{\mathrm{i}}(x)$ 和 $E_{\mathrm{d}}(x)$ 为空间慢变量，忽略其二阶导数，经过计算可得

$$
\begin{aligned}
&2\mathrm{i}k_{\mathrm{ix}}\frac{\mathrm{d}E_{\mathrm{i}}}{\mathrm{d}x}\mathrm{e}^{\mathrm{i}(k_{\mathrm{ix}}x+k_{\mathrm{iz}}z-\omega_{\mathrm{i}}t)}+2\mathrm{i}k_{\mathrm{dx}}\frac{\mathrm{d}E_{\mathrm{d}}}{\mathrm{d}x}\mathrm{e}^{\mathrm{i}(k_{\mathrm{dx}}x+k_{\mathrm{dz}}z-\omega_{\mathrm{d}}t)}\\
&+2\omega_{\mathrm{i}}^{2}\mu\varepsilon_{0}\overline{n}\varepsilon_{\mathrm{n}}\sin(Kz-\Omega t)E_{\mathrm{i}}\mathrm{e}^{\mathrm{i}(k_{\mathrm{ix}}x+k_{\mathrm{iz}}z-\omega_{\mathrm{i}}t)}\\
&+2\omega_{\mathrm{d}}^{2}\mu\varepsilon_{0}\overline{n}\varepsilon_{\mathrm{n}}\sin(Kz-\Omega t)E_{\mathrm{d}}\mathrm{e}^{\mathrm{i}(k_{\mathrm{dx}}x+k_{\mathrm{dz}}z-\omega_{\mathrm{d}}t)}=0
\end{aligned}
\tag{E.5}
$$

将 $\sin(Kz-\Omega t)$ 写成指数形式并代入式(E.5)可得

$$
\begin{aligned}
&2\mathrm{i}k_{\mathrm{ix}}\frac{\mathrm{d}E_{\mathrm{i}}}{\mathrm{d}x}\mathrm{e}^{\mathrm{i}(k_{\mathrm{ix}}x+k_{\mathrm{iz}}z-\omega_{\mathrm{i}}t)}+2\mathrm{i}k_{\mathrm{dx}}\frac{\mathrm{d}E_{\mathrm{d}}}{\mathrm{d}x}\mathrm{e}^{\mathrm{i}(k_{\mathrm{dx}}x+k_{\mathrm{dz}}z-\omega_{\mathrm{d}}t)}\\
&-\mathrm{i}\omega_{\mathrm{i}}^{2}\mu\varepsilon_{0}\overline{n}\varepsilon_{\mathrm{n}}E_{\mathrm{i}}\mathrm{e}^{\mathrm{i}(k_{\mathrm{ix}}x+k_{\mathrm{iz}}z+Kz-\Omega t-\omega_{\mathrm{i}}t)}+\mathrm{i}\omega_{\mathrm{i}}^{2}\mu\varepsilon_{0}\overline{n}\varepsilon_{\mathrm{n}}E_{\mathrm{i}}\mathrm{e}^{\mathrm{i}(k_{\mathrm{ix}}x+k_{\mathrm{iz}}z-Kz+\Omega t-\omega_{\mathrm{i}}t)}\\
&-\mathrm{i}\omega_{\mathrm{d}}^{2}\mu\varepsilon_{0}\overline{n}\varepsilon_{\mathrm{n}}E_{\mathrm{d}}\mathrm{e}^{\mathrm{i}(k_{\mathrm{dx}}x+k_{\mathrm{dz}}z+Kz-\Omega t-\omega_{\mathrm{d}}t)}+\mathrm{i}\omega_{\mathrm{d}}^{2}\mu\varepsilon_{0}\overline{n}\varepsilon_{\mathrm{n}}E_{\mathrm{d}}\mathrm{e}^{\mathrm{i}(k_{\mathrm{dx}}x+k_{\mathrm{dz}}z-Kz+\Omega t-\omega_{\mathrm{d}}t)}\\
&=0
\end{aligned}
\tag{E.6}
$$

用 $\mathrm{e}^{-\mathrm{i}(k_{\mathrm{dx}}x+k_{\mathrm{dz}}z-Kz+\Omega t-\omega_{\mathrm{d}}t)}$ 乘以式(E.6)的两边，可得

$$
\begin{aligned}
&2\mathrm{i}k_{\mathrm{ix}}\frac{\mathrm{d}E_{\mathrm{i}}}{\mathrm{d}x}\mathrm{e}^{\mathrm{i}(k_{\mathrm{ix}}x+k_{\mathrm{iz}}z-k_{\mathrm{dx}}x-k_{\mathrm{dz}}z+Kz-\Omega t+\omega_{\mathrm{d}}t-\omega_{\mathrm{i}}t)}+2\mathrm{i}k_{\mathrm{dx}}\frac{\mathrm{d}E_{\mathrm{d}}}{\mathrm{d}x}\mathrm{e}^{\mathrm{i}(Kz-\Omega t)}\\
&-\mathrm{i}\omega_{\mathrm{i}}^{2}\mu\varepsilon_{0}\overline{n}\varepsilon_{\mathrm{n}}E_{\mathrm{i}}\mathrm{e}^{\mathrm{i}(k_{\mathrm{ix}}x+k_{\mathrm{iz}}z-k_{\mathrm{dx}}x-k_{\mathrm{dz}}z+2Kz-2\Omega t+\omega_{\mathrm{d}}t-\omega_{\mathrm{i}}t)}+\mathrm{i}\omega_{\mathrm{i}}^{2}\mu\varepsilon_{0}\overline{n}\varepsilon_{\mathrm{n}}E_{\mathrm{i}}\mathrm{e}^{\mathrm{i}(k_{\mathrm{ix}}x+k_{\mathrm{iz}}z-k_{\mathrm{dx}}x-k_{\mathrm{dz}}z+\omega_{\mathrm{d}}t-\omega_{\mathrm{i}}t)}\\
&-\mathrm{i}\omega_{\mathrm{d}}^{2}\mu\varepsilon_{0}\overline{n}\varepsilon_{\mathrm{n}}E_{\mathrm{d}}\mathrm{e}^{\mathrm{i}2(Kz-\Omega t)}+\mathrm{i}\omega_{\mathrm{d}}^{2}\mu\varepsilon_{0}\overline{n}\varepsilon_{\mathrm{n}}E_{\mathrm{d}}\\
&=0
\end{aligned}
\tag{E.7}
$$

由于最后一项为时间常量，其他各项均为时间变量，上式成立要求 $E_{\mathrm{d}}=0$，但是如果满足：

$$
k_{\mathrm{ix}}=k_{\mathrm{dx}},\ k_{\mathrm{iz}}=k_{\mathrm{dz}}-K,\ \omega_{\mathrm{i}}=\omega_{\mathrm{d}}-\Omega \tag{E.8}
$$

则对式(E.7)作时间平均可得

$$
2k_{\mathrm{ix}}\frac{\mathrm{d}E_{\mathrm{i}}}{\mathrm{d}x}+\omega_{\mathrm{d}}^{2}\mu\varepsilon_{0}\overline{n}\varepsilon_{\mathrm{n}}E_{\mathrm{d}}=0 \tag{E.9}
$$

在式(E.8)的条件下，用 $\mathrm{e}^{-\mathrm{i}(k_{\mathrm{ix}}x+k_{\mathrm{iz}}z+Kz-\Omega t-\omega_{\mathrm{i}}t)}$ 乘以式(E.6)的两边同理可得方程：

$$
2k_{\mathrm{dx}}\frac{\mathrm{d}E_{\mathrm{d}}}{\mathrm{d}x}-\omega_{\mathrm{i}}^{2}\mu\varepsilon_{0}\overline{n}\varepsilon_{\mathrm{n}}E_{\mathrm{i}}=0 \tag{E.10}
$$

对于非磁性介质，$\mu=\mu_0$，方程式(E.9)和式(E.10)的解为

$$
\begin{cases}
E_{\mathrm{i}}(x)=E_0\cos\left(\dfrac{k_{\mathrm{i}}k_{\mathrm{d}}\varepsilon_{\mathrm{n}}}{2k_{\mathrm{ix}}\overline{n}}x+\varphi_0\right)\\[2ex]
E_{\mathrm{d}}(x)=E_0\sin\left(\dfrac{k_{\mathrm{i}}k_{\mathrm{d}}\varepsilon_{\mathrm{n}}}{2k_{\mathrm{ix}}\overline{n}}x+\varphi_0\right)
\end{cases}
\tag{E.11}
$$

式中，$k_{\mathrm{i}}=\omega_{\mathrm{i}}\sqrt{\mu_0\varepsilon_0\overline{n}}$；$k_{\mathrm{d}}=\omega_{\mathrm{d}}\sqrt{\mu_0\varepsilon_0\overline{n}}$。由于 $E_i(0)=E_0$，因此 $\varphi_0=0$，衍射光强可以表示成

$$
I_{\mathrm{d}}(x)=I_0\sin^2\left(\frac{k_{\mathrm{i}}k_{\mathrm{d}}\varepsilon_{\mathrm{n}}}{2k_{\mathrm{ix}}\overline{n}}x\right) \tag{E.12}
$$

式中，I_0 表示声光晶体的入射光强。声光晶体的衍射效率：

$$\eta_B = \frac{I_d(L)}{I_0} = \sin^2\left(\frac{k_i k_d \varepsilon_n}{2k_{ix}\overline{n}}L\right) = \sin^2\left(\frac{\omega_i \varepsilon_n}{2c\cos\theta_B}L\right) \tag{E.13}$$

2. 光纤光栅的反射率

为了讨论简化，假设光纤光栅在纵向上长度为 L，横向上无限大，如图 E.2 所示。

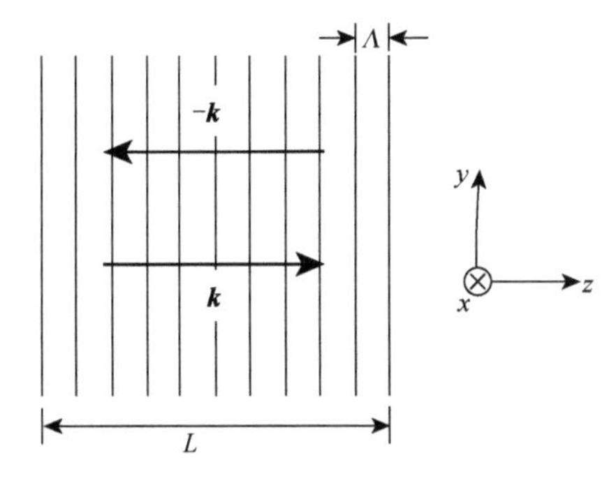

图 E.2　光纤光栅示意图

在光纤中光波沿光纤方向传播，也就是图 E.2 所示的 z 方向，沿 $\pm z$ 方向传播的光波矢分别为 $\pm \boldsymbol{k}$，则光栅中的光波电场振幅可以写成

$$E(z,t) = E_+(z)\mathrm{e}^{\mathrm{i}(kz-\omega t)} + E_-(z)\mathrm{e}^{-\mathrm{i}(kz+\omega t)} \tag{E.14}$$

式中，$E_+(z)$ 和 $E_-(z)$ 为 z 的慢变函数。光纤光栅的介质折射率沿光纤方向的变化可以写成

$$n(z) = \overline{n} + \varepsilon_n \sin Kz \tag{E.15}$$

式中，$K = 2\pi/\Lambda$，Λ 表示光栅的折射率变化周期；$\overline{n}$ 表示介质的平均折射率；ε_n 表示折射率变化振幅。对于光纤光栅，$\varepsilon_n \ll \overline{n}$ 成立，所以：

$$n^2(z) = \overline{n}^2 + 2\varepsilon_n \overline{n}\sin Kz \tag{E.16}$$

式(E.14)对 z 取二阶微分，忽略 $E_+(z)$ 和 $E_-(z)$ 对 z 的二阶导数，

$$\begin{aligned}\frac{\partial^2 E(z,t)}{\partial z^2} = {} & 2\mathrm{i}k\frac{\mathrm{d}E_+}{\mathrm{d}z}\mathrm{e}^{\mathrm{i}(kz-\omega t)} - k^2 E_+ \mathrm{e}^{\mathrm{i}(kz-\omega t)} \\ & -2\mathrm{i}k\frac{\mathrm{d}E_-}{\mathrm{d}z}\mathrm{e}^{-\mathrm{i}(kz+\omega t)} - k^2 E_- \mathrm{e}^{-\mathrm{i}(kz+\omega t)}\end{aligned} \tag{E.17}$$

对于非磁性介质，$\mu = \mu_0$，利用 $\varepsilon = \overline{n}^2\varepsilon_0$，$k^2 = \mu_0\varepsilon_0\overline{n}^2\omega^2$，将式(E.16)、式(E.17)代入电场方程(E.4)中可得

$$2\mathrm{i}k\frac{\mathrm{d}E_+}{\mathrm{d}z}\mathrm{e}^{\mathrm{i}kz} - 2\mathrm{i}k\frac{\mathrm{d}E_-}{\mathrm{d}z}\mathrm{e}^{-\mathrm{i}kz} + 2\frac{k^2}{\overline{n}}\varepsilon_n \sin Kz\left(E_+\mathrm{e}^{\mathrm{i}kz} + E_-\mathrm{e}^{-\mathrm{i}kz}\right) = 0 \tag{E.18}$$

利用欧拉公式 $\sin Kz = \left(\mathrm{e}^{\mathrm{i}Kz} - \mathrm{e}^{-\mathrm{i}Kz}\right)/2\mathrm{i}$，上式变成

$$\begin{aligned}& 2\frac{\mathrm{d}E_+}{\mathrm{d}z}\mathrm{e}^{\mathrm{i}kz} - 2\frac{\mathrm{d}E_-}{\mathrm{d}z}\mathrm{e}^{-\mathrm{i}kz} - \frac{k}{\overline{n}}\varepsilon_n E_+ \mathrm{e}^{\mathrm{i}(k+K)z} \\ & + \frac{k}{\overline{n}}\varepsilon_n E_+ \mathrm{e}^{\mathrm{i}(k-K)z} - \frac{k}{\overline{n}}\varepsilon_n E_- \mathrm{e}^{-\mathrm{i}(k-K)z} + \frac{k}{\overline{n}}\varepsilon_n E_- \mathrm{e}^{-\mathrm{i}(k+K)z} = 0\end{aligned} \tag{E.19}$$

用 $\mathrm{e}^{-\mathrm{i}(k-K)z}$ 乘以方程(E.19)的两边，得

$$\begin{aligned}& 2\frac{\mathrm{d}E_+}{\mathrm{d}z}\mathrm{e}^{\mathrm{i}Kz} - 2\frac{\mathrm{d}E_-}{\mathrm{d}z}\mathrm{e}^{-\mathrm{i}(2k-K)z} - \frac{k}{\overline{n}}\varepsilon_n E_+ \mathrm{e}^{\mathrm{i}2Kz} \\ & + \frac{k}{\overline{n}}\varepsilon_n E_+ - \frac{k}{\overline{n}}\varepsilon_n E_- \mathrm{e}^{-\mathrm{i}2(k-K)z} + \frac{k}{\overline{n}}\varepsilon_n E_- \mathrm{e}^{-\mathrm{i}2kz} = 0\end{aligned}$$

由于 E_+ 为 z 的慢变函数，上式在 $2k \approx K$ 时 E_+ 有慢变解，由此可得

$$\frac{\mathrm{d}E_-}{\mathrm{d}z}=\frac{k\varepsilon_{\mathrm{n}}}{2\overline{n}}E_+\mathrm{e}^{\mathrm{i}(2k-K)z} \tag{E.20}$$

同理用 $\mathrm{e}^{\mathrm{i}(k-K)z}$ 乘以方程(E.19)的两边可得

$$\frac{\mathrm{d}E_+}{\mathrm{d}z}=\frac{k\varepsilon_{\mathrm{n}}}{2\overline{n}}E_-\mathrm{e}^{-\mathrm{i}(2k-K)z} \tag{E.21}$$

联立式(E.20)和式(E.21)可得

$$\begin{aligned}\frac{\mathrm{d}^2E_+}{\mathrm{d}z^2}&=\frac{k\varepsilon_{\mathrm{n}}}{2\overline{n}}\frac{\mathrm{d}E_-}{\mathrm{d}z}\mathrm{e}^{-\mathrm{i}(2k-K)z}-\mathrm{i}(2k-K)\frac{k\varepsilon_{\mathrm{n}}}{2\overline{n}}E_-\mathrm{e}^{-\mathrm{i}(2k-K)z}\\&=\left(\frac{k\varepsilon_{\mathrm{n}}}{2\overline{n}}\right)^2E_+-\mathrm{i}(2k-K)\frac{\mathrm{d}E_+}{\mathrm{d}z}\end{aligned}$$

即

$$\frac{\mathrm{d}^2E_+}{\mathrm{d}z^2}+\mathrm{i}\Delta k\frac{\mathrm{d}E_+}{\mathrm{d}z}-a^2E_+=0 \tag{E.22}$$

式中，$\Delta k=2k-K$；$a^2=\left(\dfrac{k\varepsilon_{\mathrm{n}}}{2\overline{n}}\right)^2$。方程(E.22)的解可以表示成

$$E_+(z)=E_0\cosh(\delta z)\mathrm{e}^{-\mathrm{i}\Delta kz/2}+B\sinh(\delta z)\mathrm{e}^{-\mathrm{i}\Delta kz/2} \tag{E.23}$$

式中，$\delta=\sqrt{a^2-(\Delta k/2)^2}$；$E_0$ 表示入射光电场振幅(假设光沿 z 的正向入射)。将式(E.23)代入式(E.21)可得

$$E_-(z)=\frac{1}{a}\left\{\delta\left[E_0\sinh(\delta z)+B\cosh(\delta z)\right]-\frac{\mathrm{i}\Delta k}{2}\left[E_0\cosh(\delta z)+B\sinh(\delta z)\right]\right\}\mathrm{e}^{\mathrm{i}\Delta kz/2} \tag{E.24}$$

在光栅的右端面，反射光强为 0，所以 $E_-(L)=0$，代入上式求解可得

$$B=E_0\frac{(\mathrm{i}\Delta k/2)\cosh(\delta L)-\delta\sinh(\delta L)}{\delta\cosh(\delta L)-(\mathrm{i}\Delta k/2)\sinh(\delta L)} \tag{E.25}$$

将式(E.25)代入式(E.24)，求解在 $z=0$ 位置的反射光波场振幅 $E_-(0)$：

$$E_-(0)=E_0\frac{-a\sinh(\delta L)}{\delta\cosh(\delta L)-(\mathrm{i}\Delta k/2)\sinh(\delta L)}$$

由此可得光栅的光强反射率：

$$R=\left|\frac{E_-(0)}{E_0}\right|^2=\frac{a^2\sinh^2(\delta L)}{\delta^2\cosh^2(\delta L)+(\Delta k/2)^2\sinh^2(\delta L)} \tag{E.26}$$

当 $\Delta k=0$，即 $2\pi\overline{n}/\lambda=\pi/\Lambda$，或者 $\lambda=2\overline{n}\Lambda$ 时(λ 表示真空光波长)，光栅的反射率为

$$R=\tanh^2\left(\frac{\pi\varepsilon_n}{\lambda_{\mathrm{B}}}L\right) \tag{E.27}$$

式中，$\lambda_{\mathrm{B}}=2\overline{n}\Lambda$ 称为光栅的布拉格波长。

附录F　符 号 索 引

$\|a\rangle$	原子上能级态狄拉克右矢
a_0	晶体的晶格常数
a_e	电子的加速度
a_d	具有 1/4 相移的 DFB 激光器的缺陷长度
A_c	光纤纤芯面积
A_{21}	粒子从上能级到下能级的自发辐射速率
$\mathcal{B}$	光源的辐射度
$\|b\rangle$	原子下能级态狄拉克右矢
B_{21}, B_{12}	受激辐射系数，受激吸收系数
c	真空光速
$\mathcal{C}$	模式耦合强度系数，见式(13.119)
c_a，c_b	原子量子态的展开系数，见式(13.2)
D	通光孔的边长(方孔)或直径(圆孔)
d	无闭锁频率因子，见式(13.133)
d	角动量量子数为 2 的电子轨道
d_c	光波的横向相干尺度
$D_x(\omega)$	数学函数，见式(13.86)
E,H,B,D	光波的电场强度，磁场强度，磁感应强度，电位移强度，见式(13.37)
E_+,E_-	沿 z 正、负向传播的光波电场幅度，见式(2.1)，式(2.2)
$E(t)$	光波电场幅度的时间函数，见式(1.16)
$\mathscr{E}(\omega)$	光波场 ω 频率分量的电场振幅
E_a，E_b	原子上、下能级的能量值
E_photon	光子能量
E_pulse	激光脉冲能量
E_g	半导体禁带宽度
E_F	费米能级
E_Fc	准热平衡状态下导带中的准费米能级
E_Fv	准热平衡状态下价带中的准费米能级
E_c	半导体材料导带底的能级
E_v	半导体材料价带顶的能级
e	基本电荷

$\mathcal{F}$	谐振腔的精细度，见式(2.9)
f	高斯光束的共焦参数(也称瑞利距离)
f	表示10^{-15}，如fm-(飞米)
f	角动量量子数为3的电子轨道
$\mathscr{F}[f(t)]$	表示对$f(t)$做傅里叶变换
F	透镜焦距
$F\#$	透镜的光圈指数，也称焦距数，见式(4.11)
$f(E)$	电子在能量为E处的费米-狄拉克分布概率
$f_c(E_2)$	准热平衡状态下导带中能量为E_2处的电子的费米-狄拉克分布概率
$f_v(E_1)$	准热平衡状态下价带中能量为E_1处的电子的费米-狄拉克分布概率
g	激光增益系数
$\bar{g}$	激光在谐振腔中往返传播的平均增益系数，见式(8.46)
g_0	小信号增益系数
g_{th}	临界增益系数，见式(7.4)
$g(u_z)$	原子按运动速度的分布线型，也称多普勒线型，见式(8.12)
g_1，g_2	光学谐振腔的g参数，见式(3.45)
$g_D(\nu_u)$	原子按多普勒频移的分布线型，也称多普勒线型，见式(8.17)
g_H	粒子辐射的均匀加宽线型，见式(5.34)
G	放大器增益
$\mathcal{G}$	光源和接收器系统的集光率，见式(1.33)
$\mathcal{G}_0$	每个横模的集光率，见式(1.38)
G_{th}	激光器的临界单程增益
h	普朗克常量
$\hat{H}$	原子能量的哈密顿算符
$\hat{H}_0$	无光波场作用时原子能量的哈密顿算符
$H_m(\mathscr{s})$	m阶厄米多项式
I	激光光强
$I^{(s)}$	激光器腔内稳态光强
$\mathscr{I}(\omega)$	光强的频率分量，见式(1.19)
I_{max}	激光脉冲的峰值光强，见式(10.6)
I_p	泵浦光强
I_s	第s个模式的光强
I_{p0}	泵浦光输入光强
I_{pth}	三能级增益介质的透明泵浦光强，见式(11.34)
I_g	增益介质的饱和光强

I_{s0} 激光频率等于原子中心频率时介质的饱和光强

I_t 谐振腔透射光强，见式(2.8)

I_T 光学标准具的透射光强，见式(9.1)

J 能量单位，焦耳

j 半导体激光器的注入电流

j_0 半导体激光器运行在稳态时的注入电流

j_1 半导体激光器外加的小信号注入电流

j_{th} 半导体激光器产生时的阈值电流

k 光波波矢

k_B 玻尔兹曼常量

K_s 无源激光谐振腔 s 阶模式的波矢，见式(13.41)

L 谐振腔腔长；放大器长度

L 声光光栅的厚度

L_c 光波的纵向相干长度，见式(1.13)

$L(\Delta\omega)$ 洛伦兹函数

l_s，l_c，l 闭锁因子，见式(13.134)，式(13.135)，式(13.137)

m 原子质量

m 表示自然数

m 表示长度单位，米

M 表示10^6，如 MHz -(兆赫)

M^2 光束的 M^2 因子，见式(1.31)

m_e 谐振腔中光波的有效往返次数，见式(2.31)

m_e 电子的质量

m_{photon} 光子质量

M_L 透镜的光线传输矩阵，见式(4.28)

M_T 均匀介质的光线传输矩阵，见式(4.24)

m_e^* 半导体材料中电子的等效质量

$\mathcal{N}$ 光波模式数目，见式(1.9)

$\mathcal{N}_T$ 光束的横模数，见式(1.36)

n 介质的折射率

n 表示10^{-9}，如 nm -(纳米)

N 光子密度

N_T 每个横模的光子数

N_p 每个横模单位频率间隔的光子数

N_c 载流子密度

N_{c0}　半导体激光器运行在稳态时的流子密度

N_{c1}　半导体激光器外加小信号时流子密度调制项

N_0　导体激光器运行在稳态时的光子密度

N_1　半导体激光器外加小信号时光子密度调制项

n_1，n_2，n_3　分别表示CO_2分子三种振动模式的能量量子数

n_1，n_2　激光增益介质上、下能级的粒子数密度

$|nlm\rangle$　用主量子数、角量子数和磁量子数表示原子中电子的量子态

p　角动量量子数为 1 的电子轨道

$\mathcal{P}$　表面折光本领，见式(4.27)

$\mathscr{P}$　光子动量

$\boldsymbol{p}$　原子电偶极矩

$\mathcal{p}$　介质的电极化强度

$\mathcal{P}_0$　激光器输出功率，见式(7.22)

p_{He}，p_{Ne}　气体激光器的充气分压强

$\mathcal{P}_{\mathrm{in}}$　输入泵浦功率，见式(7.23)

$\mathscr{P}(\omega)$　辐射功率谱分布，见式(5.31)

$\mathscr{P}_s$　介质的电极化强度在第s个谐振腔模式上的分量

$\mathcal{P}_{\mathrm{pump}}$　泵浦功率

p_{T}　气体激光器的充气压强

$\mathcal{P}_{\mathrm{th}}$　输入临界泵浦功率，见式(7.24)

$\mathscr{P}_\omega$　非线性介质的电极化强度的入射波频率分量，见式(10.18)

$\mathcal{p}_y(t)$　非线性介质的电极化强度，见式(10.17)

$\wp$　原子的偶极矩常数

Q　谐振腔的品质因子，见式(2.32)

$\hat{Q}$　力学量算符，见式(13.12)

$q(z)$　高斯光束在z位置的q参数，见式(3.20)

q_0　高斯光束光腰位置的q参数，见式(3.11)

q_{e}　出射高斯光束的q参数

q_{i}　入射高斯光束的q参数

$\mathcal{R}$　单位体积内粒子的泵浦速率

$\mathscr{R}$　单模激光器速率方程近似中的速率常数，见式(13.61)

$\mathscr{R}_{\mathrm{s}}$　饱和速率常数，见式(13.64)

$R(z)$　高斯光束在z位置的等相位面曲率半径，见式(3.28)

r_1，r_2　球面镜曲率半径

r_1，r_2　反射镜的电场振幅反射率

R_1，R_2　反射镜的光强反射率

$\Re_{\mathrm{C}}$　气体粒子的平均碰撞频率

$\mathcal{R}_{\mathrm{T}}$　激光器的总泵浦速率，见式(11.19)

$\mathcal{R}_{\mathrm{th}}$　临界泵浦速率，见式(7.20)

s　整数角标

s　角动量量子数为 0 的电子轨道

s　纵模级数

s　时间单位，秒

$\mathcal{S}$　激光器中的纵模个数

T　激光器谐振腔输出镜的光强透射率

T_{opt}　激光器谐振腔输出镜的最佳光强透射率

t_{pulse}　激光脉冲重复时间

u　声波传播速度

u　原子运动速度

u_z　原子运动速度的 z 分量

U_s　激光谐振腔 s 阶驻波模式的空间分布，见式(13.42)

$V_{1/2}$　电光 Q 开关的半波电压，见式(10.26)

V_{ab}，V_{ba}　原子与光波场相互作用的哈密顿算符在|a>，|b>表象中的非对角元

V_k　k 空间体积

$\hat{V}$　原子与光波场相互作用的哈密顿算符，见式(13.4)

V_a　半导体激光器有源区的体积

V_p　半导体激光器光模式的体积

v_{g}　光的群速度，即光能量传播的速度

$w(z)$　高斯光束的 z 位置光斑半径

w_0　高斯光束的光腰半径

W_{12}　粒子从下能级到上能级的受激吸收速率

W_{21}　粒子从上能级到下能级的受激辐射速率

W_{a}，W_{e}　泵浦光子的吸收和辐射速率，见式(11.31)

W_{nr}　非辐射跃迁速率，见式(5.62)

W_{r}　辐射跃迁速率，见式(5.62)

α　高斯光束的相位角，见式(3.50)

α　饱和吸收介质的吸收系数，见式(10.28)

α_0　饱和吸收介质的小信号吸收系数

α_{p}　泵浦光吸收系数

α_s　第 s 个模式的振幅增益系数(时间增益)，见式(13.72)

β_+，β_-	激光器中正负方向传播激光的自饱和系数，见式(8.53)
β_s	第 s 个模式的振幅饱和系数，见式(13.72)
$\beta_\nu(\nu)$	光波模式的谱密度，见式(1.11)
β_{sp}	自发发射因子
γ_a，γ_b	密度矩阵对角元的时间衰减率
γ_{T}	密度矩阵非对角元的时间衰减率
δ	激光器谐振腔非输出往返损耗
$\delta\mathcal{G}$	接收器面积元和光源面积元系统的集光率，见式(1.32)
$\delta(x)$	关于变量 x 的 δ 函数
$\delta\sigma$	光源的面积元，见式(1.32)
$\delta\lambda$	光波的波长带宽
$\delta\nu$	光波的频率带宽，见式(1.23)
$\delta\nu_{\mathrm{e}}$	光学标准具模式的频率带宽，见式(9.6)
$\delta\nu_{\mathrm{L}}$	谐振腔的谐振频率宽度，见式(2.19)
$\delta\omega$	光波的角频率带宽，见式(1.22)
$\delta\Omega_{\mathrm{A}}$	接收器面积元对于光源所张的立体角，见式(1.32)
$\Delta\varphi$	光波在谐振腔中传播的单程相移
$\Delta\varphi$	光波通过电光晶体 x 偏振相位延迟和 y 偏振相位超前，见式(10.24)
ΔN	激光器的总粒子数反转，见式(11.15)
Δn	粒子数反转密度
Δn_0	粒子数反转的 0 级阶近似，见式(13.84)
Δn_0	Q 开关激光器的初始粒子数反转
$\overline{\Delta n_0}$	小信号平均粒子数反转密度，见式(13.71)
Δn_{F}	Q 开关激光器的终态粒子数反转
Δn_{th}	临界粒子数反转
$\Delta\theta$	光波的远场发散角
$\Delta\nu_{\mathrm{D}}$	原子辐射线型的多普勒加宽，见式(8.18)
$\Delta\nu_{\mathrm{L}}$	谐振腔的纵模频率间隔
$\Delta\nu_{\mathrm{e}}$	光学标准具的纵模间隔，见式(9.4)
$\Delta\nu_u$	粒子数反转烧孔的频率宽度，见式(8.38)
$\Delta\nu_{\mathrm{H}}$，$\Delta\omega_{\mathrm{H}}$	粒子辐射的均匀加宽频率线宽和角频率线宽
ε_{n}	声光光栅的折射率变化振幅
η	高斯光束的准直倍率，见式(4.22)
η	相对激发度，见式(13.77)
η_{B}	声光衍射效率，见式(10.15)

η_q 辐射的量子效率

η_s 激光器斜率效率，见式(7.26)

$\eta_{大信号}$ 放大器的大信号功率效率，见式(6.28)

$\eta_{小信号}$ 放大器的小信号功率效率，见式(6.29)

ϑ 激光器中正负方向传播激光的互饱和系数，见式(8.53)

θ_B 布拉格衍射角

θ_{12}，θ_{21} 互饱和系数，见式(13.107)，式(13.108)

$\theta_{p\mu\rho\sigma}$ 模式耦合系数，见式(13.103)

λ 光波波长

λ_0 光波真空波长

$\lambda_{1,2}$ 矩阵本征值(13.124)

λ_a，λ_b a, b 原子能级的激发速率

λ_s 谐振腔中纵模级数为 s 的光波波长

λ_p 泵浦光波长

λ_A 声波波长

λ_B 布拉格波长

μ 表示10^{-6}，如 μm-(微米)

ν 光波频率

ν_0 原子辐射中心频率

ν_0 在原子坐标系上测量运动原子的发光频率

ν_0' 在实验室坐标系上测量运动原子的发光频率

ν_1 激光频率

ν_A 声波频率

ν_s 谐振腔中纵模级数为 s 的光波频率

ν_p 泵浦光频率

$\bar{\nu}_s$ 谐振腔中纵模级数为 s 的光波波数

ν_{slm} s 阶纵模、lm 阶横模的谐振频率，见式(3.58)

ν_D 在实验室坐标系与原子坐标系上测量运动原子的发光频率差，也称多普勒频移

ν_D' 在实验室坐标系与原子坐标系上测量激光的频率差，也称多普勒频移

$\rho_{aa}^{(0)}$，$\rho_{bb}^{(0)}$ 集居数矩阵元的 0 阶近似

$\rho_{aa}^{(2)}$，$\rho_{bb}^{(2)}$ 集居数矩阵元的 2 阶近似

ρ_{aa}，ρ_{ab} 密度矩阵元或者集居数矩阵元

$\rho_{ab}^{(1)}$，$\rho_{ba}^{(1)}$ 集居数矩阵元的 1 阶近似

$\rho_{ab}^{(3)}$，$\rho_{ba}^{(3)}$ 集居数矩阵元的 3 阶近似

ρ_s	第 s 个模式的频率自推斥系数，见式(13.73)
$\rho_\nu(\nu)$	光波场的能量谱密度，见式(5.6)
$\rho(k)$	半导体材料在波矢 k 处所对应的能态密度
$\rho(E)$	半导体材料在能量 E 处所对应的能态密度
$\rho_c(E)$	半导体材料导带中的能态密度
$\rho_v(E)$	半导体材料导带中的能态密度
σ	气体粒子的碰撞截面
σ	增益截面，见式(5.55)
σ	介质的电导率，见式(13.38)
σ_a	粒子的吸收截面
σ_e	粒子的辐射截面
σ_p	泵浦光吸收截面
σ_s	第 s 个模式的频率牵引系数，见式(13.73)
τ_{12}，τ_{21}	互推斥系数，见式(13.109)，式(13.110)
τ_2	粒子从上能级到下能级的自发辐射寿命，见式(5.3)
τ_c	相干时间，见式(1.13)
τ_d	两列光波的相对时间延迟
τ_{nr}	非辐射跃迁寿命，见式(5.64)
τ_{pulse}	激光脉冲时间宽度
τ_R	谐振腔的光子寿命，见式(2.22)
τ_r	辐射跃迁寿命，见式(5.64)
$\vert\psi\rangle$	原子量子态狄拉克右矢
ψ	三个模式的相位差，见式(13.126)
$\psi^{(s)}$	ψ 的稳态解，见式(13.139)，式(13.140)
$\psi(\nu_u)$	多普勒频移 ν_u 附近单位频率间隔内的粒子数反转密度，见式(8.35)
ω	光波的角频率
ω_a，ω_b	原子上、下能级的能量值的角频率表示
Ω_s	无源激光谐振腔 s 阶模式的角频率，见式(13.41)
ω_s	s 阶模式激光频率

附录 G　习题参考答案与解答

第 1 章

1.1 $L_c = \lambda^2/\delta\lambda = 0.36\text{mm}$。

1.2 $L_c = \lambda/(\delta\nu/\nu) = 63\text{m}$。

1.3 双缝发出的光线在焦平面上θ位置的光程差为$d\sin\theta$，由此产生的相位差为$kd\sin\theta$，平面波入射到双缝上的相位差为$kd\sin\theta_0$，因此焦平面上观测点来自不同狭缝的光程差为$kd(\sin\theta-\sin\theta_0)$，第$s$级条纹相干加强条件为$kd(\sin\theta_s-\sin\theta_i)=s\cdot 2\pi$，小角度近似为$kd(\theta_s-\theta_i)=s\cdot 2\pi$，等价地写成$d(\theta_s-\theta_i)=s\lambda$。

1.4 (1) 光束发散角$\Delta\theta=1.22\lambda/D=1.6\times10^{-3}$，10km 传播距离后光束直径$\phi=16\text{m}$；(2) 设光束直径为$D$，则光束发散角$\Delta\theta=1.22\lambda/D$传播$L$距离后光束直径$\phi=D+(1.22L\lambda/D)$，当$D=\sqrt{1.22L\lambda}$时，$\phi=2\sqrt{1.22L\lambda}=0.23\text{m}$取最小值。

1.5 理想光束发散角$\Delta\theta=1.22\lambda/\phi=3.05\times10^{-4}$，$M^2=2.8\times10^{-3}/\Delta\theta=9.2$。

1.6 光束发散角$\Delta\theta=M^2\times1.22\lambda/\phi=1.9\times10^{-3}$，光束直径$\phi'=\phi+\Delta\theta L=21.7\text{mm}$。

1.7 (1) $n_0\sin\theta=NA$，$n_0=1$，$\theta=0.13\text{rad}$，$\Delta\theta=2\theta=0.26\text{rad}$，$d_c=1.22\lambda/\Delta\theta=7.3\mu\text{m}$；(2) $M^2=\phi/d_c=6.9$。

1.8 单模光纤输出一个横模，因此输出光波的集光率$\mathcal{G}=\lambda^2=2.4\times10^{-6}\text{mm}^2$，光纤输出光波的辐射度$\mathcal{B}=\mathcal{P}/\mathcal{G}=6.25\times10^5\text{mW/mm}^2$。

1.9 根据本章例 1.5 和例 1.6 的激光光源和太阳辐射度比较可知，单模光纤输入光源应该使用激光光源。

第 2 章

2.1 纵模间隔$\Delta\nu_L=c/2nL=54\text{GHz}$，纵模级数$s=2nL/\lambda=6588$。

2.2 菲涅耳反射的光强反射率$R=(n-1)^2/(n+1)^2=0.31$，(1) $\tau_R=\dfrac{2nL/c}{\ln(1/R)^2}=7.9\text{ps}$；(2) $\delta\nu=\dfrac{1}{2\pi\tau_R}=2.0\times10^{10}\text{Hz}$；(3) $Q=\dfrac{\nu}{\delta\nu}=17647$；(4) $\mathcal{F}=\dfrac{\pi r}{1-r^2}=2.53$。

2.3 (1) $\tau_R=\dfrac{2nL/c}{\ln[1/(R_1R_2)]}=0.26\text{ns}$；(2) $\delta\nu=\dfrac{1}{2\pi\tau_R}=6.1\times10^8\text{Hz}$；(3) $Q=\nu/\delta\nu=5.8\times10^5$；(4) $\mathcal{F}=\pi\sqrt{r_1r_2}/(1-r_1r_2)=89$。

2.4 $I(t)=I_0e^{-t/\tau_R}$，代入数据解得$\tau_R=5.0\times10^{-7}\text{s}$，利用$\tau_R=(2L/c)/[\ln(1/R^2)]$，解得$R=0.997$。

2.5 激光器输出功率 $\mathcal{P}_0 = 0.5\text{mW}$，激光器中单位时间内每个方向上通过激光束截面的功率为 $\mathcal{P} = \mathcal{P}_0/T = 50\text{mW}$，因此每个方向上的光波单位长度上的能量为 $\mathcal{P}/c$，其中，c 为光速，激光器中两个方向上的总能量为 $2L \cdot \mathcal{P}/c = 83\text{pJ}$。

2.6 平面波波矢的 z 分量为 $k_z = (\omega c/n)\cos\theta$，平面波在 F-P 腔中往返相位差 $k_z 2L = (\omega n/c)\cos\theta \cdot 2L$，设光波的真空波长 $k_z = \lambda_0$，光波往返光程差为 $(k_z 2L\lambda_0)/2\pi = 2nL\cos\theta$。

2.7 设腔镜的表面起伏为 Δd，光波每次往返的相位起伏为 $k \cdot \Delta d$，令经历 $\mathcal{F}/2\pi$ 次往返后总相位起伏 $(\mathcal{F}/2\pi)k \cdot \Delta d \ll 2\pi$，可得 $\Delta d \ll (2\pi\lambda)/\mathcal{F}$。

第 3 章

3.1（1）$f = \dfrac{\pi w_1^2}{2\lambda} = 157\text{mm}$，$L = 2f = 314\text{mm}$；（2）$w_0 = w_1/\sqrt{2} = 0.212\text{mm}$；（3）$\Delta\nu = c/(4L) = 239\text{MHz}$。

3.2 根据腔的对称性和透镜与球面反射镜等价的性质，本题的光腔可以等价成 $r = 2F$、腔长为 L 的对称球面腔，利用对称球面光腔稳定性条件结果可得光腔稳定条件为 $4F > L$。

3.3　$0 \leqslant (1 - L/r)^2 \leqslant 1$，$-1 \leqslant 1 - L/r \leqslant 1$，$0 \leqslant L/r \leqslant 2$，$r \geqslant L/2$，与式(3.38)一致。

3.4 镜面上高斯光束的光强随着横向距离 r 的变化可以写成 $I(r) = I_0 \mathrm{e}^{-2r^2/w^2}$，因此高斯光束的功率写成 $\mathcal{P} = I_0 \int_0^{2\pi} \mathrm{d}\varphi \int_0^{\infty} \mathrm{e}^{-2r^2/w^2} r\mathrm{d}r = I_0 \pi w^2/2$，在镜面之外的功率（又称为单程衍射损耗功率）为 $\mathcal{P}' = I_0 \int_0^{2\pi} \mathrm{d}\varphi \int_a^{\infty} \mathrm{e}^{-2r^2/w^2} r\mathrm{d}r = I_0 \pi w^2 \mathrm{e}^{-2a^2/w^2}/2$，光腔的单程衍射损耗为 $\delta = \mathcal{P}'/\mathcal{P} = \mathrm{e}^{-2(a/w)^2}$。

3.5（1）光腔共焦参数 $f = (L/2)\sqrt{(2r)/L - 1} = 70\text{cm}$，高斯光束光腰半径 $w_0 = \sqrt{f\lambda/\pi} = 0.422\text{mm}$；（2）镜面上光斑尺寸 $w_1 = w_0\sqrt{1 + (L/2f)^2} = 0.43\text{mm}$，根据第 3.4 题的讨论，镜面直径 $d \geqslant 4w_1 = 1.7\text{mm}$，衍射损耗为 3×10^{-4}，可以忽略；（3）$\Delta\nu_{\text{L}} = 750\text{MHz}$；（4）$g_1 = g_2 = 0.96$，横模间隔 $\Delta\nu_{\text{m}} = (c/2L)(1/\pi)\cos^{-1}\sqrt{g_1 g_2} = 0.09(c/2L)$，$\Delta\nu_{\text{m}}/\Delta\nu_{\text{L}} = 0.09$。

3.6 对于平凹腔 $f = \sqrt{rL - L^2}$，$w_0 = \sqrt{f\lambda/\pi}$，$\theta = \lambda/(\pi w_0) = \sqrt{\lambda/(\pi f)}$，$\theta$ 与腔长的函数关系作图如图 G.1 所示。

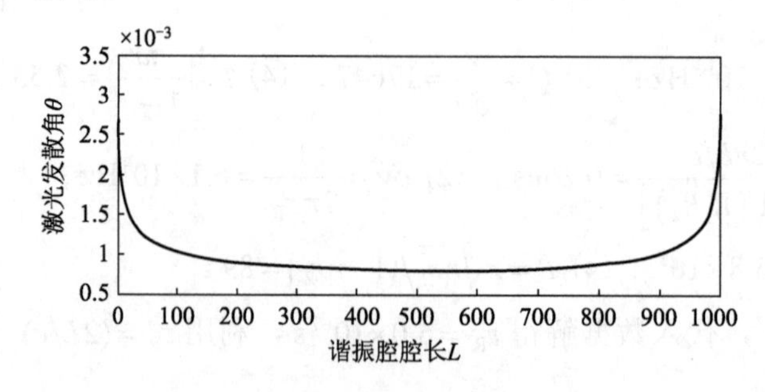

图 G.1

$f=\sqrt{rL-L^2}$ 在 $L=500\text{mm}$ 时取极大值，θ 在该点取极小值，$\theta_{\min}=8.0\times10^{-4}\text{rad}$。

3.7 参考附录C。

第4章

4.1 (1) $f=\pi w_0^2/\lambda=17.45\text{m}$，$w_1=w_0\sqrt{1+(z/f)^2}$，求解可得：$z=30.23\text{m}$；(2) $R=z+\left(f^2/z\right)=40.30\text{m}$。

4.2 (1) $q_0=-\mathrm{i}f=-\mathrm{i}\pi w_0^2/\lambda=-\mathrm{i}0.51\text{m}$；(2) $q=z+q_0=2-\mathrm{i}0.51\text{m}$；(3) $\dfrac{1}{q}=\dfrac{1}{z+q_0}=\dfrac{1}{R}+\mathrm{i}\dfrac{\lambda}{\pi w^2}=\dfrac{2+\mathrm{i}0.51}{4.26}\text{m}^{-1}$，$R=2.13\text{m}$，$w=1.3\text{mm}$。

4.3 $f=\pi w_0^2/\lambda=\sqrt{\dfrac{z^2}{\left[w(z)/w_0\right]^2-1}}$，解得：$\lambda=648\text{nm}$。

4.4 (1) $w_0=(2/\pi)\lambda\cdot F\#=5.6\times10^{-3}\text{mm}$；(2) $I=\mathcal{P}/\left(\pi w_0^2\right)=1.5\times10^6\ \text{W/mm}^2$；(3) $f=\pi w_0^2/\lambda=9.3\times10^{-2}\text{mm}$，$w^2=w_0^2\left(1+z^2/f^2\right)$，$\Delta\left(w^2\right)=w^2-w_0^2=w_0^2\cdot z^2/f^2$，$I=\dfrac{\mathcal{P}}{\pi w^2}$，$\Delta I=\dfrac{-\mathcal{P}}{\pi\left(w_0^2\right)^2}\Delta\left(w^2\right)=\dfrac{-\mathcal{P}}{\pi\left(w_0^2\right)}\dfrac{z^2}{f^2}=-I\dfrac{z^2}{f^2}$，$z^2=\dfrac{\Delta I}{I}f^2=1.73\times10^{-3}$，计算得：$z=0.04\text{mm}$，因此加工过程中允许透镜和加工工件之间距离的变化为40μm。

4.5 对于凹透镜 $F_1<0$，一束光斑半径为 w_1 的高斯光束通过透镜后新高斯光束光斑半径仍为 w_1，将高斯光束的瑞利距离表示为 f_2，光腰半径 w_{02}，光腰距离透镜 d_2，仿照式(4.8)～式(4.11)的推导步骤可得：$w_1=w_{02}\left|d_2/f_2\right|$，$d_2=F_1<0$，这表示新高斯光束的光腰位于 F_1 透镜的前方。为了与透镜 F_2 组成高斯光束准直系统，应该将两个透镜的距离设置为 $L=F_2-\left|F_1\right|$，这样就使得经过 F_1 变换的新高斯光束光腰位于 F_2 透镜的前焦平面上，结合式(4.19)可得：$w_{03}:w_1=F_2:\left|F_1\right|$，根据式(4.7)，准直倍率 $\eta=\theta_1/\theta_3=F_2/\left|F_1\right|$。

4.6 (1) 透镜前后的高斯光束在透镜上的光斑半径分别为 w_1 和 w_2，则：$w_1=w_{01}\sqrt{1+\left(d_1/f_1\right)^2}=w_{01}d_1/f_1=d_1\lambda/\left(\pi w_{01}\right)$，同理 $w_2=d_2\lambda/\left(\pi w_{02}\right)$，由 $w_1=w_2$ 可得：$w_{02}/w_{01}=d_2/d_1$；(2) 与几何成像放大倍率公式一致；(3) 如果透镜尺寸小于 w_1，则 $w_2<w_1$，$w_{02}/w_{01}>d_2/d_1$。

4.7 经过第一个光学系统变换球面波曲率半径由 R_i 变为 R'，则：$R'=(A_1R_\mathrm{i}+B_1)/(C_1R_\mathrm{i}+D_1)$，经过第二个光学系统变换球面波曲率半径由 R' 变为 R_0，则：$R_0=(A_2R'+B_2)/(C_2R'+D_2)$，将第一式代入第二式整理可得：$R_0=(AR_\mathrm{i}+B)/(CR_\mathrm{i}+D)$。

4.8 光线从平面镜出发经历一次往返的光线变换矩阵为

$$\begin{bmatrix}A & B\\ C & D\end{bmatrix}=\begin{bmatrix}1 & L\\ 0 & 1\end{bmatrix}\begin{bmatrix}1 & 0\\ -1/F & 1\end{bmatrix}\begin{bmatrix}1 & L\\ 0 & 1\end{bmatrix}\begin{bmatrix}1 & 0\\ -1/F & 1\end{bmatrix}\begin{bmatrix}1 & L\\ 0 & 1\end{bmatrix}$$

$$A=\left(\frac{L}{F}\right)^2-3\left(\frac{L}{F}\right)+1 \quad B=3L-4\frac{L^2}{F}+\frac{L^3}{F^2}$$

$$C=\frac{1}{F}\left(\frac{L}{F}-2\right) \qquad D=\left(\frac{L}{F}\right)^2-3\left(\frac{L}{F}\right)+1$$

谐振腔中有高斯光束解的条件：$-1\leqslant(A+D)/2\leqslant 1$，解不等式可得：$0\leqslant L/F\leqslant 1$，或者 $2\leqslant L/F\leqslant 3$，本题中 $F_z=\sqrt{3}r/4$，$F_h=\sqrt{3}r/3$，对于 $0\leqslant L/F\leqslant 1$，$F_z\geqslant L$，则 $r\geqslant 4L/\sqrt{3}$，$F_h\geqslant L$，则 $r\geqslant\sqrt{3}L$，综合上述结果可得 $r\geqslant 4\sqrt{3}L/3$；同理对于 $2\leqslant L/F\leqslant 3$，可得：$4\sqrt{3}L/9\leqslant r\leqslant\sqrt{3}L/2$；在实际中总是选取 $r\geqslant 4\sqrt{3}L/3$。

4.9 对于平凹腔激光器：$f_1=L_1\sqrt{(r_1/L_1)-1}=43.3\text{cm}$，对于对称球面腔激光器 $f_2=(L_2/2)\sqrt{(2r_2/L_2)-1}=60.8\text{cm}$，根据例题 4.3 的推导结果，激光器高斯光束光腰到透镜的距离分别为

$$\begin{cases} l_1=F\pm\sqrt{\dfrac{f_1}{f_2}F^2-f_1^2}=60\pm 26.3\text{cm} \\ l_2=F\pm\sqrt{\dfrac{f_2}{f_1}F^2-f_2^2}=60\pm 36.9\text{cm} \end{cases}$$

在此得到满足条件的两组解，实际中总是可以根据实验仪器的布局选取其中的一组解。

第 5 章

5.1 $E_2-E_1=hc/\lambda=1.33\times10^{-19}\text{J}$，$n_2/n_1=\mathrm{e}^{-(E_2-E_1)/kT}=1.3\times10^{-14}$。

5.2 $\tau_{21}=\dfrac{1}{A_{21}}$，$(g_\text{H})_\text{max}=\dfrac{2}{\pi\cdot\Delta\nu}$，$\sigma_\text{peak}=\dfrac{\lambda^2}{4\pi^2\tau_{21}\Delta\nu}=\dfrac{\lambda_0^{\ 2}}{4\pi^2n^2\tau_{21}\Delta\nu}$。

5.3 (1) $\tau_\text{r}=\dfrac{\lambda^2}{4\pi^2n^2\sigma_\text{max}\Delta\nu}=4.8\text{ms}$；(2) $\eta=\dfrac{\tau}{\tau_\text{r}}=63\%$；(3) $A_\text{nr}=\dfrac{1}{\tau}-\dfrac{1}{\tau_\text{r}}=125\text{s}^{-1}$；(4) $A_\text{r}=\dfrac{1}{\tau_\text{r}}=208\text{s}^{-1}$，$B=A_\text{r}\dfrac{\lambda^3}{8\pi h}=4.2\times10^{15}\text{m}^3\text{J}^{-1}\text{s}^{-2}$。

5.4 热平衡状态下激光下能级的粒子数 $n_1\approx1.6\times10^{19}\text{cm}^{-3}$，吸收系数 $\alpha=(1/N)(\text{d}N/\text{d}z)=n_1\sigma=0.4\text{cm}^{-1}$，光子通过 0.5cm 介质的概率为 $\mathrm{e}^{-0.5\alpha}=82\%$，被吸收的概率为 18%。

5.5 $w_{21}=I\sigma_\text{peak}/h\nu=8.7\times10^7\text{s}^{-1}$，受激辐射速率比自发辐射速率大 5 个数量级。

5.6 (1) $\alpha=n_1\sigma_{ab}=1.12\times10^{-2}\text{cm}^{-1}$；(2) 设入射泵浦光强 I_p0，光纤出射泵浦光强 I_p，$I_\text{p}=I_\text{p0}\mathrm{e}^{-\alpha L}=10.6\%I_\text{p0}$，泵浦光吸收百分比 $(I_\text{p0}-I_\text{p})/I_\text{p0}=89.4\%$；(3) $g=n_2\sigma_\text{em}=1.28\times10^{-2}\text{cm}^{-1}$。

5.7 (1) $\eta=\tau/\tau_\text{r}=3.7\%$；(2) $A_\text{r}=1/\tau_\text{r}=333\text{s}^{-1}$；(3) $A_\text{nr}=(1/\tau)-(1/\tau_\text{r})=8758\text{s}^{-1}$。

5.8 根据题意，将增益截面随激光频率变化的曲线作图，如图 G.2 所示。

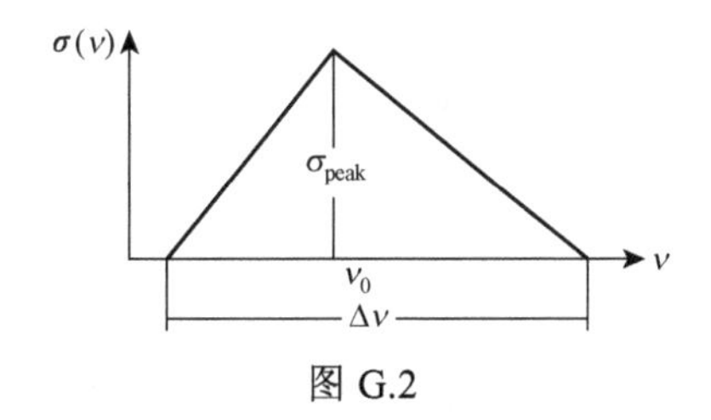

图 G.2

(1) $\Delta\nu=\dfrac{c}{\lambda^2}\Delta\lambda=3.45\times10^{13}\text{Hz}$ ，$\sigma(\nu)=\dfrac{(\lambda/n)^2}{8\pi}A_{21}g_{\mathrm{H}}(\nu,\nu_0)$ ，$\int\sigma\mathrm{d}\nu=\dfrac{(\lambda/n)^2}{8\pi}A_{21}=\dfrac{1}{2}\sigma_{\mathrm{peak}}\Delta\nu$ ，$\sigma_{\mathrm{peak}}=\dfrac{(\lambda/n)^2}{4\pi\tau_{\mathrm{r}}\Delta\nu}=5.67\times10^{-16}\text{cm}^2$ 。(2) $g=\sigma_{\mathrm{peak}}\Delta n=567\text{cm}^{-1}$ 。(3) $G=\mathrm{e}^{gL}=20$ ，$L=0.053\text{mm}$ 。

5.9 略。

第 6 章

6.1 $I_s=3.0\times10^5\ \text{W/cm}^2$ 。

6.2 $I_s=1.6\times10^4\ \text{W/cm}^2$ 。

6.3 (1) $\mathcal{R}=n_0W_{\mathrm{p}}=5.1\times10^{22}\text{cm}^{-3}\text{s}^{-1}$ ；(2) $n_2=\mathcal{R}\tau_2=1.5\times10^{19}\text{cm}^{-3}\text{s}^{-1}$ ；(3) $n_2/n_0=5\%$ ；(4) $g_0=\sigma n_2=0.6\text{cm}^{-1}$ 。

6.4 (1) $A_{21}=\dfrac{1}{\tau_{21}}=3.4\times10^3\text{s}^{-1}$ ，$W_{21}=\dfrac{I\sigma}{h\nu}=1.1\times10^4\text{s}^{-1}$ ；(2) $n_2=\dfrac{n_{20}}{1+I/I_s}=3.6\times10^{18}\text{cm}^{-3}$ ；(3) $g=\sigma n_2=0.14\text{cm}^{-1}$ 。

6.5 $\mathrm{e}^{gL}=200$ ，$g=0.353\text{cm}^{-1}$ ，分贝增益$=4.343g=1.53\text{dB/cm}$ 。

6.6 (1) $I_0=4\times10^5\ \text{W/cm}^2\gg I_s$ ；$G=1+g_0I_sL/I_0=1.27$ ；(2) $I_0'=2\times10^4\ \text{W/cm}^2=I_s$ ，$\ln(G)+G=1+g_0L$ ，数值求解可得：$G=4.74$ 。

6.7 (1) 纤芯面积 $A=1.96\times10^{-5}\text{cm}^2$ ，激光功率增量 $\Delta\mathcal{P}=AI_0(G-1)=2.1\text{W}$ ；(2) $\Delta\mathcal{P}=AI_0'(G-1)=1.5\text{W}$ 。

6.8 设光纤放大器 z 位置的光强和小信号增益系数分别为 $I(z)$ 和 $g_0(z)$ ，则根据式 (6.17)，$\dfrac{1}{I(z)}\dfrac{\mathrm{d}I(z)}{\mathrm{d}z}=\dfrac{g_0(z)}{1+\left[I(z)/I_s\right]}$ ，积分可得 $\ln\dfrac{I_2}{I_1}+\dfrac{I_2-I_1}{I_s}=\int_0^L g_0(z)\mathrm{d}z=\ln G_0$ ，代入数据可得 $I_s=5.57\text{kW/cm}^2$ 。

6.9 (1) $I_s=\dfrac{h\nu_1\left[(\nu_1-\nu_0)^2+(\Delta\nu_{\mathrm{H}}/2)^2\right]}{\sigma_{\mathrm{peak}}(\Delta\nu_{\mathrm{H}}/2)^2\tau_2}$ ，对于 $\nu_1=\nu_0$ ，$I_s=\dfrac{h\nu_1}{\sigma_{\mathrm{peak}}\tau_2}=10\text{W}\cdot\text{cm}^{-2}$ ，设放大器长度为 L ，放大器小信号增益系数与放大器长度的乘积 $g_0L=10/4.343=2.3$ ，根据式 (6.30)，放大器增益与入射光强 I_0 的关系为：$g_0(\nu_0,\nu_0)L=10/4.343=2.3$ ，$I_0(G-1)+10\ln G=23$ ，其中，I_0 的单位为 $\text{W}\cdot\text{cm}^{-2}$ 。(2) 对于 $|\nu_1-\nu_0|=0.5\text{GHz}$ ，$I_s'=20\text{W}\cdot\text{cm}^{-2}$ ，

同时注意到$g(\nu_1,\nu_0)=\sigma(\nu_1,\nu_0)\cdot\Delta n=\sigma_{\text{peak}}\dfrac{(\Delta\nu_{\text{H}}/2)^2}{(\nu_1-\nu_0)^2+(\Delta\nu_{\text{H}}/2)^2}\cdot\Delta n$，当$|\nu_1-\nu_0|=0.5\text{GHz}$时注意到小信号增益系数，$g_0(\nu_1,\nu_0)L=g_0(\nu_0,\nu_0)L/2=1.15$，$I_0(G-1)+20\ln G=23$。(3)对于$\nu_1=\nu_0$，$10\lg G=7$，$G=5.0$，计算得$I_0=1.7\text{W}\cdot\text{cm}^{-2}$。

6.10 根据式(6.2)，$\dfrac{\mathrm{d}n_2}{\mathrm{d}t}=n_1W_{\text{p}}-n_2W_{21}+n_1W_{12}-\dfrac{n_2}{\tau_2}$，对于透明泵浦，$n_1=n_2=n_0/2$，并且$\mathrm{d}n_2/\mathrm{d}t=0$，因此透明泵浦速率$\mathcal{R}=n_1W_{\text{p}}=n_0/2\tau_2=2.7\times10^{21}\text{s}^{-1}$。

第 7 章

7.1 $g_{\text{th}}=0.046\text{m}^{-1}$，$\tau_{\text{R}}=1/(cg_{\text{th}})=71.8\text{ns}$。

7.2 $R_1R_2\approx1$，$\ln(1/R_1R_2)\approx1-R_1R_2$，$\tau_{\text{R}}=\dfrac{1}{cg_{\text{th}}}=\dfrac{2L}{c\ln(1/R_1R_2)}\approx\dfrac{2L}{c}\dfrac{1}{1-R_1R_2}=72.7\text{ns}$。

7.3 $\Delta n_{\text{th}}=\dfrac{4\pi^2g_{\text{th}}\Delta\nu}{A_{21}\lambda^2}$，$\Delta\nu=\dfrac{1}{2\pi\tau_2}$，辐射量子效率$\eta=\dfrac{\tau_2}{\tau_{\text{r}}}$，并且$A_{21}=\dfrac{1}{\tau_{\text{r}}}$，代入临界粒子数反转的表示式得：$\Delta n_{\text{th}}=2\pi g_{\text{th}}/(\eta\lambda^2)$。

7.4 $g_{\text{th}}=\alpha+\dfrac{1}{2L}\ln\left(\dfrac{1}{R_1R_2}\right)$，$\Delta n_{\text{th}}=\dfrac{g_{\text{th}}}{\sigma}$，$\mathcal{R}_{\text{th}}=\dfrac{\Delta n_{\text{th}}}{\tau_2}$，$\mathcal{P}_{\text{th}}=\mathcal{R}_{\text{th}}h\nu_{\text{p}}LA$，代入数据得：$\mathcal{P}_{\text{th}}=90.6\text{W}$，泵浦灯的电光转换效率$\eta=5\%$，所需电功率$\mathcal{P}_{\text{electric}}=\mathcal{P}_{\text{th}}/\eta=1813\text{W}$。

7.5 (1) $g=\sigma_{\text{peak}}n_2=6\text{m}^{-1}$，分贝增益$=4.343gL=26\text{dB}$；(2)令$g_{\text{th}}=\dfrac{1}{2L}\ln\dfrac{1}{R^2}=6\text{m}^{-1}$，可以解得：$R=0.25\%$；(3)因为光纤折射率$n=1.5$，所以光纤端面的菲涅耳反射率$R'=(n-1)^2/(n+1)^2=4\%$，因此菲涅耳反射足以产生激光振荡。

7.6 对于稳态解(7.18)稳定性的讨论从略，以下仅对式(7.19)的稳定性用数学方法进行讨论。

设在稳态解(7.19)条件下有一微扰，对光强和粒子数反转的扰动分别为ε_{I}和ε_{n}，即

$$I=I_0(1+\varepsilon_{\text{I}})$$
$$\Delta n=\Delta n_0(1+\varepsilon_{\text{n}})$$

代入方程(7.15)并且忽略二阶小量可得

$$\begin{cases}\dfrac{\mathrm{d}\varepsilon_{\text{I}}}{\mathrm{d}t}=c\sigma\Delta n_0\varepsilon_{\text{n}}\\[2mm]\dfrac{\mathrm{d}\varepsilon_{\text{n}}}{\mathrm{d}t}=-\dfrac{I_0\sigma}{h\nu'}\varepsilon_{\text{I}}-\left(\dfrac{\sigma I_0}{h\nu'}+\dfrac{1}{\tau_2}\right)\varepsilon_{\text{n}}\end{cases}$$

写成矩阵形式：

$$\frac{\mathrm{d}}{\mathrm{d}t}\begin{pmatrix}\varepsilon_{\mathrm{I}}\\ \varepsilon_{\mathrm{n}}\end{pmatrix}=\begin{pmatrix}0 & c\sigma\Delta n_0\\ -\dfrac{I_0\sigma}{h\nu'} & -\dfrac{\sigma I_0}{h\nu'}-\dfrac{1}{\tau_2}\end{pmatrix}\begin{pmatrix}\varepsilon_{\mathrm{I}}\\ \varepsilon_{\mathrm{n}}\end{pmatrix}=M\begin{pmatrix}\varepsilon_{\mathrm{I}}\\ \varepsilon_{\mathrm{n}}\end{pmatrix} \tag{G.1}$$

式中，矩阵 M 为

$$M=\begin{pmatrix}0 & c\sigma\Delta n_0\\ -\dfrac{I_0\sigma}{h\nu'} & -\dfrac{\sigma I_0}{h\nu'}-\dfrac{1}{\tau_2}\end{pmatrix} \tag{G.2}$$

由线性代数知识，对于矩阵 M，总存在不为零的矢量 $\boldsymbol{\varepsilon}'=\begin{pmatrix}\varepsilon_{\mathrm{I}}'\\ \varepsilon_{\mathrm{n}}'\end{pmatrix}$，使得

$$M\begin{pmatrix}\varepsilon_{\mathrm{I}}'\\ \varepsilon_{\mathrm{n}}'\end{pmatrix}=\lambda\begin{pmatrix}\varepsilon_{\mathrm{I}}'\\ \varepsilon_{\mathrm{n}}'\end{pmatrix} \tag{G.3}$$

$\boldsymbol{\varepsilon}'$ 有非 0 解的条件为

$$\begin{vmatrix}-\lambda & c\sigma\Delta n_0\\ -\dfrac{I_0\sigma}{h\nu'} & -\dfrac{\sigma I_0}{h\nu'}-\dfrac{1}{\tau_2}-\lambda\end{vmatrix}=0$$

解此方程得

$$\lambda_{1,2}=\frac{1}{2}\left[-\left(\frac{\sigma I_0}{h\nu'}+\frac{1}{\tau_2}\right)\pm\sqrt{\left(\frac{\sigma I_0}{h\nu'}+\frac{1}{\tau_2}\right)^2-4\frac{I_0\sigma}{h\nu'}c\sigma\Delta n_0}\right]<0$$

将解得的两个本征值 λ_1 和 λ_2 代入式(G.3)中可求解其对应的本征矢量 $\boldsymbol{\varepsilon}_1'$ 和 $\boldsymbol{\varepsilon}_2'$，由于式(G.1)对任意矢量成立，因此：

$$\begin{cases}\dfrac{\mathrm{d}}{\mathrm{d}t}\boldsymbol{\varepsilon}_1'=M\boldsymbol{\varepsilon}_1'=\lambda_1\boldsymbol{\varepsilon}_1'\\ \dfrac{\mathrm{d}}{\mathrm{d}t}\boldsymbol{\varepsilon}_2'=M\boldsymbol{\varepsilon}_2'=\lambda_2\boldsymbol{\varepsilon}_2'\end{cases} \tag{G.4}$$

由于 λ_1 和 λ_2 都小于 0，因此本征矢量形式的微扰系统是稳定的。任意微扰都可表示成 $\boldsymbol{\varepsilon}_1'$ 和 $\boldsymbol{\varepsilon}_2'$ 的线性组合：

$$\begin{pmatrix}\varepsilon_{\mathrm{I}}\\ \varepsilon_{\mathrm{n}}\end{pmatrix}=a_1\boldsymbol{\varepsilon}_1'+a_2\boldsymbol{\varepsilon}_2'$$

上式对时间求微分，利用式(G.4)可得

$$\frac{\mathrm{d}}{\mathrm{d}t}\begin{pmatrix}\varepsilon_{1}\\ \varepsilon_{\mathrm{n}}\end{pmatrix}=\lambda_1a_1\boldsymbol{\varepsilon}_1'+\lambda_2a_2\boldsymbol{\varepsilon}_2' \tag{G.5}$$

方程(G.5)的等号右边每一项都随时间减小，任意微扰 $\begin{pmatrix}\varepsilon_{\mathrm{I}}\\ \varepsilon_{\mathrm{n}}\end{pmatrix}$ 都会随时间减小，所以式(7.19)是激光器振荡的稳定解，它对应于激光器的实际工作状态。

7.7 (1) 斜率效率 $\eta=\Delta\mathcal{P}/\Delta\mathcal{P}_{\mathrm{p}}=0.27$；(2) 根据激光输出功率 $\mathcal{P}=\eta\left(\mathcal{P}_{\mathrm{p}}-\mathcal{P}_{\mathrm{th}}\right)$，可以解得：

$\mathcal{P}_{th}=1.83W$；(3) $\mathcal{P}'=\eta\left(\mathcal{P}_p'-\mathcal{P}_{th}\right)=316mW$；(4)根据 $\eta=\left(h\nu_1/h\nu_p\right)\left(c/2nL\right)\tau_R T$，可以解得 $\tau_R=10.5ns$。

7.8(1) $g_{th}=\left(\delta+T\right)/2L$，$g_0/g_{th}=\mathcal{P}_p/\mathcal{P}_{th}$，$T_{opt}=\sqrt{2Lg_0\delta}-\delta$，代入数据可得：$T_{opt}=1.77\%$；(2)最佳透射率时临界增益系数 $g_{th}'=\left(\delta+T_{opt}\right)/2L$，$\mathcal{P}_{th}'/\mathcal{P}_{th}=g_{th}'/g_{th}$，代入数据可得：$\mathcal{P}_{th}'=92mW$。

7.9 激光器单位时间内输出的光子数 $N_{Flux}=\mathcal{P}_{out}/h\nu=6.4\times10^{15}$，激光器输出镜单位时间内接收到腔内激光的光子数为 $N_{Flux}/(1-R_2)=3.2\times10^{17}$，激光器内部两个方向行波的光子总数为 $\dfrac{N_{Flux}}{1-R_2}\dfrac{2L}{c}=5.3\times10^8$，激光器内光子数随着传播距离的变化近似写成 $N=N_0e^{(g_0-g_{th})z}=N_0e^{0.2g_{th}z}=N_0e^{0.2g_{th}ct}$，其中，$g_{th}=\dfrac{1}{2L}\ln\dfrac{1}{R_1R_2}=0.04m^{-1}$，令 $N/N_0=5.3\times10^8$，可得 $t=8\times10^{-6}s$，此即激光器从腔内一个光子到稳定输出所需要的时间。

第 8 章

8.1 对于 $u=0.01c$，绝对误差 $\nu-\nu'=5\times10^{-5}\nu_0=2.4\times10^{10}Hz$，相对误差 $\left(\nu-\nu'\right)/\nu_0=5\times10^{-5}$。对于 $u=0.1c$，绝对误差 $\nu-\nu'=5.5\times10^{-3}\nu_0=2.6\times10^{12}Hz$，相对误差 $\left(\nu-\nu'\right)/\nu_0=5.5\times10^{-3}$。

8.2 对激光提供增益的原子的多普勒频移范围：$\Delta\nu_u=\sqrt{1+\left(I/I_s\right)}\Delta\nu_H=141MHz$，原子运动速度 z 分量的范围 $\Delta u_z=c\Delta\nu_0'/\nu_0=\Delta\nu_0'\lambda=89m/s$；原子的平均热运动速度 $\bar{u}=\sqrt{8k_BT/\pi m}$，将 $T=700K$，$m=20\times1.67\times10^{-27}kg$ 代入计算可得 $\bar{u}=860ms^{-1}$，所以能够为激光提供增益的运动速度范围远小于原子的热运动速度。

8.3 对于 $T=100K$ 和 $T=300K$，原子的中心频率多普勒分别为 $\Delta\nu_D=278MHz$ 和 $\Delta\nu_D'=482MHz$，忽略原子辐射的自然线宽，辐射光谱线宽与多普勒线宽相同，因此辐射谱线的相干时间分别为 $\tau_c=1/\Delta\nu_D=3.6ns$ 和 $\tau_c'=1/\Delta\nu_D'=2.1ns$。

8.4(1)对于气体增益介质环形激光器，当激光频率 ν_1 不等于原子中心频率 ν_0 时，粒子数反转按频率的分布如图 8.7 所示，在频率分布图上粒子数反转有两个烧孔对称分布在原子中心频率的两边，这两个烧孔是分别从不同方向的行波与原子相互作用的结果。由于与两个烧孔对应的原子运动速度不同，它们属于不同的原子，也就是说激光器中两个方向的行波分别从不同的原子集团中得到增益，因此两个方向的行波激光可以相互独立存在，彼此不受对方存在的影响。(2)当激光频率 $\nu_1=\nu_0$ 时，在频率分布图上粒子数反转，两个烧孔都移动到中心频率点而发生重叠，也就是说激光器中两个方向的行波从相同的原子集团中得到增益，因此两个方向的行波激光之间存在着竞争相互作用，在竞争中由于偶然因素占优势的一方将会削弱对方的增益，使得弱方光强变得更小，两个方向的激光不能同时存在。(3)对于固体增益介质，由于介质中的增益粒子不具有运动速度，因此两个方向的激光总是和相同的增益粒子发生相互作用，模式竞争总是存在，因此无论激光频率取何值，都不能同时得到两个方向的激光输出。

8.5 如图G.3虚线表示出了Ne^{20}和Ne^{22}单独存在时小信号激光增益随着激光频率ν的变化曲线，实线表示两种同位素同时存在时小信号激光增益随着激光频率ν的变化曲线。激光最大增益点位于$(\nu_{01}+\nu_{02})/2$附近(注：原子质量不同，使得两种同位素的多普勒线宽略有不同，两种同位素的增益曲线并不关于$(\nu_{01}+\nu_{02})/2$严格对称)，当激光频率$\nu=(\nu_{01}+\nu_{02})/2$时，对于两种同位素激光频率都不是同位素中心频率，因此不同方向的激光与不同速度的原子相互作用，两个方向的激光之间没有竞争作用，激光器同时输出两个方向的激光。由于激光频率不能同时等于两种同位素的中心频率，两个方向的激光总是不能同时与速度完全相同的原子发生相互作用，因此激光器总是能够同时输出两个方向的激光。

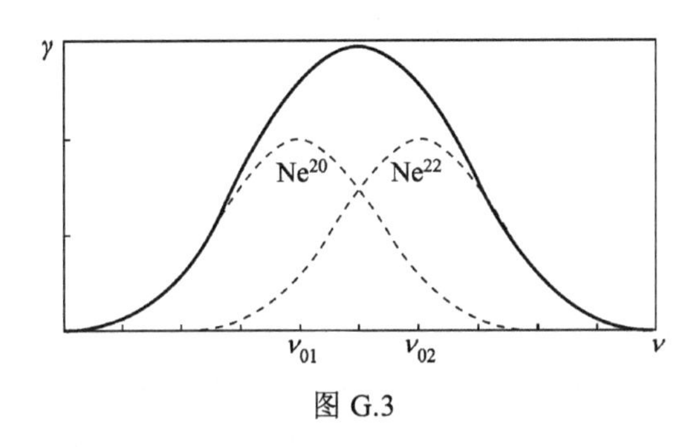

图 G.3

8.6 (1) $g_{th}=(1/2L)\ln(1/R_1R_2)=3.0\times10^{-4}\text{cm}^{-1}$，根据式(8.50)，在激光频率等于原子中心频率的条件下，小信号增益系数为$g_0=\mathcal{R}\tau_2\sigma_{peak}\sqrt{\pi\ln2}\dfrac{\Delta\nu_H}{\Delta\nu_D}$，因此总粒子数反转$\Delta n_{th}=\mathcal{R}_{th}\tau_2=g_{th}\Delta\nu_D\Big/\left(\Delta\nu_H\sigma_{peak}\sqrt{\pi\ln2}\right)=1.0\times10^{10}\text{cm}^{-3}$。根据热学公式$p=n_0kT$(其中，$n_0$、$k$和$T$分别表示原子数密度、波尔兹曼常数和绝对温度)，可得$n_0=1.9\times10^{16}\text{cm}^{-3}$，$\Delta n_{th}/n_0=5.3\times10^{-7}$。(2) $\mathcal{R}_{th}=\Delta n_{th}/\tau_2=1.0\times10^{17}\text{cm}^{-3}\text{s}^{-1}$。(3) $\mathcal{P}_{th}=\mathcal{R}_{th}(20\text{eV})\pi Lr^2$，$r=\phi/2$，$\mathcal{P}_{th}=0.2\text{W}$，这是泵浦能量仅仅用来把基态Ne原子泵浦到$Ne3s_2$态所需要的最低泵浦功率，在实际的泵浦过程中激发Ne原子到$3s_2$态是通过$He2^1s_0$激发态原子的共振转移实现的，这种能量转移过程有一个转移效率，电子碰撞激发He原子到2^1s_0激发态也有一定的激发效率，电子还可以碰撞管壁和Ne原子等消耗能量，因此一个实际激光器的临界泵浦功率总是大于本题的计算结果，为$1\sim2\text{W}$。

8.7 激光输出镜透射率$T=1-R=0.01$，腔内单向传输的激光功率$\mathcal{P}_{in}=\mathcal{P}_0/T=150\text{mW}$，腔内行波光强$I=\mathcal{P}_{in}/\pi r^2=4.8\times10^4\ \text{W/m}^2$，受激辐射速率$w=\sigma2I/(h\nu)=9\times10^6\text{s}^{-1}$，自发辐射速率$A=1/\tau_2=10^7$，所以He-Ne激光器中自发辐射速率与受激辐射速率彼此相当，受激辐射并没有占据绝对优势。

8.8 略。

第9章

9.1 (1) $\Delta\nu_L=2.8\times10^{10}\text{Hz}$；(2) $g_{th}=(1/2L)\ln(1/R_1R_2)=4.2\text{m}^{-1}$；(3) 设增益中心频率

为ν_{s_0}，则其紧邻的模式频率为$\nu_{s_0+1}=\nu_{s_0}+\Delta\nu_L$，均匀加宽介质增益随频率变化的表示式为：$g(\nu)=g_0\frac{1}{\pi}\frac{\Delta\nu_H/2}{(\nu-\nu_{s_0})^2+(\Delta\nu_H/2)^2}$，紧邻中心频率的模式增益与中心频率模式增益的比例为：$g(\nu)/g(\nu_{s_0})=(\Delta\nu_H/2)^2/\left[(\Delta\nu_L)^2+(\Delta\nu_H/2)^2\right]=99.99\%$，在这种增益比例条件下，与中心频率紧邻的模式可以在激光器中存在，所以激光器不能单模运转。

9.2 (1) $\Delta\nu_L=150\text{MHz}$；(2) 激发度等于2时，增益线宽(增益大于临界增益的频率宽度) $\Delta\nu_G=\Delta\nu_D=3.5\text{GHz}$，激光器振荡的模式数目$m=\Delta\nu_G/\Delta\nu_L=23$；(3) 激发度等于5，$g(\nu)=g_{max}e^{-4\ln2(\nu-\nu_0)^2/(\Delta\nu_D)^2}$，$g_{max}=5g_{th}$，设$g(\nu')=g_{th}$，求解得$\nu'-\nu_0=\pm2.7\text{GHz}$，增益线宽$\Delta\nu_G=5.4\text{GHz}$，激光器振荡的模式数目$m=\Delta\nu_G/\Delta\nu_L=35$。

9.3 (1) $\Delta\nu_e=20.5\text{GHz}$；(2) $F=313$，$\delta\nu_e=65.7\text{MHz}$；(3) 由于$\Delta\nu_e>\Delta\nu_G$，$\delta\nu_e<\Delta\nu_L$，因此用标准具可以选择激光器模式实现单模运转；(4) $\Delta\nu_e=\frac{c}{2nd\cos\theta'}=26.8\text{GHz}$。

9.4 激光器增益线宽$\Delta\nu_G=\Delta\nu_D=1.5\text{GHz}$，单模条件要求$\Delta\nu_L=c/2L>\Delta\nu_G$，即$L<c/2(\Delta\nu_G)=0.1\text{m}$。

9.5 (1) $\Delta\nu_L=600\text{MHz}$，激光器振荡的模式数目$m=\Delta\nu_G/\Delta\nu_L=2.5$，当有一个激光频率接近原子中心频率时，这个模式的频率两边各有一个模式振荡，激光器中有三个模式，当没有一个模式的频率接近原子的中心频率时，激光器中只有两个模式存在；(2) 设激光器腔长为L，腔长发生变化后为L'，根据题意$\nu'_{s+1}=(s+1)c/(2L')=\nu_s=sc/(2L)$，由$\nu'_{s+1}=\nu_s=c/\lambda$，可得：$L=s\lambda/2$，$L'=(s+1)\lambda/2$，激光器腔长变化$L'-L=\lambda/2$，相对变化$(L'-L)/L=\lambda/2L=1.3\times10^{-6}$；(3) 根据(1)的讨论，激光器模式数目会在2和3之间变化。

9.6 对于图题9.6(a)中的激光器选模装置，反射镜A、B(设反射率为1)和半透半反镜C构成一个迈克耳孙干涉仪，激光器的光波入射到迈克耳孙干涉仪上，光波经过A、B反射镜反射后一路光沿着原路返回激光器(另一路光从激光器出射)，光波在半透半反镜C上反射时有半波损失，通过l_2臂返回激光器的光波在半透半反镜C上反射两次，通过l_1臂返回激光器的光波在半透半反镜C上不经历反射，设入射光波在C上的电场表示式为：$E(t)=E_0\cos\omega t$，则经过两臂反射后回到原光路的电场表示式为

$$E(t)=\frac{E_0}{2}\left[\cos(\omega t-kl_2-2\pi)+\cos(\omega t-kl_1)\right]=E_0\cos\left(\omega t-k\frac{l_2+l_1}{2}\right)\cos k\frac{l_2-l_1}{2}$$

其中，$k=\omega/c$。当$\omega(l_2-l_1)/2c=s\cdot\pi$时，迈克耳逊干涉仪的光强反射率取极大值，相邻光强反射极大的频率间隔为$\Delta\nu=c/(l_2-l_1)$，因此如果选择$\Delta\nu$大于或等于激光器发光频率范围，则可以使激光器单模振荡。

对于图题9.6(b)中的激光器选模装置，全反射镜A、B和部分反射镜C构成一个F-P腔，设F-P腔的往返相位延迟为$2\Delta\varphi$，部分反射镜C的振幅反射率和透射率分别为r和t，激光进入F-P腔中经过B第一次反射回激光器的电场振幅为$E_1(t)=E_0t^2e^{i\varphi_0}$，激光在F-P腔中经历一次往返第二次反射回激光器的电场振幅为$E_2(t)=E_0t^2r^2e^{2i\Delta\varphi}e^{i\varphi_0}$，激光在F-P腔中经历$n$次往返反射回激光器的电场振幅为$E_3(t)=E_0t^2r^{2n}e^{2ni\Delta\varphi}e^{i\varphi_0}$，对所有电场求

和，可得 F-P 腔总的反射电场 $E(t)=E_0t^2\mathrm{e}^{\mathrm{i}\varphi_0}\dfrac{1}{1-r^2\mathrm{e}^{2\mathrm{i}\Delta\varphi}}$，反射光强为 $I_r=\dfrac{1}{2}c\varepsilon_0\left(\dfrac{E_0t^2}{1-r^2}\right)^2$ $\dfrac{1}{1+4r^2\sin^2\Delta\varphi/(1-r^2)^2}=\dfrac{I_{\max}}{1+(2\mathcal{F}/\pi)^2\cdot\sin^2\Delta\varphi}$，其中，$\mathcal{F}=\dfrac{\pi r}{1-r^2}$。当 $\Delta\varphi=s\cdot\pi$ 时反射光强取极大值，由于 $\Delta\varphi=k(l_1+l_2)$，因此反射极大的频率间隔为 $\Delta\nu=c/2(l_2+l_1)$，因此如果选择 $\Delta\nu$ 大于或等于激光器发光频率范围，则可以使激光器单模振荡。它与迈克耳孙干涉仪选模的区别在于 F-P 腔选模可以通过腔的设计精细度控制 F-P 腔的反射带宽，因此使得设计更加灵活。

第 10 章

10.1 (1) $\mathcal{P}_{\text{peak}}=20\text{MW}$；(2) 光子数 $N=5.4\times10^{17}$；(3) 激光器输出峰值光强：$I_0=\mathcal{P}_{\text{peak}}/(\pi d^2/4)=1.6\times10^{12}\ \text{W/m}^2$，腔内光强：$I_{\text{inner}}=I_0/T=5.3\times10^{12}\ \text{W/m}^2$，$W_{21}=\sigma I_{\text{inner}}/(h\nu)=8.0\times10^8\text{s}^{-1}$，$A_{21}\approx1/\tau_2=3.6\times10^3\text{s}^{-1}$，受激辐射速率比自发辐射速率大 5 个数量级，自发辐射可以忽略。

10.2 (1) $g_{\text{th}}=\alpha+(1/2L)\ln(1/R_1R_2)=0.25\text{m}^{-1}$，$\tau_{\text{R}}=(cg_{\text{th}})^{-1}=13.3\text{ns}$；(2) $g=6g_{\text{th}}$，$I(t)=I_0\mathrm{e}^{(g-g_{\text{th}})ct}=10^6I_0$，$t=37\text{ns}$。

10.3 (1) $g_{\text{th}}=\alpha+(1/2L)\ln(1/R_1R_2)=7.6\times10^{-3}\text{m}^{-1}$，$\tau_{\text{R}}=n/(cg_{\text{th}})=660\text{ns}$，$Q$ 开关激光脉冲宽度约在 1μs 量级；(2) $\tau_{\text{R}}=206\text{ns}$，所以激光脉冲宽度约为 0.5μs；(3) 从 g_{th} 的表示式可知，减小激光输出镜的反射率可以减小光子寿命，使得 Q 开关激光器脉冲宽度进一步减小，一般不使用增加 α 的方法。

10.4 (1) Q 开关激光器的脉冲重复周期一般取 2 到 4 倍激光上能级粒子寿命较为合理，如果取 3 倍上能级粒子寿命，那么脉冲重复频率 $\nu_{\text{pulse}}=1/3\tau_2=110\text{Hz}$；(2) 平均输出功率 $\overline{\mathcal{P}}=E_{\text{pulse}}\nu=11\text{W}$。

10.5 声光调制器在有声波和无声波条件下出射光线的方向示意图如图 G.4 所示。

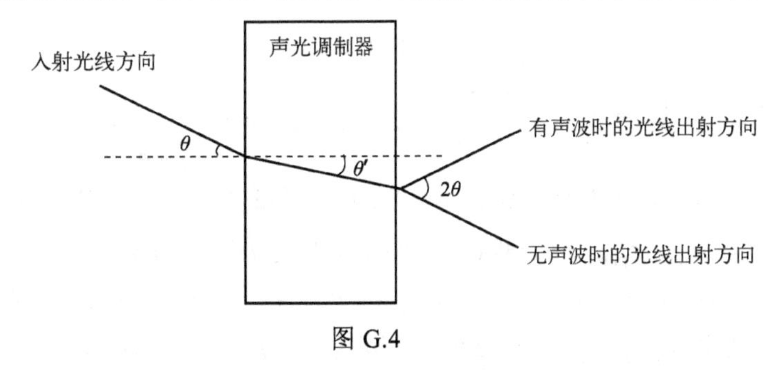

图 G.4

(1) 根据题意，$2\theta=1°$，$\theta'=\theta/n=3.8\times10^{-3}\text{rad}$；(2) $\lambda_s=\lambda/(2n\theta')=59.0\mu\text{m}$，$\nu_s=u/\lambda_s=125.4\text{MHz}$；(3) 由于 $2n\lambda_s^2/\lambda=15.5\text{mm}$，因此要求晶体厚度 $L\gg15.5\text{mm}$。

10.6 (1) 发光频率范围 $\delta\nu=(c/\lambda_1)-(c/\lambda_2)=7.2\times10^{13}\,\text{Hz}$，纵模间隔 $\Delta\nu_{\text{L}}=167\text{MHz}$，激光器内纵模数目 $\mathcal{S}=\delta\nu/\Delta\nu_{\text{L}}=4.3\times10^5$；(2) $\tau_{\text{pulse}}=1/\delta\nu=1.4\times10^{-14}\text{s}$；(3) 脉冲的重复

频率为 $\Delta\nu_{\mathrm{L}}$ ，每个脉冲的能量 $E_{\mathrm{pulse}}=\overline{\mathcal{P}}/\Delta\nu_{\mathrm{L}}=18n\mathrm{J}$ ，峰值功率 $\mathcal{P}_{\mathrm{peak}}=E_{\mathrm{pulse}}/\tau_{\mathrm{pulse}}=1.3\times10^{6}\,\mathrm{W}$ 。

10.7 (1) 调制频率 $\nu_{\mathrm{m}}=600\mathrm{MHz}$ ；(2) 非均匀加宽频率宽度 $\Delta\nu_{\mathrm{D}}=\left(c/\lambda^{2}\right)\Delta\lambda=1.1\times10^{13}\,\mathrm{Hz}$ ，纵模数 $\mathcal{S}=1.8\times10^{4}$ ，脉冲宽度 $\tau_{\mathrm{pulse}}=9.4\times10^{-14}s$ ；(3) 激光增益与激光频率的关系可以写成 $g(\nu)=g_{\max}\mathrm{e}^{-4\ln2(\nu-\nu_{0})^{2}/(\Delta\nu_{D})^{2}}=5g_{\mathrm{th}}$ ，设 $g(\nu')=g_{\mathrm{th}}$ ，求解得 $\nu'-\nu_{0}=\pm8.4\mathrm{THz}$ ，增益线宽 $\Delta\nu_{\mathrm{G}}=16.8\mathrm{THz}$ ，激光器振荡的模式数目 $\mathcal{S}'=\Delta\nu_{\mathrm{G}}/\Delta\nu_{\mathrm{L}}=2.7\times10^{4}$ ，脉冲宽度 $\tau_{\mathrm{pulse}}=6.2\times10^{-14}\mathrm{s}$ 。

10.8 首先讨论调制频率等于二分之一纵模频率间隔的情况，在频率图上调制产生的边带频率落在两个模式频率的中间，使得相邻模式间不能产生有效的耦合，因此锁模不能发生；从时域上看，光脉冲在激光腔中两次往返才能经历一次调制器的低损耗，因此锁模状态的低损耗不能有效地实现，激光器锁模不能发生。对于调制频率等于二倍纵模频率间隔的情况，在频率图上调制产生的边带频率落在次相邻的两个模式频率上，如图 G.5 所示，使得次相邻模式间产生耦合，因此锁模发生在两组模式之间，在激光器中可能存在两个脉冲；从时域上分析，在一个光脉冲两次经历一次调制器低损耗之间，调制器有一个低损耗状态，因此如果另有一个脉冲与前述脉冲相距 L，那么后一个脉冲也在低损耗状态下运转，此时激光器工作于锁模状态，激光器中有两个脉冲同时存在。

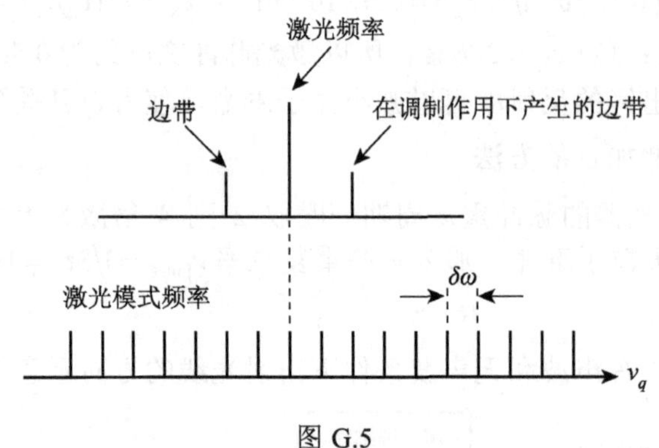

图 G.5

10.9 (1) 脉冲重复时间 $t_{\mathrm{pulse}}=\dfrac{2nL}{c}=2\mu\mathrm{s}$ ；(2) $\delta\nu=\dfrac{1}{\tau_{\mathrm{pulse}}}$ ，纵模数 $\mathcal{S}=\delta\nu\cdot t_{\mathrm{pulse}}=1.5\times10^{6}$ ；(3) 激光增益带宽的波长表示与激光频率带宽的关系可以写成 $\delta\lambda=\left(\lambda^{2}/c\right)\delta\nu=6\mathrm{nm}$ ；(4) $\mathcal{P}_{\mathrm{peak}}=E_{\mathrm{pulse}}/\tau_{\mathrm{pulse}}=12.3\mathrm{kW}$ ；(5) $\overline{\mathcal{P}}=E_{\mathrm{pulse}}/\delta t=8\mathrm{mW}$ 。

10.10 (1) $g_{\mathrm{th}}=5.8\times10^{-3}\,\mathrm{m}^{-1}$ ；(2) $\Delta\nu_{\mathrm{L}}=125\mathrm{MHz}$ ；(3) 激光频率线宽 $\delta\nu=\mathcal{S}\cdot\delta\nu_{\mathrm{L}}=4.5\mathrm{GHz}$ ，脉冲宽度 $\tau_{\mathrm{pulse}}=1/\delta\nu=0.22\mathrm{ns}$ ；(4) 调制频率 $\nu_{\mathrm{m}}=\Delta\nu_{\mathrm{L}}=125\mathrm{MHz}$ ；(5) $\mathcal{P}_{\mathrm{peak}}=\mathcal{S}\cdot\overline{\mathcal{P}}=144\mathrm{W}$ ，$E_{\mathrm{pulse}}=\mathcal{P}_{\mathrm{peak}}\tau_{\mathrm{pulse}}=32\mathrm{nJ}$ ；(6) $g_{\mathrm{th}}=g_{\max}\mathrm{e}^{-\Delta\nu^{2}\ln2/(\Delta\nu_{\mathrm{D}})^{2}}$ ，激光器激发度 $g_{\max}/g_{\mathrm{th}}=3.15$ 。

10.11 (1) 假设激发度与放电电流成正比，则本题中激光器的激发度为：$g'_{\max}/g_{\mathrm{th}}=6.30$ ，激光频率的频率线宽 $\delta\nu'$ ，$g_{\mathrm{th}}=g'_{\max}\mathrm{e}^{-\delta\nu'^{2}\ln2/(\Delta\nu_{\mathrm{D}})^{2}}$ ，计算得：$\delta\nu'=5.7\mathrm{GHz}$ ，$\tau_{\mathrm{pulse}}=0.18\mathrm{ns}$ ；

(2) $\mathscr{S}'=\delta\nu'/\Delta\nu_{\mathrm{L}}=45$；(3) 由于激光器输出平均功率 $\bar{\mathscr{P}}\propto(g_{\max}/g_{\mathrm{th}})-1$，代入数据计算可得本题中激光器的平均输出功率 $\bar{\mathscr{P}}'=9.9\mathrm{W}$，峰值功率 $\mathscr{P}_{\mathrm{peak}}=445.5\mathrm{W}$。

第 11 章

11.1 分贝增益=4.343 g_0L =30dB，假设激光频率等于原子中心频率，则有：$g_0=6.9\mathrm{m}^{-1}=\frac{\lambda^2}{8\pi}A_{21}\frac{2}{\pi\Delta\nu}\Delta n$，对于 $3s_2\to 2p_4$ 的跃迁其增益系数，$g_0'=\frac{\lambda'^2}{8\pi}A_{21}'\frac{2}{\pi\Delta\nu}\Delta n=\frac{\lambda'^2A_{21}'}{\lambda^2A_{21}}g_0=0.43\mathrm{m}^{-1}$，因此该波长的单程小信号增益为 1.85dB。

11.2 根据 8.3 节的讨论，CO_2 激光器在气体压强 $1.3\times10^4\,\mathrm{Pa}$ 时的均匀加宽线宽远大于多普勒线宽，因此该激光器为均匀加宽激光器。设每激发一个 CO_2 分子需要输入能量 ε，则式(7.26)写成 $\eta_{\mathrm{s}}=\frac{h\nu_1}{\varepsilon}\frac{c}{2L}\tau_{\mathrm{R}}T$，阈值泵浦功率式(7.24)写成 $\mathscr{P}_{\mathrm{th}}=\mathscr{R}_{\mathrm{th}}\varepsilon LA=\frac{1}{c\sigma\tau_{\mathrm{R}}\tau_2}\varepsilon LA=\frac{1}{\sigma\tau_2}A\frac{h\nu_1T}{2\eta_{\mathrm{s}}}$，因此 $I_{\mathrm{s}}=\frac{h\nu_1}{\sigma\tau_2}=\frac{2\eta_{\mathrm{s}}\mathscr{P}_{\mathrm{th}}}{AT}$。

11.3 (1) 假设光纤与水的界面上全反射临界角为 θ，临界全反射光线与光纤光轴的夹角为 α，如图 G.6 所示，则 $n_{\mathrm{YAG}}\sin\theta=n_{\mathrm{water}}$，$\theta=0.82\mathrm{rad}$，$\alpha=0.75\mathrm{rad}$，能够被界面全反射的光线所占的立体角 $\Omega=\int_0^{2\pi}\mathrm{d}\varphi\int_0^{\alpha}\sin\alpha'\mathrm{d}\alpha'=2\pi(1-\sin\alpha)=0.636\pi$，因此能够被全反射约束在光纤中的自发辐射占总自发辐射的比例为：$2\Omega/4\pi=31.7\%$；(2) $n_{\mathrm{YAG}}\sin\alpha=n_{\mathrm{water}}\sin\beta$，$\beta=1.2\mathrm{rad}=69°$。

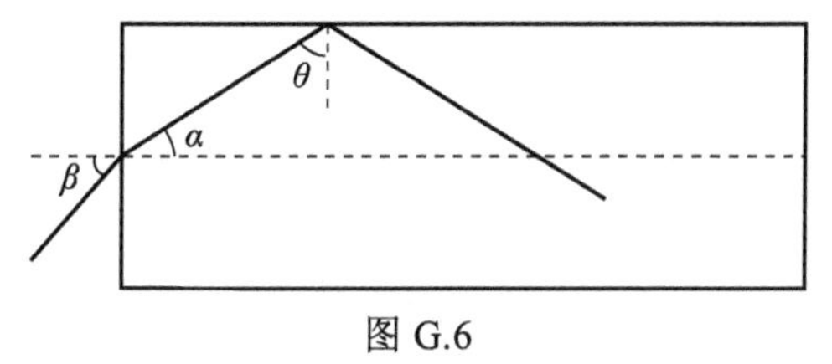

图 G.6

11.4 (1) $g_{\mathrm{th}}=9.05\times10^{-3}\mathrm{m}^{-1}$，$\tau_{\mathrm{R}}=n/(cg_{\mathrm{th}})=5.5\times10^{-7}\mathrm{s}$；(2) $\alpha_{\mathrm{p}}=\sigma_{ab}n_0=0.012\mathrm{cm}^{-1}$，$I_{\mathrm{p}}(L)/I_{\mathrm{p0}}=\mathrm{e}^{-\alpha_{\mathrm{p}}L}=2.7\%$；(3) $\ln G_{\mathrm{th}}=\alpha L+(1/2)\ln(1/R_1R_2)=0.027$，纤芯面积 $A_{\mathrm{c}}=\pi\left(\frac{d}{2}\right)^2$，$\mathscr{P}_{\mathrm{th}}=\frac{h\nu_{\mathrm{p}}}{\sigma_{\mathrm{em}}\tau_2}A_{\mathrm{c}}\ln G_{\mathrm{th}}=0.15\mathrm{W}$；(4) $\eta_{\mathrm{s}}=T\frac{h\nu}{h\nu_{\mathrm{p}}}\frac{1}{2\ln G_{\mathrm{th}}}=0.43$；(5) $\mathscr{P}_{\mathrm{out}}=\eta_{\mathrm{s}}(\mathscr{P}_{\mathrm{in}}-\mathscr{P}_{\mathrm{th}})=42\mathrm{mW}$。

11.5 (1) $L'=30\mathrm{cm}$，$I_{\mathrm{p}}(L')/I_{\mathrm{p0}}=\mathrm{e}^{-\alpha_{\mathrm{p}}L'}=70\%$；(2) $\ln G_{\mathrm{th}}'=\alpha L+\frac{1}{2}\ln\frac{1}{R_1R_2}=0.021$，按照第 11.2 题的算法，$\mathscr{P}_{\mathrm{th}}'=0.12\mathrm{W}$，但是在本题中只有 30%的泵浦功率被激光器吸收，所以实际的阈值泵浦输入功率为：$\mathscr{P}_{\mathrm{pth}}=\mathscr{P}_{\mathrm{th}}'/0.3=0.4\mathrm{W}$；(3) 同样按照上题的方法计算斜率效率 $\eta_{\mathrm{s}}'=0.55$，但是由于只有 30%的泵浦功率被吸收，所以实际的斜率效率为 $\eta_{\mathrm{s}}'\cdot30\%=0.17$；(4) 与第 11.2 题的对应计算结果比较发现，光纤缩短后激光器的临界泵浦功率增大，斜率效率降低，导致这种结果的原因是泵浦功率不能被充分利用于产生粒

子数反转，大部分的泵浦功率从光纤泄漏。

11.6 (1) Q 开关激光器的脉冲能量 $E_{\text{pulse}}=\frac{1}{2}h\nu\left(\Delta n_0-\Delta n_{\text{F}}\right)\pi L\left(d/2\right)^2$，其中，初始粒子数反转 $\Delta n_0=n_0$，终态粒子数反转 $\Delta n_{\text{F}}\geqslant 0$，因此其最小值为 0，激光器输出脉冲的最大可能能量为 $E_{\text{pulse}}=\frac{1}{2}h\nu n_0\pi L\left(d/2\right)^2=3.9\text{J}$；(2) 峰值功率 $\mathcal{P}_{\text{peak}}=E_{\text{pulse}}/\tau_{\text{pulse}}=390\text{MW}$。

11.7 对于准三能级增益介质，设泵浦光的频率为 ν_{p}，泵浦光的吸收和辐射截面分别为 σ_{pa} 和 σ_{pe}，激光的频率为 ν，激光的吸收和辐射截面分别为 σ_{a} 和 σ_{e}，则泵浦光子的吸收速率为

$$\Upsilon=\sigma_{\text{pa}}n_1-\sigma_{\text{pe}}n_2$$

该吸收速率随着 n_2 的增加而减小，当 $\sigma_{\text{pa}}n_1=\sigma_{\text{pe}}n_2$ 吸收速率 $\Upsilon=0$ 为最小值，此时 $n_2/n_1=\sigma_{\text{pa}}/\sigma_{\text{pe}}=\mathrm{e}^{h\left(\nu_{\text{p}}-\nu_{\text{z}}\right)/kT}$，激光增益可写成

$$\begin{aligned}g&=\sigma_{\text{e}}n_2-\sigma_{\text{a}}n_1\\&=n_1\sigma_{\text{a}}\left(\frac{\sigma_{\text{e}}}{\sigma_{\text{a}}}\mathrm{e}^{h\left(\nu_{\text{p}}-\nu_{\text{z}}\right)/kT}-1\right)\\&=n_1\sigma_{\text{a}}\left(\mathrm{e}^{h\left(\nu_{\text{p}}-\nu\right)/kT}-1\right)\end{aligned}$$

因此为了实现 $g>0$，要求 $\nu_{\text{p}}-\nu>0$。

第 12 章

12.1 略。

12.2 根据式(2.25)，两个端面的反射率 $R_1=R_2=0.32$。$\tau_{\text{R}}=\frac{2L/V_{\text{g}}}{\ln(1/R_1R_2)}=1.17\times10^{-12}\text{s}$。

假设损耗为 α，则 $0=\Gamma v_{\text{g}}(g_{\text{th}}-\alpha)N-\frac{N}{\tau_{\text{p}}}$。则 g_{th}=233cm^{-1}。

如果 g_{th}=20 cm^{-1}，则将 g_{th} 代入 $0=\Gamma v_{\text{g}}(g_{\text{th}}-\alpha)N-\frac{N}{\tau_{\text{p}}}$，又因为 R_1=1，得到 R_2=0.93。

12.3 (1) 参考 2.1 节，考虑半导体材料的内部损耗为 α，复波矢 $k=k_0+\mathrm{i}k_i$，那么 $\frac{p_{\text{T}}}{I}=\left|\frac{t_1t_2\mathrm{e}^{\mathrm{i}(k_0+\mathrm{i}k_i)L}}{1-r_1r_2\mathrm{e}^{2\mathrm{i}(k_0+\mathrm{i}k_i)L}}\right|^2$，这里 $t_1=t_2$，$r_1=r_2$，并利用 $t_1^2=1-r_1^2$。可以得到 $\frac{p_{\text{T}}}{I}=\frac{(1-R)^2\mathrm{e}^{-2k_iL}}{(1-R\mathrm{e}^{-2k_iL})^2+4R\mathrm{e}^{-2k_iL}\sin^2(k_iL)}$。

因此，对于透射的最大值，

$$\frac{P_{\max}}{P}=\frac{(1-R)^2\mathrm{e}^{-2k_iL}}{(1-R\mathrm{e}^{-2k_iL})^2},\quad \frac{P_{\min}}{P}=\frac{(1-R)^2\mathrm{e}^{-2k_iL}}{(1-R\mathrm{e}^{-2k_iL})^2+4R\mathrm{e}^{-2k_iL}}=\frac{(1-R)^2\mathrm{e}^{-2k_iL}}{(1+R\mathrm{e}^{-2k_iL})^2}$$

因此，$\frac{P_{\max}}{P_{\min}}=\frac{(1+R\mathrm{e}^{-2k_iL})^2}{(1-R\mathrm{e}^{-2k_iL})^2}$，可以得到：

$$2k_i=\alpha_i-\Gamma g=\frac{1}{L}\ln\left(\frac{\sqrt{P_{\max}}+\sqrt{P_{\min}}}{\sqrt{P_{\max}}-\sqrt{P_{\min}}}\right)+\frac{1}{L}\ln(R)$$

(2)将 $L=500\mu\text{m}$，$R=0.32$，$\alpha_i=30\text{cm}^{-1}$，$\frac{P_{\min}}{P_{\max}}=0.40$ 带入式中，可得：

$\alpha_i-\Gamma g=7.0\text{cm}^{-1}$，因此 $\Gamma g=23\text{cm}^{-1}$。

12.4 由式(12.11)出发，结果见图G.7。其中，$\hbar\omega_1=E_g,\hbar\omega_2=E_{Fc}-E_{Fv}$。

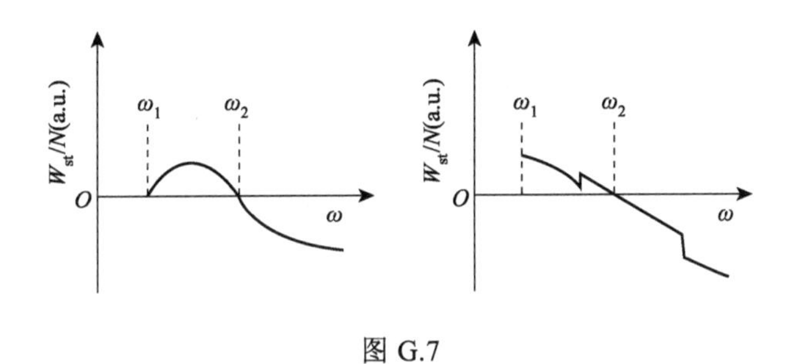

图 G.7

第 13 章

13.1 仿照式(13.18)的推导可得到证明，在此从略。

13.2 仅以式(13.36)为例推导如下：

$$\rho_{ab}=\sum_{\alpha}\int_{-\infty}^{t}\mathrm{d}t_0\lambda_\alpha(x,t_0)\rho_{ab}(\alpha,x,t_0,t)$$

$$\dot{\rho}_{ab}=\sum_{\alpha}\lambda_\alpha(x,t_0)\rho_{ab}(\alpha,x,t,t)+\sum_{\alpha}\int_{-\infty}^{t}\mathrm{d}t_0\lambda_\alpha(x,t_0)\dot{\rho}_{ab}(\alpha,x,t_0,t)$$

将密度矩阵运动方程 $\dot{\rho}_{ab}=-(\mathrm{i}\omega_{ab}+\gamma_{\mathrm{T}})\rho_{ab}+\frac{\mathrm{i}}{\hbar}V_{ab}(\rho_{aa}-\rho_{bb})$ 代入，并注意到 $\rho_{ab}(\alpha,x,t,t)=0$，可得：$\dot{\rho}_{ab}=\sum_{\alpha}\int_{-\infty}^{t}\mathrm{d}t_0\lambda_\alpha(x,t_0)\left[-(\mathrm{i}\omega_{ab}+\gamma_{\mathrm{T}})\rho_{ab}+\frac{\mathrm{i}}{\hbar}V_{ab}(\rho_{aa}-\rho_{bb})\right]$。

再次利用集居数矩阵的定义式可得：$\dot{\rho}_{ab}=-(\mathrm{i}\omega_{ab}+\gamma_{\mathrm{T}})\rho_{ab}+\mathrm{i}\hbar^{-1}V_{ab}(\rho_{aa}-\rho_{bb})$。

13.3 在行波场作用下的微扰哈密顿算符：$V_{ab}=-\frac{1}{2}\wp E_s(t)\mathrm{e}^{\mathrm{i}(k_sx-\omega_st-\varphi_s)}+c.c.$

$$\dot{\rho}_{ab}=-(\mathrm{i}\omega_{ab}+\gamma_{\mathrm{T}})\rho_{ab}-\frac{1}{2}\frac{\mathrm{i}}{\hbar}\wp\left[E_s(t)\mathrm{e}^{\mathrm{i}(k_sx-\omega_st-\varphi_s)}+c.c.\right](\rho_{aa}-\rho_{bb})$$

$\frac{\mathrm{d}\left[\rho_{ab}\mathrm{e}^{(\mathrm{i}\omega_{ab}+\gamma_{\mathrm{T}})t}\right]}{\mathrm{d}t}=-\frac{1}{2}\frac{\mathrm{i}}{\hbar}\wp E_s(t)\mathrm{e}^{\mathrm{i}\left[k_sx-(\omega_{ab}-\gamma_{\mathrm{T}}+\omega_s)t-\varphi_s\right]}(\rho_{aa}-\rho_{bb})$（式中利用了旋转波近似）

利用粒子数反转慢变近似，上式积分可得

$$\rho_{ab}=-\frac{1}{2}\frac{\mathrm{i}}{\hbar}\wp E_s(t)D(\omega_{ab}-\omega_s)(\rho_{aa}-\rho_{bb})\mathrm{e}^{\mathrm{i}(k_sx-\omega_st-\varphi_s)}$$

代入集居数矩阵元 ρ_{aa}、ρ_{bb} 的运动方程：

$$\dot{\rho}_{aa}=\lambda_a-\gamma_a\rho_{aa}-\mathscr{R}(\rho_{aa}-\rho_{bb}),\quad \dot{\rho}_{bb}=\lambda_b-\gamma_b\rho_{bb}-\mathscr{R}(\rho_{aa}-\rho_{bb})$$

其中，$\mathscr{R}=\frac{1}{2}\left(\frac{\wp E_s}{\hbar}\right)^2\gamma_{\mathrm{T}}{}^{-1}L(\omega_{ab}-\omega_s)$。

求解粒子数反转的稳态解可得

$$\rho_{aa}-\rho_{bb}=\frac{\Delta n_0(x)}{1+(\mathscr{R}/\mathscr{R}_s)}$$

其中，$\mathscr{R}_s=\frac{\gamma_a\gamma_b}{\gamma_a+\gamma_b}$，$\Delta n_0(x)=\frac{\lambda_a}{\gamma_a}-\frac{\lambda_b}{\gamma_b}$。

代入 ρ_{ab} 的表示式中：$\rho_{ab}=-\frac{1}{2}\frac{\mathrm{i}}{\hbar}\wp E_s(t)D(\omega_{ab}-\omega_s)\frac{\Delta n_0(x)}{1+(\mathscr{R}/\mathscr{R}_s)}\mathrm{e}^{\mathrm{i}(k_s x-\omega_s t-\varphi_s)}$

$$\begin{aligned}\mathscr{P}_s(t)&=2\mathrm{e}^{\mathrm{i}(\omega_s t+\varphi_s)}\cdot\frac{1}{C}\int_0^L \mathrm{d}x\mathrm{e}^{-\mathrm{i}k_s x}\wp\rho_{ab}(x,t)\\&=-E_s(t)\frac{\wp^2}{\hbar}\frac{(\omega_{ab}-\omega_s)+\mathrm{i}\gamma}{(\omega_{ab}-\omega_s)^2+\gamma^2}\frac{1}{C}\int_0^L\frac{\Delta n_0(x)}{1+(\mathscr{R}/\mathscr{R}_s)}\mathrm{d}x\\&=-E_j(t)\frac{\wp^2}{\hbar}\frac{(\omega_{ab}-\omega_j)+\mathrm{i}\gamma}{(\omega_{ab}-\omega_j)^2+\gamma_{\mathrm{T}}{}^2+\frac{1}{2}\left(\frac{\wp E_j}{\hbar}\right)^2\gamma_{\mathrm{T}}\frac{2\gamma_{ab}}{\gamma_a\gamma_b}}\overline{\Delta n_0}\end{aligned}$$

令 $I_s=\frac{1}{2}\left(\frac{\wp E_s}{\hbar}\right)^2\frac{1}{\gamma_a\gamma_b}$，有

$$\begin{aligned}\mathscr{P}_s(t)&=-E_s(t)\frac{\wp^2}{\hbar}\frac{(\omega_{ab}-\omega_s)+\mathrm{i}\gamma}{(\omega_{ab}-\omega_s)^2+\gamma_{\mathrm{T}}{}^2+I_s\gamma_{\mathrm{T}}2\gamma_{ab}}\overline{\Delta n_0}\\&=-E_s(t)\overline{\Delta n_0}\frac{\wp^2}{\hbar\gamma_{\mathrm{T}}}\left(\mathrm{i}+\frac{(\omega_{ab}-\omega_s)}{\gamma}\right)\frac{\gamma_{\mathrm{T}}{}^2}{(\omega_{ab}-\omega_s)^2+\gamma_{\mathrm{T}}{}^2\left(1+2I_s\gamma_{ab}\gamma_{\mathrm{T}}{}^{-1}\right)}\end{aligned}$$

13.4 将第 13.3 题的结果代入式(13.49)中可得

$$\begin{aligned}\dot{E}_s+\frac{1}{2}\frac{\omega_s}{Q_s}E_s&=-\frac{1}{2}\frac{\omega_s}{\varepsilon_0}\mathrm{Im}(\mathscr{P}_s)\\&=\frac{1}{2}\frac{\omega_s}{\varepsilon_0}E_s(t)\overline{\Delta n_0}\frac{\wp^2}{\hbar\gamma_{\mathrm{T}}}\frac{\gamma_{\mathrm{T}}{}^2}{(\omega_{ab}-\omega_s)^2+\gamma_{\mathrm{T}}{}^2\left(1+2I_s\gamma_{ab}\gamma_{\mathrm{T}}{}^{-1}\right)}\end{aligned}$$

稳态解条件，$\dot{E}_s=0$，$E_s\neq 0$

$$\frac{\omega_s}{Q_s}=\frac{\omega_s}{\varepsilon_0}\overline{\Delta n_0}\frac{\wp^2}{\hbar\gamma_{\mathrm{T}}}\frac{\gamma_{\mathrm{T}}{}^2}{(\omega_{ab}-\omega_s)^2+\gamma_{\mathrm{T}}{}^2\left(1+2I_s\gamma_{ab}\gamma_{\mathrm{T}}{}^{-1}\right)}$$

$$(\omega_{ab}-\omega_s)^2+\gamma_{\mathrm{T}}{}^2+2I_s\gamma_{ab}\gamma_{\mathrm{T}}=\frac{Q_s}{\varepsilon_0}\overline{\Delta n_0}\frac{\wp^2}{\hbar}\gamma_{\mathrm{T}}$$

$$I_s=\frac{(\omega_{ab}-\omega_s)^2+{\gamma_{\mathrm{T}}}^2}{2\gamma_{ab}\gamma_{\mathrm{T}}}\left[\frac{Q_s\gamma_{\mathrm{T}}\wp^2\overline{\Delta n_0}}{\hbar\varepsilon_0\left[(\omega_{ab}-\omega_s)^2+{\gamma_{\mathrm{T}}}^2\right]}-1\right]$$

令$\overline{\Delta n_0}=\mathcal{R}\tau_2$，$\sigma=\sigma_0\dfrac{{\gamma_{\mathrm{T}}}^2}{(\omega_{ab}-\omega_s)^2+{\gamma_{\mathrm{T}}}^2}$，

$$\begin{aligned}I_s&=\frac{\sigma_0\gamma_{\mathrm{T}}}{\sigma2\gamma_{ab}}\left[\frac{Q_s\wp^2\mathcal{R}\tau_2\sigma}{\hbar\varepsilon_0\gamma_{\mathrm{T}}\sigma_0}-1\right]\\&=\frac{\sigma_0\gamma_{\mathrm{T}}}{\sigma2\gamma_{ab}}\left[\frac{\mathcal{R}}{\hbar\varepsilon_0\gamma_{\mathrm{T}}\sigma_0\Big/\left(2\pi\nu\tau_{\mathrm{R}}\wp^2\tau_2\sigma\right)}-1\right]\end{aligned}$$

如果令：$\mathcal{R}_{\mathrm{th}}=\hbar\varepsilon_0\gamma\sigma_0\Big/\left(2\pi\nu\tau_R\wp^2\tau_2\sigma\right)=1\Big/\left(c\sigma\tau_{\mathrm{R}}\tau_2\right)$，$\sigma_0=2\pi\nu\wp^2\Big/\left(\hbar\gamma\varepsilon_0c\right)$，则所得光强$I_s$的表示式在形式上与式(7.19)所表示的稳态光强为$I_0=\dfrac{h\nu_1}{\sigma\tau_2}\left(\dfrac{\mathcal{R}}{\mathcal{R}_{\mathrm{th}}}-1\right)$，完全一致。

13.5 将第13.3题的结果代入式(13.50)中可得

$$\begin{aligned}\omega_s+\dot{\varphi}_s&=\varOmega_s-\frac{1}{2}\frac{\omega_s}{\varepsilon_0}E_s^{-1}\operatorname{Re}(\mathscr{P}_s)\\&=\varOmega_s+\frac{1}{2}\frac{\omega_s}{\varepsilon_0}\frac{\overline{\Delta n_0}\wp^2}{\hbar}\frac{(\omega_{ab}-\omega_s)}{(\omega_{ab}-\omega_s)^2+{\gamma_{\mathrm{T}}}^2+2I_s\gamma_{ab}\gamma_{\mathrm{T}}}\end{aligned}$$

当光强I_s很小时上式化为

$$\omega_s+\dot{\varphi}_s=\varOmega_s+\frac{1}{2}\frac{\omega_s}{\varepsilon_0}\frac{\overline{\Delta n_0}\wp^2}{\hbar}\frac{(\omega_{ab}-\omega_s)}{(\omega_{ab}-\omega_s)^2+{\gamma_{\mathrm{T}}}^2+2I_s\gamma_{ab}\gamma_{\mathrm{T}}}\left[1-\frac{2I_s\gamma_{ab}\gamma_{\mathrm{T}}}{(\omega_{ab}-\omega_s)^2+{\gamma_{\mathrm{T}}}^2}\right]$$

13.6 对稳态解(13.138)的前一个表示式上施加一个微扰：$\psi=\psi_1^{(s)}+\varepsilon=\psi_0-\sin^{-1}\left(\dfrac{d}{l}\right)+\varepsilon$，代入式(13.135)可得

$$\begin{aligned}\dot{\varepsilon}&=d+l\sin\left[-\sin^{-1}\left(\frac{d}{l}\right)+\varepsilon\right]\\&=d-l\left(\frac{d}{l}\right)\cos\varepsilon+l\cos\left[-\sin^{-1}\left(\frac{d}{l}\right)\right]\sin\varepsilon\\&=l\cos\left(\psi_1^{(s)}-\psi_0\right)\varepsilon\end{aligned}$$

因此微扰ε随时间减小的条件(也称作稳定性条件)是：$l\cos\left(\psi_1^{(s)}-\psi_0\right)<0$。同理可以证明它也是稳态解(13.139)的第二个表示式$\psi_2^{(s)}=\psi_0+\pi+\sin^{-1}\left(\dfrac{d}{l}\right)$的稳定性条件，详细证明可由读者自行完成。对于两个稳态解$\psi^{(s)}-\psi_0$或者分布于一三象限，或者分布于二四象限，因此两个稳态解总有一个、也只有一个不满足稳定性条件，这个解是不稳定的。